Gesammelte

Mathematische Abhandlungen.

Gesammelte

Mathematische Abhandlungen

von

H. A. Schwarz.

Erster Band.

Mit 67 Textfiguren und 4 Figurentafeln.

Berlin.
Verlag von Julius Springer.
1890.

ISBN 978-3-642-50356-6 ISBN 978-3-642-50665-9 (eBook)
DOI 10.1007/978-3-642-50665-9
Softcover reprint of the hardcover 1st edition 1890

Herrn Geheimen Regierungs-Rath, Professor

Ernst Eduard Kummer

zum 29. Januar 1890

in Verehrung und Dankbarkeit

zugeeignet.

Vorwort zum ersten Bande.

Geordnet nach der Zeitfolge ihrer ersten Veröffentlichung sind in dem vorliegenden Bande diejenigen in den Jahren 1865—1887 veröffentlichten wissenschaftlichen Abhandlungen des Unterzeichneten in neuem Abdrucke vereinigt worden, welche auf die Flächen kleinsten Flächeninhalts Bezug haben.

Der Königlich Preussischen Akademie der Wissenschaften in Berlin spreche ich für die Liberalität, mit welcher dieselbe den Abdruck der im Jahre 1871 auf Kosten der Königlichen Akademie gedruckten Preisschrift „Bestimmung einer speciellen Minimalfläche“ mir gestattet hat, meinen ehrerbietigsten Dank aus.

Vor dem Abdrucke sind alle Abhandlungen einer wiederholten, sorgfältigen Durchsicht, beziehungsweise Bearbeitung unterzogen worden: überall da, wo es wünschenswerth erschien, einen Ausdruck, der mich weniger befriedigte, durch einen anderen zu ersetzen, bin ich bemüht gewesen, einen besseren an die Stelle zu setzen. Ausser wenigen Druckfehlern habe ich nur eine kleine Zahl von Ungenauigkeiten zu berichtigen gefunden.

Die bei Gelegenheit des Neudruckes zu einzelnen Abhandlungen hinzugefügten Anmerkungen und Zusätze sind am Schlusse des Bandes vereinigt. Da im Texte der Abhandlungen auf diese Zusätze nicht verwiesen werden konnte, erlaube ich mir, an dieser Stelle auf dieselben hinzuweisen.

Die verehrliche Verlagsbuchhandlung ist allen meinen, die äussere Ausstattung betreffenden Wünschen mit der grössten Bereitwilligkeit entgegengekommen. Die diesem Bande beigegebenen vier lithographischen Figurentafeln verpflichten mich zu besonderem Danke.

Bei der Correctur der einzelnen Druckbogen dieses Bandes bin ich von Herrn Dr. Diestel in dankenswerther Weise unterstützt worden.

Göttingen, im Januar 1890.

H. A. Schwarz.

Inhaltsverzeichniss zum ersten Bande.

Ueber die Minimalfläche, deren Begrenzung als ein von vier Kanten eines regulären Tetraeders gebildetes räumliches Vierseit gegeben ist.

Im April 1865 von Herrn Kummer der Königlichen Akademie der Wissenschaften zu Berlin mitgetheilt. Monatsberichte der Königlichen Akademie der Wissenschaften zu Berlin, Jahrgang 1865, Seite 149—153.

Mit der in den kleinsten Theilen ähnlichen Abbildung der Gesammtoberflächen der regelmässigen Polyeder auf die Kugel hängt eine Anzahl von Minimalflächen zusammen, auf denen unendlich viele Gerade liegen, welche einander zum Theil schneiden.

Zu diesen Flächen gehört als einfachste unter ihnen die durch vier Kanten eines regelmässigen Tetraeders gehende und innerhalb dieser Begrenzungslinie kleinste Fläche, welche aus der conformen Abbildung der Oberfläche eines Würfels auf die Kugel entspringt.

(Die Modelle, welche gleichzeitig mit der Mittheilung dieses Aufsatzes an die Königliche Akademie derselben vorgelegt worden sind, werden durch die auf den Figurentafeln 1, 2 und 3 enthaltenen Zeichnungen veranschaulicht.)

Bezeichnen ξ, η die rechtwinkligen Coordinaten eines Punktes in der Ebene, X, Y, Z die rechtwinkligen Coordinaten eines Punktes im Raume, so stellen bekanntlich die Gleichungen

$$X = \frac{2\xi}{\xi^2+\eta^2+1}, \qquad Y = \frac{2\eta}{\xi^2+\eta^2+1}, \qquad Z = \frac{\xi^2+\eta^2-1}{\xi^2+\eta^2+1}$$

die Fläche einer durch Verwandlung mittelst reciproker Radien aus dieser Ebene entstandenen Kugel dar, auf welche die Ebene in den kleinsten Theilen ähnlich abgebildet wird.

Das Integral

$$p + qi = \int_0^{\xi+\eta i} \frac{d(\xi+\eta i)}{\sqrt[4]{1-14(\xi+\eta i)^4+(\xi+\eta i)^8}},$$

dessen Umkehrung zwölfdeutig ist, bildet die Ebene (ξ, η) in den kleinsten Theilen ähnlich auf ein Netz ab, welches entsteht, wenn die Oberfläche eines Würfels auf die Ebene (p, q) unendlich oft ausgebreitet wird und welches alsdann diese Ebene zwölffach bedeckt.

Durch die Substitution

$$\left\{\frac{1+2\sqrt{3}(\xi+\eta i)^2-(\xi+\eta i)^4}{1-2\sqrt{3}(\xi+\eta i)^2-(\xi+\eta i)^4}\right\}^3 = \mu^2$$

verwandelt sich dieses Integral in

$$p + qi = \frac{1}{2\sqrt[4]{27}} \int \frac{d\mu}{\sqrt{\mu(\mu^2-1)}},$$

so dass diese Abbildung nur von elliptischen Functionen abhängig ist, und zwar von den lemniscatischen mit dem Modul $\sqrt{\tfrac{1}{2}}$.

Die conforme Abbildung auf die Kugel ist hierbei eine derartige, dass alle Kanten des Würfels, die Diagonalen und Mittellinien seiner Seitenflächen sich auf Theile grösster Kreise abbilden und dass jedem Punkte der Würfeloberfläche, welche man aus der Ebene (p, q) durch Zusammenfalten herstellt, nur ein Punkt der Kugel entspricht und umgekehrt.

Jeder in den kleinsten Theilen ähnlichen Abbildung der Oberfläche einer Kugel auf eine Ebene, bewirkt durch eine Gleichung von der Form

$$dX^2 + dY^2 + dZ^2 = \frac{dp^2 + dq^2}{\varrho},$$

entspricht, wie Herr J. Weingarten im Crelle-Borchardt'schen Journal Bd. 62, S. 160 gezeigt hat, eine bestimmte Minimalfläche durch die Gleichungen

$$dx = \varrho\left(\frac{\partial X}{\partial p}dp - \frac{\partial X}{\partial q}dq\right),$$

$$dy = \varrho\left(\frac{\partial Y}{\partial p}dp - \frac{\partial Y}{\partial q}dq\right),$$

$$dz = \varrho\left(\frac{\partial Z}{\partial p}dp - \frac{\partial Z}{\partial q}dq\right).$$

Setzt man

$$\sqrt[4]{1-14(\xi+\eta i)^4+(\xi+\eta i)^8} = r(\cos\varphi + i\sin\varphi),$$

wo also r, $\cos\varphi$, $\sin\varphi$ algebraische Functionen von ξ und η sind, so findet man für den Hauptkrümmungsradius ϱ der Minimalfläche und für die Differentiale der Coordinaten eines Punktes derselben die Gleichungen

$$\varrho = \frac{(\xi^2+\eta^2+1)^2}{4r^2},$$

$$dx = \frac{1}{2r^2}\left[(1-\xi^2+\eta^2)(\cos 2\varphi\, d\xi + \sin 2\varphi\, d\eta) - 2\xi\eta(\sin 2\varphi\, d\xi - \cos 2\varphi\, d\eta)\right],$$

$$dy = \frac{1}{2r^2}\left[(1+\xi^2-\eta^2)(\sin 2\varphi\, d\xi - \cos 2\varphi\, d\eta) - 2\xi\eta(\cos 2\varphi\, d\xi + \sin 2\varphi\, d\eta)\right],$$

$$dz = \frac{1}{2r^2}\left[\quad 2\xi \quad (\cos 2\varphi\, d\xi + \sin 2\varphi\, d\eta) \quad + 2\eta \quad (\sin 2\varphi\, d\xi - \cos 2\varphi\, d\eta)\right].$$

Das Modell I (siehe die Zeichnung auf Taf. 1.) stellt dar einen einfach zusammenhängenden Theil M der Minimalfläche, welcher einer Seitenfläche des Würfels entspricht. Das Gestell, die Umgrenzung, ist aus schwachem Draht gefertigt, der in die Form der Seiten eines räumlichen Vierseits $ABCD$ gebogen ist und vier Kanten eines regelmässigen Tetraeders darstellt. Diese vier Geraden auf der Fläche entsprechen den Seiten des Quadrats. Das Flächenstück selbst ist dargestellt durch eine dünne Haut von Gelatine, welche vor den zu ähnlichen Zwecken angewendeten Lamellen von Glycerinseifenwasser den Vorzug der Beständigkeit in trockenem Zustande hat.

Die Fläche geht durch den Mittelpunkt des Tetraeders hindurch, in welchem sich die Mittellinien desselben, die geraden Verbindungslinien der Mitten seiner Gegenkanten schneiden. Von diesen steht die eine JK normal auf der Fläche, während die beiden anderen, EF und GH, wie aus der Discussion der angegebenen Gleichungen hervorgeht und wie das Modell zeigt, ganz auf der Fläche liegen; sie entsprechen den Mittellinien des Quadrats.

Ein besonderes Interesse erhält die Fläche durch ihre Fortsetzung, weil sie die Eigenschaft hat, aus lauter congruenten Theilen zu bestehen, von denen einen Modell I darstellt.

Indem man zwei Exemplare des Modells I in geeigneter Weise längs einer Kante zusammenhält, kann man sich überzeugen, dass dieselben längs dieser Kante in allen Punkten gemeinschaftliche Tangentialebenen haben.

Sechs solche in einer Ecke zusammenstossende Theile, welchen drei, in derselben Ecke des Würfels zusammenstossende Quadrate entsprechen, stellt das Modell II dar. (Siehe die Zeichnung auf Taf. 2.) Errichtet man auf den sechs gleichseitigen Dreiecken, in welche ein regelmässiges Sechseck (2, 4, 6, 8, 10, 12) durch seine drei Hauptdiagonalen (2—8, 4—10, 6—12) getheilt wird, abwechselnd nach der einen und nach der andern Seite regelmässige Tetraeder, so bilden die von den Ecken des Sechseckes ausgehenden Tetraederkanten, welche nicht Seiten desselben sind, das Gestell für das Modell II.

Zwei Exemplare des Modells II, in entsprechender Weise aneinander gehalten, zeigen den weiteren Verlauf der Fläche.

Das Modell III (siehe die Zeichnung auf Taf. 3.) veranschaulicht, wie sich die Fläche von den Ecken des Modells II aus fortsetzt, die nicht Ecken jenes Sechseckes sind, und zeigt, wie dieselbe theilweise in sich zurückkehrt.

Zwei gegenüberliegende Seitenflächen eines regelmässigen Oktaeders fasse man als Grundflächen desselben auf und denke sich auf die anderen Seitenflächen desselben regelmässige Tetraeder von gleich langer Kante aufgesetzt. Die sechs nicht in den Grundflächen des Oktaeders liegenden Kanten desselben und deren Gegenkanten in den einzelnen Tetraedern liegen auf der Fläche und bilden das Gestell für das Modell III. Das durch zwei gleichseitige in den Grundflächen des Oktaeders liegende Dreiecke begrenzte, zweifach zusammenhängende Flächenstück, welches durch dieses Modell dargestellt wird, enthält ausser den genannten Geraden noch sechs Gerade, Mittellinien jener Tetraeder, und liegt ausserhalb des Oktaeders, in dessen inneren Raum die Fläche auch in ihrer Fortsetzung nicht eintritt. Denkt man sich auf die beiden Grundflächen des Oktaeders regelmässige Tetraeder von gleich langer Kante aufgesetzt, so tritt auch in diese die Fläche nicht ein. Von den Kanten dieser Tetraeder liegt keine auf der Fläche. In Bezug auf die vier Seitenflächen derselben ist die Fläche sich selbst congruent; man kann auf dieselben wieder Oktaeder aufsetzen, in welche die Fläche nicht eintritt — und erhält durch Fortsetzung dieser Construction einen kanalförmig abgegrenzten Raum, der sich von jedem der zuletzt erwähnten Tetraeder aus, sowie den denselben entsprechenden Tetraedern, nach vier Richtungen spaltet, im Endlichen zum Theil in sich zurückkehrt und sich nach jeder Richtung hin ins Unendliche erstreckt. Dieser Raum liegt auf einer Seite der Fläche; auf der anderen Seite liegt ein ihm congruenter; die Fläche tritt nur in die vom ganzen Raume noch übrig bleibenden

Tetraeder ein. — Auf diese Weise erhält man eine vollständige Erfüllung des Raumes durch Aneinanderlagerung regelmässiger Oktaeder und Tetraeder.

Aus dem Gesagten geht hervor, dass sich die Fläche in periodischer Wiederholung durch den ganzen unendlichen Raum verbreitet, ohne dass ihre Continuität an irgend einer Stelle unterbrochen wird und ohne dass sie sich selbst schneidet oder (reelle) Knotenpunkte bekommt.

Bestimmung einer speciellen Minimalfläche.

Eine von der Königlichen Akademie der Wissenschaften zu Berlin am 4. Juli 1867 gekrönte Preisschrift. Nebst einem Nachtrage und einem Anhange.

Die physikalisch-mathematische Klasse der Königlich Preussischen Akademie der Wissenschaften hat für das Jahr 1867 folgende mathematische Preisfrage gestellt:

„Es soll irgend ein bedeutendes Problem, dessen Gegenstand „der Algebra, der Zahlentheorie, Integral-Rechnung, Geometrie, „Mechanik und mathematischen Physik angehören kann, mit Hülfe „der elliptischen oder der Abelschen Transcendenten vollständig „gelöst werden."

Die vorliegende Arbeit beschäftigt sich mit einer, wie der Verfasser glaubt, nicht ganz unwichtigen Aufgabe, welche der Forderung der Akademie insofern wenigstens entspricht, als deren vollständige Lösung mit Hülfe der elliptischen Functionen erhalten wird.

Bei dem Versuche, durch ein von vier geraden Strecken gebildetes Vierseit die kleinste Fläche zu legen, ergibt sich, dass diese Aufgabe in gewissem Sinne vollständig gelöst werden kann, wenn dieses Vierseit eine durch zwei gegenüberliegende Ecken gehende Symmetrie-Ebene besitzt.

Werden die vier Seiten dieses Vierseits gleich lang angenommen, und jeder der vier Winkel als $60^0 = \frac{1}{3}\pi$, eine Annahme, welche der Untersuchung sich zuerst darbietet und in gewissem Sinne als einfachste und nächstliegende Specialisirung der allgemeinen Aufgabe angesehen werden kann — von welchem Gesichtspunkte aus wird sich in der Folge herausstellen, — so ergibt sich, dass in diesem Falle nicht nur die Coordinaten eines Punktes der Minimalfläche sich durch elliptische Integrale ausdrücken lassen, deren obere Grenzen einfache algebraische Functionen zweier unabhängigen Variabeln sind, sondern dass auch die analytische Gleichung der Fläche selbst sich durch elliptische Functionen der Coordinaten rational ausdrücken lässt.

Der vorliegende Fall scheint einer der ersten zu sein, in welchem Betrachtungen, die von einer gegebenen Begrenzungslinie ausgehen, in Verbindung mit der Theorie der elliptischen Functionen zu einer analytischen Gleichung der durch diese Begrenzungslinie gehenden Minimalfläche führen.

Dieser Umstand ermuthigte den Verfasser, veranlasst durch die für das Jahr 1867 gestellte mathematische Preisfrage, die nachstehende Arbeit der Königlichen Akademie vorzulegen.

Der erste Theil derselben beschäftigt sich

mit der Untersuchung einer Minimalfläche, welche durch vier Kanten eines räumlichen Vierseits geht, innerhalb desselben einfach zusammenhängt und keinen singulären Punkt besitzt,

ferner

mit der Integration der durch die vorangegangene Untersuchung sich ergebenden Differentialgleichung für den angegebenen einfachsten Fall.

Der zweite Theil enthält

die Anwendung der Theorie der elliptischen Functionen auf diesen speciellen Fall, sowie einige besondere Untersuchungen, zu welchen derselbe Veranlassung gibt und durch welche die Lösung der Aufgabe zu einem gewissen Abschlusse gebracht wird.

Der ganzen Untersuchung werden zu Grunde gelegt die für die Theorie der Minimalflächen fundamentalen Entwickelungen, welche Herr Weierstrass in dem Monatsbericht der Akademie vom October 1866 veröffentlicht hat. Die in dem ersten Theile dieser Mittheilung [S. 612—625], welcher bis jetzt allein vorliegt, enthaltenen Sätze werden im Folgenden als bekannt vorausgesetzt und wird durch Angabe der Seitenzahl auf dieselben verwiesen werden.

Erster Theil.

Es sei ein von vier geraden Strecken gebildetes räumliches Vierseit $ABCD$ gegeben, welches eine durch die Ecken A und C gehende Symmetrie-Ebene besitzt. Durch dasselbe sei eine Minimalfläche gelegt.

Es wird angenommen, das gegebene Vierseit begrenze auf dieser Fläche ein in seinem Innern von singulären Stellen freies, einfach zusammenhängendes Stück derselben, welches mit M bezeichnet werden möge. Ferner wird angenommen, dass bei der getroffenen Voraussetzung über die Gestalt des gegebenen Vierseits die Symmetrie-Ebene der Begrenzungslinie von M zugleich eine Symmetrie-Ebene des Flächenstücks M selbst sei. [1]*)

Dieses vorausgesetzt, denke man sich das betrachtete Flächenstück M in den kleinsten Theilen ähnlich abgebildet auf eine Halbebene u, in der die imaginären Theile der complexen Grösse u positiv sind (Fig. 1.), so dass der Umgrenzungslinie der Fläche in der Ebene die Axe des Reellen entspricht. — [A. a. O. S. 612.]

Fig. 1.

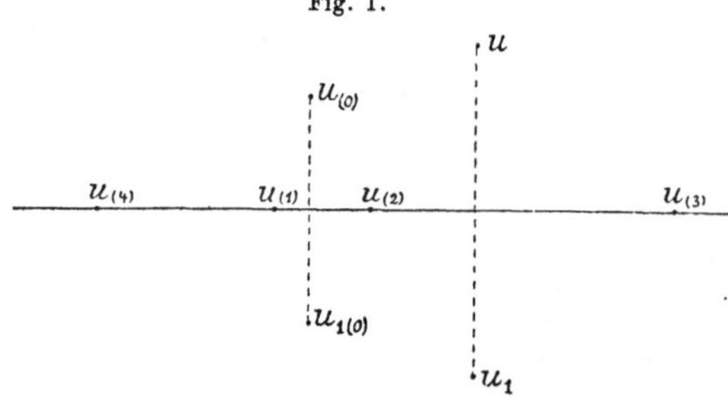

Diese Halbebene möge die obere heissen und der geometrische Ort der Grösse u sein; die andere, untere Halbebene sei der geometrische Ort der zu u conjugirten complexen Grösse u_1.

Die vier Punkte, welche den Ecken A, B, C, D der Fläche entsprechen, seien $u_{(1)}$, $u_{(2)}$, $u_{(3)}$, $u_{(4)}$. Liegen dieselben alle vier im Endlichen, so entspricht der unendlich entfernte Punkt der Halbebene u einem Punkte der Fläche, in welchem sie den Charakter einer algebraischen Fläche hat; derselbe ist dann im engeren Sinne kein singulärer.

*) Diese Nummern beziehen sich auf die in dem Anhange zu dieser Abhandlung enthaltenen mit denselben Nummern bezeichneten Anmerkungen.

Wird die Halbebene u durch die rationale Function ersten Grades $v = \frac{u - u_{(1)}}{u - u_{(3)}}$ auf eine Halbebene v in den kleinsten Theilen ähnlich abgebildet, so entsprechen den Punkten $u = u_{(1)}, u_{(2)}, u_{(3)}, u_{(4)}$ beziehlich die Punkte $v = 0, v_{(2)}, \infty, v_{(4)}$. (Fig. 2.) Es ist zu erwarten, dass bei

Fig. 2.

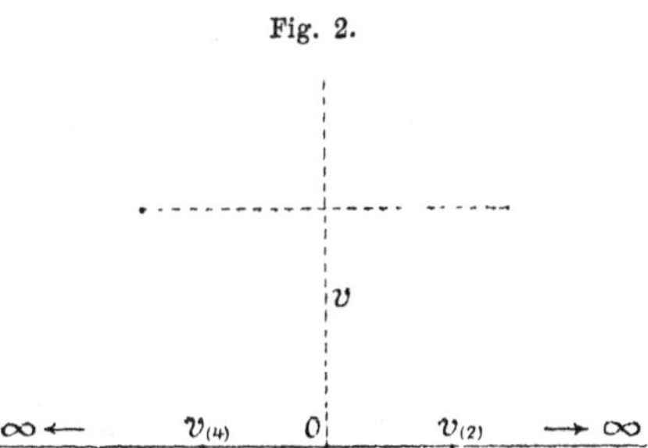

dieser Abbildung der Durchschnittslinie der Minimalfläche mit ihrer Symmetrie-Ebene eine durch den Punkt $v = 0$ gehende, auf der Axe des Reellen senkrechte Gerade entsprechen wird, während je zwei Punkten der Fläche, welche in Bezug auf die Symmetrie-Ebene symmetrisch sind, in der Abbildung zwei Punkte entsprechen, welche in Bezug auf diese Gerade symmetrisch sind. Es wird daher angenommen, dass die vier singulären Punkte eine solche gegenseitige Lage haben, dass $v_{(4)} = -v_{(2)}$ ist, oder dass

$$\frac{u_{(4)} - u_{(1)}}{u_{(4)} - u_{(3)}} = -\frac{u_{(2)} - u_{(1)}}{u_{(2)} - u_{(3)}} \text{ ist.}$$

Die Formeln des Herrn Weierstrass sind nun [a. a. O. S. 616]

$$x = x_0 + \Re \int_{u_0} \left(G^2(u) - H^2(u)\right) du,$$

$$y = y_0 + \Re \int_{u_0} i\left(G^2(u) + H^2(u)\right) du,$$

$$z = z_0 + \Re \int_{u_0} 2G(u)\,H(u)\,du,$$

wo mit u_0 irgend ein bestimmter Punkt der oberen Halbebene bezeichnet ist, welchem der Punkt x_0, y_0, z_0 der Fläche entspricht, und wo der vorgesetzte Buchstabe $\Re$ andeutet, dass nur der reelle Theil der folgenden Function genommen werden soll.

Es mögen diese Formeln folgendermassen geschrieben werden:

$$x = x_0 + \tfrac{1}{2}\int\limits_{u_{(0)}} (G^2(u) - H^2(u))\,du + \tfrac{1}{2}\int\limits_{u_{1(0)}} (G_1^2(u_1) - H_1^2(u_1))\,du_1,$$

$$y = y_0 + \tfrac{1}{2}\int\limits_{u_{(0)}} i(G^2(u) + H^2(u))\,du - \tfrac{1}{2}\int\limits_{u_{1(0)}} i(G_1^2(u_1) + H_1^2(u_1))\,du_1,$$

$$z = z_0 + \tfrac{1}{2}\int\limits_{u_{(0)}} 2\,G(u)\,H(u)\,du + \tfrac{1}{2}\int\limits_{u_{1(0)}} 2\,G_1(u_1)\,H_1(u_1)\,du_1,$$

worin u_1, $u_{1(0)}$, $G_1(u_1)$, $H_1(u_1)$ die conjugirten Werthe zu u, $u_{(0)}$, $G(u)$, $H(u)$ bezeichnen. Die Veränderlichkeit von u ist auf die obere, diejenige von u_1 auf die untere Halbebene beschränkt.

Die Functionen $G(u)$, $H(u)$, $G_1(u_1)$, $H_1(u_1)$ haben für alle Werthe ihrer Argumente den Charakter ganzer rationalen Functionen, mit Ausnahme der Werthe $u_{(1)}$, $u_{(2)}$, $u_{(3)}$ und $u_{(4)}$.

Es ist nun die Bedingung aufzustellen, welcher diese Functionen genügen müssen, damit den Strecken $u_{(1)} \cdots u_{(2)}$, $u_{(2)} \cdots u_{(3)}$, $u_{(3)} \cdots u_{(4)}$ und $u_{(4)} \cdots u_{(1)}$ der Axe des Reellen auf der Fläche gerade Linien entsprechen, welche sich unter den vorgeschriebenen Winkeln an einander anschliessen.

Die Axe des Reellen gehört sowohl zu dem Gebiete von u als zu dem von u_1, auf derselben ist $u_1 = u$ und $du_1 = du$.

Die Cosinus der Winkel, welche die der Strecke $u_{(1)} \cdots u_{(2)}$ entsprechende Seite AB des gegebenen Vierseits mit den Coordinatenaxen bildet, seien α, β, γ; das Linienelement der Fläche werde mit dl bezeichnet, so müssen, wenn der Grösse u nur solche Werthe beigelegt werden, welche der Strecke $u_{(1)} \cdots u_{(2)}$ angehören, und $u_1 = u$, $du_1 = du$ gesetzt wird, die Gleichungen bestehen

$$dx = \alpha\,dl, \quad dy = \beta\,dl, \quad dz = \gamma\,dl.$$

Es ergibt sich $dl = (GG_1 + HH_1)\,du$.

Hieraus folgen die Gleichungen

$$\begin{aligned} G^2 - H^2 + G_1^2 - H_1^2 &= 2\alpha(GG_1 + HH_1), \\ i(G^2 + H^2) - i(G_1^2 + H_1^2) &= 2\beta(GG_1 + HH_1), \\ 2GH + 2G_1H_1 &= 2\gamma(GG_1 + HH_1). \end{aligned}$$

Wird $\frac{H}{G} = s$, $\frac{H_1}{G_1} = s_1$ gesetzt [a. a. O. S. 618], wo also s und s_1 conjugirte Grössen sind, so folgt

$$\begin{aligned} G^2(1-s^2) + G_1^2(1-s_1^2) &= 2\alpha\,GG_1(1+ss_1), \\ i\,G^2(1+s^2) - i\,G_1^2(1+s_1^2) &= 2\beta\,GG_1(1+ss_1), \\ 2G^2s + 2G_1^2s_1 &= 2\gamma\,GG_1(1+ss_1). \end{aligned}$$

Die Eliminationsgleichung für diese in Bezug auf G und G_1 homogenen Gleichungen ist

$$\begin{vmatrix} \alpha & 1-s^2 & 1-s_1^2 \\ \beta & i(1+s^2) & -i(1+s_1^2) \\ \gamma & 2s & 2s_1 \end{vmatrix} = 0,$$

oder

$$2i(ss_1+1)\left\{\alpha(s+s_1)+\beta\frac{s-s_1}{i}+\gamma(ss_1-1)\right\} = 0.$$

Der Factor ss_1+1 wird für conjugirte Werthe von s und s_1 niemals gleich Null.

Die Gleichung

$$\alpha(s+s_1)+\beta\frac{s-s_1}{i}+\gamma(ss_1-1) = 0$$

ist in Bezug auf s und in Bezug auf s_1 vom ersten Grade. Als Gleichung einer reellen Curve angesehen (wobei $\frac{s+s_1}{2}$ und $\frac{s-s_1}{2i}$ die rechtwinkligen Coordinaten eines beliebigen Punktes der Curve sind), stellt dieselbe einen Kreis dar, welcher den um den Punkt $s = 0$ mit dem Radius 1 beschriebenen Kreis in zwei diametral gegenüberliegenden Punkten schneidet und dem daher bei der Projection auf die Kugel [a. a. O. S. 618] ein grösster Kugelkreis entspricht.

Zunächst gelten diese Gleichungen nur für die Strecke $u_{(1)} \cdots u_{(2)}$. Für die folgende Strecke $u_{(2)} \cdots u_{(3)}$ nehmen die Constanten α, β, γ andere, von der Richtung der folgenden Seite des gegebenen Vierseits abhangende Werthe an, so dass für diese Strecke zwischen

$$s = \frac{H}{G} \text{ und } s_1 = \frac{H_1}{G_1}$$

wieder eine Gleichung ersten Grades besteht, welche jedoch von anderen Constanten abhängt.

Aus den obigen Gleichungen folgt

$$dx+i\,dy = (G_1^2-H^2)\,du = (\alpha+\beta i)\,GG_1(1+ss_1)\,du\,,$$
$$dx-i\,dy = (G^2-H_1^2)\,du = (\alpha-\beta i)\,GG_1(1+ss_1)\,du\,,$$

mithin ist längs der Strecke $u_{(1)} \cdots u_{(2)}$

$$(\alpha-\beta i)(G_1^2-H^2) = (\alpha+\beta i)(G^2-H_1^2).$$

Vermöge dieser Gleichung ist der Quotient $\frac{G_1}{G}$ als Function von

s und s_1 bestimmt. Wird nämlich $H = G \cdot s$, $H_1 = G_1 \cdot s_1$ gesetzt, so ergibt sich

$$\frac{G_1^2}{G^2} = \frac{\alpha + \beta i + (\alpha - \beta i) s^2}{\alpha - \beta i + (\alpha + \beta i) s_1^2}.$$

Nun ist in Folge der zwischen s und s_1 bestehenden Gleichung

$$s_1 = \frac{\gamma - (\alpha - \beta i) s}{\alpha + \beta i + \gamma s},$$

$$\alpha - \beta i + (\alpha + \beta i) s_1^2 = \frac{(\alpha^2 + \beta^2 + \gamma^2)(\alpha + \beta i + (\alpha - \beta i) s^2)}{(\alpha + \beta i + \gamma s)^2},$$

und daher, weil $\alpha^2 + \beta^2 + \gamma^2 = 1$,

$$\frac{G_1^2}{G^2} = (\alpha + \beta i + \gamma s)^2 = -\left(\frac{ds_1}{ds}\right)^{-1}.$$

Wird also

$$G^2 = i\left(\frac{ds}{du}\right)^{-1} \cdot \Phi(u), \qquad G_1^2 = -i\left(\frac{ds_1}{du_1}\right)^{-1} \cdot \Phi_1(u_1)$$

gesetzt, so ergibt sich aus der letzten Formel, dass längs der Strecke $u_{(1)} \cdots u_{(2)}$ $\Phi_1(u_1) = \Phi(u)$ zu setzen ist, d. h. die Function $\Phi(u)$ stimmt auf einem Theile der Axe des Reellen mit ihrer conjugirten $\Phi_1(u)$ überein, — ihr Werth ist demnach längs der ganzen Strecke reell. Derselbe Schluss lässt sich für jede Strecke der Axe des Reellen machen, mithin stimmt die Function $i G^2 \cdot \frac{ds}{du}$ längs der ganzen Axe des Reellen mit ihrer conjugirten überein. Wenn daher das Gebiet der Veränderlichkeit von u über die Axe des Reellen hinaus auf die untere Halbebene ausgedehnt wird, so ist die Function $\Phi_1(u_1)$ die analytische Fortsetzung der Function $\Phi(u)$, oder es ist für alle Werthe von u $\Phi_1(u) = \Phi(u)$.[2])

Da diese Function in beiden Halbebenen eindeutig erklärt ist, längs der Axe des Reellen nur reelle Werthe hat, mithin auch in der Umgebung jedes singulären Punktes der Axe des Reellen eindeutig fortsetzbar ist, so ist die Function $\Phi(u)$ überhaupt eine eindeutige analytische Function ihres unbeschränkt veränderlichen Argumentes.

Es handelt sich nun darum, die Variable s in geeigneter Weise durch eine analytische Gleichung als Function von u zu definiren. Zu diesem Zwecke möge ein aus der Grösse s, beziehungsweise aus den in Bezug auf die Grösse u genommenen Ableitungen der Grösse

s zusammengesetzter Ausdruck $\Psi(s) = F(u)$ aufgesucht werden, welcher für alle Punkte der Axe des Reellen mit seinem conjugirten $\Psi_1(s_1) = F_1(u_1)$ übereinstimmt und für alle im Innern der oberen Halbebene liegenden Werthe von u den Charakter einer rationalen Function hat.

Diese Function $F(u)$ ist für reelle Werthe von u nothwendig reell, in der Umgebung jedes singulären Punktes der Axe des Reellen eindeutig fortsetzbar und daher eine eindeutige Function von u, wenn das Gebiet dieser veränderlichen Grösse auf die ganze Ebene ausgedehnt wird. Mithin ist für alle Werthe von u $F_1(u) = F(u)$, also auch $\Psi_1(s) = \Psi(s)$.

Wenn nun s und s_1 zu demselben reellen Werthe von u gehören, so muss $\Psi(s) = \Psi_1(s_1) = \Psi(s_1)$ sein. Die Grösse s_1 ist längs jeder einzelnen der vier von den singulären Punkten gebildeten Strecken eine rationale Function ersten Grades von s, während die Constanten dieser Function für die verschiedenen Strecken verschieden sind.

Um von diesen Constanten unabhängig zu werden, wird die Aufgabe gestellt, einen aus der Grösse s, beziehungsweise den Ableitungen derselben gebildeten Ausdruck zu bestimmen, welcher ungeändert bleibt, wenn für das Argument s irgend eine rationale Function ersten Grades von s, $\frac{C_1 s + C_2}{C_3 s + C_4}$ mit constanten Coefficienten gesetzt wird.

Eine solche Function wird erhalten, wenn s als Function der unabhängigen Variablen u angesehen wird und aus der Function $t = \frac{C_1 s + C_2}{C_3 s + C_4}$ die Constanten nach und nach durch Differentiation entfernt werden. Dies ergibt den Ausdruck[3])

$$\begin{aligned}\Psi(t, u) &= \frac{d^2}{du^2} \log \frac{dt}{du} - \tfrac{1}{2}\left(\frac{d}{du} \log \frac{dt}{du}\right)^2 \\ &= \frac{d^2}{du^2} \log \frac{ds}{du} - \tfrac{1}{2}\left(\frac{d}{du} \log \frac{ds}{du}\right)^2 = \Psi(s, u).\end{aligned}$$

Man setze $\Psi(s, u) = \Psi(s) = F(u)$. Diese Function von u ist für alle Punkte der oberen Halbebene und der Axe des Reellen mit Ausnahme der singulären eindeutig definirt. Die conjugirte Function $F_1(u_1)$ ist in gleicher Weise für alle Punkte der unteren Halbebene eindeutig definirt und stimmt für alle Punkte der Axe des Reellen mit $F(u)$ überein. Die Function $F(u)$ ist mithin in der Umgebung jedes Punktes eindeutig fortsetzbar und ist deswegen eine eindeutige Function von u.

Hiernach ergeben sich folgende Formeln[4])

$$x = x_0 + \Re \int_{s_0} i \frac{1-s^2}{\left(\frac{ds}{du}\right)^2} \Phi(u)\, ds,$$

$$y = y_0 + \Re \int_{s_0} - \frac{1+s^2}{\left(\frac{ds}{du}\right)^2} \Phi(u)\, ds,$$

$$z = z_0 + \Re \int_{s_0} \frac{2is}{\left(\frac{ds}{du}\right)^2} \Phi(u)\, ds,$$

während

$$\Phi(u) \text{ und } \frac{d^2}{du^2} \log \frac{ds}{du} - \tfrac{1}{2}\left(\frac{d}{du} \log \frac{ds}{du}\right)^2 = \Psi(s) = F(u)$$

eindeutige Functionen von u sind, die für reelle Werthe von u gleichfalls reell sind.

Die Differentialgleichung $\Psi(s) = F(u)$ muss sich so integriren lassen, dass die für reelle Werthe von u zwischen der Grösse s und der conjugirten s_1 bestehende bilineare Gleichung die Form

$$\alpha(s+s_1) + \beta \frac{s-s_1}{i} + \gamma(ss_1 - 1) = 0$$

hat, wo α, β, γ reelle Zahlen bedeuten, welche für alle Werthe von u längs jeder der vier durch die singulären Punkte gebildeten Strecken der Axe des Reellen constant sind.

Es möge nun gesetzt werden

$$s = u^\delta, \qquad \Phi(u) = u^m,$$

wo δ eine reelle Zahl, m eine positive oder negative ganze Zahl bedeutet.

Unter diesen Voraussetzungen ist

$$x = \frac{1}{\delta} \Re \int_0 i(u^{-\delta} - u^{+\delta}) u^{m+1}\, du,$$

$$y = \frac{1}{\delta} \Re \int_0 -(u^{-\delta} + u^{+\delta}) u^{m+1}\, du,$$

$$z = \frac{1}{\delta} \Re \int_0 2i u^{m+1}\, du.$$

Soll dem Werthe $u = 0$ ein im Endlichen liegender Punkt der Fläche entsprechen, so müssen diese Integrale für $u = 0$ endlich bleiben. Diese Bedingung ergibt

$$-\delta + m + 1 > -1, \qquad \delta + m + 1 > -1, \qquad m + 1 > -1.$$

Der kleinste Werth, den m haben kann, ist -1. Der Exponent δ darf seinem absoluten Betrage nach $m+2$ weder erreichen, noch übersteigen.

Wird zu Polarcoordinaten übergegangen und $u = r \cdot e^{i\varphi}$, $u_1 = r \cdot e^{-i\varphi}$ gesetzt, wo φ alle zwischen 0 und π liegenden Werthe annehmen kann, so ergibt sich

$$x + yi = -\frac{i}{\delta} r^{m+2} \cdot e^{\delta\varphi i} \left\{ \frac{r^{+\delta} \cdot e^{(m+2)\varphi i}}{m+2+\delta} + \frac{r^{-\delta} \cdot e^{-(m+2)\varphi i}}{m+2-\delta} \right\},$$

$$z = \frac{i}{\delta} \cdot \frac{r^{m+2}}{m+2} \left\{ e^{(m+2)\varphi i} - e^{-(m+2)\varphi i} \right\}.$$

Ist nun δ positiv, so ist für $r < 1$ $\frac{r^{-\delta}}{m+2-\delta}$ grösser als $\frac{r^{\delta}}{m+2+\delta}$. Für kleine Werthe von r ist bis auf Grössen mit dem Factor $r^{m+2+\delta}$

$$x + yi = -\frac{i}{\delta} \cdot \frac{r^{m+2-\delta}}{m+2-\delta} \cdot e^{-(m+2-\delta)\varphi i}.$$

Wenn u einen Halbkreis mit kleinem Radius r um den Punkt $u = 0$ beschreibt, so beschreibt $x + yi$ näherungsweise einen Kreisbogen, dessen Radius gleich $\frac{1}{\delta} \cdot \frac{r^{m+2-\delta}}{m+2-\delta}$ und dessen Centriwinkel gleich $(m+2-\delta)\pi$ ist und zwar ist der Sinn der Drehung hierbei der entgegengesetzte.

Dem Werthe $\varphi = 0$, der positiven Hälfte der Axe des Reellen, entspricht die Gerade

$$x + yi = -\frac{i}{\delta} \left(\frac{r^{m+2-\delta}}{m+2-\delta} + \frac{r^{m+2+\delta}}{m+2+\delta} \right), \qquad z = 0,$$

dem Werthe $\varphi = \pi$, der negativen Hälfte der Axe des Reellen, entspricht die Gerade

$$x + yi = -\frac{i}{\delta} \cdot e^{-(m+2-\delta)\pi i} \left(\frac{r^{m+2-\delta}}{m+2-\delta} + \frac{r^{m+2+\delta}}{m+2+\delta} \right), \qquad z = 0,$$

dieses sind also zwei in der Ebene $z = 0$ enthaltene gerade Linien, von denen die erste mit der zweiten den Winkel $(m+2-\delta)\pi$ bildet.

In dem Punkte $x = 0$, $y = 0$, $z = 0$ schliesst sich unter allen

Ebenen die Ebene $z = 0$ der Fläche am innigsten an, denn die Coordinate z eines Punktes der Fläche ist für kleine Werthe von r von der Ordnung der Grösse r^{m+2}, $x+yi$ ist dagegen von der Ordnung der Grösse $r^{m+2-\delta}$.

Die Gleichung

$$z = \frac{i}{\delta} \cdot \frac{r^{m+2}}{m+2} \left(e^{(m+2)\varphi i} - e^{-(m+2)\varphi i}\right) = 0$$

wird identisch befriedigt für jeden Werth von φ, welcher der Gleichung $(m+2)\varphi = n\pi$ genügt, wo n eine ganze Zahl ist. Dies zeigt an, dass es zwischen den beiden Werthen $\varphi = 0$ und $\varphi = \pi$ noch $m+1$ Werthe für φ gibt, für welche die Gleichung $z = 0$ identisch befriedigt wird. Diesen entsprechen $m+1$ gerade Durchschnittslinien der Fläche mit der Tangentialebene im Punkte $x = 0$, $y = 0$, $z = 0$.

In den $m+2$ durch dieselben gebildeten Sectoren ist z abwechselnd positiv und negativ; die erwähnten Geraden sind demnach eigentliche Schnittlinien der Fläche und der Tangentialebene. Soll nun die Fläche ganz auf der einen Seite der Tangentialebene liegen, während φ von 0 bis π wächst, und dies ist die einfachste Annahme, so muss $m = -1$ gewählt werden. Unter dieser Annahme ist δ eine zwischen 0 und $+1$ liegende Zahl und der Winkel

$$(m+2-\delta)\pi = (1-\delta)\pi$$

ist kleiner als π. —

Die angegebenen Formeln zeigen, wenn $m = -1$ gesetzt wird, dass je zwei Punkte der Fläche, welche den Annahmen

$$r = r_0, \quad \varphi = \tfrac{1}{2}\pi - \varphi_0, \quad \text{und} \quad r = r_0, \quad \varphi = \tfrac{1}{2}\pi + \varphi_0$$

entsprechen, in Bezug auf eine Ebene, welche auf der Tangentialebene senkrecht steht und den Winkel $(1-\delta)\pi$ hälftet, symmetrische Punkte sind. Diese Ebene ist demnach eine Symmetrie-Ebene der Fläche.

Wird die Fläche um den Punkt $x = 0$, $y = 0$, $z = 0$ herum fortgesetzt, d. h. werden der Grösse φ auch negative Werthe beigelegt, sowie solche, die grösser sind als π, so ergibt sich, dass je zwei Punkte der Fläche, welche den Annahmen

$$r = r_0, \quad \varphi = +\varphi_0 \quad \text{und} \quad r = r_0, \quad \varphi = -\varphi_0$$

entsprechen, in Bezug auf die Gerade, welche dem Werthe $\varphi = 0$ entspricht, symmetrisch liegen, dass also diese Gerade eine Symmetrieaxe der Fläche ist. [5])

Für die Annahmen $r_1 = r_0$, $\varphi_1 = 2\pi + \varphi_0$ ergibt sich

$$z_1 = z_0, \quad x_1 + y_1 i = (x_0 + y_0 i)\, e^{-2(1-\delta)\pi i},$$

in Worten: Durch eine Drehung der Fläche um die z-Axe und zwar um den Winkel $2(1-\delta)\pi$ in negativem Sinne gelangt die Fläche mit sich selbst zur Deckung.

Ist nun δ eine Irrationalzahl, so wird die Fläche sich um den singulären Punkt unendlich oft herumwinden, ohne sich zu schliessen. Dagegen wird dieselbe, wenn δ eine rationale Zahl ist, $\delta = \frac{p}{q}$, wo p und q ganze Zahlen bedeuten, welche keinen gemeinsamen Factor haben, nach q Umläufen von u um den Punkt $u = 0$ in sich selbst übergehen. Es hat hierbei $x + yi$ in entgegengesetzter Richtung $q-p$ Umläufe um den Punkt $x + yi = 0$ gemacht und der Punkt $x = 0$, $y = 0$, $z = 0$ ist, wenn $q-p > 1$, ein $(q-p-1)$facher Windungspunkt der Fläche.

Soll also die Fläche nicht die Singularität eines Windungspunktes besitzen, so ist $p = q-1$ zu setzen.

Die einfachsten Annahmen sind hiernach $q = 2$ und $q = 3$.

Bei der ersten Annahme hat die Fläche keine Singularität in dem betrachteten Punkte; die Tangentialebene $z = 0$ enthält zwei sich rechtwinklig schneidende gerade Linien der Fläche, welche in diesem Punkte, wie jede Minimalfläche in allen nicht singulären Punkten, eine sattelförmige Gestalt besitzt. Die beiden Geraden sind Symmetrieaxen der Fläche und die beiden Ebenen, welche durch die Normale der Fläche gehen und die Winkel der Geraden halbiren, sind Symmetrie-Ebenen der Fläche.

Aehnlich verhält es sich in dem Falle $q = 3$, $p = 2$. Die Tangentialebene schneidet aber aus der Fläche drei Gerade aus, welche sich unter Winkeln von 60° schneiden. Die Fläche liegt abwechselnd auf der einen und auf der andern Seite der Tangentialebene, die Geraden sind Symmetrieaxen, die Ebenen, welche die Winkel zweier benachbarten Geraden halbiren und die Normale der Fläche enthalten, sind Symmetrie-Ebenen der Fläche.

Aus der obigen Annahme für s und $\Phi(u)$ erhält man ein allgemeineres Flächenelement mit derselben wesentlichen Singularität, wenn man setzt

$$s = u^{\delta}\,(a_0 + a_1 u + a_2 u^2 + \cdots),$$
$$\Phi(u) = u^{-1}(b_0 + b_1 u + b_2 u^2 + \cdots),$$

während zugleich alle Constanten a und b reelle Werthe haben.

Unter dieser Voraussetzung entsprechen der Axe des Reellen in der u-Ebene zwei unter dem Winkel $(1-\delta)\pi$ sich schneidende gerade Linien, welche Symmetrieaxen der entstehenden Fläche sind.

Sind die Coefficienten derjenigen in den Klammern stehenden Potenzen von u, deren Exponenten ungrade Zahlen sind, sämmtlich gleich Null, so bleibt auch die Eigenschaft der Fläche erhalten, Symmetrie-Ebenen zu besitzen, welche die Normale der Fläche enthalten und den Winkel zweier auf einander folgenden Geraden halbiren.

In der Folge wird angenommen werden, dass die gesuchte Minimalfläche in den Ecken die Beschaffenheit habe, welche durch Functionen der im Vorhergehenden angegebenen Natur analytisch ausgedrückt wird.

Es bleibt noch zu untersuchen, welche Natur die Function $\Phi(u)$ für unendlich grosse Werthe von u hat.

Für $u = \infty$ hat s den Charakter einer rationalen Function, weil dem Punkte $u = \infty$ nach der Annahme ein nicht singulärer Punkt der Fläche entspricht.

Die Normale der Fläche sei in diesem Punkte nicht parallel der z-Axe; dann gilt für unendlich grosse Werthe von u eine Entwickelung von der Form

$$s = s_0 + \frac{a_1}{u} + \frac{a_2}{u^2} + \cdots,$$

in welcher a_1 von Null verschieden ist. Wird für $\frac{1}{u}$ die Grösse v eingeführt, so ergibt sich

$$\frac{\Phi(u)}{\left(\frac{ds}{du}\right)^2} ds = \frac{\Phi\left(\frac{1}{v}\right)}{\left(\frac{ds}{dv}\right)^2\left(\frac{dv}{du}\right)^2} ds = \frac{\Phi\left(\frac{1}{v}\right)}{v^4\left(\frac{ds}{dv}\right)^2} ds,$$

$\frac{ds}{dv}$ ist aber endlich für $v = 0$, damit also dem Werthe $v = 0$ ein im Endlichen liegender bestimmter und nicht singulärer Punkt der Fläche entspreche, muss sich $\frac{\Phi\left(\frac{1}{v}\right)}{v^4}$ für $\lim v = 0$ einer endlichen bestimmten Grenze nähern, d. h. die Function $\Phi(u)$ wird für unendlich grosse Werthe von u unendlich klein von der Ordnung der Grösse $\frac{1}{u^4}$.

Die einfachste Annahme, welche für die Function $\Phi(u)$ gemacht werden kann, wenn dieselbe in jedem singulären Punkte unendlich gross erster Ordnung und für $u = \infty$ unendlich klein vierter Ordnung werden soll, ist daher

$$\Phi(u) = \frac{C}{(u-u_{(1)})(u-u_{(2)})(u-u_{(3)})(u-u_{(4)})}.$$

Was nun die Function

$$F(u) = \Psi(s) = \frac{d^2}{du^2}\log\frac{ds}{du} - \frac{1}{2}\left(\frac{d}{du}\log\frac{ds}{du}\right)^2$$

anbetrifft, so hat dieselbe, wenn wie oben

$$s = u^{\delta}(a_0 + a_1 u + \cdot\cdot)$$

gesetzt wird, für alle dem absoluten Betrage nach hinreichend kleinen Werthe von u die Entwickelung

$$F(u) = \frac{1-\delta^2}{2}\cdot\frac{1}{u^2} + \frac{1-\delta^2}{\delta}\,\frac{a_1}{a_0}\cdot\frac{1}{u} + C_0 + C_1 u + \cdot\cdot\cdot,$$

in welcher die Coefficienten C rational und mit reellen Zahlencoefficienten aus den reellen Grössen a und der Zahl δ zusammengesetzt sind; sie sind mithin reell.

In dem Falle der Symmetrie verschwinden in dieser Entwickelung alle Glieder, welche Potenzen von u mit ungradem Exponenten enthalten, und es ist

$$F(-u) = F(u).$$

Diese Entwickelungen bleiben bestehen, wenn statt s eine rationale Function ersten Grades von s gesetzt wird, was in dem hier zu betrachtenden Falle einer Drehung des Coordinatensystems x, y, z gleichkommt. [6])

Werden daher in den vier Ecken nur solche Singularitäten zugelassen, wie die betrachteten, und wird vorausgesetzt, dass die vier singulären Punkte $u_{(1)}, u_{(2)}, u_{(3)}, u_{(4)}$ die einzigen Verzweigungspunkte in dem betrachteten Gebiete sind, so wird $F(u)$ in dem betrachteten Gebiet für keinen endlichen Werth von u mit Ausnahme der singulären unendlich gross. [7])

Für unendlich grosse Werthe von u beginnt die Entwickelung von $F(u)$ nach Potenzen von u^{-1} mit einem Gliede von der Ordnung

u^{-4}, wenn der unendlich grosse Werth von u kein singulärer ist. Ist dagegen dieser Werth ein singulärer und hat s die Entwickelung

$$s = u^{-\gamma}\left(c_0 + c_1 \cdot \frac{1}{u} + \cdots\right),$$

so beginnt die Entwickelung von $F(u)$ mit dem Gliede $\frac{1-\gamma^2}{2u^2}$.

Im vorliegenden Falle eines räumlichen Vierseits ist hiernach die Function $F(u)$ eine rationale Function, deren Nenner das Product $[(u-u_{(1)})(u-u_{(2)})(u-u_{(3)})(u-u_{(4)})]^2$ und deren Zähler eine ganze Function vierten Grades von u ist.

Die Constanten derselben sind dadurch bestimmt, dass die Function $F(u)$ in den singulären Punkten die vorgeschriebenen Entwickelungen besitzen und bei geeigneter Wahl der unabhängigen Variablen u in den Punkten $u_{(1)}$ und $u_{(3)}$ der Symmetriebedingung genügen muss.

Werden beispielsweise zu singulären Punkten gewählt $v = 0, +1, \infty, -1$ und sind die entsprechenden Winkel des Vierseits $ABCD$ beziehlich $\alpha_1\pi$, $\alpha_2\pi$, $\alpha_3\pi$, $\alpha_2\pi$, so ist zu setzen $\delta_1 = 1-\alpha_1$, $\delta_2 = 1-\alpha_2$, $\delta_3 = 1-\alpha_3$,

$$F(v) = \frac{A+Bv^2+Cv^4}{v^2(v^2-1)^2}.$$

Aus den bekannten Anfangsgliedern der für die Umgebungen der Werthe $v = 0, \infty, \pm 1$ geltenden Entwickelungen der Function $F(v)$ ergibt sich

$$A = \frac{1-\delta_1^2}{2}, \quad C = \frac{1-\delta_3^2}{2}, \quad B = 1+\frac{\delta_1^2+\delta_3^2}{2} - 2\delta_2^2.$$

Die Differentialgleichung $\Psi(s) = F(u)$, in welcher die Function $F(u)$ auf die angegebene Weise bestimmt ist, sei jetzt zur Integration vorgelegt. Es handelt sich also darum, eine hinreichende Anzahl von Eigenschaften ihres Integrals zu ermitteln.

Nach der Entstehungsweise der Function $\Psi(s, u)$ (siehe oben S. 13) bleibt $\Psi(s)$ als Function von u ungeändert, wenn für s eine rationale Function ersten Grades von s mit constanten Coefficienten gesetzt wird. Ist daher s ein particuläres Integral der vorgelegten Differentialgleichung, so ist auch $t = \frac{C_1 s + C_2}{C_3 s + C_4}$ ein Integral und zwar das allgemeine Integral der Differentialgleichung, denn es enthält ebensoviele willkürliche Constanten, wie die Ordnungszahl der Differentialgleichung Einheiten, nämlich drei. Zur allgemeinen Integration der Differentialgleichung genügt daher die Auffindung eines particulären Integrales.

Die gegebene Differentialgleichung bleibt im Wesentlichen auch ungeändert, wenn statt des Argumentes u eine rationale Function ersten Grades desselben als neue unabhängige Variable eingeführt wird. Es gilt nämlich, wenn v eine rationale Function ersten Grades von u ist, die identische Gleichung

$$\Psi(s, u) = \left(\frac{dv}{du}\right)^2 \Psi(s, v).$$

Aus der Differentialgleichung

$$\Psi(s) = \frac{d^2}{du^2}\log\frac{ds}{du} - \tfrac{1}{2}\left(\frac{d}{du}\log\frac{ds}{du}\right)^2 = F(u)$$

folgt, dass für alle der oberen Halbebene angehörenden Werthe von u, mit Ausnahme der singulären, die Function $\frac{d}{du}\log\frac{ds}{du}$ den Charakter einer rationalen Function hat, und dass, wenn diese Function für einen nicht singulären Werth $u = u_0$ unendlich gross wird, die nach Potenzen von $u-u_0$ fortschreitende Entwickelung derselben die Form haben muss

$$\frac{d}{du}\log\frac{ds}{du} = \frac{-2}{u-u_0} + c_1(u-u_0) + c_2(u-u_0)^2 + \cdots$$

In jedem andern Falle würde nämlich die Function $\Psi(s)$ für $u = u_0$ unendlich gross werden, während die Function $F(u)$ in der Umgebung jedes nicht singulären Werthes von u den Charakter einer ganzen Function besitzt.

Die Annahme

$$\frac{d}{du}\log\frac{ds}{du} = \frac{-2}{u-u_0} + c_1(u-u_0) + \cdots$$

ergibt

$$s = \frac{C_0}{u-u_0} + C_1 + C_2(u-u_0) + \cdots$$

Die angegebene Eigenschaft der Function $\frac{d}{du}\log\frac{ds}{du}$ zeigt also, dass der geometrische Ort aller Werthe eines particulären Integrals s der Differentialgleichung, vorausgesetzt, dass die Veränderlichkeit des Argumentes u auf die obere Halbebene beschränkt wird, ein einfach zusammenhängender Flächentheil ist, welcher in seinem Innern keinen Windungspunkt enthält.

Für die Umgebung jedes nicht singulären Punktes u_0 der Axe des Reellen gibt es eine nach Potenzen von $u-u_0$ mit ganzen Exponenten fortschreitende Reihe mit reellen Coefficienten, welche für alle dem absoluten Betrage nach hinreichend kleinen Werthe von $u-u_0$ convergirt und, für s gesetzt, der Differentialgleichung genügt.

Hieraus folgt: Jedes particuläre Integral der Differentialgleichung beschreibt entweder eine geradlinige Strecke oder einen Kreisbogen, wenn das Argument u sich längs einer keinen singulären Punkt enthaltenden Strecke der Axe des Reellen bewegt.

Für die Umgebung eines singulären Werthes u_0, welchem der Exponent δ zugehört, gibt es ein particuläres Integral der Differentialgleichung, welches folgende für alle dem absoluten Betrage nach hinreichend kleinen Werthe von $u-u_0$ convergirende Entwickelung hat

$$s = C(u-u_0)^\delta(1+c_1(u-u_0)+c_2(u-u_0)^2+\cdots),$$

in der die Coefficienten c sämmtlich reell sind.

Es geht hieraus hervor, dass auch für die singulären Werthe von u der Werth jedes particulären Integrals der Differentialgleichung sich einem bestimmten Werthe nähert. Ferner zeigt das angegebene Functionenelement, dass bei diesem particulären Integrale den beiden durch den singulären Punkt u_0 getrennten Strecken der Axe des Reellen in dem Gebiete von s zwei geradlinige Strecken entsprechen, welche mit einander den Winkel $\delta\pi$ bilden.

Mit Ausnahme der Integrale $C_1 s + C_2$ und $C_1 s^{-1} + C_2$ entspricht also dieser Ecke bei jedem anderen particulären Integrale eine von zwei Kreisbogen gebildete Ecke, deren Tangenten in dem gemeinsamen Punkte mit einander den Winkel $\delta\pi$ einschliessen.

Wenn daher die Veränderlichkeit des Argumentes u auf die obere Halbebene beschränkt wird, so ist das Gebiet aller Werthe eines particulären Integrales s der Differentialgleichung ein von vier Kreisbogen begrenzter einfach zusammenhängender Theil der Ebene und zwar sind die Winkel in den Ecken dieses Kreisbogenvierecks der Reihe nach gleich $(1-\alpha_1)\pi$, $(1-\alpha_2)\pi$, $(1-\alpha_3)\pi$, $(1-\alpha_2)\pi$.

Es gibt auch solche particuläre Integrale, für welche das entsprechende Kreisbogenviereck in Bezug auf eine durch zwei Ecken gehende gerade Linie symmetrisch ist. Wenn, wie bei der obigen Bestimmung, $v = 0$, $+1$, ∞, -1 die singulären Werthe sind, so führt zu einem solchen symmetrischen Kreisbogenviereck das zur Ecke A gehörende Functionenelement [8])

$$s = C v^{1-\alpha_1}(1 + c_1 v^2 + c_2 v^4 + \cdots) = \sigma.$$

Wird dieses Element als Ausgangselement zu Grunde gelegt, so ergibt sich durch eine geometrische Betrachtung, dass das fragliche Kreisbogenviereck der Gestalt nach durch die angegebenen Bedingungen schon bestimmt ist.

Ist $abcd$ (Fig. 3.) ein in Bezug auf die Diagonale ac symmetri-

Fig. 3.

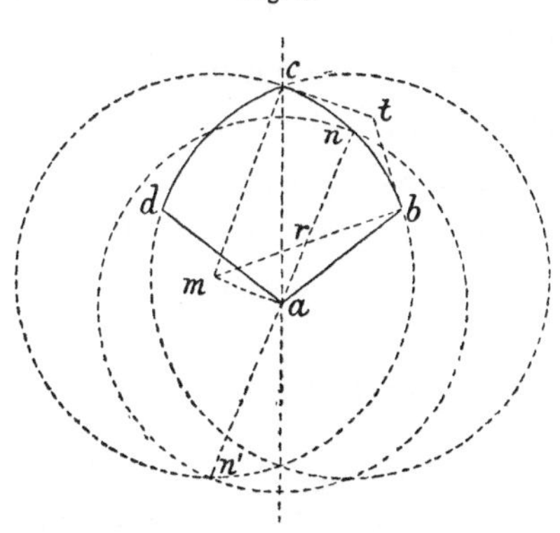

sches Kreisbogenviereck mit zwei geradlinigen Seiten ab und ad, dessen Winkel der Reihe nach gleich $(1-\alpha_1)\pi$, $(1-\alpha_2)\pi$, $(1-\alpha_3)\pi$ und $(1-\alpha_2)\pi$ sind, so entsteht durch die Tangenten bt und ct des Bogens bc ein geradliniges Viereck $abtc$, in welchem zwei Seiten bt und tc einander gleich und die Winkel in den Ecken a, b und c gegeben sind. Hierdurch ist das geradlinige Viereck $abtc$, mithin auch das symmetrische Kreisbogenviereck $abcd$, der Gestalt nach unzweideutig bestimmt.

Ist m der Mittelpunkt des Kreises, von welchem bc ein Bogen ist, und ist nn' die durch a gehende auf ma rechtwinklige Sehne dieses Kreises, so ist a der Mittelpunkt, $an = r$ der Radius eines Kreises, welcher von den vier Seiten des Kreisbogenvierecks $abcd$ in diametral gegenüberliegenden Punkten geschnitten wird.

Dieser Radius r ist reell, endlich und von Null verschieden, wenn gleichzeitig folgende Bedingungen erfüllt sind

$$\begin{aligned} \alpha_1 + 2\alpha_2 + \alpha_3 &< 2, & 0 &< \alpha_1 < 1, \\ -\alpha_1 + 2\alpha_2 + \alpha_3 &> 0, & 0 &< \alpha_2 < 1, \\ \alpha_1 + 2\alpha_2 - \alpha_3 &> 0, & 0 &< \alpha_3 < 1. \end{aligned}$$

Für jedes eigentliche, d. h. nicht ebene, räumliche Vierseit, welches eine durch zwei Ecken gehende Symmetrie-Ebene besitzt, sind diese Bedingungen erfüllt, wenn alle Winkel $< \pi$ gezählt werden.

Durch geeignete Verfügung über die Constante C in dem Functionenelemente σ kann bewirkt werden, dass, wenn $s = \sigma$ gesetzt wird, der dem Gebiete von s zugehörende Radius r die Länge 1 erhält.

Unter dieser Voraussetzung hat die zwischen s und s_1 für jeden reellen Werth von v bestehende Gleichung die Form

$$\alpha(s+s_1)+\beta\frac{s-s_1}{i}+\gamma(ss_1-1) = 0,$$

in welcher α, β, γ reelle Zahlen bedeuten, welche für das Innere jeder der vier Strecken $-\infty\cdots-1$, $-1\cdots 0$, $0\cdots+1$, $1\cdots+\infty$ constant sind und beim Uebergange von einer Strecke zur folgenden sprungweise sich ändern. Es ist hiernach die früher (S. 14) gestellte, auf die Integration der Differentialgleichung $\Psi = F$ sich beziehende Forderung erfüllt.

Wird nun in den Formeln auf S. 14

$$u = v, \qquad \Phi(v) = \frac{C_1}{v(1-v^2)}$$

gesetzt und für s das aus dem Elemente σ bei geeigneter Verfügung über die Constante C entspringende particuläre Integral der Differentialgleichung $\Psi(s,v) = F(v)$ eingeführt, während die Veränderlichkeit des Argumentes v auf die obere Halbebene beschränkt wird, so stellen jene Formeln ein einfach zusammenhängendes Flächenstück M dar, welches in jedem seiner Punkte die charakteristische Eigenschaft der Minimalflächen besitzt, durch ein von vier geraden Strecken gebildetes Vierseit begrenzt wird und in seinem Innern von singulären Stellen frei ist.

Die Seiten des begrenzenden Vierseits bilden mit einander der Reihe nach die Winkel $\alpha_1\pi$, $\alpha_2\pi$, $\alpha_3\pi$ und $\alpha_2\pi$. Ueberdies besitzt dieses Flächenstück M und daher auch seine Begrenzung eine durch zwei gegenüberliegende Ecken gehende Symmetrie-Ebene. Die Begrenzungslinie der durch jene Formeln bei der angegebenen Beschränkung des Arguments dargestellten Minimalfläche ist daher dem gegebenen räumlichen symmetrischen Vierseit $A\,B\,C\,D$ ähnlich.

Durch geeignete Verfügung über die Constante C_1 kann bewirkt werden, dass jene Begrenzung mit dem gegebenen Vierseit auch der Grösse nach übereinstimmt.

Die Differentialgleichung $\Psi(s, v) = F(v)$ hat vier singuläre Werthe des Arguments. Durch eine algebraische Transformation des Arguments (z. B. durch $v^2 = t$) kann jedoch die Anzahl der singulären Punkte auf drei gebracht werden. Die Function s ergibt sich dann in Bezug auf die neue Variable als Quotient zweier Lösungen einer linearen Differentialgleichung zweiter Ordnung, welche mit der bekannten Differentialgleichung der hypergeometrischen Reihe übereinstimmt.

Unter allen von vier geraden Strecken gebildeten in Bezug auf eine Ebene symmetrischen räumlichen Vierseiten besitzen die grösste Symmetrie diejenigen, deren vier Seiten gleich lang und deren vier Winkel gleich gross sind. Hierbei ist die Grösse dieser Winkel innerhalb der Grenzen 0 und $\frac{1}{2}\pi$ noch willkürlich.

Mit Rücksicht auf eine früher (S. 17) angestellte Specialuntersuchung liegt es nun sehr nahe, die Winkel des räumlichen Vierseits gleich 60^0 oder $\frac{1}{3}\pi$ anzunehmen. Diese Annahme führt zu dem im Eingange erwähnten speciellen Falle, dessen nähere Untersuchung die Hauptaufgabe der vorliegenden Abhandlung bildet.

Werden zu singulären Punkten $v = 0, +1, \infty, -1$ gewählt, so ergibt sich, da

$$\alpha_1 = \alpha_2 = \alpha_3 = \tfrac{1}{3}, \quad \delta = \tfrac{2}{3}, \quad \frac{1-\delta^2}{2} = \tfrac{5}{18},$$

$$\Psi(s, v) = \tfrac{5}{18} \cdot \frac{(1+v^2)^2}{v^2(1-v^2)^2}.$$

Wird dagegen die Halbebene v durch die Function

$$v = i \cdot \frac{1-u}{1+u}, \qquad u = \frac{i-v}{i+v}$$

auf die Fläche eines mit dem Radius 1 um den Punkt $u = 0$ beschriebenen Kreises abgebildet [a. a. O. S. 616], so sind die neuen singulären Punkte $+1, i, -1, -i$, und es ergibt sich

$$\Psi(s, u) = \tfrac{5}{18} \cdot \frac{16u^2}{(1-u^4)^2}.$$

Es wird nun dazu geschritten werden, diese Differentialgleichung in endlicher Form zu integriren.

Der Differentialgleichung

$$\Psi(s, v) = \tfrac{5}{18} \cdot \frac{(1+v^2)^2}{v^2(1-v^2)^2}$$

lässt sich durch eine Reihe von der Form

$$s = C \cdot \varepsilon v^{\frac{2}{3}}(1+c_1 v^2 + c_2 v^4 + \cdots) = \sigma$$

genügen, in welcher $\varepsilon = e^{\frac{2}{3}\pi i}$ ist, die Constanten c bestimmte reelle positive Werthe haben und worin C eine willkürliche Constante bedeutet. Die Reihe $1+c_1 v^2 + c_2 v^4 + \cdots$ convergirt für alle Werthe von v, deren absoluter Betrag den Werth 1 nicht überschreitet.

Es sei σ_0 der Werth der Reihe für $v = +1$. Der geradlinigen Strecke $v = 0 \cdots +1$ entspricht die geradlinige Strecke $\sigma = 0 \cdots C\sigma_0 \varepsilon$ oder ab (Fig. 4.), der Strecke $v = 0 \cdots -1$ die geradlinige Strecke

Fig. 4.

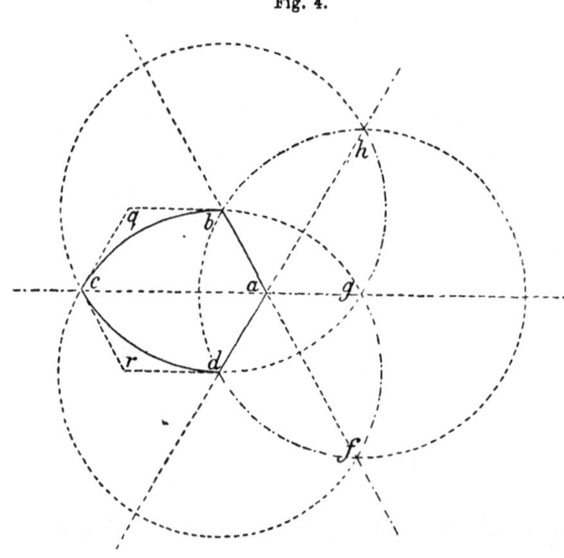

$\sigma = 0 \cdots C\sigma_0 \varepsilon^2$ oder ad. Dieses sind zwei Seiten eines regelmässigen Sechseckes $abqcrd$. Werden um d und b mit db als Radius zwei von b und d ausgehende Kreisbogen beschrieben, welche sich in c schneiden, so ist das hierdurch entstandene Kreisbogenviereck $abcd$, dessen Winkel sämmtlich gleich $\frac{2}{3}\pi$ sind, das der oberen Halbebene v entsprechende Gebiet des aus dem Elemente σ entspringenden particulären Integrales s.

Der Differentialgleichung

$$\Psi(s, u) = \tfrac{5}{18} \cdot \frac{16u^2}{(1-u^4)^2}$$

lässt sich durch eine Reihe von der Form

$$s = C'u(1 + c_1' u^4 + c_2' u^8 + \cdots) = s'$$

mit reellen positiven Coefficienten c' genügen, welche für alle Werthe von u, deren absoluter Betrag den Werth 1 nicht überschreitet, convergirt.[9]) Das Gebiet des particulären Integrals s' ist daher in Bezug auf vier gerade Linien symmetrisch, welche durch den Punkt $s' = 0$ gehen und von denen jede mit der vorhergehenden den Winkel $\frac{1}{4}\pi$ bildet. Hierdurch ist die Gestalt dieses Gebietes unzweideutig bestimmt, da überdies bekannt ist, dass die Begrenzung desselben aus vier Kreisbogen besteht, deren Tangenten in den Ecken des von denselben gebildeten Kreisbogenvierecks den Winkel $\frac{2}{3}\pi$ einschliessen.

Werden um die Ecken $klmn$ eines Quadrates (Fig. 5.) als Mittel-

Fig. 5.

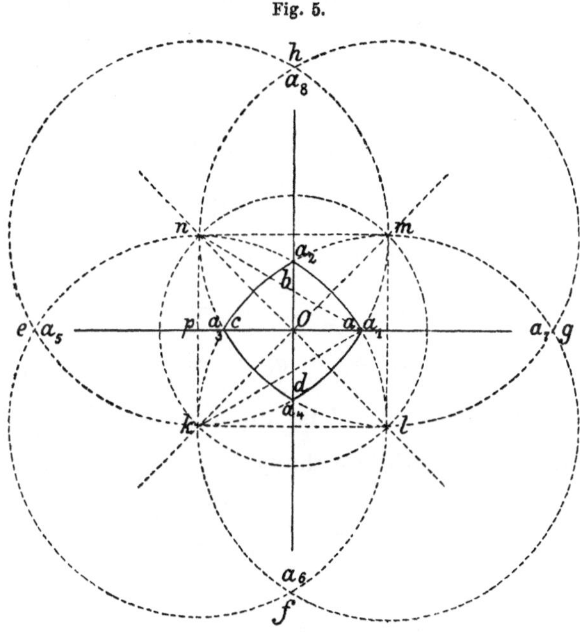

punkte und mit der Seite des Quadrates als Radius vier Kreise beschrieben, so ist die allen vier Kreisen gemeinschaftliche Fläche $abcd$ dem eben betrachteten Gebiete ähnlich. Die Winkel dieses Kreisbogenvierecks sind nämlich gleich $\frac{2}{3}\pi$, weil zwei Kreise, von denen jeder durch den Mittelpunkt des andern geht, sich unter einem Winkel von $\frac{2}{3}\pi$ schneiden.

Der durch die Ecken des Quadrates gehende Kreis wird von den vier construirten Kreisen in diametral gegenüberliegenden Punkten geschnitten.

Die Constante C' möge reell und positiv gewählt und durch geeignete Verfügung über ihre Grösse möge bewirkt werden, dass das Gebiet des particulären Integrals s' einem Quadrate $klmn$ entspricht, dessen halbe Diagonale Ok die Länge 1 hat.

Die Grösse

$$\frac{Oa}{Ok} = \frac{pa - pO}{Ok} = \frac{\sqrt{3}-1}{\sqrt{2}}$$

möge im Nachfolgenden der Kürze wegen mit a bezeichnet werden.

Ausser in den Punkten a, b, c, d und k, l, m, n schneiden sich die vier Kreise noch in vier Punkten e, f, g, h. Dem Mittelpunkte O des Quadrates entspricht der Werth $s' = 0$, die Richtung der Strecke Oa der positiven Richtung der Axe des Reellen in der Ebene s'.

Hiernach ergeben sich für die complexen Grössen

$$a_1,\ a_2,\ a_3,\ a_4,\ a_5,\ a_6,\ a_7,\ a_8,$$

welche durch die Punkte

$$a,\ b,\ c,\ d,\ e,\ f,\ g,\ h$$

geometrisch dargestellt werden, die Werthe

$$a_1 = a, \qquad a_2 = ai, \qquad a_3 = -a, \qquad a_4 = -ai,$$

$$a_5 = -\frac{1}{a}, \qquad a_6 = -\frac{i}{a}, \qquad a_7 = \frac{1}{a}, \qquad a_8 = \frac{i}{a},$$

$$a_1 \cdot a_5 = -1, \qquad a_2 \cdot a_6 = +1, \qquad a_3 \cdot a_7 = -1, \qquad a_4 \cdot a_8 = +1.$$

Ebenso wie die Function s' ist die Function $\frac{s'-a_1}{s'-a_5}$ ein particuläres Integral der Differentialgleichung

$$\Psi(s, u) = \tfrac{5}{18} \cdot \frac{16u^2}{(1-u^4)^2},$$

also auch von

$$\Psi(s, v) = \tfrac{5}{18} \cdot \frac{(1+v^2)^2}{v^2(1-v^2)^2},$$

und zwar hat dieses Integral als Function von v genau die oben für das particuläre Integral σ angegebene Entwickelung. Denn es entsprechen den beiden Kreisbogen ab, ad bei dem Integrale $\frac{s'-a_1}{s'-a_5}$

zwei vom Nullpunkte ausgehende ganz im Endlichen liegende geradlinige Strecken, während andrerseits das Integral σ das einzige ist, dem diese Eigenschaft zukommt.

Es kann daher durch geeignete Bestimmung der in dem Integrale σ noch verfügbaren Constante C bewirkt werden, dass $\frac{s'-a_1}{s'-a_5} = \sigma$, mithin $s' = \frac{a_5\sigma - a_1}{\sigma - 1}$ wird.

Aus diesen Gleichungen ergibt sich, da das Integral σ für die ganze Umgebung des Punktes $v = 0$, beziehungsweise $u = +1$, erklärt ist, die analytische Fortsetzung des Integrales s' in der ganzen Umgebung des Punktes $u = +1$, während dasselbe durch die obige Entwickelung zunächst nur für das Innere des durch die Punkte $u = \pm 1, \pm i$ gehenden Kreises erklärt ist.

Wenn v um den Punkt $v = 0$, mithin u um den Punkt $u = +1$ in positiver Richtung einen Umlauf macht, so geht nach dem ersten Umlauf σ in $\sigma \cdot \varepsilon^2$, also $\frac{s'-a_1}{s'-a_5}$ in $\frac{s'-a_1}{s'-a_5} \cdot \varepsilon^2$, nach dem zweiten $\sigma \cdot \varepsilon^2$ in $\sigma \cdot \varepsilon$, $\frac{s'-a_1}{s'-a_5} \cdot \varepsilon^2$ in $\frac{s'-a_1}{s'-a_5} \cdot \varepsilon$ über. Nach dem dritten Umlauf nimmt $\sigma \cdot \varepsilon$ wieder den anfänglichen Werth σ, $\frac{s'-a_1}{s'-a_5} \cdot \varepsilon$ den anfänglichen Werth $\frac{s'-a_1}{s'-a_5}$ an, womit der Cyclus geschlossen ist.

Es ergibt sich folgende Tabelle

$$\frac{a_2-a_1}{a_2-a_5} = \frac{a}{\sqrt{2}} \cdot \varepsilon, \qquad \frac{a_3-a_1}{a_3-a_5} = -a\sqrt{2}, \qquad \frac{a_4-a_1}{a_4-a_5} = \frac{a}{\sqrt{2}} \cdot \varepsilon^2,$$

$$\frac{a_6-a_1}{a_6-a_5} = -a\sqrt{2} \cdot \varepsilon, \qquad \frac{a_7-a_1}{a_7-a_5} = \frac{a}{\sqrt{2}}, \qquad \frac{a_8-a_1}{a_8-a_5} = -a\sqrt{2} \cdot \varepsilon^2.$$

Dem Werthe $v = +1$ entspricht $u = i$, $s' = a_2$, $\sigma = \frac{a}{\sqrt{2}} \cdot \varepsilon$. Nach einem positiven Umlauf von v um den Punkt $v = 0$ entspricht dem Punkte $v = +1$ der Werth $\sigma = \frac{a}{\sqrt{2}}$. Bei der analytischen Fortsetzung des Integrals s' um den Punkt $u = +1$ geht also, wie die Tabelle zeigt, der Werth $s' = a_2$ für den Punkt $u = +i$ nach dem ersten Umlauf der Variablen u um den Punkt $u = +1$ in den Werth a_7, nach dem zweiten in den Werth a_4 und nach dem dritten wieder in den anfänglichen Werth a_2 über. Es entsprechen also dem Werthe $u = +i$ ausser dem Werthe $s' = a_2$ noch die Werthe a_7 und a_4, welche in Bezug auf den Punkt $u = +1$ zu derselben Gruppe gehören. Analogerweise entsprechen dem Werthe $u = -i$ ausser dem

Werthe $s' = a_4$ in Bezug auf den Punkt $u = +1$ noch die Werthe a_2 und a_7.

Aehnlich wie das Integral $\frac{s'-a_1}{s'-a_5} = \sigma$ sind gebildet die Integrale

$$\frac{s'-a_2}{s'-a_6}, \quad \frac{s'-a_3}{s'-a_7}, \quad \frac{s'-a_4}{s'-a_8}.$$

Aus der Betrachtung dieser Integrale folgt, dass bei dem Umlauf von u um den Punkt $u = +i$ der Werth von s' für den Punkt $u = -1$, $s' = a_3$, übergeht in a_8 und in a_1, und dass der Werth $s' = a_1$ für den Punkt $u = +1$ in a_3 und in a_8 übergeht. Dagegen gehören in Bezug auf den Punkt $u = -i$ für den Werth $u = +1$ die Werthe a_1, a_6, a_3, für den Werth $u = -1$ die Werthe a_3, a_1, a_6 zu derselben Gruppe.

Hieraus ergibt sich, dass die acht Werthe a_1 bis a_8 in zwei Abtheilungen zu je vier zerfallen. Die Werthe a_1, a_3, a_6, a_8 entsprechen den Werthen $u = +1$ und $u = -1$, die Werthe a_2, a_4, a_5, a_7 hingegen den Werthen $u = +i$ und $u = -i$. Dies führt zur Betrachtung des Productes

$$\frac{s'-a_1}{s'-a_5} \cdot \frac{s'-a_3}{s'-a_7} \cdot \frac{s'-a_6}{s'-a_2} \cdot \frac{s'-a_8}{s'-a_4},$$

dessen Zähler für die Werthe $u = \pm 1$ und dessen Nenner für die Werthe $u = \pm i$ verschwindet.

Der erste Factor dieses Productes ist gleich σ; seine dritte Potenz hat also in der Umgebung des Werthes $v = 0$, beziehungsweise $u = +1$, den Charakter einer ganzen Function und wird für $u = +1$ unendlich klein von der Ordnung der Grösse $(u-1)^2$.

Für die drei andern Factoren ergeben sich die Werthe

$$\frac{s'-a_3}{s'-a_7} = a \cdot \frac{\sigma + a\sqrt{2}}{\sqrt{2}\,\sigma - a}, \qquad \frac{s'-a_6}{s'-a_2} = -\frac{\varepsilon}{a} \cdot \frac{\sigma + a\sqrt{2}\,\varepsilon}{\sqrt{2}\,\sigma - a\varepsilon},$$

$$\frac{s'-a_8}{s'-a_4} = -\frac{\varepsilon^2}{a} \cdot \frac{\sigma + a\sqrt{2}\,\varepsilon^2}{\sqrt{2}\,\sigma - a\varepsilon^2}.$$

Das Product derselben ist also gleich

$$\frac{1}{a} \cdot \frac{\sigma^3 + (a\sqrt{2})^3}{(\sqrt{2}\,\sigma)^3 - a^3}$$

und besitzt als rationale Function von σ^3 für die Umgebung des

Punktes $v = 0$, also auch für die Umgebung des Punktes $u = +1$ den Charakter einer ganzen Function.

Hieraus folgt, dass die dritte Potenz des aus vier Factoren bestehenden Productes

$$\left(\frac{s'-a_1}{s'-a_5}\cdot\frac{s'-a_3}{s'-a_7}\cdot\frac{s'-a_6}{s'-a_2}\cdot\frac{s'-a_8}{s'-a_4}\right)^3 = \chi(s')$$

für die Umgebung des Punktes $u = +1$ den Charakter einer ganzen Function besitzt und für diesen Punkt unendlich klein wird von der Ordnung der Grösse $(u-1)^2$.

Sind nun $u = u_0$ und $s' = s'_0$ zwei zusammengehörende Werthe von u und s', so gehört zu dem Werthe $u = u_0 \cdot i$ der Werth $s' = s'_0 \cdot i$. Wird dieser Werth für s' in den Ausdruck für $\chi(s')$ eingesetzt, so ergibt sich mit Hülfe von Relationen wie der folgenden

$$s'_0 i - a_1 = i(s'_0 - a_4), \qquad s'_0 i - a_3 = i(s'_0 - a_2) \text{ u. s. w.}$$

der Satz: Gehört zu dem Werthe $u = u_0$ der Werth $\chi(s') = \chi(s'_0)$, so gehört zu dem Werthe $u = u_0 \cdot i$ der Werth

$$\chi(s') = \chi(s'_0 \cdot i) = \frac{1}{\chi(s'_0)}.$$

Hieraus folgt, dass die Function $\chi(s')$ in der Umgebung des Punktes $u = +i$ den Charakter einer rationalen Function besitzt und für diesen Punkt von der Ordnung der Grösse $(u-i)^{-2}$ unendlich gross wird.

Durch Fortsetzung dieses Schlusses ergibt sich, dass die Function $\chi(s')$ in allen singulären Punkten den Charakter einer rationalen Function besitzt. Daher ist die Function $\chi(s')$ selbst eine rationale Function von u und zwar gleich $C_0 \cdot \left(\frac{1-u^2}{1+u^2}\right)^2$. [10)]

Der Werth von C_0 ergibt sich aus dem Paare zusammengehörender Werthe $u = 0$, $s' = 0$

$$C_0 = \left(\frac{a_1 \cdot a_3 \cdot a_6 \cdot a_8}{a_5 \cdot a_7 \cdot a_2 \cdot a_4}\right)^3 = 1.$$

Also ist s' eine algebraische Function von u und zwar ist, wenn $s' = s$ gesetzt wird,

$$\left[\frac{(s-a_1)(s-a_3)(s-a_6)(s-a_8)}{(s-a_5)(s-a_7)(s-a_2)(s-a_4)}\right]^3 = \left(\frac{1-2\sqrt{3}s^2-s^4}{1+2\sqrt{3}s^2-s^4}\right)^3 = \left(\frac{1-u^2}{1+u^2}\right)^2$$

die zwischen u und s bestehende algebraische Gleichung.

Fortan möge die Grösse s ausschliesslich das particuläre Integral s' sowie dessen analytische Fortsetzung bezeichnen und zwar möge dieselbe zur unabhängigen Variablen gewählt werden.

Um die auf S. 14 für die Coordinaten eines Punktes der Minimalfläche aufgestellten Formeln auf den vorliegenden Fall anwenden zu können, ist nur an die Stelle der in denselben vorkommenden mit u bezeichneten Grösse die zuletzt mit v bezeichnete einzusetzen. Dann kommt in diesen Formeln die Grösse v nur in der Verbindung $\Phi(v)\cdot\left(\frac{dv}{ds}\right)^2$ vor, und zwar ist nach dem Vorhergehenden

$$\Phi(v) = \frac{C_1}{v(1-v^2)}$$

zu setzen, wo C_1 eine reelle Constante bedeutet.

Wird nun durch die Gleichung $v = i\frac{1-u}{1+u}$ die Grösse u eingeführt, so ergibt sich

$$\Phi(v)\left(\frac{dv}{ds}\right)^2 = \frac{C_1}{v(1-v^2)}\left(\frac{dv}{ds}\right)^2 = \frac{2C_1 i}{1-u^4}\left(\frac{du}{ds}\right)^2,$$

und diese Grösse ist jetzt noch durch s auszudrücken.

Es ergibt sich

$$\frac{1}{1-u^4}\left(\frac{du}{ds}\right)^2 = \frac{3\sqrt{3}}{\sqrt{\prod\limits_{(\nu=1\ldots 8)}(s-a_\nu)}} = \frac{3\sqrt{3}}{\sqrt{1-14s^4+s^8}}.$$

Nun sind alle in den erwähnten Formeln vorkommenden veränderlichen Grössen durch die Variable s, beziehungsweise deren conjugirte s_1, ausgedrückt. Wird noch der reellen Constante C_1 der Einfachheit wegen der Werth $-\frac{1}{3\sqrt{3}}$ beigelegt und derjenige Zweig der analytischen Function $\frac{1}{\sqrt{1-14s^4+s^8}}$, welcher für $s = 0$ den Werth $+1$ besitzt, mit $\mathfrak{F}(s)$ bezeichnet, so ergeben sich für die Coordinaten eines Punktes der zu betrachtenden Minimalfläche folgende Ausdrücke

$$\text{(A)}\qquad \begin{aligned} x &= \int_0 (1-s^2)\,\mathfrak{F}(s)\,ds + \int_0 (1-s_1^2)\,\mathfrak{F}(s_1)\,ds_1, \\ y &= \int_0 i(1+s^2)\,\mathfrak{F}(s)\,ds + \int_0 -i(1+s_1^2)\,\mathfrak{F}(s_1)\,ds_1, \\ z &= \int_0 2s\,\mathfrak{F}(s)\,ds + \int_0 2s_1\,\mathfrak{F}(s_1)\,ds_1, \\ \mathfrak{F}(s) &= \frac{1}{\sqrt{1-14s^4+s^8}}, \qquad \mathfrak{F}(0) = +1. \end{aligned}$$

Wird die Veränderlichkeit der Variablen s auf das Innere und die Begrenzung des Kreisbogenvierecks $abcd$ (Fig. 5.) beschränkt und werden den Variablen s und s_1 nur conjugirte Werthe beigelegt, so stellen die Gleichungen (A) ein reelles, einfach zusammenhängendes von vier geradlinigen Strecken begrenztes Flächenstück M dar, welches in jedem seiner Punkte die charakteristische Eigenschaft der Minimalflächen besitzt; die vier Seiten des begrenzenden Vierseits haben gleiche Länge und jeder der vier Winkel desselben beträgt 60^0.

Sobald die analytische Fortsetzung dieses Flächenstückes mit in Betracht gezogen wird, fällt die über das Gebiet der Grösse s gemachte beschränkende Voraussetzung fort und es sind dann die in den Gleichungen (A) angedeuteten Integrationen für jede der beiden unabhängigen Variablen s und s_1 einzeln auf demselben Wege auszuführen.

Zweiter Theil.

Die durch die Formeln (A) (S. 32) dargestellte Fläche soll nun näher untersucht werden.

Die Integrale, durch welche die Coordinaten eines beliebigen Punktes dieser Fläche ausgedrückt sind, sind hyperelliptische von der Irrationalität $\sqrt{1-14s^4+s^8}$ abhängende Integrale erster Art.

Die Integrale von der Form

$$\int \frac{2s\,ds}{\sqrt{1-14s^4+s^8}},$$

welche in dem Ausdrucke für die Coordinate z vorkommen, führen durch die Substitution $s^2 = t$ auf das elliptische Integral

$$\int \frac{dt}{\sqrt{1-14t^2+t^4}},$$

während diejenigen Integrale, durch welche die Coordinaten x und y ausgedrückt sind, durch dieselbe Substitution in die hyperelliptischen Integrale

$$\int \frac{(1-t)\,dt}{2\sqrt{t(1-14t^2+t^4)}}, \qquad \int \frac{i(1+t)\,dt}{2\sqrt{t(1-14t^2+t^4)}},$$

und die conjugirten übergehen.

Auch diese Integrale lassen sich durch geeignete Substitutionen auf elliptische zurückführen.

Legendre hat gezeigt, dass die von einer Quadratwurzel $\sqrt{x(1-x^2)(1-k^2x^2)}$ abhängenden Integrale auf elliptische führen. Dasselbe hat Jacobi für die von der Quadratwurzel

$$\sqrt{x(1-x)(1-k^2x)(1-l^2x)(1-k^2l^2x)}$$

abhängenden Integrale nachgewiesen.

Es sei $R(x)$ eine ganze Function fünften Grades. Die fünf Wurzeln der Gleichung $R(x) = 0$, von denen nicht zwei einander gleich sind, mögen in irgend einer Reihenfolge mit a_1, a_2, a_3, a_4, a_5 bezeichnet werden. Eine Wurzel, etwa a_1, werde herausgegriffen und der Reihe nach von den übrigen Wurzeln subtrahirt. Hierdurch entstehen die Wurzeldifferenzen a_2-a_1, a_3-a_1, a_4-a_1, a_5-a_1.

Wenn es nun möglich sein soll, durch eine lineare Substitution des Arguments die Function $R(x)$ in die specielle von Jacobi angegebene Form zu setzen, so muss es möglich sein, aus den fünf Wurzeln eine solche herauszugreifen, dass das Product zweier der entstehenden Wurzeldifferenzen gleich dem Producte der beiden anderen Wurzeldifferenzen ist; es muss also, für eine gewisse Wahl der Wurzeln die Gleichung bestehen [11])

$$(a_2-a_1)(a_3-a_1) = (a_4-a_1)(a_5-a_1).$$

Das Integral

$$\int \frac{x-a_1-h^2}{\sqrt{R(x)}}\,dx$$

geht, wenn diese Gleichung erfüllt und h durch die Gleichung

$$h^4 = (a_2-a_1)(a_3-a_1) = (a_4-a_1)(a_5-a_1)$$

bestimmt ist, durch die Substitution

$$\frac{\sqrt{x-a_1}+h}{\sqrt{x-a_1}-h} = \sqrt{y}$$

in ein elliptisches Integral über.

Wenn der Ausdruck unter dem Wurzelzeichen, wie im vorliegenden Falle $R(t) = t(1-14t^2+t^4)$, nur solche Potenzen der unabhängigen Variablen enthält, deren Exponenten ungrade Zahlen sind, können die fünf Wurzeln stets und zwar in zwiefacher Weise so angeordnet werden, dass die obige Gleichung erfüllt ist.

Diese beiden Anordnungen sind

$$a_1=0,\ a_2=2+\sqrt{3},\ a_3=2-\sqrt{3},\ a_4=-(2-\sqrt{3}),\ a_5=-(2+\sqrt{3});\ h^4=+1$$

und

$$a_1=0,\ a_2=2+\sqrt{3},\ a_3=-(2-\sqrt{3}),\ a_4=2-\sqrt{3},\ a_5=-(2+\sqrt{3});\ h^4=-1.$$

Es führen also die Integrale

$$\int \frac{(1\mp t)\,dt}{2\sqrt{t(1-14t^2+t^4)}} \quad \text{und} \quad \int \frac{(1\mp it)\,dt}{2\sqrt{t(1-14t^2+t^4)}},$$

oder

$$\int (1\mp s^2)\mathfrak{F}(s)\,ds \quad \text{und} \quad \int (1\mp is^2)\mathfrak{F}(s)\,ds$$

durch die Substitutionen

$$\left(\frac{1+s}{1-s}\right)^2 = t_1, \quad \left(\frac{1+is}{1-is}\right)^2 = t_2, \quad \left(\frac{1+\sqrt{i}\,s}{1-\sqrt{i}\,s}\right)^2 = t_3, \quad \left(\frac{1+\sqrt{-i}\,s}{1-\sqrt{-i}\,s}\right)^2 = t_4$$

auf elliptische Integrale.

(Unter $\sqrt{i}$ und $\sqrt{-i}$ sind hier und im Folgenden stets die Werthe $\frac{1+i}{\sqrt{2}}$ und $\frac{1-i}{\sqrt{2}}$ zu verstehen.)

Es sind also die drei Coordinaten x, y, z eines beliebigen Punktes der Fläche darstellbar als Summen je zweier elliptischen Integrale erster Art, deren obere Grenzen algebraische Functionen zweier unabhängigen Variablen s und s_1 sind.

Die Integrale

$$\int \frac{2x\,dx}{\sqrt{1-2gx^4+x^8}}, \qquad \int \frac{(1 \mp x^2)\,dx}{\sqrt{1-2g\,x^4+x^8}}, \qquad \int \frac{(1 \mp i\,x^2)\,dx}{\sqrt{1-2g\,x^4+x^8}}$$

führen für jeden Werth von g durch Substitutionen der angegebenen Form auf elliptische. Im vorliegenden Falle, wo $2g = 14$, gibt es, wie beiläufig bemerkt werden mag, ausser diesen fünf Integralen noch acht andere, bei denen eine solche Zurückführung auf elliptische Integrale durch analoge sehr einfache Substitutionen möglich ist.

Nun handelt es sich darum, unter den Integralen erster Art, welche durch einfache Substitutionen direkt auf elliptische Integrale führen, drei auszuwählen und für die folgenden Betrachtungen zu Grunde zu legen.

Hierzu eignen sich vor allen andern die drei Integrale

$$\int 2s\,\mathfrak{F}(s)\,ds, \qquad \int \sqrt{-i}\,(1-is^2)\,\mathfrak{F}(s)\,ds, \qquad \int \sqrt{i}\,(1+is^2)\,\mathfrak{F}(s)\,ds,$$

weil die durch die Substitutionen

$$s^2 = t, \qquad \left(\frac{1+\sqrt{i}\,s}{s-\sqrt{-i}}\right)^2 = t', \qquad \left(\frac{1+\sqrt{-i}\,s}{s-\sqrt{i}}\right)^2 = t''$$

aus denselben hervorgehenden elliptischen Integrale d i e s e l b e Form $\int \frac{dt}{\sqrt{1-14t^2+t^4}}$ erhalten.

Wird nämlich

$$\frac{1+\sqrt{i}\,s}{s-\sqrt{-i}} = s', \qquad \frac{1+\sqrt{-i}\,s}{s-\sqrt{i}} = s''$$

gesetzt, so entspricht, vorbehaltlich einer später zu treffenden Zeichenbestimmung, einem Uebergange von s in s' ein Uebergang von $2s\mathfrak{F}(s)ds$ in $\sqrt{-i}(1-is^2)\mathfrak{F}(s)ds$ oder in $2s'\mathfrak{F}(s')ds'$.

Einem Uebergange von s in s' entspricht ein Uebergang von s' in s'' und von s'' in s; ebenso entspricht einem Uebergange von s in s'' ein solcher von s' in s, von s'' in s'.

Es möge nun die zu betrachtende Fläche auf ein neues Coordinatensystem bezogen werden, welches mit dem vorigen die Z-Axe gemein hat und gegen dasselbe in der Richtung von der positiven Y-Axe nach der positiven X-Axe um 45^0 gedreht ist.

Für die Coordinaten x', y', z' eines beliebigen Punktes der Fläche in Bezug auf das neue Coordinatensystem ergeben sich dann die Ausdrücke

$$(\mathrm{A}')\quad \begin{aligned} x' &= \frac{x-y}{\sqrt{2}} = \int_0 \sqrt{-i}(1-is^2)\mathfrak{F}(s)ds + \int_0 \sqrt{i}(1+is_1^2)\mathfrak{F}(s_1)ds_1, \\ y' &= \frac{x+y}{\sqrt{2}} = \int_0 \sqrt{i}(1+is^2)\mathfrak{F}(s)ds + \int_0 \sqrt{-i}(1-is_1^2)\mathfrak{F}(s_1)ds_1, \\ z' &= z = \int_0 2s\mathfrak{F}(s)ds + \int_0 2s_1\mathfrak{F}(s_1)ds_1. \end{aligned}$$

Hierin bedeuten $\mathfrak{F}(s)$ und $\mathfrak{F}(s_1)$ wie in den Formeln (A) diejenigen Zweige der analytischen Functionen

$$\frac{1}{\sqrt{1-14s^4+s^8}} \quad \text{und} \quad \frac{1}{\sqrt{1-14s_1^4+s_1^8}},$$

welche für $s = 0$ und $s_1 = 0$ den Werth $+1$ haben.

Es ist nützlich, der Discussion dieser Formeln eine nähere Betrachtung des Integrales

$$\int 2s\mathfrak{F}(s)ds = \int \frac{2s\,ds}{\sqrt{1-14s^4+s^8}}$$

vorangehen zu lassen, weil mit dessen Eigenschaften die Eigenschaften der zu untersuchenden Fläche aufs Engste zusammenhängen.

Die einzigen singulären Werthe für die Integrationsvariable s sind bei diesem Integrale die Wurzeln der Gleichung $1-14s^4+s^8 = 0$. Wird der Werth von $\frac{\sqrt{3}-1}{\sqrt{2}}$ wie oben mit a bezeichnet, so sind sämmtliche Wurzeln

$$a, \ \frac{1}{a}; \ ai, \ \frac{i}{a}; \ -a, \ -\frac{1}{a}; \ -ai, \ -\frac{i}{a}.$$

Für jeden Punkt der Ebene, mit Ausnahme dieser acht singulären, hat die Quadratwurzel $\sqrt{1-14s^4+s^8}$ zwei Werthe.

Um diese von einander zu unterscheiden, denke man sich in der Ebene s vier geradlinige Schnitte ausgeführt, von a bis $\frac{1}{a}$, von ai bis $\frac{i}{a}$, von $-a$ bis $-\frac{1}{a}$ und von $-ai$ bis $-\frac{i}{a}$. (Fig. 6.)

Fig. 6.

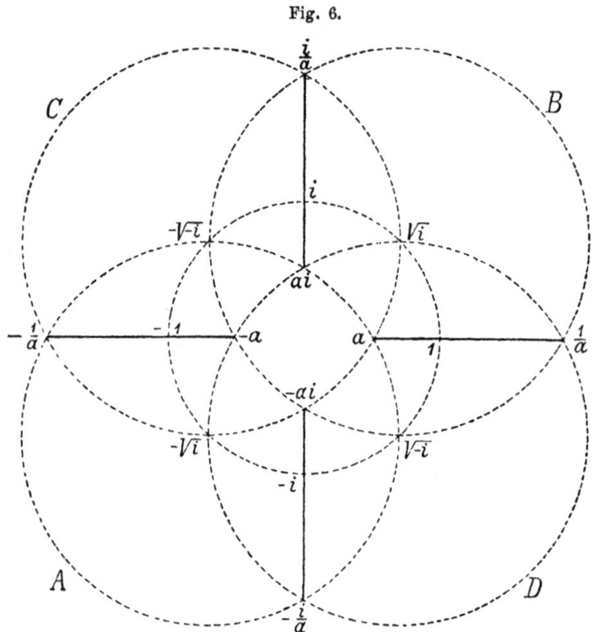

Dann kann die Verzweigung der Werthe der Quadratwurzel $\sqrt{1-14s^4+s^8}$ durch eine über diese Ebene ausgebreitete zweiblättrige Riemann'sche Fläche dargestellt werden, deren zwei Blätter längs der erwähnten Verzweigungsschnitte in einander übergehen.

Unter dem Werthe der Quadratwurzel für einen dem oberen Blatte dieser Fläche angehörenden Punkt $s = s_0$ möge derjenige Werth der Quadratwurzel verstanden werden, welcher bei stetigem Uebergange von s aus dem Punkte s_0 in den Punkt 0, wobei s keinen der vier Verzweigungsschnitte überschreiten darf, übergeht in den Werth $+1$. Dieser Werth der Quadratwurzel möge ohne Marke oder mit $+\sqrt{1-14s_0^4+s_0^8}$ und der reciproke Werth desselben mit $\mathfrak{F}(s_0)$ bezeichnet werden. Der entgegengesetzte Werth der Quadratwurzel, der mit $-\sqrt{1-14s_0^4+s_0^8}$ zu bezeichnen ist, geht unter denselben Bedingungen in den Werth -1 über und gehört hiernach dem entsprechenden Punkte des unteren Blattes der Fläche an.

Durch diese Bezeichnung, welche im Folgenden festgehalten werden soll, sind die beiden Werthe der Quadratwurzel für alle Punkte der Ebene s, welche nicht jenen Schnitten angehören, von einander unterschieden. Längs der Schnitte selbst hat in jedem Punkte die Quadratwurzel $\sqrt{1-14s^4+s^8}$ und also auch die Function $\mathfrak{F}(s)$ zwei entgegengesetzt gleiche Werthe und es sind daher $-\sqrt{1-14s^4+s^8}$ und $-\mathfrak{F}(s)$ die analytischen Fortsetzungen von $\sqrt{1-14s^4+s^8}$ und $\mathfrak{F}(s)$, sobald s einen dieser Schnitte überschreitet.

Damit es möglich sei, auch die Integralfunction

$$\int_0^{s_0} 2s\,\mathfrak{F}(s)\,ds$$

für das obere Blatt der Ebene als eine eindeutige Function der oberen Grenze zu definiren, mögen die erwähnten vier Schnitte über die Punkte $\frac{1}{a}, \frac{i}{a}, -\frac{1}{a}, -\frac{i}{a}$ hinaus geradlinig bis ins Unendliche verlängert und diese Verlängerungen als vier zu den früheren Schnitten hinzutretende neue Schnitte angesehen werden. Wird dann festgesetzt, dass der Integrationsweg keinen der Schnitte überschreiten darf, so hat das Integral $\int_0^{s_0} 2s\,\mathfrak{F}(s)\,ds$ für jeden nicht auf einem der Schnitte liegenden Punkt s_0 einen endlichen, von der Gestalt des Integrationsweges unabhängigen Werth. Falls s_0 ein Punkt eines Schnittes ist, ist noch anzugeben, ob der Integrationsweg für einen im Punkte $s = 0$ gedachten Beobachter auf der negativen (rechten) oder auf der positiven (linken) Seite des Schnittes mündet; dies möge durch die dem Integralzeichen beigefügte Marke $-$ oder $+$, also durch ${}^{-}\!\int_0^{s_0}$ oder ${}^{+}\!\int_0^{s_0}$ angedeutet werden.

Unter den gemachten Voraussetzungen gelten die Gleichungen

$$\int_0^{s_0 i} = -\int_0^{s_0}, \qquad \int_0^{-s_0} = \int_0^{s_0}.$$

Durch die Substitution $s^2 = t$ geht das betrachtete Integral in das elliptische Integral $\int \frac{dt}{\sqrt{1-14t^2+t^4}}$ über. Werden die halben

Perioden dieses Integrals mit ω und ω' bezeichnet, also

$$\omega = 2\int_0^{a^2} \frac{dt}{\sqrt{1-14t^2+t^4}}, \quad \omega' = 2i\int_0^1 \frac{dt}{\sqrt{1+14t^2+t^4}} = 2i\int_{a^2}^1 \frac{dt}{\sqrt{-(1-14t^2+t^4)}},$$

wobei den Quadratwurzeln ihre positiven Werthe beigelegt werden, so ergeben sich folgende Werthe für das Integral $\int 2s\,\mathfrak{F}(s)\,ds$

$$\int_0^a = \frac{\omega}{2}, \int_0^{\sqrt{i}} = \frac{\omega'}{2}, {}^{+}\!\!\int_a^1 = \frac{\omega'}{2}, {}^{+}\!\!\int_a^{\frac{1}{a}} = \omega'; {}^{+}\!\!\int_0^1 = \frac{\omega+\omega'}{2}, {}^{+}\!\!\int_0^{\frac{1}{a}} = \frac{\omega}{2} + \omega'.$$

Hiernach sind die in Fig. 7. und Fig. 8. dargestellten Schemata für die Integralfunctionen

$$\int_0^{s_0} 2s\,\mathfrak{F}(s)\,ds \quad \text{und} \quad \int_{\pm a}^{s_0} 2s\,\mathfrak{F}(s)\,ds$$

entworfen. Mit Hülfe derselben ist es leicht, den Werth des Integrals $\int_{s_0}^{s_1} 2s\,\mathfrak{F}(s)\,ds$ bei beliebig gestaltetem Integrationswege anzugeben, wenn die beiden Grenzen s_0 und s_1 unter den Werthen

$$0, \pm a, \pm ai, \pm\frac{1}{a}, \pm\frac{i}{a}, \pm 1, \pm i, \pm\sqrt{\pm i}$$

Fig. 7.

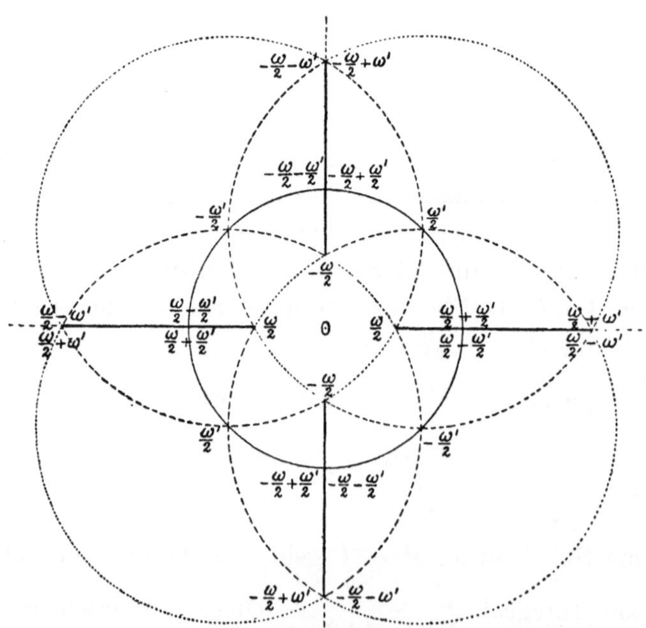

Fig. 8.

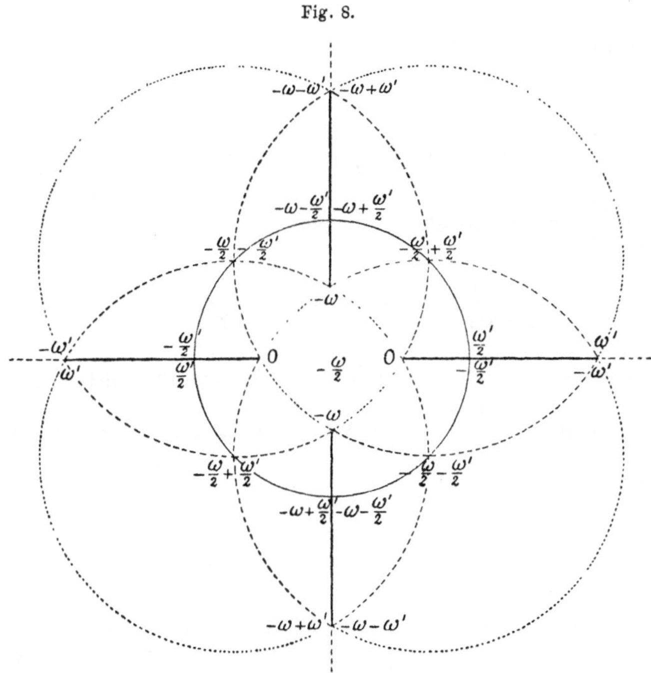

enthalten sind und von dem Integrationswege, der nur an die Bedingung geknüpft ist, durch keinen der singulären Punkte zu gehen, bekannt ist, welche der acht Schnittlinien er der Reihe nach und in welcher Richtung er jede einzelne derselben durchschneidet.

Die drei Integrale

$$\int 2s\mathfrak{F}(s)\,ds\,, \qquad \int\sqrt{-i}\,(1-is^2)\,\mathfrak{F}(s)\,ds\,, \qquad \int\sqrt{i}\,(1+is^2)\,\mathfrak{F}(s)\,ds$$

mit derselben unteren Grenze 0, derselben oberen Grenze s und demselben Integrationswege, können, wie oben (S. 36) angegeben, durch die Substitutionen

$$\frac{1+\sqrt{i}\,s}{s-\sqrt{-i}} = s', \qquad \frac{1+\sqrt{-i}\,s}{s-\sqrt{i}} = s'',$$

auf drei Integrale derselben Form $\int 2s\,\mathfrak{F}(s)\,ds$, aber mit verschiedenen unteren und oberen Grenzen und dem entsprechend verschiedenen Integrationswegen zurückgeführt werden.

Durch die Substitution $\dfrac{1+\sqrt{i}\,s}{s-\sqrt{-i}} = s'$ entspricht dem Punkte

$$s = 0, \quad -\sqrt{i}, -\sqrt{-i}; -a, +\frac{1}{a}; +a, -\frac{i}{a}, +\frac{i}{a}; -\frac{1}{a}, ai, -ai$$

der Punkt

$$s' = -\sqrt{i}, -\sqrt{-i}, \quad 0; -a, +\frac{1}{a}; -\frac{i}{a}, +\frac{i}{a}, +a; ai, -ai, -\frac{1}{a}.$$

Wird $\frac{a+s}{1-as} = \sigma$ gesetzt, so ist

$$\frac{a+s'}{1-as'} = \sigma' = \sigma \cdot \frac{-1-\sqrt{3} \cdot i}{2}.$$

Die geometrische Interpretation dieser Gleichungen ist folgende. Durch die Function $\frac{a+s}{1-as} = \sigma$ wird die Ebene s auf eine Ebene σ conform abgebildet, so dass dem Punkte $s = \frac{1}{a}$ der unendlich ferne Punkt, dem Punkte $s = -a$ der Nullpunkt der Ebene σ entspricht. Beschreibt der Punkt s eine Linie, so beschreibt der Punkt σ eine entsprechende Linie. Ebenso ist die Gleichung $s' = \frac{1+\sqrt{i}\,s}{s-\sqrt{-i}}$ geometrisch zu deuten. Einer bestimmten Linie s entspricht also eine bestimmte Linie σ und eine bestimmte Linie s'. In gleicher Weise entspricht der Linie s' eine Linie σ'. Die Gleichung

$$\sigma' = \sigma \cdot \frac{-1-\sqrt{3} \cdot i}{2}$$

sagt aus, dass die Linie σ' aus der Linie σ durch Drehung derselben um den Punkt $\sigma = 0$ und um einen Winkel von $2 \cdot \frac{2}{3}\pi$ oder $2 \cdot 120^\circ$ in positivem Sinne erhalten werden kann.

Zu jedem Integrationswege von s kann also durch eine einfache Construction der entsprechende Integrationsweg von s' bestimmt werden.

Bei einer Wiederholung dieser Construction geht s' in s'', s'' in s über. Durch dieselbe Construction bei entgegengesetztem Sinne der Drehung in der Ebene σ geht s in s'', s'' in s', s' in s über. Die Werthe $s = -a$, $s = +\frac{1}{a}$ sind die einzigen, für welche $s' = s'' = s$.

Es ist oben S. 37 bemerkt worden, dass abgesehen vom Vorzeichen

$$\sqrt{-i}\,(1-is^2)\,\mathfrak{F}(s)\,ds \quad \text{und} \quad 2s'\,\mathfrak{F}(s')\,ds'$$

mit einander übereinstimmen; es ist nun die Bestimmung des Vorzeichens auszuführen. Der Anfang der Integrationen ist bestimmt durch $s = 0$, $\mathfrak{F}(0) = +1$. Bis auf kleine Grössen höherer Ordnung, die hier nicht in Betracht kommen, ergibt sich für die Umgebung des Werthes $s = 0$

$$\sqrt{-i}\,(1-is^2)\,\mathfrak{F}(s)\,ds = \sqrt{-i}\,ds;\quad s' = -\sqrt{i},\ ds' = -2i\,ds,\ \mathfrak{F}(s') = +\tfrac{1}{4},$$

mithin $2s'\mathfrak{F}(s')\,ds' = -\sqrt{-i}\,ds$. Es ist also für die Umgebung des Werthes $s = 0$, $s' = -\sqrt{i}$

$$\sqrt{-i}\,(1-is^2)\,\mathfrak{F}(s)\,ds = -2s'\mathfrak{F}(s')\,ds',$$

und ebenso zeigt sich, dass unter derselben Voraussetzung

$$\sqrt{i}\,(1+is^2)\,\mathfrak{F}(s)\,ds = -2s''\mathfrak{F}(s'')\,ds'' \text{ ist.}$$

Werden nun unter s_1' und s_1'' die zu s' und s'' conjugirten Grössen verstanden und wird statt s und s_1 s''' und s_1''' gesetzt, so gehen die Gleichungen (A') über in

$$\text{B)}\qquad \begin{aligned} x' &= -\int_{-\sqrt{i}}^{s'} 2s\,\mathfrak{F}(s)\,ds - \int_{-\sqrt{-i}}^{s_1'} 2s_1\mathfrak{F}(s_1)\,ds_1,\\ y' &= -\int_{-\sqrt{-i}}^{s''} 2s\,\mathfrak{F}(s)\,ds - \int_{-\sqrt{i}}^{s_1''} 2s_1\mathfrak{F}(s_1)\,ds_1,\\ z' &= \int_0^{s'''} 2s\,\mathfrak{F}(s)\,ds + \int_0^{s_1'''} 2s_1\mathfrak{F}(s_1)\,ds_1, \end{aligned}$$

wobei die Functionen $\mathfrak{F}(s)$ und $\mathfrak{F}(s_1)$ die oben erklärte Bedeutung haben. Zwischen den oberen Grenzen $s'\,s''\,s'''$ bestehen die Gleichungen

$$\frac{1+\sqrt{i}\,s'''}{s'''-\sqrt{-i}} = s',\qquad \frac{1+\sqrt{i}\,s'}{s'-\sqrt{-i}} = s'',\qquad \frac{1+\sqrt{i}\,s''}{s''-\sqrt{-i}} = s''',$$

und diesen Gleichungen entsprechend sind die auf die Integrationsvariable s sich beziehenden Integrationen auf correspondirenden Wegen auszuführen. Durch Vertauschung von i mit $-i$ und von $s'\,s''\,s'''$ mit $s_1'\,s_1''\,s_1'''$ ergeben sich die entsprechenden Gleichungen zwischen den letztern Grössen. Die auf die Integrationsvariable s_1 sich beziehenden Integrationen sind ebenfalls auf correspondirenden Wegen auszuführen.

Durchläuft die Variable s''' die geradlinige Strecke von $s = 0$ bis $s = -a$ und entsprechend die Variable s_1''' die geradlinige Strecke von $s_1 = 0$ bis $s_1 = -a$, so liegen auch für die Variablen s', s'' und s_1', s_1'' die Integrationswege ganz in dem obern Blatte der Ebene und endigen im Punkte $-a$. Für die Coordinaten des dem Werthepaare $s = -a$, $s_1 = -a$ entsprechenden Punktes der Fläche ergeben sich die Werthe

$$x' = -\omega, \quad y' = -\omega, \quad z' = \omega.$$

Es möge nun gesetzt werden

$$x' = -\omega + x'', \quad y' = -\omega + y'', \quad z' = \omega + z'',$$

so ergeben sich für x'', y'', z'' dieselben Integralausdrücke wie in den Formeln (B) für x', y', z', nur mit dem Unterschiede, dass nun die unteren Grenzen der sechs Integrale einander gleich, nämlich gleich $-a$ geworden sind. Auch sind diese Formeln zeichenrichtig, wenn die Veränderlichkeit von s''' beschränkt wird, z. B. auf das Innere des Kreisbogenvierecks $abcd$. (Fig. 5. S. 27.)

Bei der getroffenen Wahl des Coordinatensystems bildet die Normale der Fläche in dem Punkte $x'' = 0$, $y'' = 0$, $z'' = 0$ und überhaupt in jedem den Werthepaaren $s = -a$, $s_1 = -a$ und $s = \frac{1}{a}$, $s_1 = \frac{1}{a}$ entsprechenden Punkte der Fläche mit den positiven Richtungen der Coordinatenaxen gleiche Winkel.

Wird nun statt der Grösse s die Grösse σ eingeführt, so ergibt sich

$$2s\mathfrak{F}(s)\,ds = \frac{1}{2\sqrt[4]{2}} \cdot \frac{\left(\sigma + \frac{1}{a}\right)(\sigma - a)\,d\sigma}{\sqrt{\sigma\left(1 + \frac{7}{2\sqrt{2}}\sigma^3 - \sigma^6\right)}},$$

mit der Bestimmung, dass für positive Werthe von σ, welche kleiner als $\sqrt{2}$ sind, der Quadratwurzel ihr positiver Werth beizulegen ist.

Wird $\sigma = \tau^2$ gesetzt, und mit $\mathfrak{f}(\tau)$ derjenige Zweig der Function

$$\frac{1}{\sqrt[4]{2} \cdot \sqrt{1 + \frac{7}{2\sqrt{2}}\tau^6 - \tau^{12}}}$$

bezeichnet, dessen Werth für $\tau = 0$ positiv ist, so ist

$$2s\mathfrak{F}(s)\,ds = (\tau^4 + \sqrt{2}\tau^2 - 1)\,\mathfrak{f}(\tau)\,d\tau,$$

und es kann der Werth des Integrals

$$\int_{-a}^{s_0} 2s\mathfrak{F}(s)\,ds = \int_0^{\tau_0} (\tau^4 + \sqrt{2}\tau^2 - 1)\,\mathfrak{f}(\tau)\,d\tau$$

für alle die Grösse $\sqrt[4]{\frac{1}{2}}$ dem absoluten Betrage nach nicht überschreitenden Werthe von τ_0 in eine nach Potenzen von τ_0 mit ganzen positiven Exponenten fortschreitende unbedingt convergirende Reihe entwickelt werden.

Wenn die zu s', s'', s''' gehörenden Werthe von τ mit τ', τ'', τ bezeichnet werden, so ergibt sich

$$\tau' = \tau\varepsilon, \quad \tau'' = \tau\varepsilon^2 \text{ wo } \varepsilon = \frac{-1+\sqrt{3}\cdot i}{2}.$$

Die zu τ conjugirte Grösse möge mit τ_1 bezeichnet und statt x'', y'', z'' möge fortan wieder x, y, z gesetzt werden, da eine Verwechselung mit den in den Formeln (A) (S. 32) enthaltenen ebenso bezeichneten Grössen nicht zu befürchten ist. Dann ergibt sich unter Berücksichtigung der Gleichungen $\mathfrak{f}(\tau\varepsilon) = \mathfrak{f}(\tau)$, $\mathfrak{f}(\tau\varepsilon^2) = \mathfrak{f}(\tau)$ folgendes System von Gleichungen:

$$\text{(C)} \quad \begin{aligned} x &= \int_0 (-\varepsilon + \sqrt{2}\tau^2 + \tau^4\varepsilon^2)\,\mathfrak{f}(\tau)\,d\tau + \int_0 (-\varepsilon^2 + \sqrt{2}\tau_1^2 + \tau_1^4\varepsilon)\,\mathfrak{f}(\tau_1)\,d\tau_1, \\ y &= \int_0 (-\varepsilon^2 + \sqrt{2}\tau^2 + \tau^4\varepsilon)\,\mathfrak{f}(\tau)\,d\tau + \int_0 (-\varepsilon + \sqrt{2}\tau_1^2 + \tau_1^4\varepsilon^2)\,\mathfrak{f}(\tau_1)\,d\tau_1, \\ z &= \int_0 (-1 + \sqrt{2}\tau^2 + \tau^4)\,\mathfrak{f}(\tau)\,d\tau + \int_0 (-1 + \sqrt{2}\tau_1^2 + \tau_1^4)\,\mathfrak{f}(\tau_1)\,d\tau_1, \\ \mathfrak{f}(\tau) &= \frac{1}{\sqrt[4]{2}\cdot\sqrt{1+\frac{7}{2\sqrt{2}}\tau^6-\tau^{12}}}, \qquad \mathfrak{f}(0) = +\frac{1}{\sqrt[4]{2}}. \end{aligned}$$

Aus diesen Gleichungen ist, so lange τ und τ_1 auf die Umgebung der Werthe $\tau = 0$, $\tau_1 = 0$ beschränkt werden, jede Zweideutigkeit verschwunden. Für die Coordinaten x, y, z ergeben sich Reihenentwickelungen, welche nach Potenzen von τ und τ_1 mit ganzen positiven Exponenten fortschreiten und für alle in der Umgebung der Werthe $\tau = 0$, $\tau_1 = 0$ liegenden Werthe von τ und τ_1 unbedingt convergiren.

Diese Entwickelungen erweisen sich als sehr geeignet zur näheren Untersuchung der Beschaffenheit des in der Umgebung des singulären Punktes $x = 0$, $y = 0$, $z = 0$ liegenden Elementes der Fläche.

Geht nämlich τ in $\tau\varepsilon$ und gleichzeitig τ_1 in $\tau_1\varepsilon^2$ über, so geht z in x, x in y, y in z über; die Fläche ist daher in Bezug auf die drei Coordinaten x, y, z symmetrisch und gelangt durch eine Dritteldrehung um die Axe $x = y = z$ mit sich selbst zur Deckung.

Wird τ mit τ_1 vertauscht, so geht x in y, y in x über, während z ungeändert bleibt. Also ist die Ebene $x = y$ eine Symmetrie-Ebene der Fläche.

Geht τ in $-\tau$, τ_1 in $-\tau_1$ über, so gehen x, y, z über in $-x$, $-y$, $-z$: der Punkt $x=0$, $y=0$, $z=0$ ist also ein Mittelpunkt der Fläche.

Diese Sätze gelten zwar zunächst nur für solche Werthe von τ und τ_1, welche in der Umgebung der Werthe $\tau=0$, $\tau_1=0$ liegen, und für das Flächenelement, welches durch die erwähnten innerhalb dieses Gebietes convergenten Reihenentwickelungen definirt ist; indessen sind diese Sätze sofort auf die ganze Fläche ausdehnbar, welche die analytische Fortsetzung dieses Flächenelementes ist.

Diese Fläche wird gebildet von dem Inbegriff aller derjenigen Punkte des Raumes, in deren Umgebung simultane, d. h. durch Vermittelung derselben Zwischenwerthe erhaltene analytische Fortsetzungen der eben erwähnten Reihenentwickelungen führen.

Es sind nun die Anfangsglieder dieser Entwickelungen ins Auge zu fassen. Diese sind, abgesehen von dem Factor $-\sqrt[4]{\frac{1}{2}}$, beziehungsweise

$$\varepsilon\tau+\varepsilon^2\tau_1, \quad \varepsilon^2\tau+\varepsilon\tau_1, \quad \tau+\tau_1;$$

alle anderen Glieder enthalten die Variablen τ oder τ_1 in der dritten oder in einer höheren Potenz als Factor.

Hieraus folgt, dass der Punkt $x=0$, $y=0$, $z=0$ ein einfacher Punkt des betrachteten Flächenelementes ist, dass die Ebene $x+y+z=0$ in diesem Punkte die Tangentialebene des Flächenelementes ist und dass der Abstand eines dem Punkte $x=0$, $y=0$, $z=0$ benachbarten Punktes des Flächenelementes von dieser Tangentialebene in Bezug auf τ und τ_1, also auch in Bezug auf x, y, z eine kleine Grösse dritter Ordnung ist.

Weil das betrachtete Flächenelement in dem Punkte $x=0$, $y=0$, $z=0$ eine Punktsingularität nicht besitzt, so wird dasselbe von jeder diesem Punkte hinreichend nahe liegenden und der Tangentialebene $x+y+z=0$ nicht parallelen Geraden in nur einem, dem Punkte $x=0$, $y=0$, $z=0$ benachbarten Punkte geschnitten.

Aus den Gleichungen (C) (S. 45) ergibt sich

$$x+y+z=\int_0 3\sqrt{2}\,\tau^2\mathfrak{f}(\tau)\,d\tau+\int_0 3\sqrt{2}\,\tau_1^2\mathfrak{f}(\tau_1)\,d\tau_1,$$

oder, wenn $\tau^3=\mu$, $\tau_1^3=\mu_1$ gesetzt wird,

$$\frac{1}{\sqrt[4]{2}}(x+y+z)=\int_0\frac{d\mu}{\sqrt{1+\frac{7}{2\sqrt{2}}\mu^2-\mu^4}}+\int_0\frac{d\mu_1}{\sqrt{1+\frac{7}{2\sqrt{2}}\mu_1^2-\mu_1^4}}.$$

Die Summe der beiden elliptischen Integrale auf der rechten Seite dieser Gleichung kann nur dann gleich Null sein, wenn die Summe ihrer oberen Grenzen $\mu + \mu_1 = \tau^3 + \tau_1^3$ den Werth Null hat. Dies ergibt folgende Werthsysteme:

$$\tau = r \cdot e^{\frac{\pi i}{6}}, \quad \tau_1 = r \cdot e^{-\frac{\pi i}{6}},$$
$$\tau = r \cdot e^{\frac{3\pi i}{6}}, \quad \tau_1 = r \cdot e^{-\frac{3\pi i}{6}},$$
$$\tau = r \cdot e^{\frac{5\pi i}{6}}, \quad \tau_1 = r \cdot e^{-\frac{5\pi i}{6}},$$

in welchen r eine veränderliche (reelle) Grösse bezeichnet.

Diesen Werthsystemen entsprechen auf der Fläche drei in der Tangentialebene $x + y + z = 0$ enthaltene, einander unter Winkeln von 60^0 schneidende gerade Linien, die Durchschnitte der Ebenen

$$y = 0, \; z + x = 0; \quad z = 0, \; x + y = 0; \quad x = 0, \; y + z = 0.$$

Jede dieser Geraden ist eine Symmetrieaxe der Fläche. Dies folgt z. B. für die Gerade $z = 0$, $x + y = 0$ aus der Eigenschaft, dass die Ebene $x = y$ eine Symmetrie-Ebene und der Punkt $x = 0$, $y = 0$, $z = 0$ ein Mittelpunkt des betrachteten Flächenelementes ist.

Der Ausdruck für den Abstand eines Punktes des Flächenelementes von der Tangentialebene $x + y + z = 0$ zeigt, dass die durch die drei Geraden gebildeten sechs Sectoren des Flächenelementes abwechselnd auf der einen und auf der anderen Seite der erwähnten Tangentialebene liegen. Es tritt somit für dieses Flächenelement die oben (S. 17) beschriebene Singularität ($q = 3$, $p = 2$) auf.

Für die Coordinaten des dem Werthepaare $s''' = 0$, $s_1''' = 0$ entsprechenden Punktes ergeben sich, vorausgesetzt, dass die Integrationsvariablen s und s_1 sich auf geradem Wege von $-a$ bis 0 bewegen, die Werthe (vgl. S. 44)

$$\begin{aligned} x &= (\tfrac{1}{2}\omega - \tfrac{1}{2}\omega') + (\tfrac{1}{2}\omega + \tfrac{1}{2}\omega') = \omega, \\ y &= (\tfrac{1}{2}\omega + \tfrac{1}{2}\omega') + (\tfrac{1}{2}\omega - \tfrac{1}{2}\omega') = \omega, \\ z &= \quad -\tfrac{1}{2}\omega \qquad\quad -\tfrac{1}{2}\omega \qquad\; = -\omega. \end{aligned}$$

Es ist also der Punkt $x = \omega$, $y = \omega$, $z = -\omega$ ein Punkt der Fläche. Zur näheren Untersuchung des in der Umgebung dieses Punktes liegenden Elementes der Fläche ist es nützlich, auf die Formeln (A') (S. 37) zurückzugehen, wobei $x - \omega = x'$, $y - \omega = y'$, $z + \omega = z'$ zu setzen ist.

Für die Coordinaten x', y', z' ergeben sich aus diesen Formeln Reihenentwickelungen, welche nach Potenzen von s und s_1 mit ganzen positiven Exponenten fortschreiten und für alle Werthe dieser Grössen, deren absoluter Betrag kleiner ist als a, unbedingt convergiren.

Durch Vertauschung von s und s_1 ergibt sich auch hier die Symmetrie in Bezug auf die Ebene $x' = y'$.

Wenn gleichzeitig s mit $-s$, s_1 mit $-s_1$ vertauscht wird, so geht x' in $-x'$, y' in $-y'$ über, während z' ungeändert bleibt. Es folgt hieraus, dass die Z'-Axe ($x' = 0$, $y' = 0$), mit welcher die Normale der Fläche im Punkte $x' = 0$, $y' = 0$, $z' = 0$ zusammenfällt, für das Flächenelement eine Symmetrieaxe ist. Also ist auch die Ebene $x'+y' = 0$ eine Symmetrie-Ebene dieses Flächenelementes.

Die Ebene $z' = 0$ ist die Tangentialebene des Flächenelementes im Punkte $x' = 0$, $y' = 0$, $z' = 0$.

Die Gleichung $z' = \int\limits_0 2s\,\mathfrak{F}(s)\,ds + \int\limits_0 2s_1\,\mathfrak{F}(s_1)\,ds_1$ zeigt, wenn durch die Substitutionen $s^2 = t$, $s_1^2 = t_1$ zu elliptischen Integralen übergegangen wird, dass die Gleichung $z' = 0$ nur dann befriedigt werden kann, wenn $s^2 + s_1^2 = 0$ ist, d. h. wenn

$$s = r \cdot \sqrt{i}, \qquad s_1 = r \cdot \sqrt{-i},$$

oder

$$s = r \cdot \sqrt{-i}, \qquad s_1 = r \cdot \sqrt{i}$$

gesetzt wird, wo r eine veränderliche (reelle) Grösse bezeichnet.

Diesen Annahmen entsprechen zwei der Tangentialebene $z' = 0$ und dem Flächenelement gemeinsame gerade Linien $z' = 0$, $y' = 0$ und $z' = 0$, $x' = 0$, welche zugleich Symmetrieaxen des Flächenelementes sind. Wird nämlich $s = \nu \cdot \sqrt{i}$, $s_1 = \nu_1 \cdot \sqrt{-i}$ gesetzt, worin ν und ν_1 conjugirte Grössen bedeuten, und dann ν und ν_1 vertauscht, so geht y' in $-y'$, z' in $-z'$ über, während x' unverändert bleibt, woraus die Richtigkeit der Behauptung folgt.

In dem Punkte $x' = 0$, $y' = 0$, $z' = 0$ tritt also der oben S. 17 betrachtete Fall ($q = 2$, $p = 1$) ein.

Mit Zuhülfenahme dieser Betrachtungen ist es möglich, auf analytischem Wege eine annähernde Vorstellung von der Gestalt desjenigen Theiles der Fläche zu gewinnen, welcher bei Beschränkung der Veränderlichkeit der Variablen s und s_1 auf das Kreisbogenviereck $a\,b\,c\,d$ durch die Formeln (A′) auf S. 37 unter der Bedingung dargestellt wird, dass den Variablen s und s_1 stets conjugirte Werthe beigelegt werden.

Der Begrenzung entsprechen nach den Sätzen, welche sich für das dem Werthepaare $s = -a$, $s_1 = -a$ entsprechende Flächenelement ergeben haben und welche durch die soeben gewonnenen Symmetriebeziehungen vervierfacht werden, vier gerade Strecken, welche gegen die Ebene $z' = 0$ unter 45^0 geneigt sind und deren Projectionen auf diese Ebene die Länge 2ω haben. Der geometrische Ort der Projection $x'+y'i$ eines reellen Punktes dieses Flächenstückes auf die Ebene $z' = 0$ ist das von den Projectionen der erwähnten Strecken gebildete zwischen den Parallelen $x' = -\omega$, $x' = +\omega$ und $y' = -\omega$, $y' = +\omega$ liegende Quadrat. Für positive den Werth ω nicht überschreitende Werthe von x' und von y' ist der Werth der Coordinate z' auch positiv und nirgends grösser als ω.

Dies kann dadurch bewiesen werden, dass, nachdem das Gebiet von s in erwähnter Weise beschränkt worden ist, die Gebiete der Werthe, welche die Integrale

$$\int_0 \sqrt{-i}(1-is^2)\mathfrak{F}(s)\,ds, \quad \int_0 \sqrt{i}\,(1+is^2)\mathfrak{F}(s)\,ds \quad \text{und} \quad \int_0 2s\,\mathfrak{F}(s)\,ds$$

unter dieser Voraussetzung annehmen können, als begrenzte Flächentheile der Ebene geometrisch dargestellt werden. [12])

Aus dem Gesagten ergibt sich, dass das betrachtete Flächenstück aus vier congruenten Theilen besteht, drei auf einander senkrecht stehende Symmetrieaxen, zwei auf einander senkrecht stehende Symmetrie-Ebenen besitzt und der äusseren Gestalt nach mit dem zwischen den Ebenen $x' = -\omega$ und $x' = +\omega$, $y' = -\omega$ und $y' = +\omega$ liegenden Stücke des hyperbolischen Paraboloides $\omega \cdot z' = x' \cdot y'$ grosse Aehnlichkeit hat. Beide Flächenstücke haben die Begrenzungslinie, die Symmetrieaxen, die Symmetrie-Ebenen und in neun Punkten auch die Tangentialebenen gemeinsam. [13])

Für die Grösse des Hauptkrümmungsradius in einem beliebigen Punkte der Fläche ergibt sich der Werth

$$\varrho = \frac{(1+ss_1)^2}{\sqrt[4]{(1-14s^4+s^8)(1-14s_1^4+s_1^8)}}.$$

Derselbe wird in keinem reellen Punkte der Fläche gleich Null, erlangt seinen kleinsten Werth 1 für $s = 0$, $s_1 = 0$ und wird unendlich gross in den vier Ecken.

Da für die analytische Fortsetzung des eben betrachteten Flächenstückes die vier Geraden, welche die Begrenzung desselben bilden,

Symmetrieaxen sind, so ergibt sich, dass der reelle Theil der durch die Formeln (A'), (B), (C) bei unbeschränkter Veränderlichkeit der unabhängigen Variablen dargestellten analytischen Fläche aus lauter Stücken zusammengesetzt werden kann, welche dem eben betrachteten congruent sind.

Dieser Umstand erleichtert die Anfertigung eines Modelles, welches dazu dient, eine anschauliche Vorstellung der Gestalt des reellen Theiles der Fläche, soweit derselbe in einem begrenzten Theile des Raumes enthalten ist, zu vermitteln.

Bei nicht zu geringer Ausdehnung zeigt ein solches Modell eine deutliche Periodicität der Fläche in der Richtung jeder der drei Coordinatenaxen.

Uebergang zu den elliptischen Functionen.

Es wurde bereits bemerkt, dass es möglich sei, das System der Formeln (B) durch eine Aenderung des Coordinatenanfangs so umzugestalten, dass die Integrale, durch welche die Coordinaten eines beliebigen Punktes der Fläche ausgedrückt werden, dieselbe untere Grenze $-a$ erhalten.

Es ergibt sich (vergl. S. 43—45)

$$\text{(D)}\qquad \begin{aligned} x &= -\int_{-a}^{s'} 2s\mathfrak{F}(s)\,ds - \int_{-a}^{s_1'} 2s_1\mathfrak{F}(s_1)\,ds_1, \\ y &= -\int_{-a}^{s''} 2s\mathfrak{F}(s)\,ds - \int_{-a}^{s_1''} 2s_1\mathfrak{F}(s_1)\,ds_1, \\ z &= \int_{-a}^{s'''} 2s\mathfrak{F}(s)\,ds + \int_{-a}^{s_1'''} 2s_1\mathfrak{F}(s_1)\,ds_1. \end{aligned}$$

Durch die Substitutionen $s'^2 = t'$, $s_1'^2 = t_1'$ u. s. w. gehen diese Formeln, wenn vom Vorzeichen abgesehen wird, in die folgenden über:

$$\text{(E)}\qquad \begin{aligned} x &= \int_{a^2}^{t'} \frac{dt}{\sqrt{1-14t^2+t^4}} + \int_{a^2}^{t_1'} \frac{dt_1}{\sqrt{1-14t_1^2+t_1^4}}, \\ y &= \int_{a^2}^{t''} \frac{dt}{\sqrt{1-14t^2+t^4}} + \int_{a^2}^{t_1''} \frac{dt_1}{\sqrt{1-14t_1^2+t_1^4}}, \\ z &= \int_{a^2}^{t'''} \frac{dt}{\sqrt{1-14t^2+t^4}} + \int_{a^2}^{t_1'''} \frac{dt_1}{\sqrt{1-14t_1^2+t_1^4}}. \end{aligned}$$

Hierbei bestehen zwischen den oberen Grenzen die Gleichungen

$$\left(\frac{1+\sqrt{i}\sqrt{t'''}}{\sqrt{t'''}-\sqrt{-i}}\right)^2 = t' \qquad \left(\frac{1+\sqrt{-i}\sqrt{t'''}}{\sqrt{t'''}-\sqrt{i}}\right)^2 = t'',$$

$$\left(\frac{1+\sqrt{-i}\sqrt{t_1'''}}{\sqrt{t_1'''}-\sqrt{i}}\right)^2 = t_1', \qquad \left(\frac{1+\sqrt{i}\sqrt{t_1'''}}{\sqrt{t_1'''}-\sqrt{-i}}\right)^2 = t_1''.$$

Die elliptischen Integrale, durch welche in den Formeln (E) die Coordinaten x, y, z ausgedrückt sind, lassen sich vermöge des Additionstheorems wirklich addiren und zwar ist

$$\int_{a^2}^{t} + \int_{a^2}^{t_1} = \int_{a^2}^{f(t,t_1)},$$

worin $f(t, t_1)$ eine algebraische Function von t und t_1 bedeutet, welche durch t, t_1, $\sqrt{1-14t^2+t^4}$, $\sqrt{1-14t_1^2+t_1^4}$ rational ausgedrückt ist.

Es ist also

$$x = \int_{a^2}^{f(t',t_1')}, \qquad y = \int_{a^2}^{f(t'',t_1'')}, \qquad z = \int_{a^2}^{f(t''',t_1''')}$$

Durch die Gleichung

$$u = \int_{a^2}^{t} \frac{dt}{\sqrt{1-14t^2+t^4}}$$

ist die obere Grenze t als eine elliptische Function von u definirt. Wird diese Function mit $\psi(u)$ bezeichnet, so genügt dieselbe der Differentialgleichung

$$\psi'(u)^2 = 1-14\psi(u)^2+\psi(u)^4$$

und der Anfangsbedingung $\psi(0) = 2-\sqrt{3}$, während $\psi'(0)$ den Werth Null hat. Es ist mithin $\psi(u)$ eine grade Function ihres Argumentes oder es ist $\psi(-u) = \psi(u)$.

Die obigen Gleichungen ergeben also

$$\psi(x) = f(t',t_1'), \qquad \psi(y) = f(t'',t_1''), \qquad \psi(z) = f(t''',t_1''').$$

Weil die Grössen t', t'', t_1' und t_1'' algebraische Functionen von t''' und t_1''' sind und die Function f eine algebraische ist, so ist es möglich, die beiden Grössen t''' und t_1''' zu eliminiren und es ergibt sich als Resultat der Elimination eine Gleichung

$$F(\psi(x),\ \psi(y),\ \psi(z)) = 0,$$

worin F eine ganze rationale Function der drei Argumente $\psi(x)$, $\psi(y)$ und $\psi(z)$ ist. In Worten:

Es gibt eine in Bezug auf elliptische Functionen der drei Coordinaten rationale und ganze Function, welche für alle Punkte der betrachteten Fläche den Werth Null hat.

Dieser Satz spricht die analytische Natur der vorgelegten Fläche aus. Für alle endlichen Werthe des Arguments haben die elliptischen Functionen den Character rationaler Functionen; also sind die unendlich entfernten Punkte des Raumes die einzigen, in welchen die Fläche aufhört, den Charakter einer algebraischen Fläche zu besitzen. Hiermit hängt zusammen: Während im Allgemeinen diejenigen Flächen, deren Coordinaten als Integrale algebraischer Functionen zweier variablen Parameter dargestellt sind, die Eigenschaft haben, jedem Punkte des Raumes beliebig nahe kommen zu können, gibt es im vorliegenden Falle keinen einzigen bestimmten Punkt des Raumes, welchem die Fläche unendlich nahe kommen kann, ohne durch denselben hindurchzugehen.

Diese analytische Gleichung, welche die vorgelegte Fläche in ihrer ganzen unendlichen Ausdehnung darstellen muss, und welche auf dem angegebenen Wege erhalten werden kann, stellt dieselbe jedoch nicht rein dar, sondern ist mit ausserwesentlichen, der vorliegenden Untersuchung fremden Factoren behaftet, welche auch durch Adjunction von $\psi'(x)$, $\psi'(y)$, $\psi'(z)$ nicht sämmtlich entfernt werden können. Ueberdies enthält die auf dem angegebenen Wege zu erhaltende Gleichung den Factor, welcher die Fläche selbst und nur diese darstellt, in einer höheren als der ersten Potenz.

Die Ursachen hiervon sind folgende: Die elliptische Function $\psi(u)$ ist eine doppelt periodische Function mit den beiden Fundamentalperioden 2ω und $2\omega'$. Die obige Function F bleibt daher ungeändert, wenn an die Stelle von z $z+2\omega$, $z+2\omega'$ gesetzt wird. Nun ist aber, wie sich bald zeigen wird, der Punkt $x = x_0$, $y = y_0$, $z = z_0 + 2\omega$ im Allgemeinen nicht ein Punkt der Fläche, wenn der Punkt $x = x_0$, $y = y_0$, $z = z_0$ ein solcher ist.

Daher muss die Gleichung $F = 0$ einen Factor haben, welcher, für sich gleich Null gesetzt, die in der Richtung der Z-Axe um 2ω verschobene Fläche darstellt.

Dass die durch mechanische Elimination zu erhaltende Gleichung $F = 0$ die vorgelegte Fläche mehr als einmal darstellen muss, d. h. dass sie den Factor, welcher die Fläche allein darstellt, in einer höheren als der ersten Potenz enthalten muss, folgt daraus, dass derselbe Punkt der Fläche für mehr als ein Werthepaar t''' und t_1''' erhalten wird.

Es ist daher ein anderer Weg einzuschlagen, welcher nothwendig zu einer unzerlegbaren analytischen Gleichung der vorgelegten Fläche führt.

Die Aufgabe, die gereinigte Gleichung der Fläche darzustellen, ist identisch mit der folgenden:

Alle zu einem beliebig gegebenen Werthepaare $x = x_0$, $y = y_0$ gehörenden Werthe z zu ermitteln und als Wurzeln einer analytischen Gleichung zusammenzufassen, welche nur diese Werthe zu Wurzeln hat und zwar jeden derselben als einfache Wurzel, wenn durch den betreffenden Punkt der Fläche nur ein einfaches Flächenelement hindurch geht.

Die angegebene Aufgabe wird zunächst für das Werthepaar $x = 0$, $y = 0$ gelöst, für welches ein zugehörender Werth von z, nämlich $z = 0$, bekannt ist.

Mit anderen Worten: Wenn s''' und s_1''' von den Werthen $s = -a$, $s_1 = -a$ ausgehend, beliebige Wege beschreiben, welche Wege sind zulässig, damit das Resultat der auf den entsprechenden Wegen s', s_1'; s'', s_1'' ausgeführten Integrationen sowohl für x als für y den Werth Null ergebe, und welche Werthe kann z hierbei erlangen?

Eine jede Integration auf einem beliebigen Wege kann zerlegt werden in eine geschlossene Integration, bei welcher die Endpunkte der Integrationswege wieder $s = -a$, $s_1 = -a$ sind, und in eine Integration, bei welcher die Integrationswege, welche sich auf die Variablen s''' und s_1''' beziehen, von $s = -a$, $s_1 = -a$ ausgehen und keinen der Querschnitte überschreiten. Hierbei muss jedoch ein einmaliges Umkreisen des Punktes $-a$ gestattet werden, damit die Endpunkte s''', s_1''' der Integrationswege ebensowohl in dem unteren als in dem oberen Blatte der Ebene liegen können.

Es sind daher zunächst die Werthe derjenigen gleichzeitigen Aenderungen zu ermitteln, welche die Coordinaten x, y, z durch eine Integration auf einem g e s c h l o s s e n e n Wege erfahren.

Ist das Ergebniss einer solchen Integration auf geschlossenem Wege für die Coordinaten x, y, z beziehungsweise $2\Omega_1$, $2\Omega_2$, $2\Omega_3$, so bilden diese Grössen für die drei Coordinaten ein System zusammengehöriger Perioden: wenn die Fläche parallel zu sich selbst in der Richtung der drei Coordinatenaxen beziehlich um diese Grössen verschoben wird, so gelangt dieselbe mit sich zur Deckung.

Die Aenderungen, welche durch eine Integration auf einem geschlossenen Wege herbeigeführt werden, lassen sich nun nach der allgemeinen Theorie der Integrale algebraischer Functionen durch Addition und Subtraction aus den Ergebnissen solcher Integrationen zusammensetzen, bei welchen der geschlossene Integrationsweg ausser dem Punkte $s = -a$ nur noch je einen der sieben andern singulären Punkte umschliesst.

Da jedoch der Umlauf um einen dieser Punkte ersetzt werden kann durch einen Umlauf in entgegengesetzter Richtung um alle übrigen, so ist es nur nöthig, für sechs solche geschlossene Integrationen, bei welchen der Integrationsweg den Punkt $-a$ und je einen von sechs singulären Punkten umschliesst, das System der gleichzeitigen Aenderungen, welche die drei Coordinaten durch eine solche Integration auf geschlossenem Wege erfahren, zu ermitteln.

Es gehe $s''' = s$ von einem in der Nähe des Punktes $-a$ liegenden Punkte des oberen Blattes aus und beschreibe eine einfache geschlossene Linie (Fig. 9.), welche in ihrem Innern nur die beiden

Fig. 9.

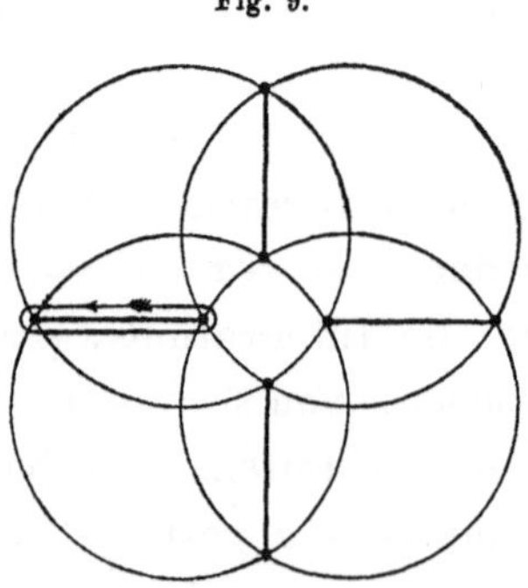

singulären Punkte $-a$ und $-\frac{1}{a}$ enthält und die von $-a$ ausgehende Schnittlinie nur einmal und zwar in ihrer Verlängerung über $-\frac{1}{a}$ hinaus in positivem Sinne durchschneidet. Der Werth der Quadratwurzel wird hierbei nicht geändert; das Integral $\int 2s\mathfrak{F}(s)\,ds$ erhält auf diesem Wege den Zuwachs $-2\omega'$.

Der entsprechende Weg, den s' beschreibt (Fig. 10.), schliesst die Kreisbogenstrecke von $-a$ bis ai ein und zwar erlangt das Integral $\int 2s'\mathfrak{F}(s')\,ds'$ auf diesem Wege den Zuwachs -2ω.

Der Weg, den s'' beschreibt (Fig. 11.), durchschneidet die von

Fig. 10.

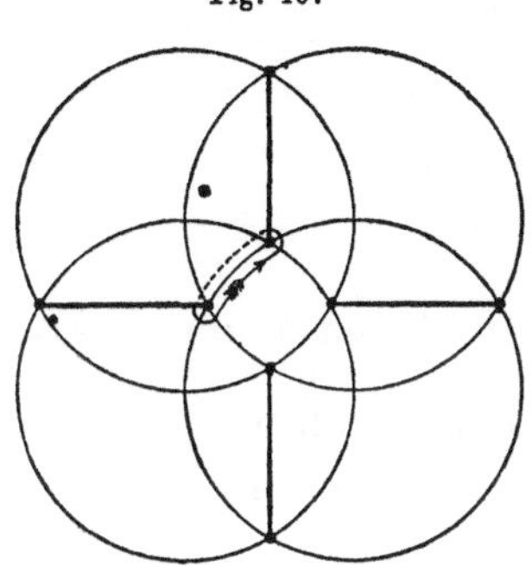

Fig. 11.

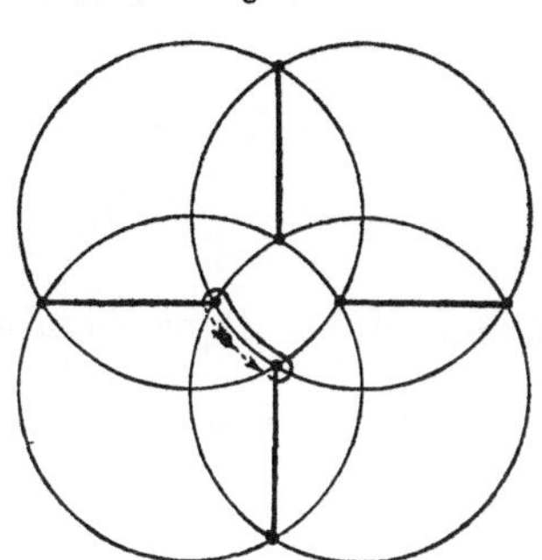

$-a$ ausgehende Schnittlinie und tritt in das untere Blatt der Ebene ein. Das Integral $\int 2s''\mathfrak{F}(s'')\,ds''$ nimmt auf diesem Wege um $+2\omega$ zu.

Die im unteren Blatte liegenden Theile der Integrationswege sind in den bezüglichen Figuren punktirt gezeichnet.

Die Coordinaten x, y, z erhalten demnach, wenn s den angegebenen Weg beschreibt, die gleichzeitigen Aenderungen

s	$-a \cdots -\frac{1}{a}$
x	$+2\omega$
y	-2ω
z	$-2\omega'$.

Hieraus ergeben sich durch cyclische Vertauschung die Werthe der Aenderungen, welche die Coordinaten erfahren, wenn s einen Umlauf um die Kreisbogenstrecken $-a \cdots ai$ und $-a \cdots -ai$ vollführt. Dieselben sind enthalten in der Tabelle

s	$-a \cdots -\frac{1}{a}$	$-a \cdots ai$	$-a \cdots -ai$
x	$+2\omega$	-2ω	$-2\omega'$
y	-2ω	$-2\omega'$	$+2\omega$
z	$-2\omega'$	$+2\omega$	-2ω
	(1)	(2)	(3)

Wenn hingegen s einen Weg beschreibt, welcher die geradlinige Strecke von $-a$ bis $+a$ in positiver Richtung umgibt (Fig. 12.),

Fig. 12.

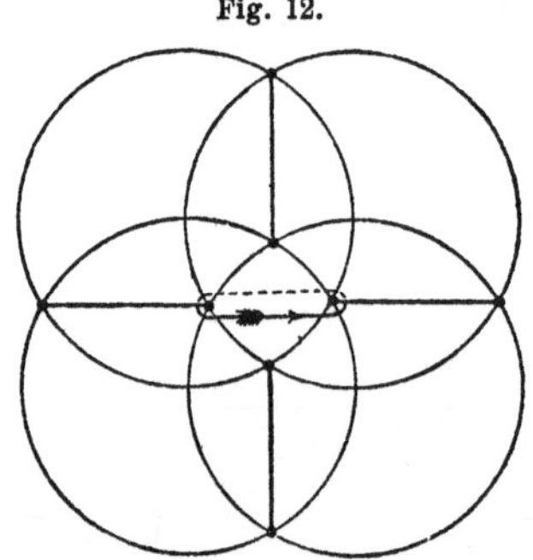

so umgeben die entsprechenden Wege von s' und s'' die Kreisbogenstrecken, welche von $-a$ nach $-\frac{i}{a}$ und $+\frac{i}{a}$ führen (Fig. 13, 14.),

Fig. 13.

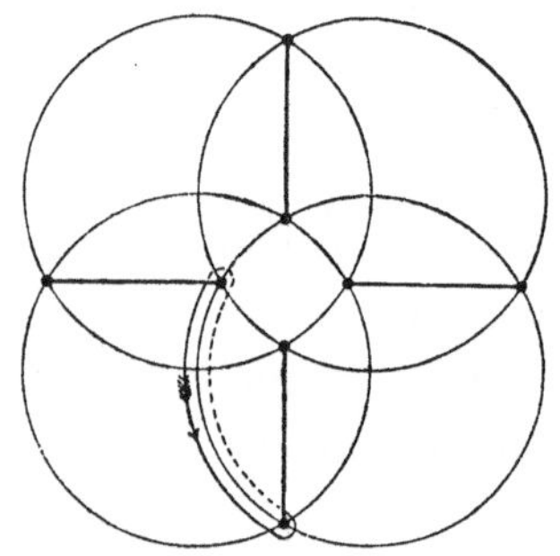

Fig. 14.

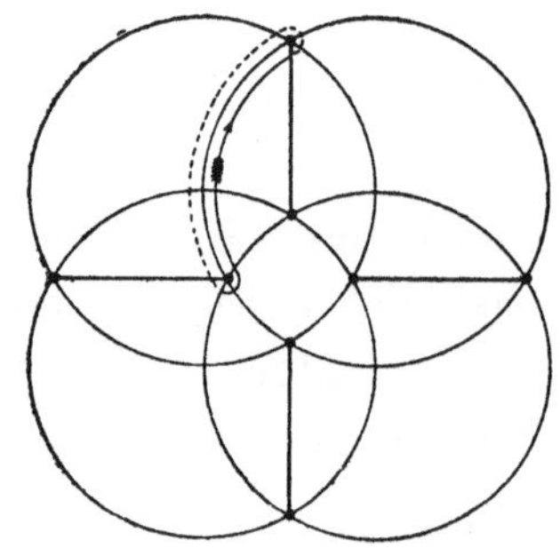

und es erlangen die drei Integrale

$$\int 2s\mathfrak{F}(s)\,ds, \quad \int 2s'\mathfrak{F}(s')\,ds', \quad \int 2s''\mathfrak{F}(s'')\,ds''$$

beziehlich die Aenderungen

$$0, \quad -2\omega+2\omega', \quad -2\omega-2\omega',$$

die Coordinaten x, y, z mithin die Aenderungen

$$+2\omega-2\omega', \quad +2\omega+2\omega', \quad 0.$$

Hieraus ergibt sich folgende Tabelle

s	$-a\cdots+a$	$-a\cdots-\frac{i}{a}$	$-a\cdots+\frac{i}{a}$
x	$2\omega-2\omega'$	$2\omega+2\omega'$	0
y	$2\omega+2\omega'$	0	$2\omega-2\omega'$
z	0	$2\omega-2\omega'$	$2\omega+2\omega'$
	(4)	(5)	(6)

Durch Vertauschung von x und y ergeben sich nun die entsprechenden Aenderungen, welche die Coordinaten durch Integrationen in Beziehung auf die Variable $s_1''' = s_1$ auf denselben geschlossenen Wegen erfahren.

Diese Aenderungen sind aus folgenden Tabellen zu entnehmen.

s	$-a \cdots -\frac{1}{a}$	$-a \cdots ai$	$-a \cdots -ai$
x	-2ω	$-2\omega'$	$+2\omega$
y	$+2\omega$	-2ω	$-2\omega'$
z	$-2\omega'$	$+2\omega$	-2ω
	(7)	(8)	(9)

s_1	$-a \cdots +a$	$-a \cdots -\frac{i}{a}$	$-a \cdots +\frac{i}{a}$
x	$2\omega+2\omega'$	0	$2\omega-2\omega'$
y	$2\omega-2\omega'$	$2\omega+2\omega'$	0
z	0	$2\omega-2\omega'$	$2\omega+2\omega'$
	(10)	(11)	(12)

Die vier Tabellen ergeben zwölf verschiedene Systeme gleichzeitiger Aenderungen der Coordinaten durch Integrationen auf geschlossenen Wegen.

Durch Addition der Systeme (1) und (7) wird für die Coordinaten x, y, z das Periodensystem 0, 0, $-4\omega'$ erhalten. Es ist also $-4\omega'$ und also auch $4\omega'$ eine Periode für die Coordinate z, d. h. ist $x = x_0$, $y = y_0$, $z = z_0$ ein Punkt der vorgelegten Fläche, so ist jedesmal auch $x = x_0$, $y = y_0$, $z = z_0 - 4\omega'$ ein Punkt der Fläche (im analytischen Sinne), also auch $x = x_0$, $y = y_0$, $z = z_0 + 4n\omega'$ wo n eine positive oder negative ganze Zahl bedeutet. Dieser Punkt wird erhalten durch $n$malige Einschaltung der die Punkte $-a$ und $-\frac{1}{a}$ umgebenden geschlossenen Integrationswege in den Weg, auf welchem der Punkt $x = x_0$, $y = y_0$, $z = z_0$ erhalten worden ist.

Auch 4ω ist eine solche Periode für die Coordinate z.

Durch Addition der Systeme (5) und (6) und Subtraction des Systemes (10) ergibt sich nämlich für x, y, z das Periodensystem 0, 0, 4ω. Also sind 4ω und $4\omega'$ unabhängige Perioden für die Coordinate z und analogerweise auch für die Coordinaten x und y.

Die reelle Periodicität der Fläche zeigt deutlich das Modell derselben.

Mit Hülfe dieser Periodensysteme ist aus dem obigen System ein vollständiges System zusammengehöriger Perioden herzustellen, aus welchem sich in Verbindung mit den unabhängigen Perioden alle andern Periodensysteme herleiten lassen.

Aus dem Systeme der Aenderungen (1) bis (12) sind zunächst auszuscheiden die Systeme (7) bis (12), weil dieselben aus den entsprechenden Systemen (1) bis (6) durch Hinzufügung von $\pm 4\omega$, $\pm 4\omega'$ hergeleitet werden können. Von den übrig bleibenden Systemen können dann noch ausgeschieden werden die Systeme (4) bis (6), weil dieselben durch Verbindung je zweier der übrigen und die unabhängigen Perioden zusammengesetzt werden können. Es bleiben also nur noch die Systeme (1), (2) und (3) übrig, welche durch die folgenden ersetzt werden können

$$\begin{array}{cccc} x & 2\omega & 2\omega & 2\omega' \\ y & 2\omega & 2\omega' & 2\omega \\ z & 2\omega' & 2\omega & 2\omega. \end{array}$$

Wenn daher eine Integration auf geschlossenem Wege Aenderungen der Coordinaten zur Folge hat, so haben dieselben beziehlich folgende Werthe

$$\begin{aligned} 2\Omega_1 &= 4m_1\omega + 4n_1\omega' + 2p\omega + 2q\omega + 2r\omega', \\ 2\Omega_2 &= 4m_2\omega + 4n_2\omega' + 2p\omega + 2q\omega' + 2r\omega, \\ 2\Omega_3 &= 4m_3\omega + 4n_3\omega' + 2p\omega' + 2q\omega + 2r\omega, \end{aligned}$$

und zwar bedeuten die Grössen m und n positive oder negative ganze Zahlen einschliesslich der Null, während die Zahlen p, q, r einzeln entweder den Werth 0 oder 1 haben. Es ist auch ersichtlich, wenn die sechs ganzen Zahlen m und n, sowie die drei ganzen Zahlen p, q und r beliebig angenommen werden, dass für jede solche Annahme geschlossene Integrationswege angegeben werden können, für welche das System der gleichzeitigen Aenderungen der Coordinaten mit dem durch die obigen Gleichungen bestimmten Periodensystem übereinstimmt. [14])

Es ist bereits erwähnt worden, dass alle Wege der Integrationsvariablen $s''' = s$ und $s_1''' = s_1$ zurückführbar sind auf einen geschlossenen Integrationsweg und auf einen solchen Integrationsweg, welcher keine der ausgeschlossenen Linien überschreitet, wobei jedoch ein einmaliges Umkreisen des Punktes $-a$ offen gelassen werden muss.

Um nun alle diejenigen Werthe von z zu bestimmen, welche dem Werthepaare $x = 0$, $y = 0$ entsprechen, sind zunächst diejenigen Werthepaare von s und s_1 aufzusuchen, für welche x und y gleichzeitig den Werth Null haben können.

Es war, abgesehen vom Vorzeichen,

$$x = \int_{a^2}^{t'} \frac{dt'}{\sqrt{1-14t'^2+t'^4}} + \int_{a^2}^{t'_1} \frac{dt'_1}{\sqrt{1-14t'^2_1+t'^4_1}}.$$

Damit die Summe dieser Integrale den Werth Null habe, ist nothwendig, dass $t' = t'_1$; dies folgt aus dem Umstande, dass die Umkehrungsfunction des Integrals

$$u = \int_{a^2}^{t} \frac{dt}{\sqrt{1-14t^2+t^4}},$$

die elliptische Function $\psi(u)$, eine grade Function ist (vgl. S. 51). Aus demselben Grunde muss, damit y den Werth Null haben könne, $t'' = t''_1$ sein.

Daher müssen für alle diejenigen Werthe von s und s_1 für welche x und y den Werth Null haben, gleichzeitig die beiden Gleichungen

$$\left(\frac{1+\sqrt{i}\,s}{s-\sqrt{-i}}\right)^2 = \left(\frac{1+\sqrt{-i}\,s_1}{s_1-\sqrt{i}}\right)^2 \quad \text{und} \quad \left(\frac{1+\sqrt{-i}\,s}{s-\sqrt{i}}\right)^2 = \left(\frac{1+\sqrt{i}\,s_1}{s_1-\sqrt{-i}}\right)^2$$

erfüllt sein. Diese Gleichungen lassen sich auch in die Form setzen

$$\left(\frac{1+\sqrt{i}\,s}{s-\sqrt{-i}} + \frac{1+\sqrt{-i}\,s_1}{s_1-\sqrt{i}}\right)\cdot\left(\frac{1+\sqrt{i}\,s}{s-\sqrt{-i}} - \frac{1+\sqrt{-i}\,s_1}{s_1-\sqrt{i}}\right) = A\cdot B = 0,$$

$$\left(\frac{1+\sqrt{-i}\,s}{s-\sqrt{i}} + \frac{1+\sqrt{i}\,s_1}{s_1-\sqrt{-i}}\right)\cdot\left(\frac{1+\sqrt{-i}\,s}{s-\sqrt{i}} - \frac{1+\sqrt{i}\,s_1}{s_1-\sqrt{-i}}\right) = C\cdot D = 0,$$

und zwar ist dann jeder Factor dieser beiden Gleichungen, für sich gleich Null gesetzt, die Gleichung eines Kreises.

Fig. 15. (Fig. 6. auf S. 38.)

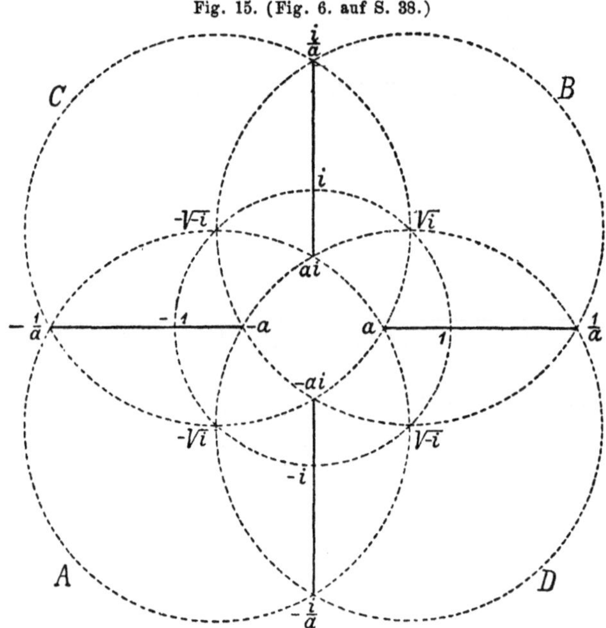

Der Kreis $A = 0$ geht durch die Punkte $a, \quad ai, \; -\frac{1}{a}, \; -\frac{i}{a},$

„ „ $B = 0$ „ „ „ „ $-a, \; -ai, \; +\frac{1}{a}, \; +\frac{i}{a},$

„ „ $C = 0$ „ „ „ „ $a, \; -ai, \; -\frac{1}{a}, \; +\frac{i}{a},$

„ „ $D = 0$ „ „ „ „ $-a, \quad ai, \; +\frac{1}{a}, \; -\frac{i}{a}.$

Die Schnittpunkte je eines der Kreise A, B mit je einem der Kreise C, D ergeben sämmtliche Wurzeln, welche dem vorgelegten Gleichungssysteme genügen.

Es sind demnach die Auflösungen der obigen Gleichungen folgende acht Paare

$s = -a$	$s = +a$	$s = +\frac{1}{a}$	$s = -\frac{1}{a}$
$s_1 = -a$	$s_1 = +a$	$s_1 = +\frac{1}{a}$	$s_1 = -\frac{1}{a}$
$s = ai$	$s = -ai$	$s = \frac{i}{a}$	$s = -\frac{i}{a}$
$s_1 = -ai$	$s_1 = ai$	$s_1 = -\frac{i}{a}$	$s_1 = \frac{i}{a}$

oder alle acht singulären Werthe von s nebst den jedesmaligen conjugirten Werthen von s_1.

Unter diesen Werthepaaren von s und s_1, für welche allein x und y gleichzeitig den Werth Null haben können, sind nun diejenigen auszuwählen, für welche wirklich x und y bei geeigneter Wahl der Integrationswege den Werth Null annehmen.

Es werde begonnen mit dem Werthepaare $s = -a$, $s_1 = -a$. Alle Werthe, welche x und y für diese Werthe von s und s_1 erhalten können, sind enthalten in den Formeln auf S. 58

$$x = 4m_1\omega + 4n_1\omega' + 2p\omega + 2q\omega + 2r\omega',$$
$$y = 4m_2\omega + 4n_2\omega' + 2p\omega + 2q\omega' + 2r\omega.$$

Damit $x = 0$ sei, muss zunächst $r = 0$, $n_1 = 0$ sein, ferner $p + q \equiv 0$ (mod. 2), $m_1 = -\frac{1}{2}(p+q)$; damit $y = 0$ sei, muss $q = 0$, $n_2 = 0$ sein; weil $q = 0$ und $p + q \equiv 0$ (mod. 2), so muss $p = 0$ sein, da p nur den Werth 0 oder 1 haben kann. Es sind also für das Werthepaar $s = -a$, $s_1 = -a$ alle zu den Werthen $x = 0$, $y = 0$ gehörenden Werthe von z in der Formel

$$z = 4m\omega + 4n\omega'$$

enthalten.

Es möge nun das Werthepaar $s = +\frac{1}{a}$, $s_1 = +\frac{1}{a}$ ins Auge gefasst werden. Jeder vom Punkte $s = -a$ ausgehende und in dem Punkte $s = +\frac{1}{a}$ endigende Integrationsweg kann zusammengesetzt werden aus einem geschlossenen Integrationswege und einem solchen, der keine der ausgeschlossenen Schnittlinien überschreitet. Dies gilt in Bezug auf den Weg von s und s_1, aber nicht auch in Bezug auf die gleichzeitigen Wege von s', s'', s'_1, s''_1.

Wenn die Integrationswege die Gestalt haben, welche die Figuren 16 und 17 zeigen, so erlangen die Coordinaten folgende Werthe

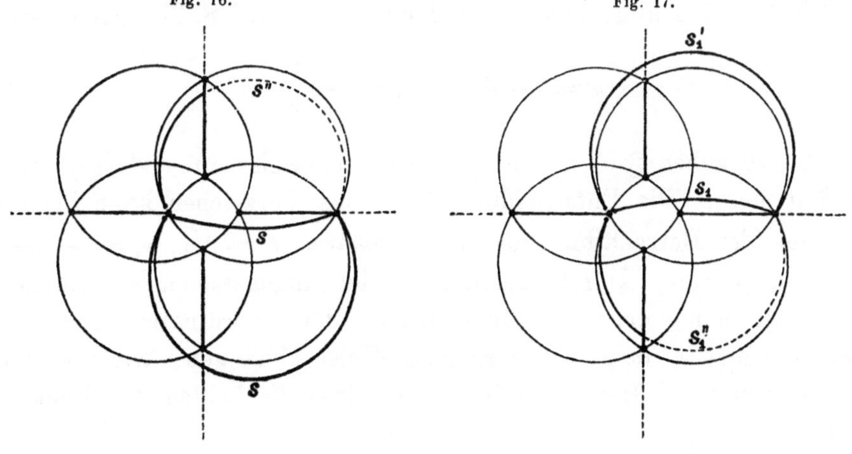

	s	s_1
x	$-\omega'$	$+\omega'$
y	$2\omega+\omega'$	$2\omega-\omega'$
z	$-\omega'$	$+\omega'$

Sowohl bei der Addition dieser Werthe als auch bei der Subtraction derselben ergeben sich solche Werthe der Coordinaten, welche dieselben durch Integrationen auf geschlossenen Wegen auch für die Werthe $s=-a$, $s_1=-a$ erlangen können.

Daher sind alle Werthe, welche z für $s=\frac{1}{a}$ und $s_1=\frac{1}{a}$ annehmen kann, wenn x und y den Werth Null haben, auch in diesem Falle in der Formel

$$z = 4m\omega + 4n\omega'$$

enthalten.

Wenn hierin m und n den Werth Null haben, so entspricht dem Werthepaare $s=\frac{1}{a}$, $s_1=\frac{1}{a}$ ebenso wie dem Werthepaare $s=-a$, $s_1=-a$ der Punkt $x=0$, $y=0$, $z=0$ der Fläche und es ist daher zu untersuchen, ob vielleicht durch diesen Punkt auch zwei verschiedene Flächenelemente hindurchgehen, von denen eins dem Punkte $s=s_1=-a$ und das andere dem Punkte $s=s_1=+\frac{1}{a}$ entspricht.

Bei näherer Betrachtung zeigt sich, dass dieses nicht der Fall ist, dass vielmehr jenes zweite Flächenelement mit dem ersten zusammenfällt und dass daher die Fläche in sich selbst zurückkehrt.

Dies lässt sich wie folgt beweisen.

Wird in den allgemeinen Gleichungen (A′) auf S. 37 gleichzeitig

$$s = -\frac{1}{\nu_1}, \quad s_1 = -\frac{1}{\nu}$$

gesetzt, so gehen $\mathfrak{F}(s)$ und $\mathfrak{F}(s_1)$ beziehungsweise in $-\nu_1^4\mathfrak{F}(\nu_1)$ und $-\nu^4\mathfrak{F}(\nu)$ über. Die Entscheidung über das Vorzeichen kann hierbei z. B. aus der Betrachtung des Werthepaares $s=\sqrt{i}$, $\nu_1=-\sqrt{-i}$ gewonnen werden. Durch Ausführung der angegebenen Substitution ergibt sich nun, dass die Differentiale der Coordinaten von den Grössen ν und ν_1 in genau derselben Weise abhängen, wie von den Grössen s und s_1. Hieraus folgt aber, dass die beiden den Punktepaaren

$$s = -a, \quad s_1 = -a \quad \text{und} \quad s = \frac{1}{a}, \quad s_1 = \frac{1}{a}$$

entsprechenden Flächenelemente einander congruent sind.

Da nun, wie oben gezeigt wurde, die Integrationswege so gewählt werden können, dass zwei Punkte dieser beiden Flächenelemente zusammenfallen, während die für die benachbarten Punkte geltenden Entwickelungen übereinstimmen, so ergibt sich beiläufig der Satz: Entspricht einem Werthepaare $s = s_{(0)}$, $s_1 = s_{1(0)}$ ein Punkt der Fläche, so kann derselbe Punkt der Fläche auch erhalten werden für das Werthepaar

$$s = -\frac{1}{s_{1(0)}}, \quad s_1 = -\frac{1}{s_{(0)}}.$$

Hierin liegt die Berechtigung für die oben (S. 53) unbewiesen gelassene Behauptung, dass die durch mechanische Elimination zu erhaltende Gleichung der Fläche den Factor, welcher die Fläche darstellt, in einer höheren als der ersten Potenz enthalten muss.

Für die Betrachtung der übrigen Werthepaare s und s_1 sind die oben (S. 55—57) zur Ermittelung aller Systeme gleichzeitiger Perioden aufgestellten Tabellen von Nutzen, nur sind die dort gegebenen Werthsysteme für den gegenwärtigen Zweck durch 2 zu theilen.

Es möge nun das Werthepaar

$$s = -\frac{1}{a}, \quad s_1 = -\frac{1}{a}$$

betrachtet werden. Die gleichzeitigen Aenderungen der Coordinaten, auf die es hier ankommt, setzen sich zusammen aus den Systemen $\frac{1}{2}(1)$ und $\frac{1}{2}(7)$, wie folgende Tabelle zeigt.

	$\frac{1}{2}(1)$	$\frac{1}{2}(7)$	$\frac{1}{2}(1)+\frac{1}{2}(7)$	$\frac{1}{2}(1)-\frac{1}{2}(7)$
x	$+\omega$	$-\omega$	0	$+2\omega$
y	$-\omega$	$+\omega$	0	-2ω
z	$-\omega'$	$-\omega'$	$-2\omega'$	0

Durch Addition ergibt sich für x, y, z das System $0, 0, -2\omega'$. Während also x und y in ihre anfänglichen Werthe zurückkehren, hat z seinen Werth um $-2\omega'$ geändert.

Das durch Subtraction sich ergebende Werthsystem $2\omega, -2\omega, 0$ wird durch Hinzufügung des Systemes (7) $-2\omega, 2\omega, -2\omega'$ auf das System $0, 0, -2\omega'$ zurückgeführt.

Dem Werthepaare $x = 0$, $y = 0$ einerseits und

$$s = -\frac{1}{a}, \quad s_1 = -\frac{1}{a}$$

andrerseits können daher bei beliebigen Integrationswegen nur solche Werthe von z entsprechen, welche durch die Formel

$$z = 2\omega' + 4m\omega + 4n\omega'$$

ausgedrückt werden.

Genau dieselben Werthe von z und genau dieselben Flächenelemente werden für das Werthepaar $s = a$, $s_1 = a$ unter der Bedingung, dass $x = 0$, $y = 0$ ist, erhalten.

Dem Werthepaare

$$s = -\frac{1}{a}, \quad s_1 = -\frac{1}{a}$$

entspricht also der (bei der gegenwärtigen Interpretation der vorgelegten Gleichungen imaginäre) Punkt der Fläche $x = 0$, $y = 0$, $z = -2\omega'$.

Werden nun die Substitutionen

$$s = \frac{1}{\nu_1}, \quad s_1 = \frac{1}{\nu}$$

angewandt, so gehen die Functionen $\mathfrak{F}(s)$ und $\mathfrak{F}(s_1)$ beziehlich über in $-\nu_1^4\mathfrak{F}(\nu_1)$ und $-\nu^4\mathfrak{F}(\nu)$, und es ergeben sich aus den Gleichungen (A′) (S. 37) die folgenden

$$\begin{aligned}
dx' &= -\sqrt{-i}(1-i\nu^2)\mathfrak{F}(\nu)d\nu - \sqrt{i}\,(1+i\nu_1^2)\mathfrak{F}(\nu_1)d\nu_1,\\
dy' &= -\sqrt{i}\,(1+i\nu^2)\mathfrak{F}(\nu)d\nu - \sqrt{-i}(1-i\nu_1^2)\mathfrak{F}(\nu_1)d\nu_1,\\
dz' &= 2\nu\mathfrak{F}(\nu)d\nu + 2\nu_1\mathfrak{F}(\nu_1)d\nu_1.
\end{aligned}$$

Beschreiben nun ν und ν_1 um die Punkte $\nu = -a$, $\nu_1 = -a$ kleine Kreise, in Folge dessen $\mathfrak{F}(\nu)$ und $\mathfrak{F}(\nu_1)$ in $-\mathfrak{F}(\nu)$ und $-\mathfrak{F}(\nu_1)$ übergehen, und wird dann ν mit s, ν_1 mit s_1 vertauscht, so unterscheiden sich diese Formeln von den aus den Gleichungen (A′) sich ergebenden Ausdrücken für dx', dy' und dz' nur dadurch, dass die beiden Ausdrücke für dz' entgegengesetzte Vorzeichen haben. Hieraus folgt, da dx' und dy' unverändert geblieben sind, während dz' in $-dz'$ übergegangen ist, dass die Ebene $z' = -\omega'$ (im analytischen Sinne) eine Symmetrie-Ebene der Fläche ist. Mit anderen Worten, es folgt aus der vorhergehenden Entwickelung, dass, wenn $x = x_0$, $y = y_0$, $z = z_0$ ein Punkt der Fläche ist, auch der Punkt $x_1 = x_0$, $y_1 = y_0$, $z_1 = -2\omega' - z_0$ im analytischen Sinne der Fläche angehört.

Nun ist nach dem Obigen auch $x = x_1$, $y = y_1$, $z = z_1 + 4\omega' = 2\omega' - z_0$ ein Punkt der Fläche, also ist auch die Ebene $z = \omega'$ im analytischen Sinne eine Symmetrie-Ebene der Fläche. Es wird sich bald Gelegenheit bieten, von dieser Eigenschaft der Fläche Anwendung zu machen, auch wird sich später eine Bedeutung dieser Eigenschaft für eine reelle Fläche ergeben, welche aus der betrachteten durch Biegung entsteht.

Inzwischen wird es keinem Bedenken unterliegen, auch für die imaginären Gebilde, welche im analytischen Sinne zu der durch die Gleichungen (A′), (B), (C) dargestellten Fläche gehören, die Sprache der Geometrie beizubehalten.

Es bleiben nun noch zu untersuchen die Werthepaare

$s = ai$	$s = \dfrac{i}{a}$	$s = -ai$	$s = -\dfrac{i}{a}$
$s_1 = -ai$	$s_1 = -\dfrac{i}{a}$	$s_1 = ai$	$s_1 = \dfrac{i}{a}$

Für Integrationswege von s und s_1, welche in diesen Punktepaaren endigen, können x und y nicht gleichzeitig gleich Null werden. Es genügt, diese Behauptung für eins dieser Werthepaare als richtig zu erweisen, weil dieselbe dann auch für das conjugirte Werthepaar gilt und durch die oben benutzten Substitutionen

$$s = -\frac{1}{\nu_1}, \quad s_1 = -\frac{1}{\nu}$$

auf die beiden andern Werthepaare übertragen werden kann.

Für $s = ai$, $s_1 = -ai$ ergeben sich für die Coordinaten die zusammengehörigen Aenderungen $\frac{1}{2}(2)$ und $\frac{1}{2}(9)$ (s. oben S. 55 u. 57). Oder es sind bei beliebigem Integrationswege die Werthe der Coordinaten

$$\begin{aligned} x &= 4m_1\omega + 4n_1\omega' + 2p\omega + 2q\omega + 2r\omega' - \gamma\omega + \gamma'\omega, \\ y &= 4m_2\omega + 4n_2\omega' + 2p\omega + 2q\omega' + 2r\omega - \gamma\omega' - \gamma'\omega', \end{aligned}$$

worin γ und γ' nur die Werthe $+1$ oder -1 haben können.

Damit $x = 0$ sei, ist erforderlich

$$r = 0, \quad n_1 = 0, \quad 2(p+q) - \gamma + \gamma' \equiv 0 \pmod{4}.$$

Damit $y = 0$ sei, ist erforderlich

$$p = 0, \quad m_2 = 0, \quad 2q - \gamma - \gamma' \equiv 0 \pmod{4}.$$

Die Congruenzen

$$2q-\gamma+\gamma' \equiv 0 \pmod{4}$$
$$2q-\gamma-\gamma' \equiv 0 \pmod{4}$$

sind jedoch nicht verträglich mit einander, weil $2\gamma'$ nicht congruent 0 (mod. 4) ist.

Es sind also alle Werthepaare von s und s_1, für welche x und y gleichzeitig den Werth Null erlangen, die vier reellen

$$s = -a \quad \Big| \quad s = +\frac{1}{a} \quad \Big\| \quad s = -\frac{1}{a} \quad \Big| \quad s = a$$
$$s_1 = -a \quad \Big| \quad s_1 = +\frac{1}{a} \quad \Big\| \quad s_1 = -\frac{1}{a} \quad \Big| \quad s_1 = a$$

und alle Werthe, welche z annehmen kann, wenn sowohl x als auch y den Werth Null hat, sind enthalten in den beiden Reihen

$$4m\omega + 4n\omega',$$
$$2\omega' + 4m\omega + 4n\omega',$$

in welchen m und n beliebige positive oder negative ganze Zahlen bedeuten. Andererseits kann aber auch die Coordinate z unter den angegebenen Bedingungen jeden dieser Werthe wirklich annehmen.

Die erste Reihe entspricht den beiden Werthepaaren

$$s = -a, \quad s_1 = -a \quad \text{und} \quad s = +\frac{1}{a}, \quad s_1 = +\frac{1}{a}.$$

Durch jeden so bestimmten Punkt geht nur ein einziges Flächenelement, dessen Tangentialebene in diesem Punkte der Ebene $x+y+z=0$ parallel ist. Alle diese Flächenelemente sind einander congruent und befinden sich in paralleler Lage.

Die zweite Reihe entspricht den beiden Werthepaaren

$$s = -\frac{1}{a}, \quad s_1 = -\frac{1}{a} \quad \text{und} \quad s = a, \; s_1 = a.$$

Durch jeden so bestimmten Punkt geht ebenfalls nur ein einziges Flächenelement, dessen Tangentialebene in diesem Punkte der Ebene $x+y-z=0$ parallel ist. Auch diese Flächenelemente sind einander congruent und befinden sich in paralleler Lage; dieselben sind auch den vorher erwähnten Flächenelementen congruent, befinden sich aber gegen dieselben in symmetrischer Lage.

Hieraus folgt, dass die vorgelegte Fläche in Beziehung auf die einzelnen Coordinaten die Grössen 2ω und $2\omega'$ nicht zu Perioden besitzt, dass daher eine Gleichung derselben, welche durch solche elliptische Functionen der Coordinaten rational ausgedrückt ist, deren Fundamentalperioden 2ω und $2\omega'$ sind, nothwendigerweise ausser der vorgelegten Fläche noch deren Verschiebungen um 2ω, $2\omega'$, $2\omega+2\omega'$ in der Richtung jeder der drei Coordinatenaxen darstellen muss.

Aus der Gleichung der Fläche

$$F(\psi(x), \psi(y), \psi(z)) = 0$$

können noch folgende Schlüsse gezogen werden. Die Grösse $\psi(z)$ ist eine algebraische, mithin stetige Function von $\psi(x)$ und $\psi(y)$ mit Ausnahme der Werthepaare, für welche dieselbe unter unbestimmter Form erscheint; $\psi(x)$ und $\psi(y)$ sind eindeutige stetige Functionen von x und y, mit Ausnahme der Werthe $x = \infty$, $y = \infty$, also ist $\psi(z)$ eine stetige Function von x und y; z ist eine stetige Function von $\psi(z)$. Hiermit ist der Satz bewiesen: Mit Ausnahme der Werthe, für welche z unbestimmt oder unendlich ist, ist z eine stetige Function der endlichen Argumente x und y.

Es mögen jetzt alle diejenigen Werthe von z aufgesucht werden, welche zu einem Werthepaare $x = x_0$, $y = y_0$ gehören, das dem Werthepaare $x = 0$, $y = 0$ benachbart ist, für welches also x_0 und y_0 gewisse Grenzen nicht überschreiten. Mit andern Worten, es werden die Coordinaten z sämmtlicher reeller und imaginärer Durchschnittspunkte aufgesucht, in welchen eine der Z-Axe parallele Gerade die Fläche schneidet, unter der Voraussetzung jedoch, dass diese Gerade der Z-Axe sehr nahe liegt. Da die Grösse z eine stetige Function von x und y ist, und das Werthepaar $x = 0$, $y = 0$ nicht zu den ausgenommenen gehört, so sind die gesuchten Werthe von z nur sehr wenig verschieden von denen, welche sich für $x = 0$, $y = 0$ ergeben haben. Da durch jeden Durchschnittspunkt der Z-Axe mit der Fläche nur ein einziges einfaches Element der Fläche hindurchgeht, so entspricht jedem Durchschnittspunkte der Z-Axe mit der Fläche auch nur ein benachbarter Durchschnittspunkt der ihr parallelen Geraden mit der Fläche.

Ist nun $z = z$ die dritte Coordinate des Durchschnittspunktes der Geraden $x = x_0$, $y = y_0$ mit dem durch den Punkt $x = 0$, $y = 0$, $z = 0$ gehenden Flächenelement, — bis auf Grössen dritter Ordnung ist $z_0 = -(x_0+y_0)$, — so gehört wegen der Symmetrie der

Fläche in Bezug auf die Ebene $z = \omega'$ (siehe S. 65) auch der Punkt $x = x_0$, $y = y_0$, $z = 2\omega' - z_0$ zu diesen Durchschnittspunkten, und zwar ist derselbe der Durchschnittspunkt der Geraden mit dem durch den Punkt $x = 0$, $y = 0$, $z = 2\omega'$ gehenden Flächenelement.

Es sind daher die dritten Coordinaten aller Durchschnittspunkte der Geraden $x = x_0$, $y = y_0$ mit der Fläche dargestellt durch die beiden Reihen von Werthen

$$z = z_0 + 4m\omega + 4n\omega',$$
$$z = 2\omega' - z_0 + 4m\omega + 4n\omega',$$

in welchen den Grössen m und n alle Systeme ganzzahliger positiver und negativer Werthe einschliesslich der Null beizulegen sind.

Diese Behauptung ist zwar zunächst nur für alle diejenigen Werthe von x_0 und y_0 bewiesen, deren absoluter Betrag gewisse Grenzen nicht überschreitet, indessen erstreckt sich die Gültigkeit derselben auf alle Werthe von x_0 und y_0, für welche z überhaupt bestimmte Werthe hat.

Die zweifach unendlich vielen Wurzeln sind nun durch eine analytische Gleichung zusammenzufassen, d. h. es handelt sich darum, eine analytische Gleichung für z aufzustellen, deren sämmtliche Wurzeln einfache sind und durch die beiden Formeln

$$z_0 + 4m\omega + 4n\omega'$$

und

$$2\omega' - z_0 + 4m\omega + 4n\omega'$$

dargestellt werden, wenn $z = z_0$ eine Wurzel der Gleichung ist und m und n alle ganzzahligen positiven und negativen Werthe einschliesslich der Null beigelegt werden.

Die elliptischen Functionen $\psi(u)$, welche durch die Differentialgleichung $\psi'(u)^2 = 1 - 14\psi(u)^2 + \psi(u)^4$ definirt werden, haben die Fundamentalperioden 2ω und $2\omega'$. Die aus denselben durch Vertauschung von u mit $\frac{1}{2}u$ hervorgehenden elliptischen Functionen $\psi(\frac{1}{2}u) = \varphi(u)$ haben also die Fundamentalperioden 4ω und $4\omega'$.

Es ist $\varphi'(u)^2 = \frac{1}{4}(1 - 14\varphi(u)^2 + \varphi(u)^4)$ und u ein Werth des Integrales

$$u = \int_{\varphi(0),\, \varphi'(0)}^{\varphi(u),\, \varphi'(u)} \frac{dt}{\sqrt{\frac{1}{4}(1 - 14t^2 + t^4)}}.$$

Für das Integral $\int \frac{dt}{\sqrt{\frac{1}{4}(1 - 14t^2 + t^4)}}$ ergibt sich folgende kleine Tabelle (vgl. S. 40)

$$\int_{0,\frac{1}{2}}^{a^2} = \omega, \int_{0,\frac{1}{2}}^{i,2} = \omega', \int_{1,i\sqrt{3}}^{a^2} = \omega'; \int_{0,\frac{1}{2}}^{-i,2} = -\omega', \int_{1,i\sqrt{3}}^{i,2} = \omega; \int_{1,i\sqrt{3}}^{-i,2} = -\omega.$$

Die Wahl der unteren Grenze in dem Integrale u kann nun so getroffen werden, dass die Gleichung $\varphi(u) = \varphi(u_0)$ die Wurzeln hat

$$\begin{aligned} u &= u_0 + 4m\omega + 4n\omega', \\ u &= 2\omega' - u_0 + 4m\omega + 4n\omega', \end{aligned}$$

und zwar ist dieses der Fall für $\varphi(0) = 1$, $\varphi'(0) = \sqrt{3}\,i$. Wird nämlich der Integrationsweg vom Punkte

$$t = 1, \quad \sqrt{\tfrac{1}{4}(1-14t^2+t^4)} = \sqrt{3}\,i$$

um den Punkt $t = a^2$ herum in den Punkt $t = 1$ zurückgeführt, wobei die Quadratwurzel in $-\sqrt{3}\,i$ übergeht, so hat das Integral $\int_{1,i\sqrt{3}}^{1,-i\sqrt{3}}$ den Werth $2\omega'$. Für eine bestimmte obere Grenze ist daher, wenn ein Werth des Integrales u_0 ist, auch $2\omega' - u_0$ ein Integralwerth; es besteht daher für die Function φ die Gleichung

$$\varphi(2\omega' - u) = \varphi(u),$$

und die Gleichung $\varphi(u) = \varphi(u_0)$ hat in der That die angegebenen Wurzeln, von denen jede eine einfache Wurzel der Gleichung ist.

Für die so bestimmte Function $\varphi(u)$ gilt nun folgende Tabelle

$$u = \int_{1,i\sqrt{3}}^{\varphi(u)} \frac{dt}{\sqrt{\frac{1}{4}(1-14t^2+t^4)}},$$

$$\varphi(u+4\omega) = \varphi(u), \ \varphi(u+4\omega') = \varphi(u), \ \varphi(2\omega'-u) = \varphi(u), \ \varphi(\omega'-u) = \varphi(\omega'+u).$$

$\varphi(0) = 1,$	$\varphi(\omega') = 2-\sqrt{3},$
$\varphi(\omega) = i,$	$\varphi(-\omega') = 2+\sqrt{3},$
$\varphi(-\omega) = -i,$	$\varphi(-u) = \dfrac{1}{\varphi(u)}$
$\varphi(\omega+\omega') = 0,$	$\varphi(2\omega) = -1,$
$\varphi(\omega-\omega') = \infty,$	$\varphi(2\omega+u) = -\varphi(u),$
$\varphi(\omega''+u) = -\varphi(\omega''-u),$	$\varphi(2\omega-u) = -\dfrac{1}{\varphi(u)}.$

In diesen Gleichungen, deren Herleitung aus dem Integralausdrucke für u mit keiner Schwierigkeit verbunden ist, bedeutet ω''

die Summe $\omega + \omega'$, während ω und ω' die auf S. 40 erklärte Bedeutung haben.

Die oben (S. 52) gefundene Gleichung der vorgelegten Fläche hatte die Form

$$F(\psi(x), \psi(y), \psi(z)) = 0,$$

worin F eine ganze rationale Function bedeutete und die elliptische Function ψ durch die Gleichungen

$$\psi'(u)^2 = 1 - 14\psi(u)^2 + \psi(u)^4, \qquad \psi(0) = 2 - \sqrt{3}$$

bestimmt war.

Nun besteht zwischen der Function ψ und der Function φ die Gleichung

$$\psi(u) = \varphi(2u + \omega'),$$

es tritt daher

$$F(\varphi(2x + \omega'), \varphi(2y + \omega'), \varphi(2z + \omega')) = 0$$

an die Stelle der früheren Gleichung der Fläche.

Nach dem Additionstheoreme der elliptischen Functionen kann $\varphi(2u + \omega')$ durch $\varphi(u)$ und $\varphi'(u)$ rational ausgedrückt werden. Bei der Vertauschung von u mit $2\omega' - u$ wird $\varphi(u)$ nicht geändert, während $\varphi'(u)$ in $-\varphi'(u)$ übergeht; da nun bei dieser Vertauschung auch $\varphi(2u + \omega')$ seinen Werth nicht ändert, so ist $\varphi(2u + \omega')$ rational durch $\varphi(u)$ ausdrückbar und es tritt daher an die Stelle der Gleichung $F = 0$ eine Gleichung von der Form

$$F_1(\varphi(x), \varphi(y), \varphi(z)) = 0,$$

worin F_1 eine ganze rationale Function ihrer Argumente ist. Der unzerlegbare, in Bezug auf $\varphi(x)$, $\varphi(y)$ und $\varphi(z)$ rationale Factor dieser Gleichung, welcher, für sich gleich Null gesetzt, die vorgelegte Fläche darstellt, möge bezeichnet werden mit

$$\mathfrak{f}(\varphi(x), \varphi(y), \varphi(z)) = 0.$$

Wenn diese Gleichung wirklich nur die vorgelegte Fläche darstellt, d. h. den Inbegriff aller der Flächenelemente, welche durch simultane analytische Fortsetzungen aus einem einzigen entspringen, — und die Auffindung einer solchen Gleichung der Fläche ist das Endziel dieser Untersuchung — so muss dieselbe folgende Eigenschaften haben.

1. Diese Gleichung kann $\varphi(x)$, $\varphi(y)$ und $\varphi(z)$ einzeln nicht in höherem Grade enthalten, als in dem ersten. Andernfalls würden

sich, wenn $x = x_0$, $y = y_0$ gesetzt wird, für $\varphi(z)$ mehr als ein Werth, also für z mehr als zwei in Bezug auf 4ω und $4\omega'$ nicht congruente Wurzeln ergeben, und dies steht mit der Voraussetzung im Widerspruch.

2. Die Fläche ändert sich nicht, wenn von den drei Coordinaten x, y, z irgend zwei mit einander vertauscht werden, also ist ihre Gleichung symmetrisch in Bezug auf $\varphi(x)$, $\varphi(y)$, $\varphi(z)$.

Aus diesen beiden Gründen muss die Gleichung der Fläche die Gestalt haben

$$\begin{aligned} &\mathrm{f}\big(\varphi(x), \varphi(y), \varphi(z)\big) = \\ A + B[\varphi(x) + \varphi(y) + \varphi(z)] + C[&\varphi(y)\varphi(z) + \varphi(z)\varphi(x) + \varphi(x)\varphi(y)] + \\ &+ D\varphi(x)\varphi(y)\varphi(z) = 0. \end{aligned}$$

Die Verhältnisse der Constanten A, B, C, D werden durch folgende Bedingungen bestimmt.

1. Der Punkt $x = 0$, $y = 0$, $z = 0$ ist ein Punkt der Fläche.

2. Der Abstand eines dem Punkte $x = 0$, $y = 0$, $z = 0$ benachbarten Punktes von der Tangentialebene der Fläche in diesem Punkte, deren Gleichung $x + y + z = 0$ ist, ist eine kleine Grösse dritter Ordnung.

3. Der Punkt $x = \omega$, $y = \omega$, $z = -\omega$ ist ein Punkt der Fläche.

In der Entwickelung von f nach Potenzen von x, y, z muss also das von x, y, z unabhängige Glied den Werth Null haben und die Glieder zweiter Ordnung müssen, wenn $x + y + z = 0$ gesetzt wird, verschwinden.

Es ist $\varphi(0) = 1$; $\varphi'(0) = \sqrt{3}\,i$; $\varphi''(0) = -3$. Die Entwickelung von f beginnt mit folgenden Gliedern

$$\begin{aligned} \mathrm{f} = {} & A + 3B + 3C + D \\ & + i\sqrt{3}(B + 2C + D)(x + y + z) \\ & - \tfrac{3}{2}(B + 2C + D)(x^2 + y^2 + z^2) - 3(C + D)(yz + zx + xy) \\ & + \text{Glieder dritter und höherer Ordnung.} \end{aligned}$$

Dies ergibt die Gleichungen

1.) $A + 3B + 3C + D = 0$,

2.) $(B + 2C + D)\big(x^2 + y^2 + (x + y)^2\big) + 2(C + D)\big(xy - (x + y)^2\big) = 0.$

Die Gleichung 2.) lässt sich in die Form

$$2(B + C)(x^2 + xy + y^2) = 0$$

setzen; es ist mithin $C = -B$ und in Folge der Gleichung 1.) $D = -A$.

Der Punkt $x = \omega$, $y = \omega$, $z = -\omega$ soll ein Punkt der Fläche sein; es ist $\varphi(\omega) = i$, $\varphi(-\omega) = -i$; dies ergibt die Gleichung

3.) $$A + Bi + C + Di = 0,$$

oder $$A + Bi - B - Ai = (1-i)(A-B) = 0,$$

hiernach ist also $B = A$ zu setzen. Wird $A = 1$ gesetzt, so ergibt sich unter den angegebenen Voraussetzungen die Gleichung

$$\mathrm{f}(\varphi(x), \varphi(y), \varphi(z)) = 1 + [\varphi(x) + \varphi(y) + \varphi(z)] - [\varphi(y)\varphi(z) + \varphi(z)\varphi(x) + \\ + \varphi(x)\varphi(y)] - \varphi(x)\varphi(y)\varphi(z) = 0.$$

Hiermit ist jedoch noch keineswegs bewiesen, dass diese Gleichung wirklich die vorgelegte Fläche darstellt. Aus den angestellten Betrachtungen geht auch nicht hervor, dass diese Gleichung eine Minimalfläche darstellt. Denn bei der Herleitung wurde die Voraussetzung gemacht, dass jener unzerlegbare in Bezug auf $\varphi(x)$, $\varphi(y)$ und $\varphi(z)$ rationale Factor, welcher die Fläche darstellt, nur diese Fläche und jeden einfachen Punkt derselben nur einmal darstelle.

Die Richtigkeit dieser Voraussetzung muss aber erst bewiesen werden. Dies ist die Aufgabe der folgenden Untersuchung.

Es ist mit Strenge erwiesen, dass zwischen $\varphi(x)$, $\varphi(y)$, $\varphi(z)$ eine algebraische Gleichung bestehen muss, welche für alle Punkte der Fläche befriedigt wird. Es ist jetzt zu untersuchen, welche Eigenschaften die Grösse $\varphi(z)$ als Function von $\varphi(x)$ und $\varphi(y)$ besitzt.

Es sei $x = x_0$, $y = y_0$, $z = z_0$ ein Punkt der Fläche. Es werde $\varphi(x_0) = p_0$, $\varphi(y_0) = q_0$, $\varphi(z_0) = r_0$ gesetzt. Aus dem durch diesen Punkt gehenden Flächenelemente können andere hergeleitet werden, für welche wieder $x = x_0$, $y = y_0$ ist und z einen der Werthe

$$z_0 + 4m\omega + 4n\omega'$$

oder

$$2\omega' - z_0 + 4m\omega + 4n\omega'$$

annimmt; für alle diese Punkte hat $\varphi(z)$ den Werth r_0. Wenn aber $\varphi(z)$ als Function von $\varphi(x)$ und $\varphi(y)$ betrachtet werden soll, so sind nicht bloss die analytischen Fortsetzungen ins Auge zu fassen, bei denen x wieder in x_0, y wieder in y_0 zurückkehrt, sondern alle diejenigen, bei denen $\varphi(x)$ in $\varphi(x_0)$ und $\varphi(y)$ in $\varphi(y_0)$ zurückkehrt, und es ist zu untersuchen, welche Werthe $\varphi(z)$ hierbei erhält.

Die Werthe von z für

$$x = x_0 + 4m_1\omega + 4n_1\omega'$$
$$y = y_0 + 4m_2\omega + 4n_2\omega'$$

sind wegen der Periodicität der Fläche dieselben wie für $x = x_0$, $y = y_0$; $\varphi(z)$ hat also für alle diese Punkte den Werth r_0.

Es ist nun zu untersuchen, ob für die Werthsysteme

$$\begin{array}{l|l|l} x = 2\omega' - x_0 & x = x_0 & x = 2\omega' - x_0 \\ y = y_0 & y = 2\omega' - y_0 & y = 2\omega' - y_0 \end{array}$$

die Coordinate z auch noch dieselben Werthe erhält.

Wie früher (S. 65) gezeigt wurde, ist die Ebene $z = \omega'$ eine Symmetrie-Ebene der Fläche, und, da bei cyclischer Vertauschung von x, y, z die Fläche sich nicht ändert, so sind auch $x = \omega'$ und $y = \omega'$ Symmetrie-Ebenen derselben. Hieraus folgt aber, dass die Coordinate z auch für die obigen Werthsysteme von x und y nur solche Werthe annehmen kann, welche in den beiden Reihen

$$z = z_0 + 4m\omega + 4n\omega'$$
$$z = 2\omega' - z_0 + 4m\omega + 4n\omega'$$

enthalten sind. Es ist demnach für alle Werthe von x und y, für welche $\varphi(x) = p_0$, $\varphi(y) = q_0$ ist, $\varphi(z) = r_0$.

Also ist $\varphi(z) = r$ eine e i n d e u t i g e Function von $\varphi(x) = p$ und $\varphi(y) = q$ und, da $\varphi(z)$ eine algebraische Function dieser Grössen ist, so ist r eine r a t i o n a l e Function von p und q. Derselbe Schluss lässt sich für p und q machen und es ist daher jener unzerlegbare Factor $f(p, q, r) = 0$ in Bezug auf jede dieser drei Grössen vom ersten Grade. Alle oben gemachten Schlüsse sind daher berechtigt.

Die gefundene Gleichung

$$1 + (\varphi x + \varphi y + \varphi z) - (\varphi y\, \varphi z + \varphi z\, \varphi x + \varphi x\, \varphi y) - \varphi x\, \varphi y\, \varphi z = 0,$$

in welcher die elliptische Function φ durch die Differentialgleichung $\varphi'(u)^2 = \frac{1}{4}(1 - 14\varphi(u)^2 + \varphi(u)^4)$ und die Anfangsbedingungen $\varphi(0) = 1$, $\varphi'(0) = \sqrt{3}\,i$ bestimmt ist, ist also in der That eine unzerlegbare Gleichung der vorgelegten Fläche.

Für den nachfolgenden Theil der Untersuchung, dessen Aufgabe in der Hauptsache nur noch darin bestehen kann, die Richtigkeit der ausgesprochenen Behauptung im Einzelnen *a posteriori* darzuthun, ist es nützlich, statt der elliptischen Function φ eine andere λ einzuführen, durch deren Einführung überdies die Gleichung der Fläche noch etwas vereinfacht wird.

Dies geschieht durch die Substitution

$$\lambda = \frac{1}{i} \cdot \frac{1+\varphi}{1-\varphi}, \qquad \varphi = \frac{\lambda + i}{\lambda - i},$$

durch welche das Integral

$$u = \int_{1, i\sqrt{3}}^{\varphi(u)} \frac{d\varphi}{\sqrt{\frac{1}{4}(1-14\varphi^2+\varphi^4)}} \quad \text{in} \quad u = \int_{\lambda(u)}^{\infty} \frac{d\lambda}{\sqrt{\frac{3}{4}\lambda^4+\frac{5}{2}\lambda^2+\frac{3}{4}}}$$

mit der Bedingung, dass bei der Integration der Endwerth von

$$\frac{1}{\lambda^2} \cdot \sqrt{\frac{3}{4}\lambda^4+\frac{5}{2}\lambda^2+\frac{3}{4}}$$

positiv sein muss, übergeht. Diese Umformung gewährt zugleich den Vortheil, dass für alle reellen Werthe von u die Grösse λ stets auch reell ist.

Es gelten die Formeln

$$\omega = \int_{\lambda=1}^{\lambda=\infty} = \int_{\lambda=0}^{\lambda=1}, \qquad \omega' = \int_{\lambda=0}^{\lambda=\frac{i}{\sqrt{3}}} = \int_{\lambda=i\sqrt{3}}^{\lambda=\infty},$$

und für die Function $\lambda(u)$ ergibt sich folgende Tabelle (vergl. die Tabelle für $\varphi(u)$ auf S. 69)

$$\lambda(u+4\omega) = \lambda(u), \ \lambda(u+4\omega') = \lambda(u), \ \lambda(2\omega'-u) = \lambda(u), \ \lambda(\omega'-u) = \lambda(\omega'+u),$$

$\lambda(0) = \infty,$	$\lambda(\omega') = \sqrt{3}i,$
$\lambda(\omega) = 1,$	$\lambda(-\omega') = -\sqrt{3}i,$
$\lambda(-\omega) = -1,$	$\lambda(-u) = -\lambda(u),$

$\lambda(\omega+\omega') = -i,$	$\lambda(2\omega) = 0,$
$\lambda(\omega-\omega') = i,$	$\lambda(2\omega+u) = \frac{-1}{\lambda(u)},$
$\lambda(\omega''+u) = \frac{-1}{\lambda(\omega''-u)},$	$\lambda(2\omega-u) = \frac{1}{\lambda(u)}.$

Für die Umgebungen der Werthe $\lambda = \infty$, $u = 0$ gelten die Entwickelungen

$$u = \frac{2}{\sqrt{3}} \cdot \frac{1}{\lambda} - \frac{10}{9\sqrt{3}} \cdot \frac{1}{\lambda^3} + \cdots$$

$$\lambda = \frac{2}{\sqrt{3}} \cdot \frac{1}{u} - \frac{5}{6\sqrt{3}} \cdot u + \cdots$$

Wird $\lambda(x)$ mit λ, $\lambda(y)$ mit μ, $\lambda(z)$ mit ν bezeichnet, so gelten in Bezug auf λ, μ, ν dieselben Schlüsse, wie auf S. 72 und 73 für p, q, r. Es gibt also eine Gleichung der Fläche, welche die Grössen λ, μ, ν rational enthält, in Bezug auf jede einzelne derselben vom ersten Grade ist und die Form hat

$$F(\lambda, \mu, \nu) = A_1 + B_1(\lambda + \mu + \nu) + C_1(\mu\nu + \nu\lambda + \lambda\mu) + D_1\lambda\mu\nu = 0.$$

Die Bestimmung der Verhältnisse der Coefficienten in dieser neuen Gleichung kann entweder durch Umformung der früher gefundenen Gleichung der Fläche oder auf folgende Weise direct ausgeführt werden.

Wenn $x = x_0$, $y = y_0$, $z = z_0$ ein Punkt der Fläche ist, so ist auch $x = -x_0$, $y = -y_0$, $z = -z_0$ ein solcher. Es muss also die Gleichung der Fläche $F = 0$ in sich zurückkehren, wenn λ, μ, ν gleichzeitig durch $-\lambda, -\mu, -\nu$ ersetzt werden.

Die Gleichung $F = 0$ hat also entweder die Form

$$A_1 + C_1(\mu\nu + \nu\lambda + \lambda\mu) = 0 \quad \text{oder} \quad B_1(\lambda + \mu + \nu) + D_1\lambda\mu\nu = 0.$$

Die Entscheidung darüber, in welcher dieser beiden Formen die Gleichung der Fläche zu suchen sei, ergibt die Bedingung, dass der Punkt $x = 0$, $y = 0$, $z = 0$ ein einfacher Punkt der Fläche ist, in welchem dieselbe die Tangentialebene $x + y + z = 0$ besitzt, eine Eigenschaft, welche nur den durch die erste dieser beiden Formen dargestellten Flächen zukommt.

Der Werth des Verhältnisses $A_1 : C_1$ ist bestimmt durch die Bedingung, dass der Punkt $x = \omega$, $y = \omega$, $z = -\omega$ ein Punkt der Fläche ist. Da $\lambda(\omega) = 1$, $\lambda(-\omega) = -1$ ist, ergibt sich $C_1 = A_1$. Wird nun $A_1 = 1$ gesetzt, so folgt

$$F(\lambda, \mu, \nu) = 1 + \mu\nu + \nu\lambda + \lambda\mu.$$

Die Gleichung der vorgelegten Minimalfläche ist also in ihrer einfachsten Gestalt

$$\mu\nu + \nu\lambda + \lambda\mu + 1 = 0,$$

und zwar bedeuten die drei Grössen λ, μ, ν dieselben elliptischen Functionen der drei rechtwinkligen Coordinaten x, y, z, mit welchen sie durch die Gleichungen

$$x = \int_\lambda^\infty \frac{dt}{\sqrt{\frac{3}{4}t^4 + \frac{5}{2}t^2 + \frac{3}{4}}}, \quad y = \int_\mu^\infty \frac{dt}{\sqrt{\frac{3}{4}t^4 + \frac{5}{2}t^2 + \frac{3}{4}}}, \quad z = \int_\nu^\infty \frac{dt}{\sqrt{\frac{3}{4}t^4 + \frac{5}{2}t^2 + \frac{3}{4}}}$$

verbunden sind. Die Integrationen sind hierbei so auszuführen, dass der Endwerth von

$$\frac{1}{t^2} \cdot \sqrt{\frac{3}{4}t^4 + \frac{5}{2}t^2 + \frac{3}{4}}$$

positiv wird, im Uebrigen eine jede auf beliebigem Wege.

Die Coordinaten x, y, z haben hier dieselbe Bedeutung in Beziehung auf die Fläche, wie in den Gleichungen (C) (S. 45) und (D) (S. 50), jedoch nicht dieselbe Bedeutung, welche den Grössen x, y, z in den Gleichungen (A) (S. 32) beizulegen ist.

Es ist auch zu bemerken, dass reellen Werthen von x, y, z stets wieder reelle Werthe von λ, μ, ν entsprechen.[15])

(Wenn λ, μ, ν als rechtwinklige Coordinaten eines Punktes gedeutet werden, so stellt die Gleichung $F(\lambda, \mu, \nu) = 0$ ein einschaliges Rotationshyperboloid dar, dessen Rotationsaxe die Gerade $\lambda = \mu = \nu$ ist und auf dessen Asymptotenkegel die Coordinatenaxen liegen.)

Es ist nun der Nachweis zu führen

erstens, dass die durch die Gleichung $F(\lambda, \mu, \nu) = 0$ definirte Fläche der partiellen Differentialgleichung der Minimalflächen wirklich genügt, und zweitens, dass diese Fläche alle diejenigen geraden Linien enthält, welche auf der durch die Gleichungen (C) und (D) definirten Minimalfläche liegen.

Um zu zeigen, dass die Fläche $F(\lambda, \mu, \nu) = 0$ in der That der partiellen Differentialgleichung der Minimalflächen genügt, scheint es zweckmässig zu sein, um weitläufigere Rechnungen zu vermeiden, die letztere in der Form

$$\frac{1}{\varrho_1} + \frac{1}{\varrho_2} = \frac{\partial X}{\partial x} + \frac{\partial Y}{\partial y} = 0$$

zu wählen, wo ϱ_1 und ϱ_2 die Hauptkrümmungsradien in einem Punkte der Fläche, X und Y die Ausdrücke

$$X = \frac{p}{\sqrt{p^2+q^2+1}}, \qquad Y = \frac{q}{\sqrt{p^2+q^2+1}}$$

bedeuten, wenn mit p und q die partiellen Ableitungen

$$p = \frac{\partial z}{\partial x}, \qquad q = \frac{\partial z}{\partial y}$$

für diesen Punkt der Fläche bezeichnet werden.

Zur Vereinfachung der Rechnung möge für die gegenwärtige Untersuchung statt λ, μ, ν $\frac{\lambda_1}{\sqrt{3}}, \frac{\mu_1}{\sqrt{3}}, \frac{\nu_1}{\sqrt{3}}$ und statt x, y, z $2x_1, 2y_1, 2z_1$ gesetzt werden.

Dann ist die Gleichung der Fläche $\mu_1\nu_1 + \nu_1\lambda_1 + \lambda_1\mu_1 + 3 = 0$, und es ist

$$x_1 = \int_{\lambda_1}^{\infty} \frac{d\lambda_1}{\sqrt{(\lambda_1^2+1)(\lambda_1^2+9)}},$$

also

$$\left[\frac{d\lambda_1}{dx_1}\right]^2 = \lambda_1'^2 = (\lambda_1^2+1)(\lambda_1^2+9) \quad \text{u. s. w.}$$

Wenn nun die Marke 1 wieder weggelassen wird, so ist

$$x = \int_{\lambda}^{\infty} \frac{d\lambda}{\sqrt{(\lambda^2+1)(\lambda^2+9)}}; \quad y = \int_{\mu}^{\infty} \frac{d\mu}{\sqrt{(\mu^2+1)(\mu^2+9)}}; \quad z = \int_{\nu}^{\infty} \frac{d\nu}{\sqrt{(\nu^2+1)(\nu^2+9)}};$$

$$\lambda'^2 = (\lambda^2+1)(\lambda^2+9); \qquad \mu'^2 = (\mu^2+1)(\mu^2+9); \qquad \nu'^2 = (\nu^2+1)(\nu^2+9);$$

$$\mu\nu + \nu\lambda + \lambda\mu + 3 = 0, \qquad \nu = -\frac{3+\lambda\mu}{\lambda+\mu}.$$

Hieraus ergibt sich durch partielle Differentiation in Bezug auf x und y

$$\nu' \cdot \frac{\partial z}{\partial x} = \frac{3-\mu^2}{(\lambda+\mu)^2} \cdot \lambda', \qquad \nu' \cdot \frac{\partial z}{\partial y} = \frac{3-\lambda^2}{(\lambda+\mu)^2} \cdot \mu',$$

$$p = \frac{\partial z}{\partial x} = \frac{3-\mu^2}{(\lambda+\mu)^2} \cdot \frac{\lambda'}{\nu'}, \qquad q = \frac{\partial z}{\partial y} = \frac{3-\lambda^2}{(\lambda+\mu)^2} \cdot \frac{\mu'}{\nu'},$$

$$X = \frac{p}{\sqrt{p^2+q^2+1}} = \frac{(3-\mu^2)\lambda'}{\sqrt{(3-\mu^2)^2\lambda'^2 + (3-\lambda^2)^2\mu'^2 + (\lambda+\mu)^4\nu'^2}} = \frac{(3-\mu^2)\lambda'}{\sqrt{M}},$$

$$Y = \frac{q}{\sqrt{p^2+q^2+1}} = \frac{(3-\lambda^2)\mu'}{\sqrt{M}}.$$

Werden für λ'^2, μ'^2, ν'^2 ihre durch λ und μ ausgedrückten Werthe gesetzt, so ergibt sich

$$M = 243 + 126(\lambda^2 + \mu^2) + 288\lambda\mu + 27(\lambda^4 + \mu^4) + 108\lambda^2\mu^2 + 96(\lambda^3\mu + \lambda\mu^3) + \\ + 14(\lambda^4\mu^2 + \lambda^2\mu^4) + 32\lambda^3\mu^3 + 3\lambda^4\mu^4.$$

Nun ist

$$\frac{\partial X}{\partial x} = (3-\mu^2)\frac{2M\cdot\lambda'' - \lambda'^2\cdot\frac{\partial M}{\partial\lambda}}{2(\sqrt{M})^3}.$$

Der im Zähler stehende Ausdruck hat den Werth

$$\begin{aligned}2M\lambda'' - \lambda'^2\cdot\frac{\partial M}{\partial\lambda} &= 2592\lambda - 2592\mu \\ &\quad + 288\lambda^2\mu + 576\lambda\mu^2 - 864\mu^3 \\ &\quad - 288\lambda^5 - 96\lambda^4\mu + 96\lambda^2\mu^3 + 288\lambda\mu^4 \\ &\quad + 96\lambda^6\mu - 64\lambda^5\mu^2 - 32\lambda^4\mu^3 \\ &\quad + 32\lambda^6\mu^3 - 32\lambda^5\mu^4 \\ &= 32(3-\lambda^2)(3-\lambda\mu)[(3+\lambda^2)(3+\mu^2) + 4\lambda\mu](\lambda-\mu).\end{aligned}$$

Also ist

$$\frac{\partial X}{\partial x} = 16\cdot\frac{(3-\lambda^2)(3-\mu^2)(3-\lambda\mu)[(3+\lambda^2)(3+\mu^2)+4\lambda\mu]}{M\sqrt{M}}\cdot(\lambda-\mu).$$

Durch Vertauschung von λ mit μ wird hieraus der Werth von $\frac{\partial Y}{\partial y}$ erhalten. Die linke Seite der vorigen Gleichung geht dann in $\frac{\partial Y}{\partial y}$, die rechte in ihren entgegengesetzten Werth über und es ist daher die Gleichung

$$\frac{\partial X}{\partial x} + \frac{\partial Y}{\partial y} = 0$$

für alle Punkte der vorgelegten Fläche befriedigt.

Es besitzt also in der That die durch die Gleichung $F(\lambda, \mu, \nu) = 0$ dargestellte Fläche die charakteristische Eigenschaft der Minimalflächen, dass ihre mittlere Krümmung überall gleich Null ist.

Es ist nun zu zeigen, dass auf der Fläche $F = 0$ auch gerade Linien liegen.

Wird $z = 0$ gesetzt, also $\nu = \infty$, so muss $\mu + \lambda = 0$ sein.

Für $\lambda(x)$ werde $-\lambda(-x)$ gesetzt, so ergibt sich die Gleichung

$$\lambda(y) = \lambda(-x).$$

Sämmtliche Werthe von y, welche diese Gleichung befriedigen, sind enthalten in den beiden Formeln

$$y = \quad -x + 4m\omega + 4n\omega',$$
$$y = 2\omega' + x + 4m\omega + 4n\omega';$$

in Worten: Die Ebene $z = 0$ schneidet die Fläche $F = 0$ in den beiden Schaaren von Parallellinien, welche durch die Gleichungen

$$z = 0, \quad x + y = \quad 4m\omega + 4n\omega',$$
$$z = 0, \quad y - x = 2\omega' + 4m\omega + 4n\omega'$$

gegeben werden.

Im vorliegenden Falle ist nur die erste dieser Schaaren reell und zwar, wenn n den Werth Null hat.

Statt durch die Ebene $z = 0$ konnte auch durch die Ebene $z = 4m\omega + 2n\omega'$ geschnitten werden.

Solcher Geraden liegen drei durch den Punkt $x = 0$, $y = 0$, $z = 0$ gehende in der Tangentialebene der Fläche in diesem Punkte.

Wird $z = \pm 2\omega$, also $\nu = 0$ gesetzt, so ergibt sich aus der Gleichung der Fläche

$$\lambda\mu + 1 = 0, \qquad \lambda(y) = \frac{-1}{\lambda(x)}.$$

Die Wurzeln dieser Gleichung sind enthalten in den beiden Formeln

$$y = 2\omega \quad + x + 4m\omega + 4n\omega',$$
$$y = 2\omega + 2\omega' - x + 4m\omega + 4n\omega'.$$

Denselben entspricht ebenfalls eine Schaar von Parallelen.

Wird $z = -\omega$, also $\nu = -1$ gesetzt, so besteht zwischen λ und μ die Gleichung

$$-(\lambda + \mu) + \lambda\mu + 1 = 0.$$

Diese Gleichung lässt sich in zwei Factoren $(\lambda - 1)(\mu - 1) = 0$ zerlegen, wird also identisch durch $\lambda = 1$ und durch $\mu = 1$ befriedigt, d. h. durch die Systeme

$$x = \quad \omega + 4m\omega + 4n\omega',$$
$$x = 2\omega' - \omega + 4m\omega + 4n\omega',$$

und durch

$$y = \quad \omega + 4m\omega + 4n\omega',$$
$$y = 2\omega' - \omega + 4m\omega + 4n\omega'.$$

Die Ebene $z = -\omega$ schneidet also die Fläche in zwei Systemen von parallelen Geraden, von denen das eine der Y-Axe, das andere der X-Axe parallel ist.

Eine analoge Eigenschaft hat die Fläche in Bezug auf die Ebene $z = +\omega$.

Wird $x = \omega$, $y = -\omega$, also $\lambda = 1$, $\mu = -1$ gesetzt, so wird die Gleichung der Fläche für jeden Werth von ν, also auch für jeden Werth von z befriedigt. Die Fläche enthält also die der Z-Axe parallele Gerade $x = \omega$, $y = -\omega$.

Es bleibt noch übrig zu zeigen, dass die Fläche in Bezug auf den Punkt $x = \omega$, $y = \omega$, $z = -\omega$ die auf S. 17 u. 48 näher angegebene Symmetrie besitzt.

Es möge gesetzt werden

$$x = \omega + x', \qquad y = \omega + y', \qquad z = -\omega + z',$$

so ergibt sich vermöge der Gleichungen

$$\lambda(\omega + x') = \frac{-1}{\lambda(x' - \omega)} = \frac{+1}{\lambda(\omega - x')},$$

$$\lambda(\omega + y') = \frac{-1}{\lambda(y' - \omega)} = \frac{+1}{\lambda(\omega - y')},$$

$$\lambda(-\omega + z') = \frac{-1}{\lambda(\omega + z')} = \frac{+1}{\lambda(-\omega - z')},$$

dass die Gleichung $F(\lambda, \mu, \nu) = 0$ in sich selbst zurückkehrt, wenn statt

$$x'_0, \quad y'_0, \quad z'_0,$$

gesetzt wird

$$-x'_0, \quad -y'_0, \quad z'_0,$$

oder

$$-x'_0, \quad y'_0, \quad -z'_0,$$

oder

$$x'_0, \quad -y'_0, \quad -z'_0,$$

oder endlich

$$y'_0, \quad -x'_0, \quad -z'_0.$$

Durch diese Eigenschaften wird aber die Symmetrie der Fläche in Beziehung auf den Punkt $x' = 0$, $y' = 0$, $z' = 0$ charakterisirt.

Es entsteht nun die Frage, ob die vorgelegte Fläche singuläre Punkte besitzt.

Die Bedingungen für dieselben sind

$$F = 0, \quad \frac{\partial F}{\partial x} = 0, \quad \frac{\partial F}{\partial y} = 0, \quad \frac{\partial F}{\partial z} = 0;$$

oder

$$\mu\nu + \nu\lambda + \lambda\mu + 1 = 0, \quad (\mu+\nu)\lambda' = 0, \quad (\nu+\lambda)\mu' = 0, \quad (\lambda+\mu)\nu' = 0.$$

Für $(\mu+\nu) = 0$ ergibt sich aus $F = 0$ entweder $\lambda = \infty$, oder $\mu\nu + 1 = 0$. Den Wurzeln der Gleichungen $\mu + \nu = 0$, $\mu\nu + 1 = 0$, $\mu = \pm 1$, $\nu = \mp 1$ entspricht kein singulärer Punkt der Fläche, weil $\frac{\partial F}{\partial y}$ und $\frac{\partial F}{\partial z}$ für diese Werthe nicht zugleich den Werth Null erlangen können. Auch der Annahme $\mu + \nu = 0$, $\lambda = \infty$ entspricht kein singulärer Punkt der Fläche, wie sich ergibt, wenn die Gleichung der Fläche in die Form

$$\mu + \nu + \frac{1+\mu\nu}{\lambda} = 0$$

gesetzt wird.

Wenn daher die Fläche singuläre Punkte besitzt, so können dieselben nur hervorgehen aus dem gleichzeitigen Bestehen der Gleichungen

$$\lambda' = 0, \qquad \mu' = 0, \qquad \nu' = 0.$$

Die Wurzeln der Gleichung $\lambda' = 0$ sind $\lambda = \pm\frac{i}{\sqrt{3}}$, $\pm i\sqrt{3}$. Werden diese Werthe in die Gleichung der Fläche eingesetzt, so ergeben sich die Gleichungen

$$\pm\frac{i}{\sqrt{3}}(\mu+\nu) + \mu\nu + 1 = 0,$$

$$\pm i\sqrt{3}(\mu+\nu) + \mu\nu + 1 = 0,$$

von denen die erste durch die Werthepaare

$$\mu = \pm\frac{i}{\sqrt{3}}, \quad \nu = \pm\frac{i}{\sqrt{3}} \quad \text{und} \quad \mu = \mp i\sqrt{3}, \quad \nu = \mp i\sqrt{3},$$

die zweite durch die Werthepaare

$$\mu = \mp\frac{i}{\sqrt{3}}, \quad \nu = \pm i\sqrt{3} \quad \text{und} \quad \mu = \pm i\sqrt{3}, \quad \nu = \mp\frac{i}{\sqrt{3}}$$

befriedigt wird.

Andere Verbindungen von Werthen, für welche

$$\frac{\partial F}{\partial x}, \quad \frac{\partial F}{\partial y}, \quad \frac{\partial F}{\partial z}$$

gleichzeitig verschwinden, genügen der Gleichung der Fläche nicht.

Die Werthsysteme

$$\lambda = \pm\frac{i}{\sqrt{3}}, \quad \pm\frac{i}{\sqrt{3}} \quad \mp i\sqrt{3}, \quad \mp i\sqrt{3},$$
$$\mu = \pm\frac{i}{\sqrt{3}}, \quad \pm i\sqrt{3}, \quad \pm\frac{i}{\sqrt{3}}, \quad \mp i\sqrt{3},$$
$$\nu = \pm\frac{i}{\sqrt{3}}, \quad \mp i\sqrt{3}, \quad \mp i\sqrt{3}, \quad \pm\frac{i}{\sqrt{3}},$$

sind also die einzigen, welchen singuläre Punkte der Fläche $F = 0$ entsprechen. Für diese Punkte, von denen übrigens keiner reell ist, ergibt sich

$$d^2 F = C\cdot(dx^2 + dy^2 + dz^2).$$

Gelegentlich mag hierbei erwähnt werden, dass auch die Fläche zweiten Grades

$$(x-x_0)^2+(y-y_0)^2+(z-z_0)^2 = 0$$

der partiellen Differentialgleichung der Minimalflächen (im analytischen Sinne) genügt. [16])

Es wurde bemerkt, dass aus den Gleichungen, welche die elliptischen Functionen $\psi(x)$, $\psi(y)$, $\psi(z)$, deren Fundamentalperioden 2ω und $2\omega'$ sind, als algebraische Functionen zweier variablen Parameter ausdrücken, durch Elimination eine Gleichung der Minimalfläche

$$F(\psi(x), \psi(y), \psi(z)) = 0$$

erhalten werden könne.

Wenn nun auch ein in Beziehung auf die Grössen $\psi(x)$, $\psi(y)$, $\psi(z)$ unzerlegbarer Factor dieser Gleichung ins Auge gefasst wird, so stellt derselbe dennoch, wie bereits erwähnt wurde, ausser der vorgelegten Fläche noch deren Verschiebungen um 2ω, $2\omega'$, $2\omega+2\omega'$ in der Richtung jeder der drei Coordinatenaxen, sowie auch die Verschiebungen dieser Verschiebungen dar.

Es entsteht nun die Frage, wie viele der hieraus zusammensetzbaren $4\cdot 4\cdot 4 = 64$ parallelen Verschiebungen zu einer neuen Lage der Fläche führen, für welche dieselbe also nicht mit sich selbst coincidirt.

Es gibt acht solcher Verschiebungen, welche durch folgendes nur

Verschiebungen um reelle Strecken enthaltende Schema dargestellt werden können:

x	y	z	x	y	z
0	0	0	2ω	2ω	2ω
0	2ω	2ω	2ω	0	0
2ω	0	2ω	0	2ω	0
2ω	2ω	0	0	0	2ω

Aus diesen acht Verschiebungen, welche in zwei Gruppen zu je vier und in vier Gruppen zu je zwei zerfallen, können alle anderen durch Hinzufügung solcher Verschiebungen, bei welchen die Fläche in sich selbst zurückkehrt, zusammengesetzt werden.

Ist nun die Gleichung der ursprünglichen Fläche $F(\lambda, \mu, \nu) = 0$, so sind die Gleichungen ihrer sieben Verschiebungen

$$F\left(\lambda, -\frac{1}{\mu}, -\frac{1}{\nu}\right) = 0, \quad F\left(-\frac{1}{\lambda}, \mu, -\frac{1}{\nu}\right) = 0, \quad F\left(-\frac{1}{\lambda}, -\frac{1}{\mu}, \nu\right) = 0,$$

$$F\left(-\frac{1}{\lambda}, -\frac{1}{\mu}, -\frac{1}{\nu}\right) = 0, \quad F\left(-\frac{1}{\lambda}, \mu, \nu\right) = 0, \quad F\left(\lambda, -\frac{1}{\mu}, \nu\right) = 0,$$

$$F\left(\lambda, \mu, -\frac{1}{\nu}\right) = 0.$$

Diejenige Gleichung, welche ausdrückt, dass das Product der linken Seiten dieser acht Gleichungen den Werth Null hat, stellt also die acht verschiedenen Flächen zugleich dar und steht somit auf gleicher Stufe mit dem betrachteten Factor der Gleichung

$$F(\psi(x), \psi(y), \psi(z)) = 0.$$

Das Product der acht Ausdrücke F ändert seinen Werth nicht, wenn λ mit $-\frac{1}{\lambda}$ vertauscht wird; dasselbe ist also rational ausdrückbar durch $\lambda - \frac{1}{\lambda}$. Ebenso zeigt sich, dass jenes Product seinen Werth nicht ändert, wenn λ mit $\frac{1}{\lambda}$ vertauscht wird; dasselbe ist also auch durch $\lambda + \frac{1}{\lambda}$, mithin auch durch

$$\left(\lambda - \frac{1}{\lambda}\right)^2 = \left(\lambda + \frac{1}{\lambda}\right)^2 - 4$$

rational ausdrückbar.

Wird nun

$$\left[\lambda-\frac{1}{\lambda}\right]^2 = \tfrac{4}{3}p(x),\quad \left[\mu-\frac{1}{\mu}\right]^2 = \tfrac{4}{3}q(y),\quad \left[\nu-\frac{1}{\nu}\right]^2 = \tfrac{4}{3}r(z)$$

gesetzt, so ergibt sich, wenn die Gleichung $F(\lambda, \mu, \nu) = 0$ in Bezug auf p, q, r rational gemacht wird:

$$\Phi(p, q, r) = (qr+rp+pq)^2-4pqr(p+q+r)-12pqr = 0.$$

Zwischen den Coordinaten x, y, z und den Grössen p, q, r bestehen dann die Gleichungen

$$x = \int_p^\infty \frac{dt}{\sqrt{4t(t+3)(t+4)}},$$

$$y = \int_q^\infty \frac{dt}{\sqrt{4t(t+3)(t+4)}},$$

$$z = \int_r^\infty \frac{dt}{\sqrt{4t(t+3)(t+4)}},$$

während sich

$$p(x) = 2\sqrt{3}\cdot\frac{2-\sqrt{3}+\psi(x)}{2-\sqrt{3}-\psi(x)}$$

erweist.

(Die Gleichung $\Phi(p, q, r) = 0$ stellt, wenn p, q, r als Parallelcoordinaten eines Punktes gedeutet werden, eine Fläche vierten Grades dar, für welche der Punkt $p = 0$, $q = 0$, $r = 0$ ein dreifacher Punkt ist und die drei durch diesen Punkt gehenden Geraden $q = 0$, $r = 0$; $r = 0$, $p = 0$; $p = 0$, $q = 0$ Doppelgerade sind. Diese Fläche ist daher ein specieller Fall derjenigen, welche unter dem Namen der Steiner'schen Römerfläche bekannt ist.)

Der Zusammenhang zwischen den in der obigen Darstellung auftretenden und den Jacobi'schen elliptischen Functionen ist aus folgender Tabelle, in welcher a^2 die Grösse $2-\sqrt{3}$ bezeichnet, ersichtlich.

Zusammenhang zwischen den Functionen $\psi(u)$, $\varphi(u)$, $\lambda(u)$, $p(u)$ einerseits und den Jacobi'schen elliptischen Functionen andrerseits.

(Vergl. S. 51, 68, 69, 74, 84.)

Elliptisches Integral	Umkehrung desselben	k	K	$K'i$
$u = \int_{a^2}^{\psi(u)} \frac{dt}{\sqrt{1-14t^2+t^4}} = \int_{a^2}^{\psi(u)} \frac{dt}{\sqrt{(a^4-t^2)(a^{-4}-t^2)}}$	$\psi(u) = a^2 \sin \operatorname{am}\left(K + \frac{u}{a^2}\right)$	a^4	$\frac{1}{a^2}\cdot\frac{\omega}{2}$	$\frac{1}{a^2}\cdot\omega'$
$u = \int_{1,\, i\sqrt{3}}^{\varphi(u)} \frac{dt}{\sqrt{\frac{1}{4}(1-14t^2+t^4)}} = \int_{1,\, i\sqrt{3}}^{\varphi(u)} \frac{dt}{\sqrt{\frac{1}{4}(a^4-t^2)(a^{-4}-t^2)}}$	$\varphi(u) = a^2 \sin \operatorname{am}\left(K - \frac{1}{2}K'i + \frac{u}{2a^2}\right)$	a^4	$\frac{1}{a^2}\cdot\frac{\omega}{2}$	$\frac{1}{a^2}\cdot\omega'$
$u = \int_{\lambda(u)}^{\infty} \frac{dt}{\sqrt{\frac{3}{4}t^4+\frac{5}{2}t^2+\frac{3}{4}}} = \int_{\lambda(u)}^{\infty} \frac{dt}{\sqrt{\frac{1}{4}(t^2+3)(3t^2+1)}}$ vergl. S. 74.	$\lambda(u) = \frac{i\sqrt{3}}{\sin \operatorname{am}(\frac{3}{2}ui)}$ $= \sqrt{3} \operatorname{cotg} \operatorname{am}(\frac{3}{2}u)$ siehe S. 88.	$\frac{1}{3}$ $\frac{2\sqrt{2}}{3}$	$3\cdot\frac{\omega'}{2i}$ $3\cdot\omega$	$3\cdot\omega i$ $3\cdot\frac{\omega'}{2}$
$u = \int_{p(u)}^{\infty} \frac{dt}{\sqrt{4t(t+3)(t+4)}}$	$p(u) = 4 \operatorname{cotg}^2 \operatorname{am}(2u)$	$\frac{1}{2}$	2ω	$2\omega'$

Der Uebergang zu der durch die Gleichung

$$u = \int_{\wp u}^{\infty} \frac{ds}{\sqrt{4(s-e_1)(s-e_2)(s-e_3)}} = \int_{\wp u}^{\infty} \frac{ds}{\sqrt{4s^3-g_2 s-g_3}}$$

definirten elliptischen Function $\wp u$, welche Herr Weierstrass in seinen Vorlesungen über die Theorie der elliptischen Functionen zu Grunde legt, kann im vorliegenden Falle durch die Substitution $\wp u = p(u) + \frac{7}{3}$ vermittelt werden.[17]) Es ergibt sich dann

$$e_1 = \tfrac{7}{3}, \quad e_2 = -\tfrac{2}{3}, \quad e_3 = -\tfrac{5}{3}; \qquad e_1 - e_3 = 4, \quad e_2 - e_3 = 1;$$
$$g_2 = \tfrac{52}{3}, \quad g_3 = \tfrac{280}{27}.$$

Die Grössen 2ω und $2\omega'$ sind zugleich für die Function $\wp u$ ein Paar Fundamentalperioden, auch ist $\wp(\omega) = e_1$, $\wp(\omega') = e_3$.

Die Aufgabe, eine elliptische Function $f(u)$ zu bestimmen, von der Eigenschaft, dass alle Wurzeln der Gleichung $f(u) - f(u_1) = 0$ für jeden Werth von u_1 durch die beiden Reihen von Werthen

$$u = u_1 + 2m\omega + 2n\omega',$$
$$u = u_0 - u_1 + 2m\omega + 2n\omega',$$

gegeben werden, wo den Grössen m und n alle ganzzahligen Werthe beizulegen sind, hat die speciellen Lösungen

$$f_1(u) = \wp(\tfrac{1}{2}u_0 - u) \quad \text{und} \quad f_2(u) = \frac{\wp' u + \wp' u_0}{\wp u - \wp u_0}.$$

Für die Function $\wp u$ gelten nämlich die Gleichungen

$$\wp(-u) = \wp u,$$

folglich

$$\wp(\tfrac{1}{2}u_0 - u) = \wp(u - \tfrac{1}{2}u_0) = \wp[\tfrac{1}{2}u_0 - (u_0 - u)],$$

$$\wp(u_0 - u) = \tfrac{1}{4}\left\{\frac{\wp' u + \wp' u_0}{\wp u - \wp u_0}\right\}^2 - (\wp u + \wp u_0),$$

folglich

$$4(\wp u + \wp u_0 + \wp(u_0 - u)) = \left\{\frac{\wp' u + \wp' u_0}{\wp u - \wp u_0}\right\}^2 = \left\{\frac{\wp'(u_0 - u) + \wp' u_0}{\wp(u_0 - u) - \wp u_0}\right\}^2.$$

Aus dieser Gleichung ergibt sich, wenn die Zeichenbestimmung durch Betrachtung des Werthes $u = \frac{1}{2}u_0$ oder mit Hülfe der für die Umgebung des Werthes $u = 0$ geltenden Reihenentwickelung ausgeführt wird, dass

$$\frac{\wp'(u_0 - u) + \wp' u_0}{\wp(u_0 - u) - \wp u_0} = \frac{\wp' u + \wp' u_0}{\wp u - \wp u_0}.$$

Zwischen den beiden Functionen $f_1(u)$ und $f_2(u)$ besteht die Gleichung

$$f_2(u) = f_2(\tfrac{1}{2}u_0) + \frac{2\wp'(\frac{1}{2}u_0)}{f_1(u) - f_1(0)},$$

oder es ist

$$\frac{\wp' u + \wp' u_0}{\wp u - \wp u_0} = \frac{\wp''(\frac{1}{2}u_0)}{\wp'(\frac{1}{2}u_0)} + \frac{2\wp'(\frac{1}{2}u_0)}{\wp(\frac{1}{2}u_0 - u) - \wp(\frac{1}{2}u_0)}.$$

Wird in den vorstehenden Gleichungen statt u überall $\frac{1}{2}u$ und statt u_0 ω' gesetzt, so ergibt sich, dass die Function $f_2(\frac{1}{2}u)$ dieselben Fundamentalperioden besitzt und genau für dieselben Werthe von u unendlich gross und zwar unendlich gross erster Ordnung wird, wie die Function $\lambda(u)$. Hieraus folgt, dass

$$\lambda(u) = C \cdot f_2(\tfrac{1}{2}u) + C_1.$$

Aus den für die Umgebung des Werthes $u = 0$ geltenden, nach Potenzen von u fortschreitenden Reihenentwickelungen

$$\lambda(u) = \frac{2}{\sqrt{3}} \cdot \frac{1}{u} - \frac{5}{6\sqrt{3}} \cdot u + \cdots, \qquad f_2(\tfrac{1}{2}u) = -\frac{4}{u} + \frac{5}{3} \cdot u + \cdots$$

folgt, dass $C = -\dfrac{1}{2\sqrt{3}}$, $C_1 = 0$ ist, dass also zwischen $\lambda(u)$ und $\wp(\frac{1}{2}u)$ die Gleichung besteht:

$$\lambda(u) = -\frac{1}{2\sqrt{3}} \cdot \frac{\wp'(\frac{1}{2}u)}{\wp(\frac{1}{2}u) - e_3}.$$

Nun bestehen, wenn der Modul k durch die Gleichung

$$k = \sqrt{\frac{e_2 - e_3}{e_1 - e_3}}$$

bestimmt wird, die Gleichungen

$$\wp u - e_3 = (e_1 - e_3) \cdot \frac{1}{\sin^2 \operatorname{am}(\sqrt{e_1 - e_3} \cdot u)},$$

$$\wp' u = -2(e_1 - e_3)\sqrt{e_1 - e_3} \cdot \frac{\cos \operatorname{am}(\sqrt{e_1 - e_3} \cdot u) \cdot \Delta \operatorname{am}(\sqrt{e_1 - e_3} \cdot u)}{\sin^3 \operatorname{am}(\sqrt{e_1 - e_3} \cdot u)}.$$

Hieraus ergibt sich für $\lambda(u)$ der Ausdruck

$$\lambda(u) = \frac{2}{\sqrt{3}} \cdot \frac{\cos \operatorname{am} u \cdot \Delta \operatorname{am} u}{\sin \operatorname{am} u}, \quad k = \tfrac{1}{2}.\text{[18)]}$$

Es folgen hier noch die Werthe einiger Constanten.

$$k = \tfrac{1}{2}, \quad k' = \sqrt{\tfrac{3}{4}}; \quad \tfrac{1}{2}\lambda = \frac{1}{2} \cdot \frac{1-\sqrt{k'}}{1+\sqrt{k'}} = 0{,}017972383;$$

$$h = (q) = e^{\tau\pi i} = e^{-\frac{K'}{K}\pi} = \tfrac{1}{2}\lambda + 2\left(\tfrac{1}{2}\lambda\right)^5 + \cdots = 0{,}017972387, \text{[19)]}$$

$$\frac{\tau}{i} = \frac{\omega'}{\omega i} = \frac{K'}{K} = 1{,}27926157, \quad \frac{2K}{\pi} = (1 + 2h + 2h^4 + \cdots)^2 = 1{,}0731820,$$

$$\omega = \frac{1}{\sqrt{e_1 - e_3}} \cdot K = \tfrac{1}{2}K = 0{,}842875, \quad \omega' = \omega \cdot \tau = i \cdot 1{,}07825\dot{8}.$$

Es liegt nun nahe, ein räumliches Gebilde aufzusuchen, für welches die beiden Eigenschaften, welche für die vorgelegte Minimalfläche der reellen geometrischen Deutung entbehren, — nämlich dass dieselbe durch eine Verschiebung um $4n\omega'$ in der Richtung einer der Coordinatenaxen mit sich selbst zur Deckung gelangt, sowie dass dieselbe in Bezug auf die Ebenen $z = \pm\, \omega'$ sich selbst symmetrisch ist, eine reelle Bedeutung erhalten.

Hierzu wird auf das Gleichungssystem (C) (S. 45) zurückgegangen.

Die Ausdrücke für die drei Coordinaten ergeben reelle Werthe, wenn das Gebiet von τ und τ_1 auf die Fläche eines mit dem Radius $\sqrt[4]{\tfrac{1}{2}}$ um den Nullpunkt beschriebenen Kreises beschränkt wird und den Grössen τ und τ_1 conjugirte Werthe beigelegt werden.

Die letztere Beschränkung ist keine nothwendige, vielmehr gehören alle diejenigen Punkte im analytischen Sinne zu der vorgelegten Fläche, welche sich für irgend ein Werthepaar τ, τ_1 ergeben.

Während bei der Annahme $\tau = p + qi$, $\tau_1 = p - qi$ die Werthe der Coordinaten das Doppelte der reellen Theile der drei Integralfunctionen darstellen, stimmen dieselben bei der Annahme $\tau = p + qi$, $\tau_1 = -p + qi$ mit den doppelten imaginären Theilen der drei Integralfunctionen überein, wenn in beiden Fällen den Variablen p und q nur reelle Werthe beigelegt werden.

Bei der letzteren Annahme haben also die drei Coordinaten jedes Punktes des auf diese Weise entstehenden Flächenelementes rein imaginäre Werthe; wird daher $x = x_1 \cdot i$, $y = y_1 \cdot i$, $z = z_1 \cdot i$ gesetzt, so entspricht dem genannten Flächenelemente x, y, z, von welchem nur der Punkt $x = 0$, $y = 0$, $z = 0$ reell ist, ein reelles Flächenelement x_1, y_1, z_1.

Der Fläche nun, welche die analytische Fortsetzung dieses Flächenelementes ist, kommen die Eigenschaften zu, in Bezug auf die Ebene $z_1 = \mp \omega' i$ sich selbst symmetrisch zu sein und durch eine Verschiebung um $-4\omega' i$ längs jeder der drei Coordinatenaxen mit sich selbst zur Deckung zu gelangen.

Es entsteht nun die Frage nach den anderweitigen Eigenschaften dieser Fläche.

Zunächst ist zu bemerken, dass die analytische Gleichung dieser Fläche gefunden wird, indem in der Gleichung der Minimalfläche

$$\lambda(y)\lambda(z) + \lambda(z)\lambda(x) + \lambda(x)\lambda(y) + 1 = 0$$

an die Stelle von x, y, z, $x_1 i$, $y_1 i$, $z_1 i$ gesetzt wird.

Denn diese Gleichung wird identisch befriedigt durch die nach Potenzen von τ und τ_1 fortschreitenden Reihen, welche sich für x, y, z aus dem Systeme der Gleichungen (C) (S. 45) ergeben, unabhängig davon, welche Werthe τ und τ_1 haben, wenn nur die Reihen für dieselben convergiren.

Das Bestehen dieser Gleichung für ein Flächenelement genügt aber zu dem Schlusse, dass diese Gleichung auch für alle analytischen Fortsetzungen desselben gelte.

Hieraus geht hervor, dass die betrachtete Fläche ebenfalls eine Minimalfläche ist.

Ist nämlich $F(x, y, z) = 0$ die Gleichung einer Minimalfläche, so ist, wenn c einen constanten Factor bedeutet, für die Fläche $F(cx, cy, cz) = 0$ die partielle Differentialgleichung der Minimalflächen befriedigt, und zwar identisch für jeden Werth von c; dieselbe ist also auch für $c = i$ erfüllt.

Wird nun zu denjenigen Gleichungen zurückgegangen, welche die Coordinaten als Functionen von s und s_1 ausdrücken, siehe die Formeln (A) auf S. 32 [vergl. Monatsberichte 1866 S. 619]

$$\begin{aligned} dx &= (1-s^2)\mathfrak{F}(s)ds + (1-s_1^2)\mathfrak{F}_1(s_1)ds_1, \\ dy &= i(1+s^2)\mathfrak{F}(s)ds - i(1+s_1^2)\mathfrak{F}_1(s_1)ds_1, \\ dz &= 2s\,\mathfrak{F}(s)ds + 2s_1\mathfrak{F}_1(s_1)ds_1, \end{aligned}$$

so ergibt sich, dass bei dem Uebergange von x, y, z in $x_1 i$, $y_1 i$, $z_1 i$ $\mathfrak{F}_1(s_1)$ mit $-\mathfrak{F}_1(s_1)$ zu vertauschen ist.

Dies ergibt

$$\begin{aligned} i\,dx_1 &= (1-s^2)\mathfrak{F}(s)\,ds - (1-s_1^2)\mathfrak{F}_1(s_1)\,ds_1, \\ i\,dy_1 &= i(1+s^2)\mathfrak{F}(s)\,ds + i(1+s_1^2)\mathfrak{F}_1(s_1)\,ds_1, \\ i\,dz_1 &= 2s\,\mathfrak{F}(s)\,ds - 2s_1\mathfrak{F}_1(s_1)\,ds_1. \end{aligned}$$

Durch diese Formeln wird jedem Punkte x_0, y_0, z_0 der ursprünglichen Minimalfläche, der einem bestimmten Werthepaare s, s_1 entspricht, ein bestimmter Punkt x_1, y_1, z_1 der neuen Minimalfläche zugeordnet, der demselben Werthepaare s, s_1 entspricht.

Ist $X(x-x_0)+Y(y-y_0)+Z(z-z_0)=0$ die Gleichung der Tangentialebene in einem Punkte x_0, y_0, z_0 der ursprünglichen Fläche, ist also

$$X\,dx + Y\,dy + Z\,dz = 0,$$

so zeigen die obigen Gleichungen, dass auch

$$X\,dx_1 + Y\,dy_1 + Z\,dz_1 = 0$$

ist, dass also die Tangentialebenen in entsprechenden Punkten beider Flächen parallel sind.

Das Quadrat der Länge des Linienelementes

$$dx^2 + dy^2 + dz^2 = dl^2$$

hat den Werth

$$dl^2 = 4(1+ss_1)^2\,\mathfrak{F}(s)\,\mathfrak{F}_1(s_1)\,ds\,ds_1;$$

denselben Werth hat auch das Quadrat der Länge des Linienelementes dl_1^2 der neuen Minimalfläche. Aus der Gleichung $dl_1^2 = dl^2$ ergibt sich aber, dass die neue Minimalfläche eine B i e g u n g s f l ä c h e der ursprünglichen ist. [20])

Die neue Minimalfläche enthält endlich auch gerade Linien. Wird z. B. $s = s_1$ gesetzt, so ist $\mathfrak{F}(s) = \mathfrak{F}_1(s_1)$ und es ergibt sich $dx_1 = 0$, $dz_1 = 0$; also liegt eine der y_1-Axe parallele Gerade ganz auf der Fläche. — Diese Gerade ist eine Biegung derjenigen Curve, welche bei der ursprünglichen Fläche in der Symmetrie-Ebene $x' = y'$ liegt. Ebenso liegen auf der neuen Fläche geradlinige Vierseite, welche zwei Symmetrie-Ebenen haben und zwar sind zwei ihrer Winkel rechte Winkel, während die beiden andern 60^0 betragen.

Den geradlinigen Strecken von $s = 0$ bis $s = \pm a$; $s_1 = s$ entsprechen auch auf der Fläche geradlinige Strecken, welche die Länge $-\sqrt{2}\,\omega' i$ haben und zu den Seiten der auf der Fläche liegenden Vierseite gehören.

Betrachtungen, welche den früher (S. 50) angestellten ganz analog sind, erleichtern die Herstellung eines Modelles der neuen Fläche, durch welches die Periodicität und die Symmetrie derselben zur Anschauung gebracht wird. [21])

Nachtrag.

Der Verfasser der Abhandlung: „Bestimmung einer speciellen Minimalfläche“ hat sich in der Folge mit einigen allgemeineren Problemen beschäftigt, welche über das in der genannten Abhandlung gestellte Ziel hinausgehen, aber zu der in derselben gelösten Aufgabe in eine gewisse Beziehung gebracht werden können.

Da die Behandlung dieser Probleme dem Verfasser auch an und für sich einiges Interesse darzubieten scheint, die in jener Abhandlung dargelegte Methode sich auch auf diese Probleme erstreckt und zu ihrer vollständigen Lösung ausreicht, so erlaubt sich derselbe, der physikalisch-mathematischen Klasse der Königlichen Akademie in dem vorliegenden Nachtrage die Ergebnisse seiner Untersuchungen mitzutheilen.

(Der Mittheilung waren beigefügt einige Drahtgestelle nebst Hülfsmitteln zur Herstellung der betreffenden Seifenblasenflächen nach der Vorschrift des Herrn Plateau.[22]) Diese Seifenblasenflächen führen zu einer anschaulichen Vorstellung über die Gestalt mehr oder minder ausgedehnter Theile derjenigen Minimalflächen, von welchen die Rede ist.)

Wenn man von den Formeln ausgeht (vergl. S. 32)

$$\begin{aligned} dx &= \frac{(1-s^2)\,ds}{\sqrt{R(s)}} + \frac{(1-s_1^2)\,ds_1}{\sqrt{R_1(s_1)}}, \\ dy &= \frac{i(1+s^2)\,ds}{\sqrt{R(s)}} - \frac{i(1+s_1^2)\,ds_1}{\sqrt{R_1(s_1)}}, \\ dz &= \frac{2s\,ds}{\sqrt{R(s)}} + \frac{2s_1\,ds_1}{\sqrt{R_1(s_1)}}, \end{aligned}$$

worin $R(s) = 1-14s^4+s^8$, $R_1(s_1) = 1-14s_1^4+s_1^8$, und man setzt an die Stelle der Function $R(s)$ irgend eine andere ganze Function achten Grades von s, so erhält man wieder eine Minimalfläche, aber es werden derselben im Allgemeinen zwei für die obige specielle Fläche charakteristische Eigenschaften fehlen, nämlich erstens, dass auf der

Fläche gerade Linien liegen, zweitens, dass die Gleichung der Fläche durch elliptische Functionen der Coordinaten rational ausdrückbar ist.

Die vorliegende Mittheilung beschäftigt sich damit, solche Flächen aufzustellen, bei denen $R(s)$ eine ganze Function achten Grades ist und der Minimalfläche die genannten beiden Eigenschaften erhalten bleiben.

Bei der Annahme $R(s) = 1-14s^4+s^8$ entsprechen, sobald den beiden Quadratwurzeln $\sqrt{R(s)}$ und $\sqrt{R_1(s_1)}$ für $s=0$, $s_1=0$ dasselbe Zeichen gegeben wird, wenn man $s=\xi+\eta i$ setzt, wobei ξ und η zwei reelle Variable bezeichnen, den beiden Geraden $\xi=\pm\eta$ und dem Einheitskreise $\xi^2+\eta^2=1$ auf der Minimalfläche gerade Linien. — Die acht Wurzeln von $R(s)=0$ liegen symmetrisch in Bezug auf die beiden Geraden $\xi=\pm\eta$ und den Kreis $\xi^2+\eta^2=1$. (Mit anderen Worten: Ist $s_0=\xi_0+\eta_0 i$ eine Wurzel der Gleichung $R(s)=0$, so sind jedesmal $\eta_0+\xi_0 i$, $-\eta_0-\xi_0 i$, $\dfrac{\xi_0+\eta_0 i}{\xi_0^2+\eta_0^2}$ drei andere Wurzeln derselben Gleichung.)

Betrachtet man die doppelt zu denkende Fläche eines Quadranten des Einheitskreises in der Ebene s (Fig. 18.) als eine einfach zu-

Fig. 18.

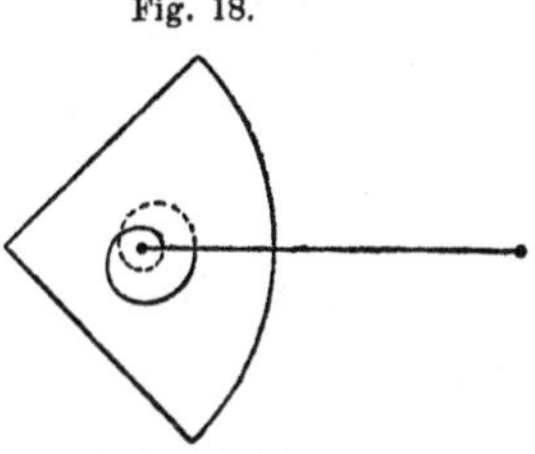

sammenhängende Fläche mit sechs Ecken und einem Windungspunkte, so entspricht demselben die durch sechs Kanten eines räumlichen Sechsseites gehende Minimalfläche. (Fig. 19.) Je drei auf einander

Fig. 19.

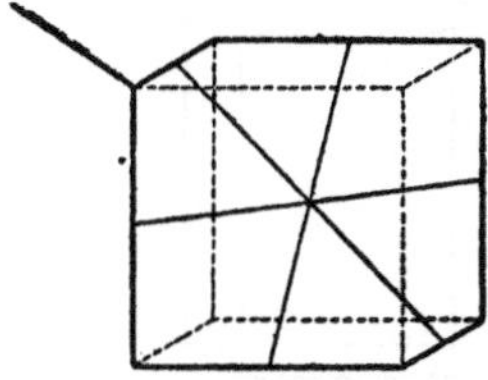

folgende Seiten des Sechsseites stehen auf einander senkrecht; die je vierte ist der ersten parallel. Im vorliegenden Falle haben alle sechs Seiten des erwähnten Sechsseits gleiche Länge und werden daher durch diejenigen sechs Kanten eines Würfels gebildet, welche übrig bleiben, wenn von den zwölf Kanten desselben die zweimal drei in zwei Gegenecken desselben zusammenstossenden Kanten weggelassen werden. Im Mittelpunkte des Sechsseits befindet sich derjenige Punkt der Minimalfläche, in welchem die Tangentialebene die Fläche in einer Curve mit einem dreifachen Punkte — hier in drei Geraden — schneidet.

Wählt man nun innerhalb des Quadranten einen anderen Punkt $s_0 = r_0 e^{\varphi_0 i}$ und wählt zu den acht Wurzeln von $R(s) = 0$ beziehlich

$$r_0 e^{\varphi_0 i}, \quad r_0 e^{(\varphi_0+\pi) i}, \quad r_0 e^{\left(\frac{1}{2}\pi-\varphi_0\right) i}, \quad r_0 e^{\left(\frac{3}{2}\pi-\varphi_0\right) i},$$
$$\frac{1}{r_0} e^{\varphi_0 i}, \quad \frac{1}{r_0} e^{(\varphi_0+\pi) i}, \quad \frac{1}{r_0} e^{\left(\frac{1}{2}\pi-\varphi_0\right) i}, \quad \frac{1}{r_0} e^{\left(\frac{3}{2}\pi-\varphi_0\right) i},$$

so findet jetzt gleichfalls Symmetrie der Wurzeln in Bezug auf die genannten Linien statt. (Fig. 20.)

Fig. 20.

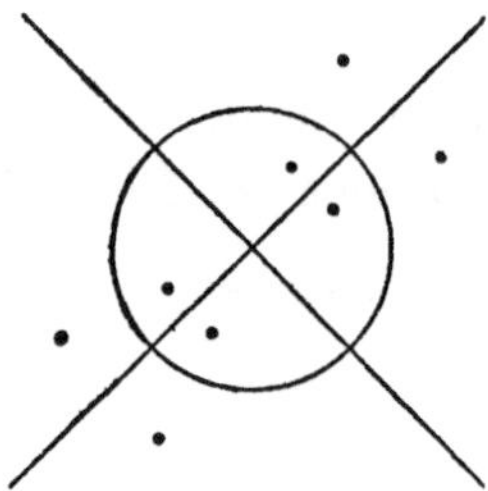

Dann entsprechen diesen Linien auf der Minimalfläche wieder gerade Linien und zwar ist die Begrenzung der Fläche ein räumliches Sechsseit, welches allgemein erhalten wird, wenn von den zwölf Kanten eines rechtwinkligen Parallelepipedon zweimal drei Kanten fortgelassen werden, die in zwei gegenüberliegenden Ecken zusammenstossen. (Fig. 21.)

Fig. 21.

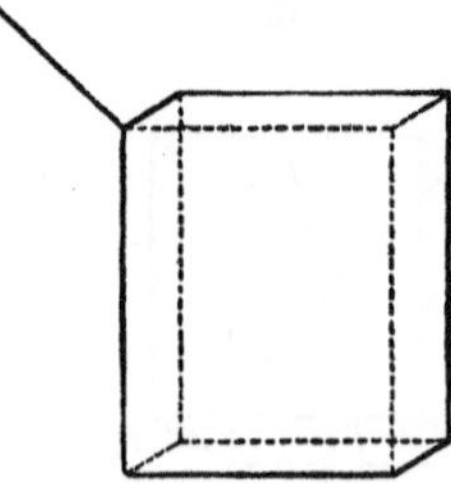

Es ist hiernach die Aufgabe lösbar: Durch sechs Kanten eines rechtwinkligen Parallelepipedons, welche ein Sechsseit der angegebenen Art bilden (Fig. 21.), eine Minimalfläche zu legen, auf welcher durch jenes Sechsseit ein einfach zusammenhängendes in seinem Innern von singulären Stellen freies Flächenstück begrenzt wird. Auch hier befindet sich im Mittelpunkte des Sechsseites derjenige Punkt der Fläche, welcher dem Windungspunkt entspricht. Werden nun die Grössen $\frac{x+y}{\sqrt{2}}$, $\frac{x-y}{\sqrt{2}}$, z zu Coordinaten gewählt, so sind die entsprechenden Integrale als elliptische Integrale erster Art darstellbar und es lassen sich dann für diese Fläche im Wesentlichen dieselben Schlüsse machen, wie für die in der erwähnten Abhandlung betrachtete speciellere Fläche. Es gibt eine in Bezug auf elliptische Functionen der Coordinaten rationale Gleichung der Fläche, nur sind hier die Moduln der elliptischen Functionen, deren Argumente die Coordinaten $\frac{x+y}{\sqrt{2}}$, $\frac{x-y}{\sqrt{2}}$, z sind, von einander verschieden.

Zur Herleitung der von ausserwesentlichen Factoren befreiten Gleichung der Fläche kann eine analoge Methode dienen, während die Coefficienten aus den Anfangsgliedern von Potenzentwickelungen zu bestimmen sind.

Von dieser Fläche treten zwei Fälle als specielle auf, nämlich $\varphi_0 = 0$ und $\varphi_0 = \frac{1}{4}\pi$ oder $r_0 = 1$.

Es werde zunächst der erste Fall näher betrachtet.

Ist $\varphi_0 = 0$, so ist das Sechsseit symmetrisch in Bezug auf eine durch zwei gegenüberliegende Ecken gehende Ebene und es entspricht der Geraden von $s = s_0$ bis $s = +1$ auf der Fläche eine Gerade, so dass der von s_0 bis $s = +1$ geradlinig aufgeschnittenen Fläche des Quadranten (Fig. 22.) eine von einem geradlinigen räumlichen Fünfseit begrenzte Minimalfläche entspricht. Fig. 23 zeigt zwei solche

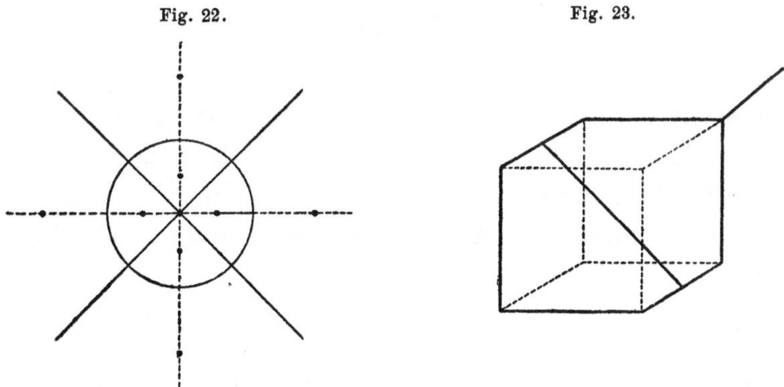
Fig. 22. Fig. 23.

Fünfseite; der dem singulären Punkte $s = s_0$ entsprechende Punkt der Minimalfläche liegt in der Mitte der gemeinschaftlichen Seite.

Der ganzen Fläche des Einheitskreises entsprechen vier solche Fünfseite, welche in Fig. 24 vereinigt sind.[23]) Die Gestalt der Vereinigung, welche der in der Abhandlung betrachteten Fläche entspricht, zeigt mit den auf der Fläche liegenden geraden Linien Fig. 25.

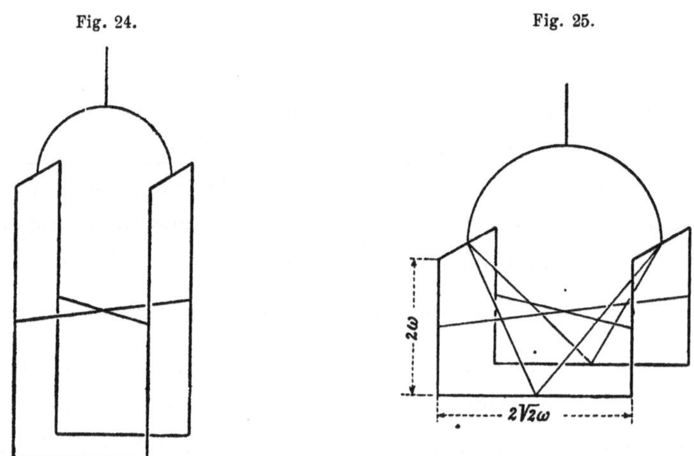

Fig. 24. Fig. 25.

Für den allgemeineren Fall enthält $R(s)$ eine willkürliche Constante r_0; vermöge derselben kann bewirkt werden, dass man als Umgrenzung den zusammenhängenden Zug von acht Kanten eines beliebigen geraden quadratischen Prismas vorschreiben kann.

Lässt man r_0 gleich 1 werden, rücken also die singulären Punkte auf ± 1, $\pm i$, so wird das Prisma unendlich lang, die elliptischen Integrale verwandeln sich in circuläre beziehungsweise in logarithmische, und die Gleichung der Fläche geht über in die bekannte von Herrn Scherk gegebene, deren einfachste Form ist[24])

$$e^z = \frac{\cos x}{\cos y}.$$

Man kann aber leicht in die Gleichung dieser Flächen noch eine Constante mehr einführen, wenn man die Forderung der Symmetrie der Wurzeln in Bezug auf die beiden Geraden $\xi = \pm \eta$ fallen lässt und dafür die Forderung der Symmetrie der Wurzeln in Bezug auf $\xi = 0$, $\eta = 0$ hinzufügt. Man wähle zu Wurzeln der Gleichung $R(s) = 0$.

$$\text{auf } \eta = 0: \pm r_0, \pm \frac{1}{r_0}; \text{ auf } \xi = 0: \pm r_1 i, \pm \frac{1}{r_1} i.$$

Die Gleichung der Fläche ist dann ebenfalls durch elliptische Functionen der Coordinaten rational ausdrückbar. Es tritt nun an die Stelle des quadratischen Prismas im vorigen Falle das gerade Prisma mit beliebiger rechteckiger Grundfläche. Nun kann man etwa r_0 gleich 1 werden lassen, so wird dieses Prisma nach der einen Seite hin unendlich lang; die Gleichung der Fläche hängt dann in Bezug auf x von elliptischen, in Bezug auf y und z aber von Exponentialfunctionen ab.

Es werde nun der Fall betrachtet, in welchem $\varphi_0 = \frac{1}{4}\pi$, d. h. wo auf der Geraden $\xi = \eta$ viermal je zwei der Wurzeln zusammenfallen. Es ist zunächst klar, dass dieser Fall identisch ist mit dem, wo $r_0 = 1$, d. h. wo auf dem Einheitskreise viermal zwei Wurzeln zusammenfallen. (Fig. 26.)

Fig. 26.

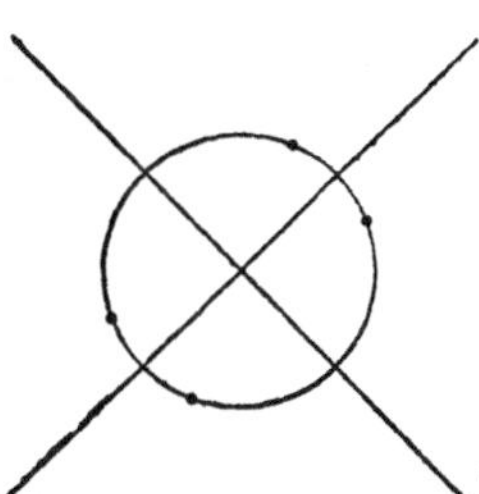

Von jenem Sechsseit, von dem oben die Rede war, erhalten nun nur zwei Seiten eine endliche Länge; das dritte Seitenpaar, welches sich an diese zu beiden Seiten anschliesst, erhält eine unendliche Länge. Eine der Figur 24 analoge Zusammensetzung von vier solchen Flächen führt zu vier parallelen Kanten eines beiderseits unendlich langen Parallelepipedons mit rhombischem Querschnitt. Die elliptischen Integrale verwandeln sich in circuläre beziehungsweise in logarithmische; die Gleichung der Fläche ist daher rational ausdrückbar durch Exponentialfunctionen der Coordinaten und hat in der einfachsten Form die Gestalt

$$e^{\gamma z} = \frac{\cos(\alpha x + \beta y)}{\cos(\alpha x - \beta y)},$$

worin $\gamma = \frac{2\alpha\beta}{\sqrt{\alpha^2 + \beta^2)}}$ ist und α und β willkürliche reelle Constanten bedeuten.

Auch diese Gleichung ist zuerst von Herrn Scherk aufgestellt worden.

Es werde jetzt der Fall betrachtet, in welchem für den Werth $s_1 = 0$ der Quadratwurzel $\sqrt{R_1(s_1)}$ der entgegengesetzte Werth beigelegt wird wie der Quadratwurzel $\sqrt{R(s)}$ für den Werth $s = 0$ und an die Stelle von x, y, z beziehlich $x_1 i$, $y_1 i$, $z_1 i$ gesetzt wird. In diesem Falle entsprechen den Geraden $\xi = 0$, $\eta = 0$ von $s = 0$ bis zu den Windungspunkten gerade Linien auf der Minimalfläche; dem Einheitskreise entspricht in diesem Falle eine ebene Krümmungslinie. Wird die Fläche des Einheitskreises aufgefasst als vom Mittelpunkte aus geradlinig bis zu den Windungspunkten aufgeschnitten (Fig. 27),

Fig. 27.

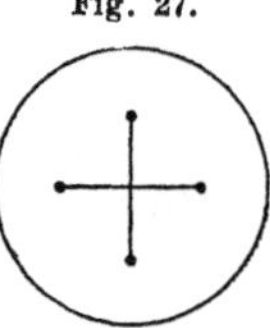

so entspricht dieser Fläche ein zweifach zusammenhängendes Minimalflächenstück, welches einerseits von einem Quadrate, andrerseits von einer ebenen Krümmungslinie begrenzt ist, deren Ebene der Ebene des Quadrates parallel ist.

Man erhält dieses Flächenstück, wenn man einen mit einer Handhabe versehenen in die Form eines Quadrates gebogenen Draht (Fig. 28) in die Seifenlösung taucht und parallel dem Flüssigkeitsspiegel heraushebt. Am Drahte bleibt ein Minimalflächenstück hängen, welches denselben mit dem Flüssigkeitsspiegel verbindet und auf dem letzteren überall senkrecht steht. Ist die Höhe des Quadrates über dem Flüssigkeitsspiegel gleich dem vierten Theile der Diagonale des Quadrates geworden, so erhält man ein Stück der am Schluss der erwähnten Abhandlung (S. 90) betrachteten **Biegungsfläche**. Fig. 29 zeigt die auf diesem Flächenstücke liegenden geraden Linien. (Nach dem Herausheben des in Fig. 29 abgebildeten Drahtgestelles

Fig. 28. Fig. 29.

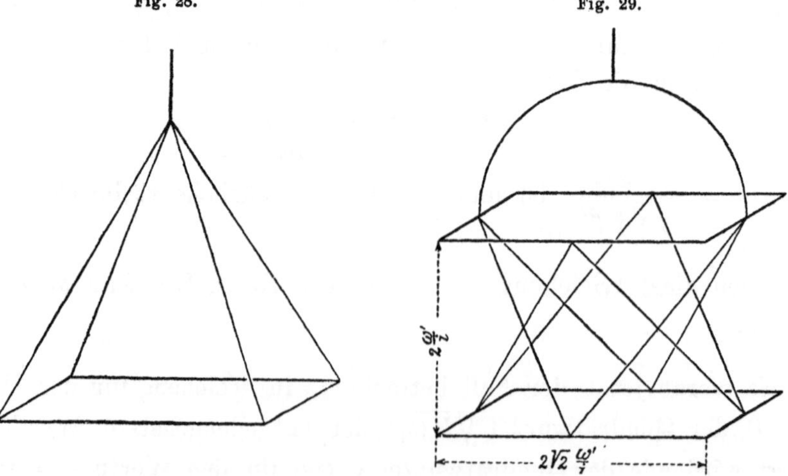

aus der Seifenflüssigkeit muss die innere sich bildende aequatoriale Lamelle mit etwas Löschpapier durchbrochen werden.) Wird die Grösse r_0 verändert, so bleiben die genannten auf die Begrenzungen sich beziehenden Eigenschaften erhalten und es wird eine variable Constante in die Aufgabe eingeführt; das Verhältniss des Abstandes jenes Quadrates von dem Flüssigkeitsspiegel zu der Seite des Quadrates wird variabel und kann innerhalb gewisser Grenzen jeden Werth annehmen.

Die Curve auf dem Flüssigkeitsspiegel nähert sich dem Ansehen nach einer fast kreisförmigen Linie um so mehr, je höher der Draht gehoben wird; sobald jedoch eine gewisse Grenze überschritten wird, hört die Gleichgewichtslage auf stabil zu sein, jene nahezu kreisförmige Linie verengert sich mehr und mehr, das Flächenstück löst sich vom Flüssigkeitsspiegel ab und geht in die ebene Lamelle, die Fläche des Quadrates selbst über. Es ist dieser Vorgang ganz demjenigen analog, bei welchem ein kreisförmig gebogener Draht an die Stelle des Quadrates tritt und für welchen man die mathematischen Verhältnisse kennt.[25])

Es ist auch hier möglich, noch eine Constante mehr in die Aufgabe einzuführen, indem zu Wurzeln gewählt werden

$$\pm r_0, \ \pm \frac{1}{r_0}, \ \pm r_1 \cdot i, \ \pm \frac{1}{r_1} \cdot i.$$

An die Stelle des Quadrates tritt dann ein Rechteck und es ist somit innerhalb gewisser durch die Möglichkeit der Constantenbestimmung bedingter Grenzen die Aufgabe lösbar:

Zwischen den Begrenzungslinien der oberen und unteren Endfläche eines rechtwinkligen Parallepipedons ein zweifach zusammenhängendes Minimalflächenstück auszuspannnen.

Geht r_0 in 1 über, so ergibt sich dieselbe Fläche wie oben S. 97. Geht r_0 und r_1 in 1 über, so ergibt sich eine von Herrn Scherk aufgefundene Fläche, deren Gleichung in ihrer einfachsten Form die Gestalt hat

$$4 \sin z = (e^x - e^{-x})(e^y - e^{-y}).$$

Man denke sich, dass die in Fig. 30 mit a und b bezeichneten

Fig. 30.

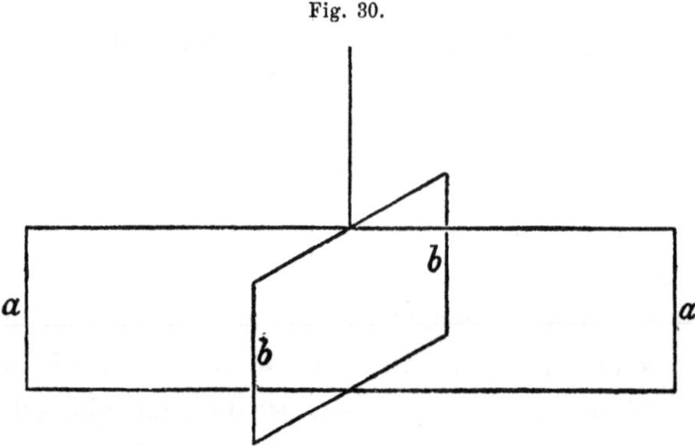

Strecken ins Unendliche gerückt werden; die nach dem Herausheben dieses Drahtgestelles aus der Seifenflüssigkeit sich bildende Querlamelle muss mit einem Streifen Löschpapier durchstossen werden. — Vergleiche: Van der Mensbrugghe: *Discussion et réalisation expérimentale d'une surface particulière à courbure moyenne nulle. Bulletins de l'Académie royale de Belgique. Bruxelles, 35e année, 2e série, tome 21. p. 552—566.*)

Geht r_0 und r_1 in 0 über, so erhält man

$$\begin{aligned}
dx &= \frac{(1-s^2)\,ds}{s^2} \pm \frac{(1-s_1^2)\,ds_1}{s_1^2}, \\
dy &= \frac{i(1+s^2)\,ds}{s^2} \mp \frac{i(1+s_1^2)\,ds_1}{s_1^2}, \\
dz &= \frac{2s\,ds}{s^2} \pm \frac{2s_1\,ds_1}{s_1^2}, \\
x &= -\frac{1}{s} - s \mp \left(\frac{1}{s_1} + s_1\right), \\
y &= -\frac{i}{s} + is \pm \left(\frac{i}{s_1} - is_1\right), \\
z &= 2\log s \pm 2\log s_1.
\end{aligned}$$

Die Gleichung der Fläche ist, wenn die oberen Zeichen gewählt werden,

$$(\tfrac{1}{4}x)^2 + (\tfrac{1}{4}y)^2 = (\tfrac{1}{2})^2 \cdot \left(e^{\frac{1}{4}z} + e^{-\frac{1}{4}z}\right)^2,$$

wenn hingegen die unteren Zeichen gewählt werden, und $x_1 \cdot i$, $y_1 \cdot i$, $z_1 \cdot i$ an die Stelle von x, y, z gesetzt wird,

$$\frac{x_1}{y_1} = -\operatorname{tg} \tfrac{1}{4} z_1.$$

Dieses sind die Gleichungen der Rotationsfläche, welche durch Rotation einer Kettenlinie um ihre Directrix als Axe entsteht, und derjenigen geradlinigen Schraubenfläche, welche zugleich Minimalfläche ist.

Wird an die Stelle von s^2 und s_1^2 im Nenner der obigen Gleichungen $s^2 \cdot e^{-\alpha i}$ und $s_1^2 \cdot e^{\alpha i}$ gesetzt, so erhält man durch Elimination die Gleichung einer Minimalfläche, welche von Herrn Scherk gegeben worden ist und die obigen beiden als specielle Fälle in sich enthält. [26])

Geht bloss r_0 oder bloss r_1 in 0 über, so tritt der Fall ein, dass die Gleichung der Fläche in Bezug auf die eine Coordinate von elliptischen Functionen, in Bezug auf die anderen beiden aber von Exponentialfunctionen abhängt. Dieselben können, wenn $r_1 = 0$ ist, als specielle Fälle der dem Gestelle Fig. 30 entsprechenden Fläche aufgefasst werden, wenn nur ein Paar, etwa das Paar der mit a bezeichneten gegenüberliegenden Strecken, in das Unendliche verlegt wird.

Während der Fall, dass auf einer der Geraden $\xi = \pm \eta$ vier Wurzeln der Gleichung $R(s) = 0$ liegen, und die vier andern symmetrisch auf dem Einheitskreise liegen, durch eine Drehung des Coordinatensystems auf einen der schon betrachteten Fälle zurückgeführt wird, erfordert der Fall, dass alle acht Wurzeln auf einer der Linien liegen, eine besondere Betrachtung. Es werde angenommen, dass die acht Wurzeln auf dem Einheitskreise liegen und zwar symmetrisch zu den Geraden $\xi = 0$, $\eta = 0$, $\xi = \pm \eta$. Ferner werde angenommen, dass keiner der Punkte auf eine dieser Linien selbst falle. Es entspricht dann der Fläche eines Quadranten der Ebene s, in welchem ξ positiv ist und $\eta^2 \leqq \xi^2$ ist, wenn dieselbe längs der Peripherie des Einheitskreises von den Windungspunkten aus aufgeschnitten wird, ein von einem geradlinigen räumlichen Sechsseit begrenzter Theil einer Minimalfläche. Fig. 31. Eine Vereinigung zweier solcher Sechsseite zeigt Fig. 30.

Fig. 31.

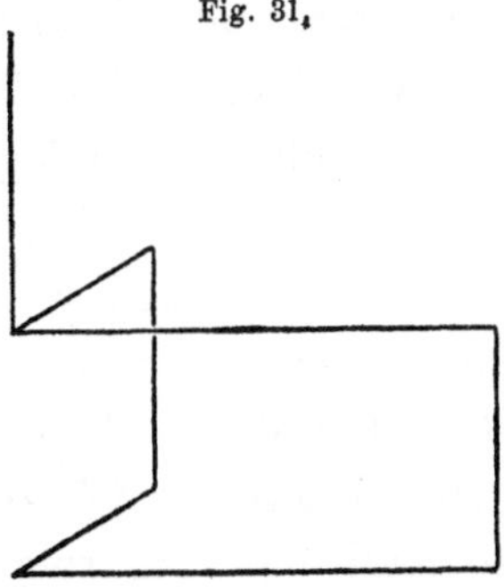

Das Problem enthält eine willkürliche Constante; dieselbe kann dazu benutzt werden, dem Verhältniss der Länge und Höhe der beiden Rechtecke, aus denen das in Fig. 32 abgebildete Gestell zusammengesetzt ist, einen vorgeschriebenen Werth zu geben. Lässt man die Symmetrie in Bezug auf $\xi = 0$, $\eta = 0$ fallen, so erhält das Problem noch eine verfügbare Constante mehr, welche dazu benutzt werden kann, den beiden Rechtecken verschiedene Länge zu geben.

Lässt man je zwei Wurzeln auf den Geraden $\xi = \pm\eta$ zusammenfallen, so erhält man bei passender Wahl des Coordinatensystems die Scherk'sche Fläche

$$4 \sin z = (e^x - e^{-x})(e^y - e^{-y}),$$

zu deren Darstellung Herr Van der Mensbrugghe das in Fig. 32

Fig. 32. (Fig. 30. auf S. 100.)

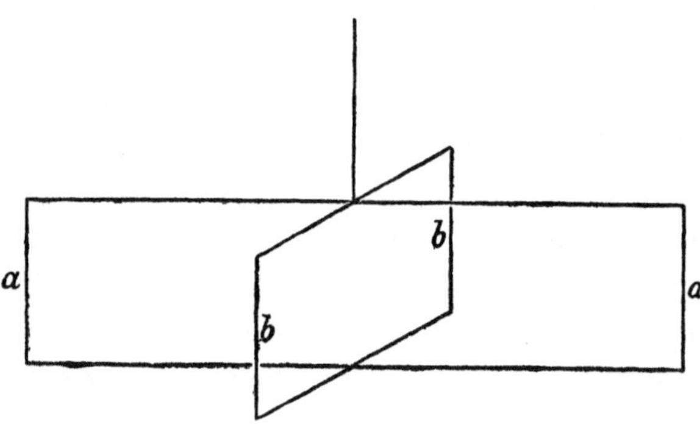

abgebildete Gestell angegeben hat. Die in dieser Figur mit a und b bezeichneten Strecken hat man sich hierbei in das Unendliche versetzt zu denken.

Lässt man die Symmetrie in Bezug auf die Geraden $\xi = \pm\eta$ fallen, und behält nur diejenige in Bezug auf die Geraden $\xi = 0$, $\eta = 0$ bei, so kann man durch gerade Begrenzungslinien einen ganz im Endlichen liegenden Theil der Fläche nicht abgrenzen, es bleiben jedoch der Fläche die ebenen Krümmungslinien.

Man kann nun wieder zwei Paare singulärer Punkte zusammenfallen lassen, und den obigen Schlüssen analoge machen; worauf hier jedoch nicht näher eingegangen werden soll.

Setzt man nun $R(s) = 1 - s^8$, so ergibt sich, wenn man sich die ganze Ebene durch geradlinige Schnitte von $s = 0$ bis zu den Punkten $s^4 = -1$, und von den Punkten $s^4 = +1$ bis ins Unendliche aufgeschnitten denkt, sodass die Function $s^{-4}R(s)$ längs dieser Schnittlinien ausser dem Werthe Null nur negative Werthe annimmt, ein zweifach zusammenhängendes von zwei gleich grossen Quadraten begrenztes Minimalflächenstück; die Quadrate liegen in parallelen Ebenen, die Verbindungslinie ihrer Mittelpunkte steht auf denselben senkrecht und die Seiten des einen Quadrates sind den Diagonalen des andern parallel.

Ein allgemeineres von zwei solchen Quadraten begrenztes zweifach zusammenhängendes Minimalflächenstück würde man erhalten, wenn man den acht Wurzeln eine der Figur 33 entsprechende Lage

Fig. 33.

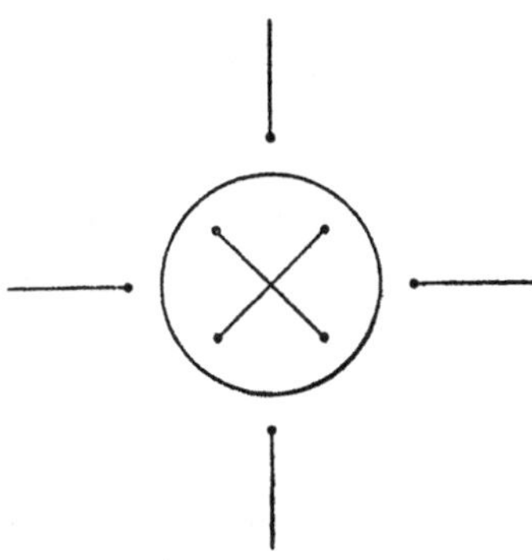

gäbe. Die Gleichung dieser Flächen ist jedoch, wie es scheint, rational durch elliptische Functionen der Coordinaten nicht ausdrückbar.

Die Untersuchung des Falles

$$R(s) = (1-s^2)^3 \cdot (1+s^2)$$

möge hier übergangen werden.

Es bleibt nun zuletzt noch der Fall einer Erörterung zu unterziehen, in welchem das Werthepaar $s = 0$ und $s = \infty$ zu den acht Wurzeln gehört und die sechs andern Wurzeln symmetrisch um diese beiden vertheilt sind.

Es sei

$$\eta = e^{\frac{1}{6}\pi i} \text{ und } \varepsilon = e^{\frac{2}{3}\pi i} = -\tfrac{1}{2} + \tfrac{1}{2} i \sqrt{3},$$

und die acht Wurzeln seien

$$0,\ \eta,\ \eta^3,\ \eta^5,\ \eta^7,\ \eta^9,\ \eta^{11},\ \infty,\ R(s) = s(1+s^6),\quad \text{(Fig. 34.)}$$

Fig. 34.

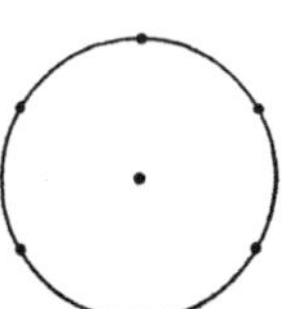

so ist jede der Coordinaten x und z als Summe zweier elliptischen Integrale erster Art darstellbar, die vermöge des Additionstheorems addirt werden können. Ebenso ist $-\frac{1}{2}x+\frac{1}{2}\sqrt{3}\,y$ als Summe zweier elliptischen Integrale erster Art darstellbar, denn man erhält

$$-\tfrac{1}{2}\,dx+\tfrac{1}{2}\sqrt{3}\,dy = \frac{\varepsilon-s^2\varepsilon^2}{\sqrt{R(s)}}\,ds+\frac{\varepsilon^2-s_1^2\varepsilon}{\sqrt{R(s_1)}}\,ds_1.$$

Wird nun t_1^{-1} statt s_1 gesetzt, so geht das mit ds_1 multiplicirte Differential in

$$\frac{\varepsilon-t_1^2\varepsilon^2}{\sqrt{R(t_1)}}\,dt_1$$

über; beide Differentiale lassen sich durch einfache algebraische Substitutionen in elliptische umformen. Es hat daher auch diese Fläche, es mag für positive Werthe von s und s_1 $\sqrt{R(s_1)}$ mit demselben oder mit entgegengesetztem Zeichen wie $\sqrt{R(s)}$ gewählt werden, wobei im letztern Falle x, y, z beziehlich durch $x_1 i$, $y_1 i$, $z_1 i$ zu ersetzen sind, die Eigenschaft, dass ihre Gleichung in Bezug auf elliptische Functionen, deren Argumente lineare Functionen der Coordinaten sind, rational ausgedrückt werden kann.

Man kann in die Aufgabe noch eine Constante mehr einführen, indem man zu Wurzeln wählt

$$0,\ e^{\pm\varphi_0 i},\ e^{(\frac{2}{3}\pi\pm\varphi_0)i},\ e^{(\frac{4}{3}\pi\pm\varphi_0)i},\ \infty.\quad \text{(Fig. 35.)}$$

Die Fläche besteht aus lauter congruenten Theilen, deren Begrenzung von einem geradlinigen Sechsseit gebildet wird. (Fig. 36.)

Fig. 35. Fig. 36.

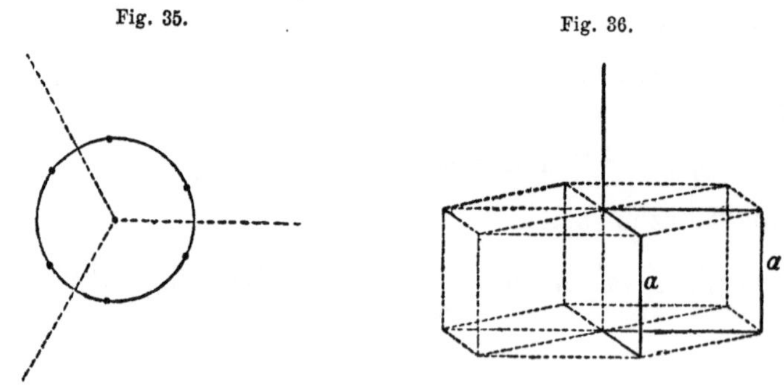

Werden zu den acht Wurzeln gewählt

$$0,\ 1,\ \eta^2,\ \eta^4,\ \eta^6,\ \eta^8,\ \eta^{10},\ \infty,\quad \text{(Fig. 37.)}$$

wird also $R(s) = s(1-s^6)$ gesetzt, so ist die Gleichung der Fläche

Fig. 37.

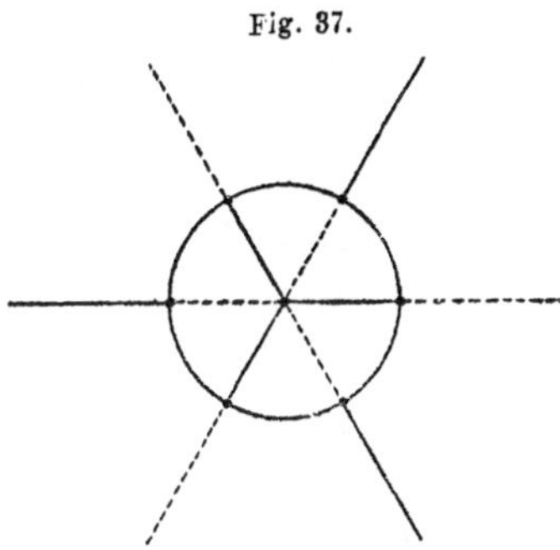

durch elliptische Functionen von $\frac{1}{2}\sqrt{3}x-\frac{1}{2}y$, y, z rational ausdrückbar, wie eine analoge Betrachtung zeigt, wenn s_1 durch $-t_1^{-1}$ ersetzt wird. Auf der Fläche liegen in parallelen Ebenen congruente gleichseitige Dreiecke, deren Projectionen auf diese Ebenen die Figur 38

Fig. 38.

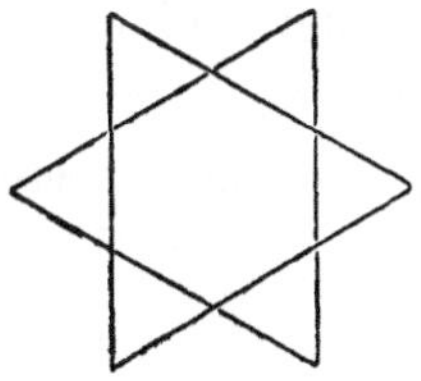

ergeben, und welche einen gewissen Abstand von einander haben. Auch auf den in der erwähnten Abhandlung betrachteten Flächen lassen sich ringförmige Flächenstreifen angeben, welche von zwei gleichseitigen Dreiecken begrenzt sind und zwar auf der ursprünglichen Fläche und auf ihrer Biegungsfläche auf je eine Weise. Wird die Seite des gleichseitigen Dreiecks zur Einheit gewählt, so ist der Abstand der beiden Ebenen in diesen beiden Fällen

$$\frac{1}{\sqrt{6}} \quad \text{und} \quad \frac{1}{2\sqrt{6}}.$$

Im Allgemeinen scheinen die Gleichungen dieser Flächen, bei beliebigem Abstande der Ebenen der beiden Begrenzungsdreiecke rational durch elliptische Functionen der Coordinaten nicht ausgedrückt werden zu können. Dagegen kommt diese Eigenschaft wieder allen den Minimalflächen zu, deren Begrenzung als zwei gleichseitige, die Begrenzung der parallelen Endflächen eines geraden dreiseitigen Prismas bildende Dreiecke gegeben sind. In diesem Falle sind die Wurzeln der Gleichung $R(s) = 0$

$$0,\ r_0,\ r_0\varepsilon,\ r_0\varepsilon^2,\ \frac{1}{r_0},\ \frac{1}{r_0}\varepsilon,\ \frac{1}{r_0}\varepsilon^2,\ \infty.\quad \text{(Fig. 39.)}$$

Fig. 39.

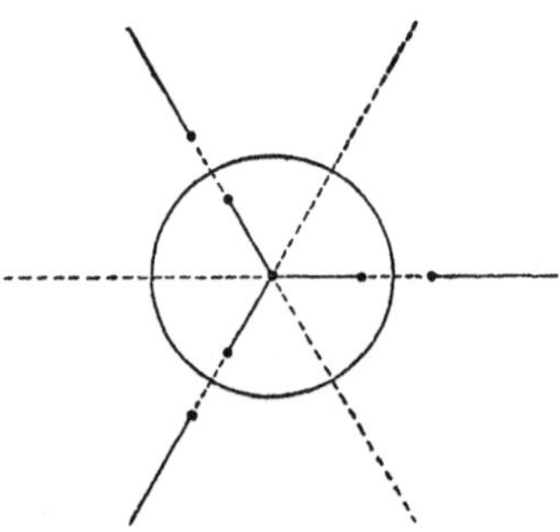

Der Quadratwurzel $\sqrt{R(s_1)}$ ist für positive Werthe von $s_1 < r_0$, $s_1 = s$, das entgegengesetzte Zeichen beizulegen wie der Quadratwurzel $\sqrt{R(s)} = \sqrt{s(1-Cs^3+s^6)}$, an die Stelle von x, y, z ist $x_1 i$, $y_1 i$, $z_1 i$ zu setzen, und die Constante r_0 ist der Bedingung gemäss zu bestimmen, dass der Abstand der beiden Dreiecke zu der Seite derselben ein gegebenes innerhalb der durch die Möglichkeit dieser Constantenbestimmung bedingten Grenzen liegendes Verhältniss hat.

Die Gleichung der Fläche ist rational in Bezug auf elliptische Functionen der Coordinaten x, $-\frac{1}{2}x+\frac{1}{2}\sqrt{3}y$, z.

Dem Einheitskreise entspricht eine ebene Krümmungslinie, deren Ebene eine Symmetrie-Ebene der Fläche ist.

Werden zu den Wurzeln der Gleichung $R(s) = 0$ gewählt die Werthe

$$0,\ -r_0,\ -r_0\varepsilon,\ -r_0\varepsilon^2,\ -\frac{1}{r_0},\ -\frac{1}{r_0}\varepsilon,\ -\frac{1}{r_0}\varepsilon^2,\ \infty,\quad \text{(Fig. 40.)}$$

Fig. 40.

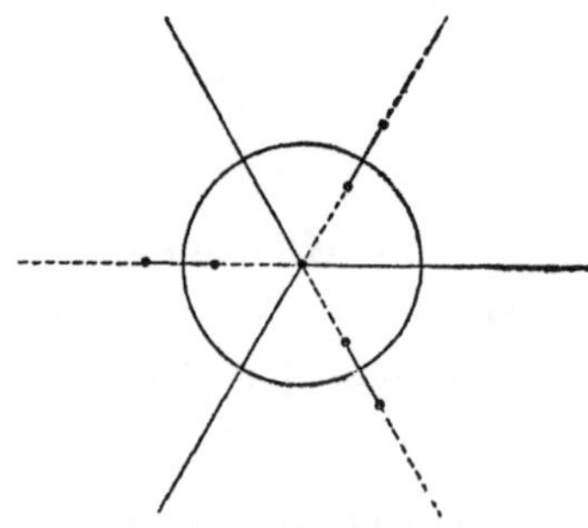

und wird für positive Werthe von s und s_1 der Quadratwurzel $\sqrt{R(s_1)}$ der entgegengesetzte Werth beigelegt wie der Quadratwurzel $\sqrt{R(s)} = \sqrt{s(1+Cs^3+s^6)}$, so entspricht dem Kreissector $s = re^{\varphi i}$, $0 \leqq r \gtreqless 1$,

$0 \leqq \varphi \overline{\gtrless} \frac{2}{3}\pi$, ein von fünf geraden Linien begrenztes Minimalflächenstück. Eine Gruppe von sechs solchen Fünfseiten zeigt Figur 41.

Lässt man r_0 gleich 1 werden, so erhält die Fläche in beiden Fällen eine in Bezug auf Exponentialfunctionen der Coordinaten rationale Gleichung.

Um von der Gestalt eines Theiles dieser Flächen eine anschauliche Vorstellung zu gewinnen, denke man sich in denjenigen Seifenblasenflächen, welche den in den Figuren 41 und 42 abgebildeten

Fig. 41. Fig. 42. (Fig. 36. auf S. 104.)

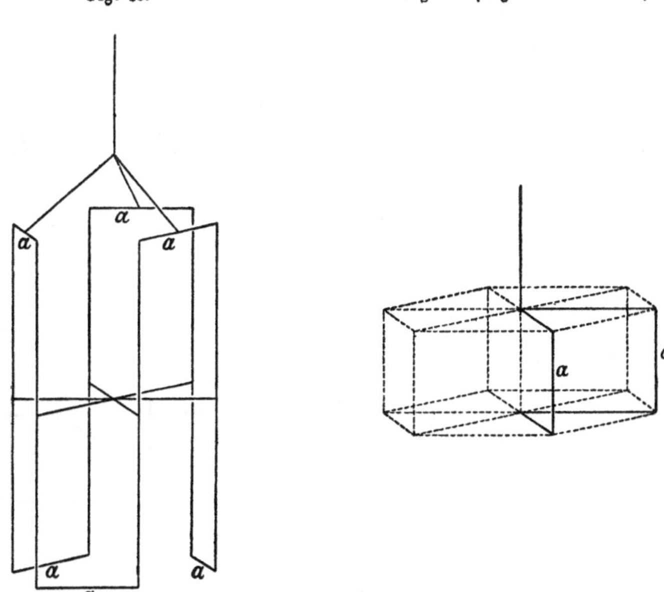

Drahtgestellen entsprechen, die in diesen Figuren mit a bezeichneten Seiten in das Unendliche versetzt.

Die Resultate der obigen Betrachtungen kurz zusammenfassend können wir also folgende Sätze aussprechen.

I. Es gibt eine grössere Anzahl von Minimalflächen, für welche die Function $\mathfrak{F}(s)$ in den Formeln (D) des Herrn Weierstrass [Monatsberichte 1866 S. 619] gleich ist dem reciproken Werthe der Quadratwurzel aus einer ganzen Function achten Grades von s, und welche die doppelte Eigenschaft haben, erstens, dass die Gleichung derselben durch elliptische Functionen, deren Argumente lineare Functionen der Coordinaten sind, rational ausdrückbar ist, zweitens, dass es möglich ist, auf diesen Flächen durch gerade Linien endliche Stücke der Fläche abzugrenzen.

II. Die einfachsten Begrenzungen, welche man wählen kann, hängen zumeist auf einfache Weise mit den Kanten eines rechtwinkligen Parallelepipedons oder eines geraden regelmässigen dreiseitigen Prismas zusammen.

III. Durch vier geradlinige Strecken lässt sich aber unter allen diesen Flächen nur auf den beiden speciellen in der genannten Abhandlung näher betrachteten Minimalflächen ein endliches Stück der Fläche vollständig begrenzen.

Endlich sei es gestattet, auf fünf Polyederoberflächen hinzuweisen (Fig. 43, 44, 45, 46, 47.), welche durch die Lage ihrer acht Ecken von

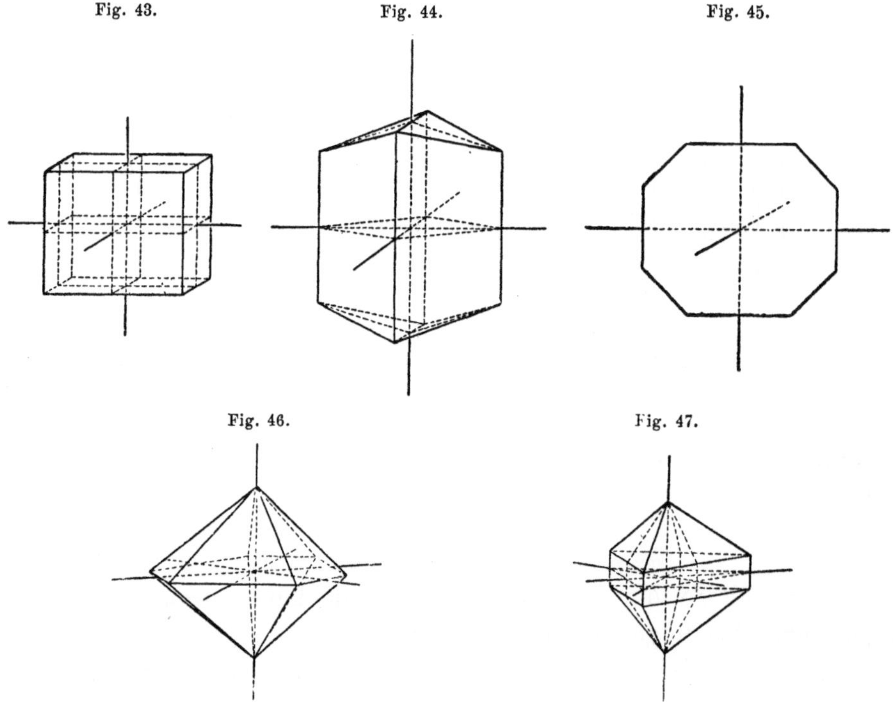

Fig. 43. Fig. 44. Fig. 45. Fig. 46. Fig. 47.

der symmetrischen Vertheilung derjenigen acht Werthe von s, für welche die obige ganze Function achten Grades gleich Null wird, ein anschauliches Bild gewähren.[27])

Anhang
enthaltend
Anmerkungen und Zusätze.

Zu der Zeit, als die Abhandlung: „Bestimmung einer speciellen Minimalfläche“ verfasst wurde, und bis zu dem Tage der Einsendung derselben an die Königliche Akademie (28. Februar 1867) war die im 13ten Bande der Abhandlungen der Königlichen Gesellschaft der Wissenschaften zu Göttingen in einer Bearbeitung des Herrn K. Hattendorff veröffentlichte, vom 6. Januar 1867 datirte Abhandlung Riemann's: „Ueber die Fläche vom kleinsten Inhalt bei gegebener Begrenzung“ dem Verfasser noch nicht zugänglich und hatte derselbe auch von dem Inhalte dieser Abhandlung zu jener Zeit noch keine Kenntniss.

Im Artikel 18 dieser Abhandlung wird dieselbe Minimalfläche betrachtet, deren geometrische Eigenschaften bereits in einer in den Monatsberichten der Berliner Akademie, Jahrgang 1865 S. 149—153,*) enthaltenen Mittheilung erörtert sind und deren genauere Untersuchung die Hauptaufgabe der vorliegenden Schrift bildet.

Unter Bezugnahme auf die erwähnte Mittheilung aus dem Jahre 1865 ergeben sich die auf S. 32 angegebenen Ausdrücke für die Coordinaten eines beliebigen Punktes der zu betrachtenden speciellen Minimalfläche unmittelbar aus den von Herrn Weierstrass in den Monatsberichten der Berliner Akademie, Jahrgang 1866 S. 619, gegebenen Formeln (D), wenn die in diesen Formeln mit $\mathfrak{F}(s)$ bezeichnete Function durch die Gleichung

$$\mathfrak{F}(s) = \frac{2}{\sqrt{1-14s^4+s^8}}$$

bestimmt wird. (Vergl. auch Monatsberichte der Berliner Akademie, Jahrgang 1867 S. 511 u. 512.)

---

*) Siehe S. 1—5 dieses Bandes.

Dieser Weg ist jedoch in der der Königlichen Akademie vorgelegten Abhandlung nicht eingeschlagen worden, vielmehr sind alle in derselben enthaltenen Entwickelungen von dem jener Mittheilung zu Grunde liegenden Gedankengange völlig unabhängig durchgeführt.

Es folgen nun hier einige Anmerkungen und Zusätze, welche sich auf einzelne Stellen theils der Hauptabhandlung, theils des Nachtrages zu derselben beziehen.

Zu S. 8.

[1]) Diese Annahme wird durch den Satz auf S. 24 nachträglich gerechtfertigt. Zu folgendem Schlusse hingegen: „Durch die Symmetrie-Ebene der Begrenzungslinie wird auch die Minimalfläche in zwei symmetrische Hälften getheilt, da die beiden Theile wieder Minimalflächen mit symmetrischen Begrenzungen sind und zu jeder Begrenzung nur eine Minimalfläche gehört" — (vergl. „Ueber die Minimalfläche, deren Begrenzung von einem doppeltgleichschenkligen räumlichen Viereck gebildet wird". Eine von der philosophischen Fakultät der *Georgia Augusta* am 4. Juni 1867 gekrönte Preisschrift. Von Arthur Schondorff. Göttingen 1868. S. 8) — ist zu bemerken, dass die Behauptung „zu jeder Begrenzung gehört nur eine Minimalfläche" nicht allgemein richtig ist. (Vergl. Sitzungsberichte der Naturforschenden Gesellschaft zu Halle. 1869. S. 12.) — Die genannte Preisschrift des Herrn Schondorff beschäftigt sich unter Benutzung der Resultate Riemann's mit der Lösung derselben Aufgabe, welche auch in einem Theile der vorliegenden Abhandlung (S. 8—25) Gegenstand der Untersuchung ist.

Zu S. 12.

[2]) Eine weitere Ausführung dieses Schlusses enthält der Aufsatz des Verfassers: „Ueber einige Abbildungsaufgaben". Borchardt's Journal Bd. 70. S. 106 u. 107.*)

Zu S. 13.

[3]) Vergl. in dem in der Anmerkung [2]) erwähnten Aufsatze S. 116 und die Berichtigung zu dieser Stelle: Borchardt's Journal Bd. 71. S. IV.

Zu S. 14.

[4]) Aehnliche Formeln hat Herr Enneper gegeben: Schlömilch's Zeitschrift 1864. Bd. 9. S. 107.

---

*) Abgedruckt im zweiten Bande der vorliegenden Ausgabe.

Zu S. 16.

[5]) Es gilt überhaupt der Satz: Jede auf einem Stücke einer Minimalfläche liegende Gerade ist eine Symmetrieaxe der Minimalfläche, welche durch analytische Fortsetzung dieses Stückes entsteht. Der Beweis dieses Satzes kann mit Hülfe der Schlussweise geführt werden, auf welche in Anmerkung [2]) hingewiesen ist.

Zu S. 19.

[6]) Vergl. Artikel 8 der oben erwähnten Abhandlung Riemann's.

Zu S. 19.

[7]) Die auf S. 18 und hier gemachten Annahmen und Voraussetzungen werden durch den Satz auf S. 24 nachträglich gerechtfertigt. Es kann übrigens auch von vornherein bewiesen werden, dass eine Minimalfläche unter gewissen Voraussetzungen in der Nähe einer von zwei geradlinigen Strecken gebildeten Ecke keine andere Beschaffenheit haben kann als eine solche, welche durch Entwickelungen von der angegebenen Form analytisch ausgedrückt wird, sowie, dass die für die Functionen $\Phi(u)$ und $F(u)$ angegebenen Bestimmungen nicht nur die einfachsten, sondern zugleich die einzigen sind, welche im vorliegenden Falle mit den anderweitigen Forderungen der Aufgabe sich im Einklange befinden. Hiermit hängt auch der Beweis des Satzes zusammen, dass durch ein von vier geraden Strecken gebildetes räumliches Vierseit nur eine einzige Minimalfläche gelegt werden kann, welche von demselben vollständig begrenzt wird und in ihrem Innern von singulären Stellen frei ist.

Auf die Beweise dieser Sätze, welche auch zu dem von Herrn Weierstrass in den Monatsberichten der Berliner Akademie, Jahrgang 1866 S. 856 veröffentlichten Satze führen, gedenke ich bei einer andern Gelegenheit zurückzukommen.

Zu S. 23.

[8]) Unter den gemachten Voraussetzungen ist diese Entwickelung für alle dem absoluten Betrage nach die Einheit nicht überschreitenden Werthe von v unbedingt convergent und stellt für diese Werthe von v einen Zweig der Function s analytisch dar. Der Beweis der Convergenz kann mittelst derselben Schlussweise geführt werden, welche Herr Weierstrass zum Beweise des im 51ten Bande des Crelle-Borchardt'schen Journals auf den Seiten 43 und 44 angegebenen Lehrsatzes in seinen Vorlesungen anzuwenden pflegt.

Es ist (vergl. S. 20)

$$\Psi(s,v)=\frac{d^2}{dv^2}\log\frac{ds}{dv}-\frac{1}{2}\left(\frac{d}{dv}\log\frac{ds}{dv}\right)^2=F(v)=\frac{1}{2}\frac{1-\delta_1^2}{v^2}+2\frac{1-\delta_2^2}{(1-v^2)^2}+\frac{1}{2}\frac{\delta_3^2-\delta_1^2}{1-v^2}$$

$$=\frac{1}{2}\cdot\frac{1-\delta_1^2}{v^2}+A_0+A_1v^2+A_2v^4+\cdots+A_nv^{2n}+\cdots$$

$$v^2<1;\ A_n=2(1-\delta_2^2)n+\tfrac{1}{2}[4-4\delta_2^2+\delta_3^2-\delta_1^2]=$$

$$=2(1-\delta_2^2)n+\alpha_2(2-\alpha_1-2\alpha_2-\alpha_3)+$$

$$+\tfrac{1}{2}(\alpha_1+\alpha_3)(-\alpha_1+2\alpha_2+\alpha_3)+(\alpha_1+2\alpha_2-\alpha_3).$$

Also ist A_n für jeden positiven Werth von n, $n=0$ einschliesslich, positiv (s. S. 23).

Setzt man nun

$$\frac{d}{dv}\log\frac{ds}{dv}=\frac{\delta_1-1}{v}+a_1v+a_2v^3+a_3v^5+\cdots=r,$$

so erhält man nach der Methode der unbestimmten Coefficienten

$$a_1=\frac{A_0}{2-\delta_1},\quad a_2=\frac{A_1+\frac{1}{2}a_1^2}{4-\delta_1},\quad a_3=\frac{A_2+a_1a_2}{6-\delta_1},\ \cdots$$

allgemein: es sind die gesuchten Coefficienten a ganze Functionen der gegebenen Coefficienten A mit positiven Zahlencoefficienten; sie sind demnach eindeutig bestimmt und haben sämmtlich positive Werthe. Es handelt sich nun darum, nachzuweisen, dass die so für die Grösse r erhaltene Reihe convergirt, wenn $v^2<1$ ist.

Man setze zur Vergleichung

$$r^*=\frac{\delta_1-1}{v}+2\frac{(1-\delta)v}{1-v^2}=-\frac{1-\delta_1}{v}+a_1'v+a_2'v^3+a_3'v^5+\cdots,$$

so ist $a_n'=2(1-\delta)$ und

$$\frac{dr^*}{dv}-\frac{1}{2}r^{*2}=\frac{1-\delta_1^2}{2v^2}+\frac{2(1-\delta^2)}{(1-v^2)^2}+\frac{2(1-\delta)(1-\delta-\delta_1)}{1-v^2}=$$

$$=\frac{1-\delta_1^2}{2v^2}+A_0'+A_1'v^2+A_2'v^4+\cdots+A_n'v^{2n}+\cdots;$$

also ist

$$A_n'=2(1-\delta^2)n+4-4\delta-2\delta_1+2\delta\delta_1;$$

$$A_n'-A_n=2(\delta_2^2-\delta^2)n+\tfrac{1}{2}\{[(2-\delta_1)^2-\delta_3^2]+4[\delta_2^2+\delta_1\delta-2\delta]\}.$$

Nun ist $[(2-\delta_1)^2-\delta_3^2]$ positiv, weil $2-\delta_1>1$, $\delta_3<1$ und δ kann so klein angenommen werden, dass $\delta_2^2+\delta_1\delta-2\delta$ positiv ist, wozu bloss nöthig ist $\delta < \frac{\delta_2^2}{2-\delta_1}$ zu nehmen. Dann ist A'_n beständig grösser als A_n und daher auch a'_n für jeden Werth von n grösser als a_n; d. h. es ist $a_n < 2(1-\delta)$ und die für r gefundene Reihe convergirt, wenn $v^2 < 1$. Hieraus ergibt sich, dass die Grösse $\frac{ds}{dv}$ eine Entwickelung von der Form $C\cdot\delta_1 v^{\delta_1 - 1}(1+b_1v^2+b_2v^4+\cdots)$ besitzt, in welcher die Coefficienten $b_1, b_2\cdots$ sämmtlich positiv und beziehlich kleiner sind als die entsprechenden Coefficienten in der Entwickelung von

$$\frac{ds^*}{dv} = C\cdot\delta_1 v^{\delta_1-1}(1-v^2)^{\delta-1}.$$

Durch Integration der beiden Reihen für $\frac{ds}{dv}$ und $\frac{ds^*}{dv}$ ergibt sich, dass die Glieder der Reihe für s sämmtlich beziehlich kleinere Coefficienten haben als die entsprechenden Glieder der Reihe für s^*. Da nun die Reihe für s^* einschliesslich für $v = +1$ unbedingt convergirt, so convergirt auch die Reihe für s einschliesslich für diesen Werth.

Zu S. 27.

[9]) Der Beweis dieses Satzes ist dem in der Anmerkung [8]) angegebenen ganz analog. Die Coefficienten c' sind beziehlich kleiner als die entsprechenden Coefficienten der Entwickelung von

$$\int_0^u \frac{C\,du}{\sqrt{1-u^4}}.$$

Zu S. 31.

[10]) Denn für jeden im I n n e r n des durch die Punkte $u = \pm 1$, $u = \pm i$ gelegten Kreises besitzt die Function $\chi(s')$ als Function der Variablen u den Charakter einer ganzen Function, und nimmt, da sie eine rationale Function von σ^3 mit reellen Zahlencoefficienten ist, auf der Peripherie dieses Kreises nur reelle Werthe an. Es ist daher möglich, den Bereich des Argumentes u über das Innere des erwähnten Kreises hinaus auf das A e u s s e r e desselben auszudehnen und zwar so, dass je zwei Werthen von u, $u' = \varrho\cdot e^{\psi i}$, $u'' = \varrho^{-1}\cdot e^{\psi i}$ conjugirte Werthe der Function entsprechen.

Zu S. 35.

[11]) Das Bestehen oder Nichtbestehen einer solchen Gleichung gibt überhaupt die Entscheidung über die Möglichkeit oder Nichtmöglichkeit, die von der Quadratwurzel aus $R(x)$ abhängenden hyperelliptischen Integrale durch eine Substitution zweiten Grades auf elliptische

zurückzuführen. S. eine Abhandlung des Herrn Königsberger in Borchardt's Journal Bd. 67. S. 72, 73 u. 77.

Zu S. 49.

[12]) Die conforme Abbildung der Ebene der complexen Grösse s durch die Integralfunction $\int_0^s 2s\mathfrak{F}(s)\,ds$ zeigt Fig. 48, in welcher auch diejenigen Linien, welche den in Fig. 49 dargestellten Kreisbogen ent-

Fig. 48.

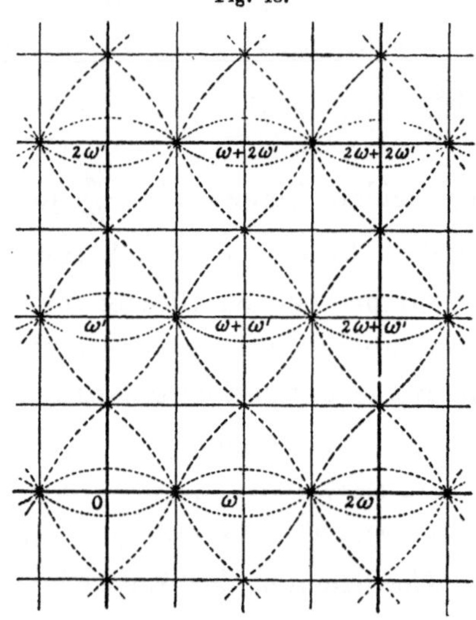

Fig. 49. (Fig. 7. auf S. 40.)

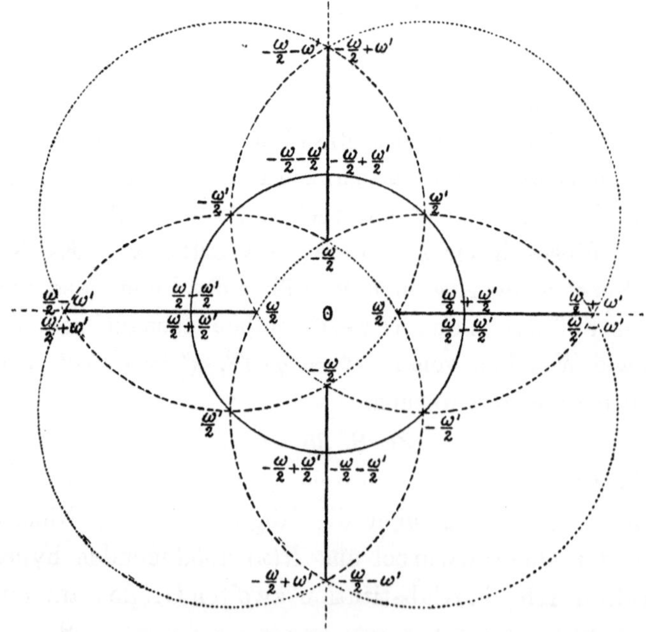

sprechen, ersichtlich sind. Das auf geradem Wege von 0 bis $(\sqrt{2}-1)\sqrt{i}$ erstreckte Integral $\int 2s\,\mathfrak{F}(s)\,ds$ hat den Werth $i\cdot 0{,}1615\cdots$, alle Punkte $m\omega+n\omega'$, wo m und n ganze positive oder negative Zahlen bedeuten, sind Windungspunkte erster Ordnung für die die Werthe des Integrales geometrisch darstellende Fläche. Aus den auf den Seiten 36 und 37 angegebenen Beziehungen ergibt sich, dass die durch die Integrale

$$\int_0 \sqrt{-i}\,(1-is^2)\,\mathfrak{F}(s)\,ds \quad \text{und} \quad \int_0 \sqrt{i}\,(1+is^2)\,\mathfrak{F}(s)\,ds$$

vermittelten conformen Abbildungen der Ebene der complexen Grösse s ebenfalls durch die Figur 48 dargestellt werden können, wobei dann aber das punktweise Entsprechen zwischen den Figuren 48 und 49 natürlich ein anderes ist. Siehe Fig. 50.

Die Figuren 51 $a\,b\,c$ zeigen die conformen Abbildungen des achten

Fig. 50.

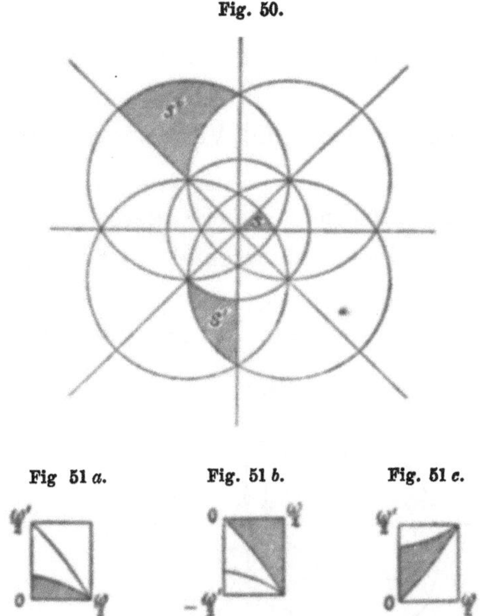

Fig 51 a. Fig. 51 b. Fig. 51 c.

Theiles des Kreisbogenvierecks $a\,b\,c\,d$ in Fig. 5 S. 27 durch die drei Integrale

$$\int_0 2s\,\mathfrak{F}(s)\,ds, \quad \int_0 \sqrt{-i}\,(1-is^2)\,\mathfrak{F}(s)\,ds, \quad \int_0 \sqrt{i}\,(1+is^2)\,\mathfrak{F}(s)\,ds.$$

Hierbei ergibt sich, dass die Summe dieser drei (in den Figuren schraffirten) Flächenräume genau gleich ist der Fläche eines Rechteckes, dessen Seiten $\frac{1}{2}\omega$ und $-\frac{1}{2}\omega' i$ sind. Von diesem Ergebniss wird in der Anmerkung [21]) Anwendung gemacht.

Zu S. 49.

[13]) Die nahe Uebereinstimmung der äusseren Gestalt beider Flächenstücke zeigt sich auch bei der Vergleichung des Flächeninhalts derselben, dessen Bestimmung, wie später gezeigt werden wird, sowohl für das betrachtete Stück M' des hyperbolischen Paraboloides als auch für das von demselben Vierseit begrenzte Stück M der Minimalfläche wirklich ausführbar ist. Hierbei ergibt sich (vgl. den Inhalt der Anmerkung [21]), dass der Flächeninhalt von M' in der That grösser ist als der Flächeninhalt von M, ein Resultat, welches freilich vorher zu erwarten war, — dass indessen der Unterschied beider sehr gering ist, da derselbe nur etwa $\frac{1}{800}$ des Flächeninhalts von M beträgt. — In der erwähnten Anmerkung sind beide Flächenstücke auch noch in einer andern Hinsicht mit einander verglichen.

Zu S. 58.

[14]) Die Bestimmung eines vollständigen Systemes zusammengehöriger Perioden für die drei Coordinaten x, y, z lässt sich dadurch sehr erheblich abkürzen, dass die $2\varrho+1 = 7$fach zusammenhängende Riemannsche Fläche, welche die Verzweigung der Quadratwurzel $\sqrt{1-14s^4+s^8}$ geometrisch darstellt, durch $2\varrho = 6$ Querschnitte in eine einfach zusammenhängende Fläche zerschnitten wird und die Periodicitätsmoduln an diesen Querschnitten aufgesucht werden. Es mögen die Querschnitte a_1, b_1; a_2, b_2; a_3, b_3 sowie die dieselben verbindenden Schnittlinien c so gewählt werden, wie es Figur 52 angibt.

Fig. 52.

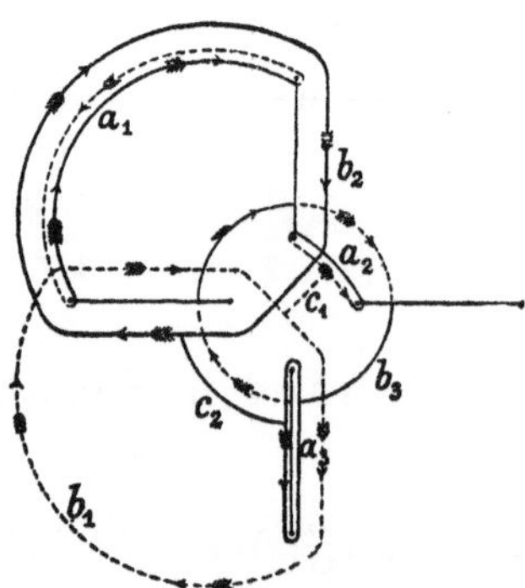

Dann ergeben sich die Periodicitätsmoduln des Integrales

$$\int \frac{2s\,ds}{\sqrt{1-14s^4+s^8}} = \int 2s\,\mathfrak{F}(s)\,ds$$

an den Querschnitten a_1 a_2 a_3 b_1 b_2 b_3
beziehlich gleich 0 0 4ω -2ω -2ω $+2\omega'$.

Nun gehen beim Uebergange von s in s' und s'' die Indices 1 2 3 cyclisch über in 2 3 1 und 3 1 2, es ergibt sich daher folgendes System

	a_1	a_2	a_3	b_1	b_2	b_3
x	4ω	0	0	$+2\omega'$	-2ω	-2ω
y	0	4ω	0	-2ω	$+2\omega'$	-2ω
z	0	0	4ω	-2ω	-2ω	$+2\omega'$

Dasselbe System ergibt sich für die auf die Variable s_1 sich beziehenden Integrale, nur sind bezüglich der Querschnitte a_1, a_2, b_1, b_2 die Indices 1 und 2 mit einander zu vertauschen; hingegen ergibt sich genau dasselbe System, wenn statt der Variablen s_1 eine andere complexe Variable s' eingeführt wird, die mit derselben durch die Gleichung $s_1 \cdot s' = -1$ verbunden ist. Vergl. die Mittheilung des Herrn Weierstrass in den Monatsberichten 1867 S. 511—518.

Die durch das Integral $\int 2s\mathfrak{F}(s)\,ds$ vermittelte conforme Abbildung der durch Querschnitte in eine einfach zusammenhängende verwandelten Riemann schen Fläche, welche die Verzweigung von $\mathfrak{F}(s)$ darstellt, zeigt Fig. 53. Hierbei ist zu bemerken, dass die zu diesem

Fig. 53.

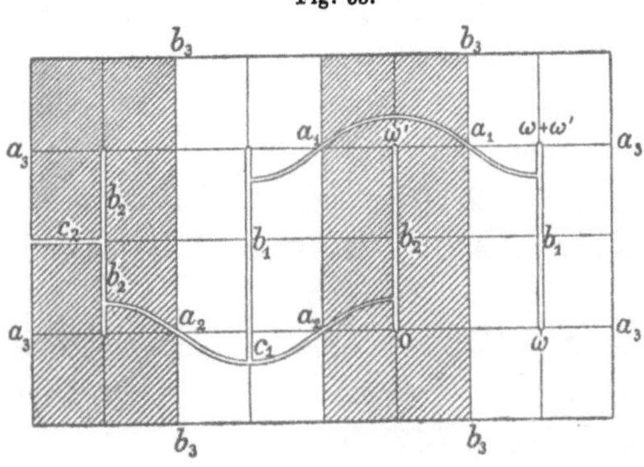

Zwecke getroffene Wahl des Querschnittnetzes aus Fig. 52 entnommen werden kann, wenn man sich in dieser Figur folgende Veränderungen vorgenommen denkt. Den Querschnitt a_3 lasse man in eine gerade Linie, die Querschnitte a_1 und a_2 in die betreffenden Kreisbogen übergehen; zu den Querschnitten b_1 und b_2 wähle man die durch den Nullpunkt gehenden die Axe des Reellen unter 45° schneidenden Geraden, zu dem Querschnitte b_3 den Einheitskreis, und lasse endlich auch die

Schnittlinie c_2 auf den Einheitskreis rücken. Die Theile der Ebene des Integrals, welche in der Figur 53 schraffirt sind, entsprechen dem oberen, die nicht schraffirten dem unteren Blatte der Riemannschen Fläche. Vergl. Riemann: Theorie der Abelschen Functionen. Borchardt's Journal Bd. 54. S. 143.

Zu S. 76.

[15]) Einer Mittheilung von befreundeter Seite verdanke ich folgende genauere Formulirung dieses Satzes: „Werden den Grössen λ, μ, ν nur reelle Werthe beigelegt und wird zugleich die Veränderliche t der Bedingung unterworfen, bei der Integration nur reelle Werthe zu durchlaufen, wobei derselben jedoch der Uebergang vom Negativen zum Positiven durch den Unendlichkeitspunkt in der einen und in der andern Richtung gestattet ist, so stellen die angegebenen Gleichungen alle reellen Punkte der Fläche dar.“

Zu S. 82.

[16]) Man vergleiche die „Notiz über die algebraischen Minimumsflächen“ von Herrn Geiser, Mathematische Annalen von Clebsch und Neumann Band 3. S. 530—534. (1871.)

Zu S. 86.

[17]) Hinsichtlich der elliptischen Function $\wp u$ vergleiche man:

W. Biermann: *Problemata quaedam mechanica functionum ellipticarum ope soluta. Diss. inaug.* Berlin 1865.

H. F. Müller: *De transformatione functionum ellipticarum. Diss. inaug.* Berlin 1867.

C. Schwering: *De linea brevissima in elliptica paraboloide sita. Diss. inaug.* Berlin 1869.

L. Kiepert: *De curvis quarum arcus integralibus ellipticis primi generis exprimuntur. Diss. inaug.* Berlin 1870.

Zu S. 88.

[18]) Nach bekannten Formeln über Transformation zweiter Ordnung (siehe Hermite: *Sur la théorie des fonctions elliptiques. Comptes rendus* 1863, Tome LVII. p. 617) ist

$$\sin\operatorname{am}\left[(1+k)x,\ \frac{2\sqrt{k}}{1+k}\right] = \frac{(1+k)\sin\operatorname{am}x}{1+k\sin^2\operatorname{am}x}$$

$$\cos\operatorname{am}\left[(1+k)x,\ \frac{2\sqrt{k}}{1+k}\right] = \frac{\cos\operatorname{am}x\cdot\Delta\operatorname{am}x}{1+k\sin^2\operatorname{am}x}$$

also $$\operatorname{cotg}\operatorname{am}\left[(1+k)x,\ \frac{2\sqrt{k}}{1+k}\right] = \frac{1}{1+k}\cdot\frac{\cos\operatorname{am}x\cdot\Delta\operatorname{am}x}{\sin\operatorname{am}x}.$$

Wird hierin $k = \frac{1}{2}$ gesetzt, so erhält man die Formel im Text.

Zu S. 88.

[19]) Diese für numerische Rechnungen sehr brauchbare Formel für den Werth des Jacobischen q

$$h = (q) = \tfrac{1}{2}\lambda + 2(\tfrac{1}{2}\lambda)^5 + 15(\tfrac{1}{2}\lambda)^9 + 150(\tfrac{1}{2}\lambda)^{13} + \cdots$$

wenn λ die Grösse $\dfrac{1-\sqrt{k'}}{1+\sqrt{k'}}$ bezeichnet, hat Herr Weierstrass in seinen Vorlesungen seit 1862 mitgetheilt. Man findet dieselbe auch in dem Werke des Herrn Schellbach: Die Lehre von den elliptischen Integralen und Theta-Functionen. Berlin. 1864. S. 60.

Zu S. 90.

[20]) Nach einem Satze des Herrn Ossian Bonnet gibt es zu jeder Minimalfläche eine andere, welche eine Biegungsfläche derselben ist, während gleichzeitig den Krümmungslinien der einen Fläche die Asymptotenlinien der andern entsprechen und umgekehrt. In einer solchen Beziehung stehen die beiden in der vorliegenden Abhandlung betrachteten speciellen Minimalflächen zu einander. Der Uebergang von den Coordinaten x, y, z zu den Coordinaten x_1, y_1, z_1 kann auch dadurch geschehen, dass an die Stelle von $\mathfrak{F}(s)$ in den Formeln des Herrn Weierstrass (Monatsberichte 1866 S. 619) $-i\mathfrak{F}(s)$ gesetzt wird. Diese Substitution ist ein specieller Fall derjenigen, bei welcher $e^{\alpha i}\mathfrak{F}(s)$ an die Stelle von $\mathfrak{F}(s)$ tritt. Es ergibt sich hierbei eine zweite Minimalfläche, welche eine Biegungsfläche der ersten ist, da bei dieser Substitution das Quadrat des Linienelementes der Fläche ungeändert bleibt.

Beide Flächen haben in entsprechenden Punkten parallele Normalen. Die den früheren Krümmungslinien entsprechenden Curven sind isogonale Trajectorien der neuen Krümmungslinien und zwar schneiden sich die Curven unter dem Winkel $\frac{1}{2}\alpha$. Die reelle Grösse α kann als ein variabler Parameter aufgefasst werden: Es ist daher möglich, mit Ausnahme der Ebene, jede Minimalfläche auf stetige Weise so zu biegen, dass sie während der Biegung Minimalfläche bleibt, und zwar beschreibt jeder Punkt während der Biegung eine Ellipse, wenn ein Punkt der Fläche festgehalten wird. Dieser festgehaltene Punkt ist der Mittelpunkt aller von den verschiedenen Punkten während der Biegung beschriebenen Ellipsen. Man kann auch zeigen, dass diese Biegung der Minimalflächen die einzige ist, bei welcher dieselben Minimalflächen bleiben. Gute Dienste leistet bei der Betrachtung dieser Biegungen diejenige conforme Abildung der Minimalflächen auf eine Ebene, bei welcher den Krümmungslinien zwei Systeme orthogonal sich schneidender Parallellinien entsprechen. Den Satz, dass auf einer Minimalfläche die beiden Schaaren Krümmungslinien ein zweifaches System isometrischer Linien bilden, verdankt man ebenfalls Herrn Ossian Bonnet.

Es ist auch möglich, aus einer Minimalfläche und einer einzigen solchen Biegung derselben, welche, ohne derselben congruent oder symmetrisch zu sein, wieder eine Minimalfläche ist, durch eine einfache geometrische Construction alle anderen Biegungsflächen zusammenzusetzen, welche wieder Minimalflächen sind.

Es folgt hier eine kurze Angabe der bezüglichen Literatur.

E. Beltrami: *Sulle proprietà generali delle superficie d' area minima. Mem. dell' Accademia delle Scienze dell' Istituto di Bologna.* Serie 2. Tom. VII. 1868.

O. Bonnet: *Comptes rendus* 1853. Tome XXXVII. p. 532; *Liouville, Journal de mathématiques, Deuxième Série,* Tome V. 1860, p. 174, 227, 228; *Journal de l'École polytechnique, Cahier* 42. (1860). 1867. p. 7—15.

E. Bour: *Journal de l'École polytechnique, Cahier* 39, 1862, p. 97, 114.

E. Catalan: *Comptes rendus* 1855. Tome XLI. p. 1019; *Journal de l'École polytechnique, Cahier* 37, 1858, p. 130.

E. B. Christoffel: Borchardt's Journal, Bd. 67 S. 218. 1867.

A. Enneper: Schlömilch's Zeitschrift, Bd. 9 S. 107. 1864; Nachrichten von der Königl. Gesellschaft der Wissenschaften zu Göttingen 1871. No. 1. S. 14—23.

K. Peterson: Ueber Curven und Flächen. (Moskau. A. Lang.) Leipzig 1868. F. Wagner. (Deutsche Bearbeitung einiger vorher in russischer Sprache veröffentlichten Abhandlungen.) S. 66 und 72.

J. Weingarten: Borchardt's Journal, Bd. 62. S. 164. 1862.

Zu S. 91.

[21]) Zusatz. Die oben erwähnte Abhandlung Riemann's „Ueber die Fläche vom kleinsten Inhalt bei gegebener Begrenzung“ enthält in den Artikeln 6 und 7 einen sehr interessanten Satz über die Bestimmung des Flächeninhalts eines beliebigen Theiles einer Minimalfläche.

Die Gleichungen

$$x = X+X', \quad y = Y+Y', \quad z = Z+Z',$$

in denen X, Y, Z Functionen einer complexen Variablen bezeichnen, für welche $dX^2+dY^2+dZ^2$ identisch den Werth Null hat, und in denen X', Y', Z' die zu X, Y, Z conjugirten Grössen bezeichnen, stellen eine Minimalfläche dar. (Vergl. Monatsberichte 1866 S. 614:

$$f(u) = 2X, \quad g(u) = 2Y, \quad h(u) = 2Z.)$$

Die Functionen X, Y, Z vermitteln drei conforme Abbildungen dieser Fläche. Nun ergibt sich das Quadrat des Linienelementes der Fläche

$$dx^2+dy^2+dz^2 = 2(dX\cdot dX'+dY\cdot dY'+dZ\cdot dZ'),$$

dasselbe ist also doppelt so gross als die Summe der Quadrate der entsprechenden Linienelemente in den Ebenen der drei Grössen X, Y, Z. „Da die Linearvergrösserung bei der Abbildung in irgend einem Punkte nach allen Richtungen dieselbe ist, so erhält man die Flächenvergrösserung gleich dem Quadrat der Linearvergrösserung". „Daher ist auch das Flächenelement in der Minimalfläche gleich der doppelten Summe der entsprechenden Flächenelemente in jenen Ebenen. Dasselbe gilt von der ganzen Fläche und ihren Abbildungen in den Ebenen der X, Y, Z."

Wird dieser Riemannsche Satz auf die untersuchte Minimalfläche angewendet, indem

$$X = \int_0 2s\mathfrak{F}(s)\,ds, \quad Y = \int_0 \sqrt{-i}(1-is^2)\mathfrak{F}(s)\,ds, \quad Z = \int_0 \sqrt{i}(1+is^2)\mathfrak{F}(s)\,ds$$

gesetzt und die Variable s auf das Innere des achten Theiles des Kreisbogenvierecks $abcd$ beschränkt wird, wie in der Anmerkung [12]), so ergibt sich als Summe der Flächenräume in den Ebenen X, Y, Z

$$-\tfrac{1}{4}\omega\omega' i.$$

Das Doppelte hiervon beträgt $-\frac{1}{2}\omega\omega' i$; der dem Kreisbogenvierecke $abcd$ entsprechende Theil M der Minimalfläche hat einen achtmal so grossen Inhalt $(-4\omega\omega' i)$: Der Flächeninhalt von M ist also genau ebensogross wie derjenige eines Periodenparallelogramms der Function $\wp u$.

Diese Bestimmung des Flächeninhaltes von M gestattet nun eine Vergleichung mit dem Flächeninhalt des zwischen denselben Grenzen enthaltenen Theiles M' des hyperbolischen Paraboloides $\omega\cdot z' = x'\cdot y'$,

Der Flächeninhalt dieses Theiles des Paraboloides wird ausgedrückt durch das Doppelintegral

$$4\omega^2\int_0^1\int_0^1 \sqrt{1+x^2+y^2}\,dx\,dy = 4\omega^2\cdot[\tfrac{1}{3}\sqrt{3}+\tfrac{2}{3}\,ln\,(2+\sqrt{3})-\tfrac{1}{18}\pi]$$

$$= 4\omega^2\cdot 1{,}28079$$

dagegen hat das betrachtete Stück M der Minimalfläche den Inhalt $-4\omega^2\tau i = 4\omega^2\cdot 1{,}27926$

Der Unterschied beträgt also $4\omega^2\cdot 0{,}00153$

oder weniger als $\frac{1}{800}$ des Inhalts der verglichenen Flächentheile.

Die Kleinheit dieses Unterschiedes fordert dazu auf, die Grösse der Abweichung des betrachteten Stückes der Minimalfläche von dem Paraboloid auch noch in anderer Hinsicht zu untersuchen. Zu diesem Zwecke wurden in die gefundene Gleichung der Minimalfläche die Werthe $x = \frac{1}{2}\omega$, $y = \frac{1}{2}\omega$ eingesetzt und mit Hülfe derselben wurde ein zugehörender Werth $-z_0$ von z berechnet. Bei der Substitution $\pi u = 4\omega v$ ist mit hinreichender Näherung, vergl. S. 88 und Jacobi, Fundamenta p. 184,

$$\lambda(u) = \operatorname{cotg} v\cdot\frac{(1+2h\cos 2v+2h^4\cos 4v)}{(1-2h\cos 2v+2h^4\cos 4v)}\cdot\frac{\left(1+h^2\cdot\dfrac{\cos 3v}{\cos v}\right)}{\left(1-h^2\cdot\dfrac{\sin 3v}{\sin v}\right)};$$

$$h = 0{,}017972387$$

$$\log\text{vulg}\,h = 0{,}25460576-2$$

$$u = \tfrac{1}{2}\omega,\ v = \text{arc}\,(22^0\,30');$$

$$\log\text{vulg}\,\lambda(\tfrac{1}{2}\omega) = 0{,}4052541;\ \log\text{vulg}\,\lambda(z_0) = 0{,}1666935.$$

Hieraus hat sich ergeben

$$v_0 = \text{arc}\,(34^0\,56'\,20''\!,1) \quad\text{und}\quad z_0 = \omega\cdot 0{,}77642.$$

Es sind also angenähert

$$x = \tfrac{1}{2}\omega,\ y = \tfrac{1}{2}\omega,\ z = -\omega\cdot 0{,}77642$$

die Coordinaten eines Punktes der Minimalfläche; bei dem Paraboloid entspricht denselben Werthen von x und y der Werth $z = -\omega\cdot 0{,}75$. Der Unterschied beider Ordinaten beträgt also $\omega\cdot 0{,}02642$; es beträgt also an dieser Stelle der parallel der z-Axe gemessene Abstand beider Flächen nur wenig mehr als $\frac{1}{38}\cdot\omega$.

Grösser zeigt sich der Unterschied in den Werthen der Hauptkrümmungsradien. Beiden Flächen ist der Punkt $x = \omega$, $y = \omega$,

$z = -\omega$ gemeinsam; der Hauptkrümmungsradius der Minimalfläche in diesem Punkte hat die Länge 1 (vergl. S. 49), derjenige des hyperbolischen Paraboloides hingegen hat in demselben Punkte die Länge $\omega = 0{,}863$.

Zu S. 92.

[22]) J. Plateau: *Récherches expérimentales et théoriques sur les figures d'équilibre d'une masse liquide sans pesanteur. Septième Série.* §. 44. *Mémoires de l'Académie royale de Belgique.* Tome XXXVI. (1866). Poggendorff's Annalen Band CXXX. S. 275.

Zu S. 96.

[23]) Das in Fig. 24 (S. 96) abgebildete Gestell ist auch von Herrn Plateau (*Récherches expérimentales etc. Dixième Série.* §. 43. *Mémoires de l'Académie royale de Belgique.* Tome XXXVII. [1868]) beschrieben und abgebildet worden. Es darf jedoch aus dem von Herrn Plateau beschriebenen physikalischen Vorgange nicht geschlossen werden, dass, wenn die Höhe jenes quadratischen Prismas beträchtlich grösser ist als die Seite der Grundfläche, durch jenes Achtseit mehr als ein einfach zusammenhängendes von demselben vollständig begrenztes, im Innern von singulären Stellen freies Minimalflächenstück gelegt werden kann, für welches die beiden Symmetrie-Ebenen des Achtseits ebenfalls Symmetrie-Ebenen sind; denn eine genauere Untersuchung führt zu dem Resultate, dass durch ein solches Achtseit nur ein einziges Minimalflächenstück gelegt werden kann, welches die angegebenen Eigenschaften besitzt. Dieses Minimalflächenstück enthält auch den Mittelpunkt des quadratischen Prismas. Die Nichtübereinstimmung des Ergebnisses des Experimentes mit diesem rein mathematischen Satze ist dadurch zu erklären, dass in dem angegebenen Falle geringe Abweichungen der Begrenzungslinie von der mathematisch definirten Gestalt sehr beträchtliche Aenderungen der Gestalt des durch die Begrenzung bestimmten Minimalflächenstückes zur Folge haben können, während andererseits diese Veränderlichkeit der Grenze bei dem Experimente ihre Erklärung darin findet, dass genau genommen der Draht, aus welchem das Gestell gebildet ist, eine endliche Dicke hat und also eigentlich nur die röhrenförmige Oberfläche der am Drahte adhärirenden und denselben mantelartig umgebenden Flüssigkeitsschicht in Betracht zu ziehen ist.

Zu S. 96.

[24]) Scherk: *Acta societatis Jablonovianae.* Vol. IV. p. 205. 1832. Crelle's Journal Bd. 13. S. 185. J. Plateau: *Récherches expérimen-*

tales etc. Dixième Série: Résultats obtenus par les géomètres, et vérifications expérimentales. §. 40.

Zu S. 99.

[25]) Lindelöf et Moigno: *Leçons sur le calcul des variations.* Paris 1861. No. 102—105.

Zu S. 101.

[26]) Man vergleiche den Inhalt der Anmerkung [20]). Setzt man in den Formeln (D) des Herrn Weierstrass (Monatsberichte 1866 S. 619) statt $\mathfrak{F}(s)$ $2e^{\alpha i}s^{-2}$ so ergibt sich:

$$\begin{aligned} x+yi &= -2(e^{\alpha i}s+e^{-\alpha i}s_1^{-1}), \\ x-yi &= -2(e^{\alpha i}s^{-1}+e^{-\alpha i}s_1), \\ z &= 2\,e^{\alpha i}ln\,s+2e^{-\alpha i}ln\,s_1, \\ &= 2\cos\alpha\cdot ln(ss_1)+2i\sin\alpha\cdot ln(ss_1^{-1}), \end{aligned}$$

Aus diesen Formeln ergibt sich durch Multiplication und Division

$$\begin{aligned} x^2+y^2 &= 8\cos 2\alpha+4(ss_1+s^{-1}s_1^{-1}), \\ \frac{x+yi}{x-yi} &= \frac{e^{\alpha i}ss_1+e^{-\alpha i}}{e^{-\alpha i}ss_1+e^{\alpha i}}\cdot ss_1^{-1}, \end{aligned}$$

ferner, wenn $(\frac{1}{4}x)^2+(\frac{1}{4}y)^2=r^2$, $\sin\alpha=a$, $\cos\alpha=b$ gesetzt wird

$$\begin{aligned} s\cdot s_1 &= (\sqrt{r^2+a^2}+\sqrt{r^2-b^2})^2, \quad s^{-1}\cdot s_1^{-1} = (\sqrt{r^2+a^2}-\sqrt{r^2-b^2})^2, \\ 1 &= (\sqrt{r^2+a^2}+\sqrt{r^2-b^2})\cdot(\sqrt{r^2+a^2}-\sqrt{r^2-b^2}), \\ ss_1+1 &= 2(\sqrt{r^2+a^2}+\sqrt{r^2-b^2})\cdot\sqrt{r^2+a^2}, \quad \frac{ss_1+1}{ss_1-1}=\frac{\sqrt{r^2+a^2}}{\sqrt{r^2-b^2}}, \\ ss_1-1 &= 2(\sqrt{r^2+a^2}+\sqrt{r^2-b^2})\cdot\sqrt{r^2-b^2}, \\ s\cdot s_1^{-1} &= -\frac{a(ss_1-1)+ib(ss_1+1)}{a(ss_1-1)-ib(ss_1+1)}\cdot\frac{x+yi}{x-yi}, \\ i\,ln(s\cdot s_1^{-1}) &= \pi-2\,\mathrm{arctg}\left(\frac{b}{a}\cdot\frac{\sqrt{r^2+a^2}}{\sqrt{r^2-b^2}}\right)-2\,\mathrm{arctg}\,\frac{y}{x}, \\ \tfrac{1}{4}z &= b\,ln(\sqrt{r^2+a^2}+\sqrt{r^2-b^2})-a\cdot\mathrm{arctg}\left(\frac{b}{a}\cdot\frac{\sqrt{r^2+a^2}}{\sqrt{r^2-b^2}}\right)+a\cdot\mathrm{arctg}\,\frac{x}{y}, \\ r^2 &= (\tfrac{1}{4}x)^2+(\tfrac{1}{4}y)^2. \end{aligned}$$

Diese Fläche, deren Gleichung wie im Text erwähnt zuerst von Herrn Scherk gegeben worden ist, stellt also nach dem Inhalte von Anmerkung [20]) die allgemeine Biegungsfläche der auf S. 100 erwähnten

Rotationsfläche der Kettenlinie dar, unter der Bedingung, dass diese Biegungsfläche wieder eine Minimalfläche sein soll.

Zu demselben Resultat gelangt Herr O. Bonnet in seiner im *Journal de l'École polytechnique*, Cahier 42, 1867 abgedruckten Preisschrift: *Mémoire sur la théorie des surfaces applicables à une surface donnée.* (1860) p. 9—15.

Auch in anderen der in Anmerkung [20]) citirten Abhandlungen der Autoren Bonnet, Bour, Catalan und Enneper werden diese Flächen untersucht.

Zu S. 108.

[27]) Diese Polyederoberflächen sind so beschaffen, dass sie drei oder vier Symmetrie-Ebenen besitzen und so gewählt, dass die Summe der in jeder Ecke zusammenstossenden Kantenwinkel drei Rechte beträgt. Die conforme und eindeutige Abbildung der Kugeloberfläche auf die Oberfläche dieser Polyeder wird vermittelt durch das Integral

$$\int \frac{ds}{\sqrt[4]{R(s)}}.$$

Man vergleiche hierüber: Monatsberichte 1865 S. 150*); 1870 S. 791. Borchardt's Journal Bd. 70 S. 119.**)

Die conforme Abbildung der Kugel und also auch der Minimalfläche selbst auf die Oberfläche des betreffenden Polyeders ist hierbei eine solche, dass den Krümmungslinien der Minimalflächen zwei Schaaren von auf einander senkrechten Geraden entsprechen.

Es mag noch bemerkt werden, dass die Bestimmung des Flächeninhalts von solchen Theilen der in dem Nachtrage betrachteten Minimalflächen, welche von geradlinigen Strecken begrenzt sind, nach dem in der Anmerkung [21]) angeführten Riemannschen Satze ebenfalls auf die Bestimmung der Perioden von elliptischen Integralen zurückgeführt wird.

---

*) S. 2 dieses Bandes.

**) Die beiden letzten Abhandlungen

Ueber die Integration der partiellen Differentialgleichung

$$\frac{\partial^2 u}{\partial x^2} + \frac{\partial^2 u}{\partial y^2} = 0$$

unter vorgeschriebenen Grenz- und Unstetigkeitsbedingungen.

und

Ueber einige Abbildungsaufgaben.

sind abgedruckt im zweiten Bande der vorliegenden Ausgabe.

Fortgesetzte Untersuchungen über specielle Minimalflächen.

Im Januar 1872 von Herrn Kummer der Königlichen Akademie der Wissenschaften zu Berlin mitgetheilt. Monatsberichte der Königlichen Akademie der Wissenschaften zu Berlin, Jahrgang 1872, Seite 3—27.

Eine der Aufgaben, welche Gergonne bezüglich der Bestimmung von Minimalflächen unter vorgeschriebenen Grenzbedingungen im 7ten Bande seiner Annales de Mathématiques (1816) gestellt hat, ist folgende:

> Couper un cube en deux parties, de telle manière que la section vienne se terminer aux diagonales inverses de deux faces opposées, et que l'aire de cette section, terminée à la surface du cube, soit un minimum?
>
> Donner, en outre, l'équation de la courbe suivant laquelle la surface coupante coupe chacune des autres faces de ce cube?

In demselben Bande der Annales stellt Tédénat in zwei Aufsätzen eine Schraubenfläche als Lösung der angegebenen Aufgabe hin, gleichzeitig äussert jedoch bereits Gergonne in verschiedenen Anmerkungen bezüglich der Richtigkeit dieser vorgeblichen Lösung gewichtige Bedenken, welche in der Behauptung gipfeln: Nichts beweist, dass die von Tédénat gefundene Minimalfläche diejenige ist, durch welche die gestellte Aufgabe gelöst wird.

Die Tédénatsche Lösung ist unrichtig, weil dieselbe eine der bei dieser Aufgabe auftretenden Grenzbedingungen, in deren Aufstellung sich a. a. O. eine Lücke vorfindet, unerfüllt lässt, indem die von der Variation der Grenzen abhängenden Glieder der ersten Variation nicht gleich Null sind.

Hiernach ist auch eine neuerdings aufgestellte Behauptung „es sei von den Gergonneschen Aufgaben nur die einfachste, die auf die Schraubenfläche führe, von Tédénat gelöst worden", zu berichtigen.

Der Königlichen Akademie beehre ich mich, in dem vorliegenden Aufsatz eine Untersuchung mitzutheilen, aus welcher unter anderem hervorgeht, dass durch die angegebene Gergonnesche Aufgabe zwei (zu einander symmetrische) Minimalflächen bestimmt werden, welche den aus der Aufgabestellung sich ergebenden analytischen Bedingungen genügen und welche zugleich specielle Fälle derjenigen Minimalflächen sind, die in dem Nachtrage zu meiner im Jahre 1867 der Königlichen Akademie vorgelegten Abhandlung „Bestimmung einer speciellen Minimalfläche"*) betrachtet werden.

1.

Nach einer von Gauss herrührenden Formel (Werke Bd. V S. 65) besteht die Variation δS, welche der Flächeninhalt eines einfach zusammenhängenden, von einer in sich zurückkehrenden Linie L begrenzten Flächenstückes S bei einer Variation dieses Flächenstückes erfährt, im Allgemeinen aus zwei Theilen. Während der erste dieser beiden Theile ein über alle Elemente von S zu erstreckendes Doppelintegral ist, dessen Element die mittlere Krümmung der Fläche an der betreffenden Stelle als Factor enthält, ist der zweite Theil ein über alle Elemente der Begrenzungslinie L zu erstreckendes einfaches Integral.

Bezeichnet dL die Länge eines Elementes der Begrenzungslinie L, p die Richtung der Tangente einer dem Flächenstücke S angehörenden Linie, welche von dem Elemente dL in das Innere von S führt und auf diesem Elemente perpendicular steht, wobei die Richtung vom Rande aus nach innen als positiv angenommen wird, bezeichnet ferner δe die absolute Grösse der Verschiebung des Elementes dL und $\delta p = \delta e \cdot \cos(p, \delta e)$ der Grösse und Richtung nach die Projection dieser Verschiebung auf das Perpendikel p, so ist der zweite Theil der Variation des Flächeninhalts des Stückes S das über alle Elemente dL der Begrenzungslinie L zu erstreckende Integral

$$-\int \delta p \cdot dL = -\int \delta e \cdot \cos(p, \delta e) \cdot dL.$$

Soll die Fläche S die Eigenschaft haben, innerhalb vorgeschriebener Grenzen einen möglichst kleinen Flächeninhalt zu besitzen, so

---

*) Siehe S. 92—108 dieses Bandes.

muss die erste Variation dieses Flächeninhalts gleich Null sein, woraus bekanntlich geschlossen wird, dass die mittlere Krümmung des Flächenstückes überall den Werth Null haben muss.

Ist nun die Begrenzungslinie L des gesuchten Flächenstückes S in allen ihren Theilen gegeben, so ist die Variation δe für alle Punkte derselben gleich Null, also ist auch für alle Punkte der Begrenzung die Grösse $\delta p = \delta e \cdot \cos(p, \delta e)$ gleich Null, und es liefert daher das über die Begrenzung von S zu erstreckende Integral $-\int \delta p \cdot dL$ in diesem Falle keinen Beitrag zur Variation δS. Wenn hingegen die Begrenzungslinie oder ein oder mehrere Theile derselben nicht selbst gegeben sind, sondern an die Stelle derselben gegebene Flächen treten, auf denen die nicht gegebenen Theile der Begrenzung L liegen sollen, beziehungsweise frei variiren können, während es sich erst noch darum handelt, diejenige Gestalt der nicht gegebenen Theile der Begrenzungslinie zu ermitteln, für welche die Fläche S einen möglichst kleinen Flächeninhalt besitzt, so tritt zu der Hauptbedingung, dass die mittlere Krümmung in jedem Punkte des Flächenstückes S gleich Null sein soll, noch die Grenzbedingung hinzu: Ueberall, wo die Begrenzungslinie nicht selbst vorgeschrieben ist, sondern an deren Stelle eine gegebene Fläche F tritt, auf welcher die Fläche S endigen soll, muss für den Fall des Minimums längs der Endigung der Factor $\cos(p, \delta e)$ gleich Null sein; mit andern Worten: es muss in allen Punkten des auf der Fläche F liegenden Theiles der Begrenzung von S die Tangentialebene von S mit der Tangentialebene von F einen rechten Winkel einschliessen.

Die Grenzbedingungen, denen die Fläche S für den Fall des Minimums genügen muss, können also folgende Form erhalten: Die Fläche S soll „längs gegebener Linien L endigen“, oder „gegebene Flächen F rechtwinklig treffen“ oder endlich „längs gegebener Linien L endigen und gegebene Flächen F rechtwinklig treffen.“

Zu denjenigen Aufgaben, bei welchen die Grenzbedingungen die zuletzt angegebene Form erhalten, gehört auch die specielle im Eingange erwähnte Aufgabe G e r g o n n e's. Die Bedingung des Rechtwinkligstehens hat G e r g o n n e, als derselbe die Aufgabe stellte, wohl nicht gekannt, vermuthlich weil zu jener Zeit das Rechnen mit Doppelintegralen, wenn auch die Grenzen derselben zu variiren sind, nicht hinreichend entwickelt war; es würde indessen nicht schwer gewesen sein, für den speciellen Fall der G e r g o n n e schen Aufgabe die Grenzbedingung des Rechtwinkligstehens auch ohne Zuhülfenahme der

Gaussischen Formel mit Hülfe der Formel

$$\delta\iint\sqrt{1+p^2+q^2}\,dx\,dy = -\iint\left(\frac{\partial X}{\partial x}+\frac{\partial Y}{\partial y}\right)\delta z\,dx\,dy - \int\delta z\,\frac{q\,dx-p\,dy}{\sqrt{1+p^2+q^2}}$$

herzuleiten, weil es bei dieser Aufgabe hinreicht, nur solche Variationen ins Auge zu fassen, bei denen die veränderlichen Theile der Begrenzungslinie in denselben der z-Axe parallelen Ebenen bleiben. (Vergl. Gauss Werke Bd. V S. 58 Art. 21.)

Dass aber Gergonne richtig erkannt hat, zu welcher Gruppe von Aufgaben die in Rede stehende specielle Aufgabe gehört, geht daraus hervor, dass derselbe in einer Anmerkung (Annales Tome VII. p. 153) sich folgendermassen ausdrückt: Le problème général, dont celui-ci est un cas particulier, serait le suivant: Deux portions de courbes, isolées l'une de l'autre, se terminant de part et d'autre à deux surfaces courbes, aussi isolées l'une de l'autre étant données; faire passer par ces deux courbes une surface dont l'étendue, comprise entre elles et les deux surfaces données, soit la moindre possible?

Es verdient bemerkt zu werden, dass die Aufgabe, eine einfach zusammenhängende Minimalfläche zu bestimmen, welche vorgeschriebenen Grenzbedingungen der angegebenen Art genügt, nicht immer eine bestimmte ist. Abgesehen davon, dass es Fälle gibt, in denen durch dieselbe Begrenzungslinie mehr als eine einfach zusammenhängende Minimalfläche gelegt werden kann, welche in ihrem Innern von singulären Stellen frei ist, gibt es Fälle, in denen unendlich viele Minimalflächen allen Bedingungen genügen. Man braucht z. B. nur an den Fall zu denken, in welchem eine von einem variablen Parameter abhängende Schaar von Minimalflächen von einer röhrenförmigen Fläche, welche auf den einzelnen Flächen der Schaar Flächenstücke von endlicher Ausdehnung begrenzt, orthogonal durchsetzt wird. Denkt man sich nun diese Röhrenfläche gegeben, so ist ersichtlich, dass es unendlich viele einfach zusammenhängende Flächenstücke gibt, welche der erstbetrachteten Schaar angehören und welche demnach mit der Eigenschaft, dass die mittlere Krümmung in jedem Punkte derselben den Werth Null hat, die Eigenschaft verbinden, die gegebene Fläche rechtwinklig zu treffen, woraus sich übrigens ergibt, dass alle diese Flächenstücke gleichen Flächeninhalt haben.

2.

Der einfachste Fall der im Vorhergehenden erwähnten allgemeineren Aufgabe tritt offenbar dann ein, wenn die Linien L gerade Linien und die Flächen F Ebenen sind. In diesem Falle treten folgende beiden Sätze in Kraft:

I. Jede auf einem Stücke einer Minimalfläche liegende Gerade ist eine Symmetrieaxe der durch analytische Fortsetzung dieses Stückes entstehenden Minimalfläche.

II. Wenn auf einem Stücke einer Minimalfläche eine ebene Curve liegt, längs welcher die Tangentialebene der Fläche und die Ebene der Curve miteinander einen rechten Winkel einschliessen, so ist die Ebene dieser Curve eine Symmetrie-Ebene derjenigen Minimalfläche, welche durch analytische Fortsetzung dieses Stückes entsteht.

Diese beiden Sätze, auf welche ich gelegentlich der Untersuchung einer speciellen Minimalfläche (vergl. Monatsberichte 1865 S. 152)*) geführt worden bin, sind specielle Fälle eines allgemeineren Satzes, dessen Kenntniss ich einer gütigen mündlichen Mittheilung des Hrn. Weierstrass verdanke und von dem ich in der Folge eine wichtige Anwendung machen werde.

Mit Hülfe dieser Sätze habe ich versucht, folgende Aufgabe zu lösen:

„Gegeben ist eine zusammenhängende geschlossene Kette, „deren Glieder von geradlinigen Strecken, oder von Ebenen, „oder von geradlinigen Strecken und von Ebenen gebildet „werden; gesucht wird ein einfach zusammenhängendes, in sei„nem Innern von singulären Stellen freies Minimalflächenstück, „welches von den geradlinigen und von den ebenen Gliedern „der Kette begrenzt wird und die letzteren rechtwinklig trifft.“

Die vorstehende Aufgabe ist für den Fall, dass die Glieder der Kette nur von geradlinigen Strecken gebildet werden, in allgemeinster Weise von Hrn. Weierstrass gelöst worden (Monatsberichte 1866 S. 855 u. 856). Die Untersuchungen Riemann's über dieselbe Aufgabe liegen in einer Bearbeitung des Hrn. Hattendorff vor. (Abhandl. der Königl. Gesellschaft der Wissenschaften zu Göttingen Bd. 13)

Die Functionen, welche Hr. Weierstrass mit $G(u)$ und $H(u)$ bezeichnet hat, genügen auch in dem hier angegebenen Falle einer

*) Siehe S. 1—5 dieses Bandes.

und derselben linearen Differentialgleichung zweiter Ordnung, deren Coefficienten rationale Functionen von u sind, übereinstimmend mit dem von Hrn. Weierstrass a. a. O. angegebenen Resultate. Während aber die Determinante $G(u) \cdot H'(u) - H(u) \cdot G'(u)$ in den Fällen, in welchen die erwähnte Kette nur geradlinige oder nur ebene Glieder enthält, eine rationale Function von u ist, hat für den allgemeinen Fall, in welchem die Kette geradlinige und ebene Glieder enthält, erst das Quadrat dieser Determinante die Eigenschaft, eine rationale Function von u zu sein.

In dem einfachen Falle, in welchem die Kette aus zwei geradlinigen Strecken und einer Ebene, oder aus zwei Ebenen und einer geradlinigen Strecke besteht, führt jene Differentialgleichung auf die bekannte Differentialgleichung der hypergeometrischen Reihe.

In dem allgemeinen Falle tritt hingegen, was nicht übersehen werden darf, zu denjenigen Werthen des Arguments, welche für die Differentialgleichung wesentlich singulär sind, noch eine gewisse Anzahl ausserwesentlich singulärer Werthe hinzu.

3.

Wird die Gergonnesche Aufgabe (vergl. den im Eingange dieses Aufsatzes wiedergegebenen Wortlaut der ursprünglichen Fassung derselben) so verstanden, dass überhaupt die erste Variation des Flächeninhalts der gesuchten Fläche gleich Null sein soll, so lässt diese Aufgabe unendlich viele Lösungen zu, wie ich in der Folge zeigen werde. Um indessen von vorn herein von der Art und Weise des Auftretens von unendlich vielen Lösungen in einem solchen Falle eine deutliche Vorstellung zu gewinnen, kann man die Aufgabe dadurch etwas vereinfachen, dass man an die Stelle des Würfels in der Gergonneschen Aufgabe einen geraden Kreiscylinder treten lässt, dessen Oberfläche und dessen Inneres in Bezug auf ein rechtwinkliges Coordinatensystem durch die Bedingungen

$$x^2+y^2 \overline{\gtrless} R^2, \qquad z^2 \overline{\gtrless} (\tfrac{1}{4}\pi)^2$$

gegeben sein möge. Den beiden Diagonalen der Gergonneschen Aufgabe mögen die Geraden

$$y = x,\ z = \tfrac{1}{4}\pi; \quad y = -x,\ z = -\tfrac{1}{4}\pi$$

entsprechen. Dann genügen die im Innern dieses Cylinders liegenden Stücke der durch die Gleichungen

$$\operatorname{tg}(2n+1)z = (-1)^n \cdot \frac{y}{x}, \qquad \operatorname{tg}(2n+1)z = (-1)^n \cdot \frac{x}{y}$$

dargestellten rechts und links gewundenen Schraubenflächen für jeden ganzzahligen Werth der Zahl n den vorgeschriebenen Bedingungen, die beiden geraden Linien zu enthalten und die gegebene Cylinderfläche rechtwinklig zu treffen.

Der Flächeninhalt S dieser Stücke wird gegeben durch die Formel

$$S = \pi \int_0^R \sqrt{1+(2n+1)^2 r^2} \cdot dr$$

und erlangt unter den angegebenen Voraussetzungen seinen kleinstmöglichen Werth für $n = 0$. (Vergl. die Aufsätze Tédénat's im 7ten Bande der Annales.)

Bezüglich der Gergonneschen Aufgabe beschränke ich nun die Untersuchung auf den Fall, welcher dem Werthe $n = 0$ bei der soeben betrachteten einfacheren Aufgabe entspricht, in welchem also die im Vorhergehenden betrachtete Kette nur vier Glieder enthält, nämlich zwei geradlinige Strecken, welche mit zwei Ebenen abwechseln. (Vergl. die spätere Fassung, welche Gergonne seiner Aufgabe gegeben hat.)

Zur Lösung der so sich ergebenden Aufgabe führt nun folgende Betrachtungsweise.

Es sei S ein einfach zusammenhängendes zwischen den Ebenen zweier gegenüberliegenden Seitenflächen $a'b$ und $c'd$ des gegebenen Würfels (Tafel 4 Fig. 1.) liegendes und diese Ebenen längs der Linien ab' und cd' rechtwinklig treffendes Stück einer Minimalfläche, welches in seinem Innern von singulären Stellen frei ist und dessen vollständige Begrenzung von den genannten beiden Linien ab' und cd' und von den beiden (nicht parallelen) Diagonalen ac und $b'd'$ eines anderen Paares gegenüberliegender Seitenflächen des Würfels gebildet wird. Diese vier Theile der Begrenzung von S mögen der Kürze wegen mit (e), (f), (g), (h) bezeichnet werden. Es handelt sich darum, aus den angegebenen Eigenschaften das Flächenstück S und die Gestalt der in den Ebenen $a'b$ und $c'd$ liegenden Linien (e) und (f) analytisch zu bestimmen.

Vermöge der angegebenen beiden Symmetriegesetze kann das Flächenstück S über seine Begrenzung hinaus analytisch fortgesetzt werden. An dieses Flächenstück S denke man sich zunächst die symmetrische Wiederholung desselben in Bezug auf die Ebene $a'b$, nämlich das Flächenstück S_1 angefügt. Hierauf denke man sich an die beiden Flächenstücke S und S_1, welche längs der Linie (e) mit einander zusammenhängen und daher in ihrer Vereinigung ein ebenfalls einfach zusammenhängendes Flächenstück $S+S_1$ bilden, die symmetrischen Wiederholungen der beiden Flächenstücke S und S_1 in Beziehung auf die geradlinigen Strecken (h) und $(h)_1$ angefügt, welche mit S_7 und S_2 bezeichnet werden mögen. Es fallen dann die Ebenen der Linien $(f)_7$ und $(f)_2$ mit der Ebene bc' und die Ebenen der Linien $(e)_7$ und $(e)_2$ mit der Ebene ad' zusammen, während gleichzeitig die vier Flächenstücke S_7, S, S_1 und S_2 in ihrer Vereinigung wieder ein einfach zusammenhängendes Flächenstück bilden. Denkt man sich nun dieses Flächenstück über die Linie $(e)_7 + (e)_2$ hinaus analytisch fortgesetzt, d. h. in Bezug auf die Ebene dieser Linie symmetrisch wiederholt, wobei die Wiederholungen von $S_7\, S\, S_1\, S_2$ beziehlich mit $S_6\, S_5\, S_4\, S_3$ bezeichnet werden mögen, so bilden die acht Flächenstücke S bis S_7, von denen $S_3\, S_4\, S_7$ dem Flächenstücke S congruent, die vier andern demselben symmetrisch sind, ein einfach zusammenhängendes Flächenstück M, dessen Inneres von singulären Stellen frei ist. Die einzelnen Theile der Begrenzung dieses Flächenstückes haben paarweise parallele Lage, während gleichzeitig die Normalen der Fläche in entsprechenden Punkten correspondirender Begrenzungstheile parallel sind. (Den Flächenstücken $S\, S_1\, S_2 \cdots S_7$ entsprechen in Fig. 2 auf Tafel 4 beziehlich diejenigen Flächenstücke, welche mit $8\ 1\ 2 \cdots 7$ bezeichnet sind.)

Wenn daher die Punkte des Flächenstückes M in der bekannten Weise durch parallele Normalen auf die Fläche einer Kugel bezogen werden, so bedeckt die diesem Flächenstück entsprechende einfach zusammenhängende sphärische Fläche T' die Kugelfläche vollständig und zwar in der Weise, dass geschlossen werden kann, es sei die Fläche T' durch Querschnitte aus einer mehrfach zusammenhängenden Riemannschen Kugelfläche T entstanden.

Hieraus folgt, dass die in den allgemeinen, die analytische Darstellung der Minimalflächen betreffenden Formeln (D) des Hrn. Weierstrass (Monatsber. 1866 S. 619) auftretende Function $\mathfrak{F}(s)$ eine algebraische Function ihres Argumentes ist. Eine einfache Abzählung zeigt, dass sechs Querschnitte erforderlich sind, um die geschlossene Fläche T in eine einfach zusammenhängende Fläche T' zu zerschneiden; es gehört daher die Function $\mathfrak{F}(s)$ nach der Riemannschen Eintheilung der algebraischen Functionen in Klassen zu einer Klasse, bei der die Zahl, welche die Ordnung des Zusammenhangs der die Verzweigung der Function geometrisch darstellenden Fläche ausdrückt, gleich sieben und die Anzahl der linear von einander unabhängigen Integrale erster Art gleich drei ist. In dem vorliegenden Falle müssen die Integrale, deren reelle Theile die drei Coordinaten eines beliebigen Punktes von M sind,

$$u = \int (1-s^2)\mathfrak{F}(s)\,ds, \quad v = \int i(1+s^2)\mathfrak{F}(s)\,ds, \quad w = \int 2s\mathfrak{F}(s)\,ds$$

— wobei u, v, w nicht dieselben Grössen bezeichnen, die in der Abhandlung des Hrn. Weierstrass mit u, v, w bezeichnet sind — drei Integrale erster Art sein und da zwischen den drei Differentialen du, dv, dw die identische Relation

$$(du)^2 + (dv)^2 + (dw)^2 = 0$$

besteht, so sind diese Integrale hyperelliptische. Mit andern Worten, die Function $\mathfrak{F}(s)$ ist in dem vorliegenden Falle gleich dem reciproken Werthe der Quadratwurzel aus einer ganzen Function achten Grades von s. Wird diese ganze Function mit $\frac{1}{4}R(s)$ bezeichnet, so ergibt sich

$$\mathfrak{F}(s) = \frac{2}{\sqrt{R(s)}}.$$

Die drei Strecken ab, ad, aa' mögen beziehungsweise die positiven Richtungen der x-, y- und z-Axe bezeichnen, und s möge gleich $\xi + \eta i$ gesetzt werden, so folgt aus der Bedingung, dass den beiden Geraden $\xi = \pm\eta$ auch auf der Minimalfläche gerade Linien entsprechen sollen, dass die acht Wurzeln der Gleichung $R(s) = 0$ in Beziehung auf die beiden Geraden $\xi = \pm\eta$ symmetrische Lage haben, und zwar überzeugt man sich durch geometrische Betrachtungen, dass im vorliegenden Falle diese Wurzeln sämmtlich auf den beiden Geraden $\xi = 0$ und $\eta = 0$ liegen müssen. Man hat also

$$R(s) = C(r_1^4 - s^4)(r_2^4 - s^4)$$

zu setzen, wo r_1 und r_2 zwei reelle positive Grössen bezeichnen und $r_1 < r_2$ sein möge. Der Constanten C, welcher ein reeller positiver Werth beizulegen ist, möge der Einfachheit wegen der Werth 1 gegeben werden, wodurch zugleich auch über die absolute Grösse der Hauptkrümmungsradien in den dem Werthe $s = \infty$ entsprechenden Punkten des Flächenstückes S verfügt ist.

Denkt man sich nun in die Fläche desjenigen Quadranten der Ebene, in welchem ξ positiv und $\eta^2 \gtreqless \xi^2$ ist, längs der Axe des Reellen $\eta = 0$ vom Punkte $s = 0$ bis zum Punkte $s = r_1$ und vom Punkte $s = \infty$ bis zum Punkte $s = r_2$ zwei Einschnitte gemacht, so entspricht dem hierdurch entstandenen einfach zusammenhängenden Gebiete ein von zwei geraden Strecken und von zwei ebenen Krümmungslinien begrenztes einfach zusammenhängendes Stück einer Minimalfläche. Dem die Punkte $s = r_1$ und $s = r_2$ verbindenden Theile der Axe des Reellen entspricht auf der Minimalfläche eine der y-Axe parallele gerade Linie, welche eine Symmetrieaxe des betrachteten Flächenstückes ist. Diese Gerade verbindet diejenigen beiden Punkte der Begrenzung desselben, welche den Punkten $s = r_1$ und $s = r_2$ entsprechen und die Eigenschaft haben, dass durch dieselben ausser der erwähnten Geraden noch zwei andere Asymptotenlinien der Fläche hindurchgehen, welche, wenn $R(s) = 1-14s^4+s^8$ gesetzt wird, ebenfalls geradlinig sind, diese Eigenschaft jedoch im allgemeinen Falle nicht haben.

Da die Projectionen der erwähnten beiden ebenen Krümmungslinien auf die Ebene $z = 0$, wie eine einfache Rechnung zeigt, nur dann gleiche Länge haben, wenn das Product $r_1 \cdot r_2$ den Werth 1 hat, so ist für den vorliegenden Fall $r_2 = r_1^{-1}$ zu setzen und es haben in Folge dessen die acht Wurzeln der Gleichung $R(s) = 0$ auch in Bezug auf die Kreislinie $\xi^2 + \eta^2 = 1$ symmetrische Lage.

Dieser Kreislinie entspricht dann auf der Minimalfläche eine gerade Linie, welche mit den beiden geraden Strecken der Begrenzung, deren Mittelpunkte sie verbindet, rechte Winkel einschliesst; diese Gerade ist ebenfalls eine Symmetrieaxe des Flächenstückes S.

Wird der Constanten r_1 irgend ein zwischen 0 und 1 liegender reeller Werth r beigelegt, so liegt das betrachtete Flächenstück ganz innerhalb eines geraden quadratischen Prisma, auf dessen Oberfläche die Begrenzung dieses Flächenstückes liegt. Sowohl die absolute Länge der einzelnen Kanten des erwähnten Prisma, als auch das Verhältniss τ der Höhe desselben zur Seite der quadratischen Grundfläche sind innerhalb des angegebenen Intervalles eindeutige Functionen von r und zwar gehört auch umgekehrt zu jedem Werthe dieses Verhältnisses τ nur ein einziger zwischen 0 und 1 liegender Werth von r.

Bezeichnet man die halbe Seite jenes Quadrates mit ω_1, die halbe Höhe des Prisma mit ω_3, so ergibt sich unter Benutzung der Jacobischen Bezeichnungsweise

$$\omega_1 = \frac{2r}{\sqrt{2(1+r^4)}} \cdot K_1, \quad \omega_3 = 2r^2 \cdot K_3,$$

unter der Voraussetzung, dass den zugehörenden Moduln k_1 und k_3 die Werthe

$$k_1 = \frac{1-r^2}{\sqrt{2(1+r^4)}}, \quad k_3 = r^4$$

beigelegt werden.

Soll nun das quadratische Prisma in einen Würfel übergehen, also $\omega_1 = \omega_3$ sein, so ergibt sich, wenn $r = \operatorname{tg} \frac{1}{2}\gamma$ gesetzt wird, für den Winkel γ der Werth $67^0 8' 31'',28$; einen Winkel von dieser Grösse schliesst die Normale der Fläche in den den Werthen $s = r$ und $s = r^{-1}$ entsprechenden Punkten mit der z-Axe ein. Für diesen Werth von r ergibt sich beiläufig $\omega_1 = \omega_3 = 1{,}39704$, während für die Grösse des Flächeninhalts des betrachteten Stückes S der Werth $\omega_1^2 \cdot 4{,}93482$ gefunden wird.

Es ist hierbei zu bemerken, dass, wenn n eine ganze positive Zahl bedeutet, auch die Bedingung $\omega_1 = (2n+1)\,\omega_3$ zu einer Lösung der Gergonneschen Aufgabe in dem oben angegebenen allgemeineren Sinne führt, und hiermit ist bewiesen, dass die gestellte Aufgabe, wenn dieselbe in diesem Sinne verstanden wird, unendlich viele Lösungen zulässt.

4.

Aus der vorhergehenden Untersuchung ergibt sich unter anderem, dass die gefundene Minimalfläche zu denjenigen speciellen Minimalflächen gehört, welche in dem Nachtrag zu meiner Abhandlung „Bestimmung einer speciellen Minimalfläche“ *) betrachtet werden. Die besondere Eigenschaft dieser Flächen, dass die auf rechtwinklige Coordinaten bezogene Gleichung derselben rational ausdrückbar ist durch elliptische Functionen, deren Argumente ganze lineare Functionen der Coordinaten sind, kommt daher auch der im Vorhergehenden gefundenen Minimalfläche zu.

Das Verfahren, welches in der genannten Abhandlung zu der Gleichung

$$\mu\nu + \nu\lambda + \lambda\mu + 1 = 0$$

*) Siehe S. 92—102 dieses Bandes.

geführt hat, lässt sich noch etwas vereinfachen und gleichzeitig so verallgemeinern, dass dasselbe überhaupt auf den Fall, in welchem die acht Wurzeln der Gleichung $R(s) = 0$ in Bezug auf die drei Linien $\xi = 0$, $\eta = 0$, $\xi^2+\eta^2 = 1$ symmetrisch liegen (wobei die Lage derselben dann von zwei variablen Parametern abhängt), allgemeine Anwendung findet. Das Hauptergebniss, zu dem ich gelangt bin und welches mir der Beachtung nicht unwerth zu sein scheint, besteht nun darin, dass, wenn von einigen Grenzfällen abgesehen wird, von denen in der Folge die Rede sein wird, die Gleichung aller jener Flächen in dieselbe specielle Form gesetzt werden kann, z. B. in die angegebene, in welcher dann die drei Grössen λ, μ, ν wieder elliptische Functionen der rechtwinkligen Coordinaten eines beliebigen Punktes der Fläche bedeuten, wobei indessen die Constanten, durch welche diese elliptischen Functionen näher bestimmt werden, im Allgemeinen für die drei Functionen verschieden sind.

Es ist nicht wesentlich, die angegebene specielle Form der Gleichung beizubehalten, vielmehr scheint die Gleichung

$$\lambda_1 \cdot \mu_1 \cdot \nu_1 = 1,$$

in welche jene durch die gleichzeitigen Substitutionen

$$\lambda = \frac{1+\lambda_1}{1-\lambda_1}, \quad \mu = \frac{1+\mu_1}{1-\mu_1}, \quad \nu = \frac{1+\nu_1}{1-\nu_1}$$

übergeht, vor derselben in gewisser Hinsicht einige Vorzüge zu haben.

Ausgehend von den bereits erwähnten Formeln (D) des Hrn. Weierstrass setze man

$$\mathfrak{F}(s) = \frac{2}{\sqrt{R(s)}},$$

$$R(s) = A[i(1+s^2)]^2[2s]^2 + B[2s]^2[1-s^2]^2 + C[1-s^2]^2[i(1+s^2)]^2,$$

wobei die Coefficienten A, B, C reelle Werthe haben, welche später genauer bestimmt werden sollen, und transformire die drei Integralfunctionen

$$u - u_0 = \int (1-s^2)\mathfrak{F}(s)ds,$$
$$v - v_0 = \int i(1+s^2)\mathfrak{F}(s)ds,$$
$$w - w_0 = \int 2s\mathfrak{F}(s)ds$$

mittelst der Formeln

$$\frac{\lambda}{l} = \frac{i(1+s^2)}{2s}, \quad \frac{\mu}{m} = \frac{2s}{1-s^2}, \quad \frac{\nu}{n} = \frac{1-s^2}{i(1+s^2)},$$

in welchen λ, μ, ν drei neue veränderliche Grössen und l, m, n drei Constanten bezeichnen, deren Product den Werth 1 hat. Dann ergeben sich die Gleichungen

$$u-u_0 = \int^{\lambda} \frac{l\,d\lambda}{\sqrt{Bl^4+(B+C-A)l^2\lambda^2+C\lambda^4}},$$

$$v-v_0 = \int^{\mu} \frac{m\,d\mu}{\sqrt{Cm^4+(C+A-B)m^2\mu^2+A\mu^4}},$$

$$w-w_0 = \int^{\nu} \frac{n\,d\nu}{\sqrt{An^4+(A+B-C)n^2\nu^2+B\nu^4}}.$$

Fasst man nun die oberen Grenzen λ, μ, ν dieser drei Integrale als Functionen der complexen Grösse s auf, so sind

$$x-x_0 = \Re(u-u_0), \quad y-y_0 = \Re(v-v_0), \quad z-z_0 = \Re(w-w_0),$$

wo der vorgesetzte Buchstabe $\Re$ andeutet, dass der reelle Theil der nachfolgenden Grösse genommen werden soll, die mit den Gleichungen (D) des Hrn. Weierstrass übereinstimmenden Gleichungen der Minimalfläche.

Andererseits werden aber gleichzeitig durch dieselben drei Gleichungen, wenn die unteren Grenzen der drei Integrale als constant, die oberen Grenzen derselben als veränderlich betrachtet werden, drei elliptische Functionen λ, μ, ν bestimmt, deren Argumente beziehlich die drei Grössen $u-u_0$, $v-v_0$, $w-w_0$ sind.

Es wird nun behauptet, dass, wenn die drei Grössen λ, μ, ν in dem letzteren Sinne als Functionen von u, v, w betrachtet werden, die Gleichung

$$\lambda \cdot \mu \cdot \nu = 1$$

1) überhaupt eine Minimalfläche darstelle, vorausgesetzt, dass die drei Grössen u, v, w beziehungsweise $\frac{u}{i}$, $\frac{v}{i}$, $\frac{w}{i}$ als rechtwinklige Coordinaten eines Punktes im Raume gedeutet werden,

und dass

2) die durch diese Gleichung dargestellte Fläche im Allgemeinen und bei angemessener Bestimmung der durch die Integration eingeführten Constanten mit der durch die Gleichungen (D) des

Hrn. Weierstrass dargestellten Minimalfläche übereinstimme, falls die in jenen Gleichungen auftretende Function $\mathfrak{F}(s)$ durch die Festsetzung

$$\mathfrak{F}(s) = \frac{2}{\sqrt{R(s)}}$$

bestimmt wird und an die Stelle der Grössen u, v, w die Coordinaten x, y, z treten.

Von diesen beiden Behauptungen soll zunächst die erste bewiesen werden. Es seien λ, μ, ν drei elliptische Functionen der rechtwinkligen Coordinaten x, y, z, mit denen dieselben durch die Gleichungen

$$\lambda'^2 = \left(\frac{d\lambda}{dx}\right)^2 = a + a'\lambda^2 + a''\lambda^4,$$

$$\mu'^2 = \left(\frac{d\mu}{dy}\right)^2 = b + b'\mu^2 + b''\mu^4,$$

$$\nu'^2 = \left(\frac{d\nu}{dz}\right)^2 = c + c'\nu^2 + c''\nu^4$$

verbunden sind.

Betrachtet man nun die Coordinate z eines beliebigen Punktes der durch die Gleichung $\lambda\mu\nu = 1$ dargestellten Fläche als Function von x und y, beziehungsweise von λ und μ, so erhält man durch eine ziemlich einfache Rechnung für die mittlere Krümmung der Fläche in diesem Punkte den Werth

$$\frac{1}{\varrho_1} + \frac{1}{\varrho_2} = \frac{\partial X}{\partial x} + \frac{\partial Y}{\partial y} =$$

$$= \frac{1}{M\sqrt{M}}\left\{(1)\cdot\frac{1}{\lambda^2} - (2)\cdot\lambda^2 + (3)\cdot\frac{1}{\mu^2} - (4)\cdot\mu^2 + (5)\cdot\frac{1}{\nu^2} - (6)\cdot\nu^2\right\},$$

wo zur Abkürzung mit M der Ausdruck

$$\left(\frac{\lambda'}{\lambda}\right)^2 + \left(\frac{\mu'}{\mu}\right)^2 + \left(\frac{\nu'}{\nu}\right)^2,$$

und mit (1) bis (6) beziehlich die Ausdrücke

$$(1) = 2b''c'' - a(b' + c'),$$
$$(2) = 2bc - a''(b' + c'),$$
$$(3) = 2c''a'' - b(c' + a'),$$
$$(4) = 2ca - b''(c' + a'),$$
$$(5) = 2a''b'' - c(a' + b'),$$
$$(6) = 2ab - c''(a' + b')$$

bezeichnet sind.

Denkt man sich aber für die neun Constanten $a\,b\,c$ diejenigen Werthe eingesetzt, welche sich aus den Gleichungen, durch welche λ, μ, ν als elliptische Functionen von u, v, w erklärt worden sind, ergeben, wenn $u = x$, $v = y$, $w = z$ gesetzt wird, so sind die Ausdrücke (1) bis (6) sämmtlich identisch gleich Null, und es stellt daher die Gleichung $\lambda \cdot \mu \cdot \nu = 1$ unter den angegebenen Voraussetzungen im analytischen Sinne eine Minimalfläche dar. Damit jedoch behauptet werden kann, dass diese Gleichung für die hier in Betracht kommenden Fälle im Allgemeinen wirklich eine reelle Fläche und nicht bloss eine Gleichung zwischen drei veränderlichen Grössen darstelle, ist eine weitere Untersuchung erforderlich, welche zweckmässig mit dem Beweise der zweiten der obigen beiden Behauptungen verbunden wird, zu dem ich jetzt übergehe.

Die hier zu betrachtenden speciellen Minimalflächen können, wenn von Grenzfällen abgesehen wird, in drei Gruppen eingetheilt werden, jenachdem die die Verzweigung des Integrales

$$\int^{s} \frac{ds}{\sqrt[4]{R(s)}}$$

geometrisch darstellende von ebenen Flächen gebildete Polyederoberfläche*)

I. ein rectanguläres Prisma begrenzt,

oder

II. einen körperlichen Raum begrenzt, dessen Oberfläche von vier gleichschenkligen Dreiecken und vier Paralleltrapezen gebildet wird,

oder

III. ein doppelt zu denkendes geradliniges ebenes Achtseit ist.

Den Ecken dieser Polyeder entsprechen jedesmal die Wurzeln der Gleichung $R(s) = 0$ und diejenigen Punkte der Minimalfläche, durch welche drei von einander verschiedene Asymptotenlinien hindurchgehen. Die Winkel, welche die in diesen ausgezeichneten Punkten der Fläche construirten Normalen der Fläche mit den Coordinatenaxen einschliessen, kann man als variable Parameter ansehen, durch welche eine specielle Fläche innerhalb jeder der drei Gruppen näher bestimmt wird.

Wenn nun die Richtungen jener Normalen für die drei Gruppen durch die Tabelle

---

*) S. die Figuren 43, 44 und 45 auf S. 108 dieses Bandes.

	X	Y	Z
I	$\pm\cos\alpha$	$\pm\cos\beta$	$\pm\cos\gamma$
II	$\pm\sin\alpha$	0	$\pm\cos\alpha$
	0	$\pm\sin\beta$	$\pm\cos\beta$
III	$\pm\cos\alpha$	$\pm\sin\alpha$	0
	$\pm\sin\beta$	$\pm\cos\beta$	0

gegeben werden, wobei für die erste Gruppe zwischen den Winkeln α, β, γ die Relation $\cos^2\alpha + \cos^2\beta + \cos^2\gamma = 1$ besteht und für den Fall der dritten Gruppe die Annahme gemacht werden soll, dass $\alpha + \beta < \frac{1}{2}\pi$, während überhaupt für alle hier vorkommenden Winkel die Werthe 0 und $\frac{1}{2}\pi$ als Grenzfälle vorläufig ausgeschlossen werden, so werden die Coefficienten A, B, C abgesehen von einer denselben gemeinschaftlichen multiplicativen Constante ε, welche positiv oder negativ sein kann, durch die Tabelle

	$\frac{A}{\varepsilon}$	$\frac{B}{\varepsilon}$	$\frac{C}{\varepsilon}$
I	$\sin^4\alpha$	$\sin^4\beta$	$\sin^4\gamma$
II	$\cos^2\alpha$	$\cos^2\beta$	$-\sin^2\alpha\sin^2\beta$
III	$\sin^2\alpha\cos^2\beta$	$\sin^2\beta\cos^2\alpha$	$+1$

bestimmt.

Wenn für eine der ersten oder der zweiten Gruppe angehörende Fläche $A = B$ ist, so kann dieselbe auch als der zweiten, beziehungsweise der ersten Gruppe angehörig betrachtet werden, wie sich durch eine Drehung des Coordinatensystems um 45°, bei welcher die z-Axe ungeändert bleibt, und gleichzeitige Verwandlung von s in $s\cdot\sqrt{i}$ ergibt.

Damit nun die Grössen u, v, w gleichzeitig reelle Werthe annehmen, müssen gewisse Bedingungen erfüllt sein, welche in folgender Uebersicht, in der sich die Zeichen $\leqq$ und $\gtreqless$ stets auf reelle Grössen beziehen, zusammengestellt werden.

I. Gruppe.

Werden die drei Constanten l, m, n durch die Gleichungen

$$l = \frac{\sin\gamma}{\sin\beta}, \quad m = \frac{\sin\alpha}{\sin\gamma}, \quad n = \frac{\sin\beta}{\sin\alpha}$$

bestimmt, so kann man

$$u = \int_1^\lambda \frac{d\lambda}{\lambda'}, \quad v = \int_1^\mu \frac{d\mu}{\mu'}, \quad w = \int_1^\nu \frac{d\nu}{\nu'}$$

setzen und zwar hat man, um für den Fall $\varepsilon = +1$ alle reellen Punkte der Fläche zu erhalten, den Grössen λ, μ, ν alle der Bedingung $\lambda\mu\nu = 1$ genügenden reellen Werthsysteme beizulegen, wobei ein Uebergang von den positiven zu den negativen Werthen sowohl durch den Werth Null als auch durch den Werth ∞ geschehen kann.

Für den Fall $\varepsilon = -1$ setze man, mit φ, ψ, χ drei neue veränderliche Grössen bezeichnend, welche nur reelle Werthe annehmen sollen,

$$\lambda = e^{\varphi i}, \quad \mu = e^{\psi i}, \quad \nu = e^{\chi i},$$

mit der Bedingung, dass die drei Grössen φ, ψ, χ dem absoluten Betrage nach beziehlich drei durch die Gleichungen

$$\varphi_0 = \operatorname{arctg}\frac{\cos\alpha}{\cos\beta\cos\gamma}, \quad \psi_0 = \operatorname{arctg}\frac{\cos\beta}{\cos\gamma\cos\alpha},$$

$$\chi_0 = \operatorname{arctg}\frac{\cos\gamma}{\cos\alpha\cos\beta}$$

bestimmte Grössen φ_0, ψ_0, χ_0 nicht überschreiten dürfen. Um alle reellen Punkte der Fläche zu erhalten, hat man den Grössen φ, ψ, χ alle mit dieser Bedingung verträglichen reellen Werthsysteme beizulegen, für welche die Summe $\varphi + \psi + \chi = 0$ ist, wobei indessen diesen Variablen ein Umlauf um die extremen Werthe durch das Imaginäre hindurch zu gestatten ist.

II. Gruppe.

$$u = \int_0^\lambda \frac{d\lambda}{\lambda'}, \quad v = \int_{m\,\mathrm{tg}\,\alpha}^\mu \frac{d\mu}{\mu'}, \quad w = \int_\nu^\infty \frac{d\nu}{\nu'}; \quad (l, m, n \text{ reell})$$

$$\varepsilon = +1; \quad 0 \leqq \lambda^2 \gtreqless l^2 \operatorname{cotg}^2 \beta; \quad m^2 \operatorname{tg}^2 \alpha \leqq \mu^2 \gtreqless \infty; \quad -\infty \leqq \nu \gtreqless +\infty$$

$$\varepsilon = -1; \quad -\frac{l^2}{\sin^2 \alpha} \leqq \lambda^2 \gtreqless 0; \quad 0 \leqq \mu^2 \gtreqless m^2 \operatorname{tg}^2 \alpha; \quad -\infty \leqq \nu^2 \gtreqless -\frac{n^2}{\cos^2 \beta}$$

III. Gruppe.

$$u = \int_\lambda^\infty \frac{d\lambda}{\lambda'}, \quad v = \int_0^\mu \frac{d\mu}{\mu'}; \quad w = \int_{n\,\mathrm{tg}\,\alpha}^\nu \frac{d\nu}{\nu'}; \quad (l, m, n \text{ reell})$$

$$\varepsilon = +1; \quad -\infty \leqq \lambda \gtreqless +\infty; \quad -\infty \leqq \mu \gtreqless +\infty; \quad -n \operatorname{tg} \alpha \leqq \nu \gtreqless +n \operatorname{tg} \alpha$$

$$\varepsilon = -1; -\infty \leqq \lambda^2 \gtreqless -l^2 \cos^2 \alpha; -\frac{m^2}{\cos^2 \beta} \leqq \mu^2 \gtreqless 0; n \operatorname{tg} \alpha \leqq \nu \gtreqless n \operatorname{cotg} \beta.$$

Es ist nun die Identität der beziehlich durch die Gleichungen

$$x - x_0 = \Re(u - u_0), \quad y - y_0 = \Re(v - v_0), \quad z - z_0 = \Re(w - w_0)$$

einerseits und

$$\lambda \cdot \mu \cdot \nu = 1, \quad x = u, \quad y = v, \quad z = w$$

andererseits dargestellten beiden Minimalflächen nachzuweisen, jedoch ist es nicht erforderlich, diese Uebereinstimmung für jede einzelne der drei Gruppen besonders darzuthun, vielmehr genügt es, wenn dieser Beweis für eine derselben geführt wird.

Für die erste Gruppe z. B. kann dieser Beweis wie folgt geführt werden. Man setze unter der Annahme, dass ε den Werth $+1$ habe und dass auch den drei Constanten l, m, n der Werth 1 beigelegt werde,

$$\lambda = 0, \quad \nu = \infty.$$

Diese Werthe bestimmen auf der Minimalfläche $\lambda \cdot \mu \cdot \nu = 1$ eine der y-Axe parallele Gerade, für deren einzelne Punkte die Variable μ folgende einfache geometrische Bedeutung hat. In einem beliebigen, dem Werthe μ entsprechenden Punkte dieser Geraden denke man sich die Normale der Fläche construirt, so ist μ gleich der trigonometrischen Tangente des Winkels, den diese Normale mit der z-Axe einschliesst.

Bei der durch die Formeln (D) des Hrn. Weierstrass dargestellten Fläche entspricht eine der y-Axe parallele Gerade der Annahme $s = s_1$, da im vorliegenden Falle die der Function $\mathfrak{F}(s)$ conjugirte Function $\mathfrak{F}_1(s_1)$ die Eigenschaft besitzt, dass $\mathfrak{F}_1(s) = -\mathfrak{F}(s)$ ist, oder dass für reelle Werthe der Variablen s der reelle Theil der Function $\mathfrak{F}(s)$ gleich Null ist.

In diesem Fall bedeutet die Grösse s, von welcher y durch die Gleichung

$$y-y_0 = \int i(1+s^2)\mathfrak{F}(s)ds$$

abhängt, die trigonometrische Tangente der Hälfte desjenigen Winkels, den die Normale der Fläche in dem dem Werthe s entsprechenden Punkte mit der z-Axe einschliesst. Da nun die soeben betrachtete Gleichung durch die Substitution

$$\mu = \frac{2s}{1-s^2} \quad \text{in} \quad y-y_0 = \int \frac{d\mu}{\mu'}$$

übergeht, so ist es möglich, über die durch die Integration eingeführten Constanten so zu verfügen, dass die durch die beiden oben angegebenen Gleichungssysteme dargestellten Minimalflächen nicht nur jene der y-Axe parallele Gerade gemeinsam haben, sondern dass überdies längs derselben die Normalen beider Flächen zusammenfallen.

Nun tritt aber folgender allgemeine Satz, dessen Kenntniss ich einer mündlichen Mittheilung des Hrn. Weierstrass verdanke, und von welchem die im Vorhergehenden erwähnten beiden Sätze nur specielle Fälle sind, in Kraft:

„Wenn zwei Minimalflächen eine Linie gemeinsam haben und „wenn überdies längs dieser Linie die Normalen beider Flächen zu„sammenfallen, so gehören beide Flächen nebst ihren analytischen „Fortsetzungen einer und derselben Minimalfläche an und jedes Stück „der einen der beiden Flächen fällt in seiner ganzen Ausdehnung mit „einem entsprechenden Stücke der andern zusammen.“

Hiermit ist nun die Identität jener beiden Flächen dargethan und die Richtigkeit der oben ausgesprochenen beiden Behauptungen in allen ihren Theilen bewiesen.

Die gefundene Minimalfläche, welche allen aus der Gergonneschen Aufgabe hervorgehenden analytischen Bedingungen, soweit dieselben mit dem Verschwinden der ersten Variation zusammenhängen, genügt, kann mit gleichem Rechte als zur ersten wie zur zweiten Gruppe gehörig angesehen werden. Betrachtet man dieselbe als zur zweiten Gruppe gehörig, so hat man, um mit den früher getroffenen Annahmen vollständige Uebereinstimmung herzustellen,

$$\alpha = \gamma, \quad \beta = \gamma, \quad \varepsilon = \frac{1}{\sin^4 \gamma}$$

zu setzen, wo γ einen Winkel bezeichnet, der angenähert gleich $67^\circ 8' 31'',28$ ist. Die Gleichung der Durchschnittslinie (e) der gefundenen Minimalfläche mit der Seitenfläche $a'b$ des Würfels nimmt dann die Form

$$\lambda \cdot \nu = \frac{1}{\mu_0}$$

an, wo $\mu_0 = m \operatorname{tg} \gamma$ zu setzen ist. Hiermit ist auch der in dem zweiten Theile der Gergonneschen Aufgabe enthaltenen Forderung genügt.

5.

Bei der vorhergehenden Untersuchung sind diejenigen Fälle ausgeschlossen worden, in welchen einer der in Betracht kommenden Winkel den Grenzwerth 0 oder $\frac{1}{2}\pi$ erreicht, ebenso der Fall der dritten Gruppe, in welchem $\alpha + \beta = \frac{1}{2}\pi$ ist. Diese Grenzfälle erfordern insofern eine besondere Betrachtung, als die vorhergehende Untersuchung sich nicht ohne Einschränkung auf dieselben erstreckt.

Wenn bei der zweiten Gruppe ε den Werth $+1$ hat, erfordert der Uebergang zu dem Grenzwerthe $\alpha = 0$ bloss eine Aenderung der constanten Grenze desjenigen Integrales, durch welches die Variable v ausgedrückt ist. Hat hingegen ε den Werth -1, so gebe man vor dem Uebergange zu dem Grenzwerthe $\alpha = 0$ den drei Constanten l, m, n die Werthe

$$l = i \sin \alpha, \quad m = \frac{1}{\sin \alpha}, \quad n = -i,$$

ändere die constante Grenze des Integrals, durch welches u ausgedrückt ist, in passender Weise und führe hierauf den Grenzübergang aus, der nun mit einer Schwierigkeit nicht weiter verbunden ist.

In ähnlicher Weise hat man zu verfahren, wenn bei der dritten Gruppe einer der beiden Winkel α oder β in seinen Grenzwerth Null, oder wenn bei der zweiten Gruppe einer der beiden Winkel α oder β in den Grenzwerth $\frac{1}{2}\pi$ übergeht.

Das Gemeinsame dieser Fälle besteht darin, dass von den drei in Betracht kommenden Integralen nur eins ein elliptisches bleibt, während die beiden andern in cyclometrische, beziehungsweise logarithmische übergehen.

Etwas anders verhält es sich hingegen mit denjenigen Grenzfällen, in welchen die Function $\mathfrak{F}(s)$ in eine rationale Function von s übergeht. Für diese Fälle behält die vorhergehende Untersuchung gewissermassen nur zur Hälfte Geltung, insofern dieselbe zwar auf den Fall $\varepsilon = +1$, nicht aber auf den Fall $\varepsilon = -1$ Anwendung findet, wie sich aus dem Anblick der folgenden beiden Tabellen ergibt, welche die Gleichungen der diesen Grenzfällen entsprechenden Minimalflächen enthalten. (Siehe S. 147 und 148.)

Indem ich mir erlaube, hinsichtlich des Literaturnachweises auf den Anhang zu meiner mehrfach erwähnten Abhandlung „Bestimmung einer speciellen Minimalfläche“ Bezug zu nehmen, bemerke ich nur noch zum Schlusse, dass je zwei der betrachteten Minimalflächen, welche sich nur durch das Vorzeichen des Factors ε von einander unterscheiden, in der Beziehung zu einander stehen, dass jede eine Biegungsfläche der andern ist, während gleichzeitig den Asymptotenlinien der einen Fläche die Krümmungslinien der andern Fläche entsprechen, eine Beziehung, auf welche bekanntlich Hr. Ossian Bonnet zuerst aufmerksam gemacht hat.

$\varepsilon = +1$

A	B	C	Gleichung der Fläche	Bemerkungen
1	1	0	$x \cdot \frac{1}{y} \cdot \operatorname{tg} z = 1$	Schraubenfläche Meusnier's.
0	0	−1	$\cos x \cdot \frac{1}{\cos y} \cdot e^z = 1$	Scherk-Plateausche Fläche.
$\frac{1}{4}$	$\frac{1}{4}$	+1	$\operatorname{tg} \frac{x}{\sqrt{2}} \cdot \operatorname{tg} \frac{y}{\sqrt{2}} \cdot \frac{e^{\frac{1}{2}z} + e^{-\frac{1}{2}z}}{e^{\frac{1}{2}z} - e^{-\frac{1}{2}z}} = 1$ oder $e^z = \frac{\cos\left(\frac{x-y}{\sqrt{2}}\right)}{\cos\left(\frac{x+y}{\sqrt{2}}\right)}$	Entsteht aus der vorhergehenden dadurch, dass das Coordinatensystem bei ungeänderter z-Axe um 45° gedreht wird.
$\sin^4 \alpha$	$\cos^4 \alpha$	+1	$\operatorname{tg}(x \cos \alpha) \cdot \operatorname{tg}(y \sin \alpha) \cdot \frac{e^{2z \sin \alpha \cos \alpha} + 1}{e^{2z \sin \alpha \cos \alpha} - 1} = 1$ oder $e^{2z \sin \alpha \cos \alpha} = \frac{\cos(x \cos \alpha - y \sin \alpha)}{\cos(x \cos \alpha + y \sin \alpha)}$	Scherksche Flächenschaar. Für $\alpha = \frac{1}{4}\pi$ ergibt sich die vorhergehende Fläche.

$\varepsilon = -1$

A	B	C	Gleichung der Fläche	Bemerkungen
-1	-1	0	$x^2+y^2-\frac{1}{4}(e^z+e^{-z})^2 = 0$	Rotationsfläche der Kettenlinie.
0	0	$+1$	$(e^x-e^{-x})(e^y-e^{-y})-4\sin z = 0$	Scherk-Van der Mensbrugghesche Fläche.
$-\frac{1}{4}$	$-\frac{1}{4}$	-1	$(e^{x\sqrt{2}}+e^{-x\sqrt{2}})-(e^{y\sqrt{2}}+e^{-y\sqrt{2}})-4\cos z = 0$	Geht in die vorhergehende über, wenn statt x, y, z beziehlich $\frac{x+y}{\sqrt{2}}$, $\frac{x-y}{\sqrt{2}}$, $\frac{1}{2}\pi-z$ gesetzt wird.
$-\sin^4\alpha$	$-\cos^4\alpha$	-1	$\frac{1}{2}k^2\left[e^{\frac{bx}{k}}+e^{-\frac{bx}{k}}\right]-\frac{1}{2}k'^2\left[e^{\frac{by}{k'}}+e^{-\frac{by}{k'}}\right]-\cos(bz) = 0$ $k^2+k'^2 = 1$ $k = \sin\alpha,\quad k' = \cos\alpha,\quad b = 2\sin\alpha\cos\alpha$	Ennepersche Flächenschaar. Vergl. Nachrichten von der K. Gesellschaft der Wissensch. zu Göttingen 1867 S. 297. Für $\alpha = \frac{1}{4}\pi$ ergibt sich die vorhergehende Fläche.

Ueber ein Modell eines Minimalflächenstückes, welches längs seiner Begrenzung vier gegebene Ebenen rechtwinklig trifft.

Eine im Februar 1872 von Herrn Kummer der Königlichen Akademie der Wissenschaften zu Berlin gemachte Mittheilung. Monatsberichte der Königlichen Akademie der Wissenschaften zu Berlin, Jahrgang 1872, Seite 122—123.

Hr. Kummer zeigte ein von Hrn. Professor Schwarz in Zürich angefertigtes Gypsmodell einer Minimalfläche vor, deren Begrenzung durch eine Reihe von vier Ebenen gebildet wird, auf denen sie überall senkrecht stehen muss.

Die von Hrn. Prof. Schwarz zuerst allgemein gestellte und behandelte Aufgabe Minimalflächen zu finden, deren Begrenzung durch eine Kette von geraden Linien und von Ebenen gegeben ist, m. s. den Monatsbericht der Sitzung vom 18. Januar d. J.*), bietet namentlich in dem Falle, wo die Begrenzung durch eine Kette von Ebenen allein gegeben ist, einige Schwierigkeiten für die geometrische Anschauung dar, da es scheint, als ob die so zu begrenzenden Flächen jedes gegebene Maass der Kleinheit überschreiten könnten. Aus diesem Grunde wandte ich mich an Hrn. Professor Schwarz mit der Bitte mir darüber einige Aufklärungen zukommen zu lassen. Derselbe überschickte mir hierauf das vorliegende Modell**), in welchem die Begrenzung durch folgende vier in der bestimmten Reihenfolge zu nehmende Ebenen gegeben ist:

$$x+z-\varpi = 0,\quad y-z-\varpi = 0,\quad x-z+\varpi = 0,\quad y+z+\varpi = 0,$$
$$\varpi = -\omega' i = 1{,}078258.$$

*) Siehe S. 130 dieses Bandes.

**) Siehe Fig. 54 auf der folgenden Seite.

Die dieser Begrenzung angehörende Minimalfläche ist diejenige, welche Hr. Prof. Schwarz in seiner von der Akademie gekrönten und herausgegebenen Preisschrift: Bestimmung einer speciellen Minimalfläche S. 80—83*) als Biegungsfläche der von vier Kanten eines regulären Tetraeders begrenzten Minimalfläche behandelt hat, und zwar ist das von den obigen vier Ebenen begrenzte Stück der Minimalfläche genau die Biegung des zwischen vier Kanten des regulären Tetraeders liegenden Stückes der ursprünglichen Fläche.

Fig. 54.

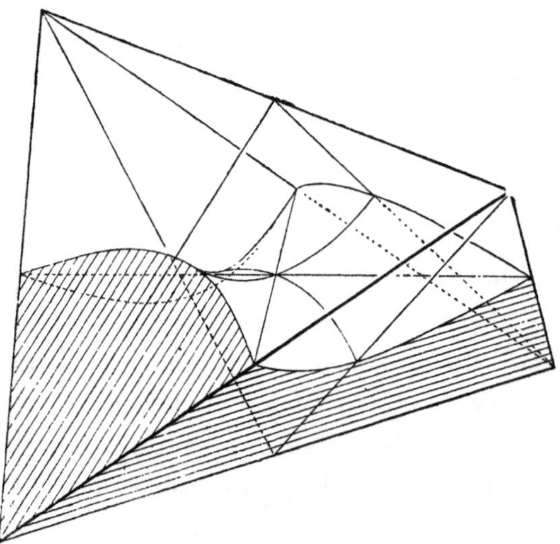

Die in dem Modell mit ihrer Begrenzung dargestellte Fläche ist auch die einzige Fläche, welche den analytischen Bedingungen genügt, dass sie Minimalfläche sei, dass sie die vier Ebenen in der angegebenen Aufeinanderfolge überall rechtwinklig treffe und in ihrem Innern keinen singulären Punkt enthalte. Hr. Schwarz hat nun auch untersucht, ob diese Fläche auch wirklich ein Minimum darstellt, d. h. ob sie kleiner ist, als alle unendlich nahen Flächen, welche denselben Grenzbedingungen unterworfen sind, und hat gefunden, dass dies in der That nicht der Fall ist, und dass überhaupt in dem Falle, wo die Begrenzung nur durch Ebenen vorgeschrieben ist, die Minimalflächen, welche diese Ebenen überall rechtwinklig treffen, niemals wirkliche Minima in dem Sinne sind, dass ihre zweite Variation stets positiv sei, oder dass sie kleiner seien als alle unendlich nahe liegenden Flächen, welche durch dieselben Ebenen begrenzt sind.

*) Siehe S. 88—91 dieses Bandes.

Beitrag zur Untersuchung der zweiten Variation des Flächeninhalts von Minimalflächenstücken im Allgemeinen und von Theilen der Schraubenfläche im Besonderen.

Im October 1872 von Herrn Kummer der Königlichen Akademie der Wissenschaften zu Berlin mitgetheilt. Monatsberichte der Königlichen Akademie der Wissenschaften zu Berlin Jahrgang 1872, Seite 718—735.

Die Beantwortung der Frage, ob einem Stücke M einer Minimalfläche unter gewissen Grenzbedingungen die Eigenschaft des Minimums wirklich zukomme oder nicht, hängt im Allgemeinen davon ab, ob für jede in Rücksicht auf jene Grenzbedingungen zulässige Variation des betrachteten Flächenstückes die zweite Variation $\delta^2 S$ des Flächeninhalts S desselben positiv ist, oder ob es auch solche Variationen desselben gibt, für welche diese zweite Variation negative Werthe oder den Werth Null annimmt.

Unter Bezugnahme auf eine ähnliche die Brachistochrone betreffende Formel von Lagrange (Théorie des fonctions analytiques, Seconde partie, chap. XIII.) hat Tédénat (Annales de Mathématiques par Gergonne, Tome VII. p. 284) für die erwähnte zweite Variation eine Formel aufgestellt, welche bei Anwendung der jetzt üblichen Bezeichnungsweise in die folgende übergeht:

$$z = f(x, y), \quad p = \frac{\partial z}{\partial x}, \quad q = \frac{\partial z}{\partial y}, \quad S = \iint \sqrt{1+p^2+q^2}\, dx\, dy,$$

$$\delta x = 0, \quad \delta y = 0; \quad \delta^2 S = \iint \frac{\delta p^2 + \delta q^2 + (q\,\delta p - p\,\delta q)^2}{(1+p^2+q^2)^{\frac{3}{2}}}\, dx\, dy.$$

Durch diese Formel wird die Frage über den Eintritt des Minimums in denjenigen Fällen bejahend entschieden, in welchen das sphärische Bild des betrachteten Stückes der Minimalfläche auf einer Halbkugelfläche Platz findet, während gleichzeitig entweder die ganze Begrenzung von M bei der Variation als fest betrachtet wird, oder doch die Theile der Begrenzung, welche nicht als fest betrachtet werden sollen, nur auf solchen Cylinderflächen variiren dürfen, deren erzeugende Geraden auf der Ebene des jene Halbkugelfläche begrenzenden Kreises senkrecht stehen. Unter diesen Voraussetzungen gewährt nämlich die Variation nur einer der drei Coordinaten Resultate von hinreichender Allgemeinheit.

Hierbei wird selbstverständlich vorausgesetzt, dass die aus der Forderung des Verschwindens der ersten Variation hervorgehenden Bedingungen für das betrachtete Flächenstück M erfüllt sind. Diese Voraussetzung soll auch in dem Nachfolgenden gemacht werden.

Zu den mit Hülfe der angegebenen Formel zu erledigenden Fällen gehören beispielsweise diejenigen, in welchen die Begrenzung aus vier, ein räumliches Vierseit bildenden Kanten eines regelmässigen Tetraeders (vergl. Monatsbericht vom April 1865, S. 149)*) oder aus acht Kanten eines rectangulären Parallelepipedons besteht (vergl. des Verfassers: Bestimmung einer speciellen Minimalfläche, Nachtrag, S. 87)**), oder von zwei Geraden und zwei Ebenen gebildet wird, welche die in dem Monatsbericht vom Januar d. J. S. 9 u. 10***) näher beschriebene, einer Gergonneschen Aufgabe entsprechende gegenseitige Lage haben. In dem letzten Falle ist aber, wenn das in der zu jener Mittheilung gehörenden Figur****) abgebildete Flächenstück S in Betracht gezogen wird, die Coordinate x als Function von y und z zu betrachten.

Ebenso lässt sich die erwähnte Frage mittelst der angegebenen Formel entscheiden, wenn das Flächenstück M einer Schraubenfläche angehört und sich ganz auf einer Seite der Axe derselben befindet, vorausgesetzt, dass die Theile der Begrenzung, welche nicht als fest betrachtet werden sollen, an Oberflächen von Rotationscylindern gebunden sind, deren Axe mit der Axe der Schraubenfläche zusammenfällt.

Hierdurch wird zugleich eine Vermuthung bestätigt, welche

---

*) Siehe S. 1—5 dieses Bandes.

**) Siehe S. 96 dieses Bandes.

***) Siehe S. 131 dieses Bandes.

****) Tafel 4. Fig. 1.

Hr. Plateau mit folgenden Worten ausgesprochen hat: Je suis porté à croire que l'héliçoïde gauche à plan directeur n'a pas de limite de stabilité, *du moins lorsqu'il est compris, à l'état laminaire, dans un système solide composé d'une portion de l'axe et d'une hélice rattachée à celui-ci par des portions droites;* en effet, celui que j'ai réalisé avait deux spires complètes, et il était parfaitement stable. (Sur les figures d'équilibre d'une masse liquide sans pesanteur. XIme Série. § 27. Mémoires de l'Académie royale de Belgique. T. XXXVII. 1868.)

Die Forderung, dass das sphärische Bild des betrachteten Flächenstückes ganz auf einer Halbkugel Platz finden müsse, enthält aber eine Beschränkung, welche in der Natur der zu beantwortenden Frage nicht begründet ist, und es gestattet daher jene Formel in den Fällen, in welchen die angegebene Bedingung nicht erfüllt ist, über den Eintritt des Minimums kein Urtheil; z. B. wenn es sich darum handelt, zu ermitteln, ob die in dem Monatsberichte vom Januar d. J. auf S. 9*) angegebenen Schraubenflächen unter den dort näher beschriebenen Grenzbedingungen in jedem Falle die Eigenschaft des Minimums besitzen oder nicht.

Es soll daher in dem Folgenden zunächst die zweite Variation $\delta^2 S$ in einer andern Form berechnet werden, welche unter einer gewissen Voraussetzung ebenfalls die Beurtheilung des Vorzeichens gestattet und zugleich für eine allgemeinere Anwendung geeignet ist.

Das von Hrn. Weierstrass (Monatsberichte 1866 S. 619) angegebene Gleichungssystem (D)

$$\begin{aligned} dx &= \Re[(1-s^2)\mathfrak{F}(s)\,ds], \\ dy &= \Re[i(1+s^2)\mathfrak{F}(s)\,ds], \\ dz &= \Re[2s\mathfrak{F}(s)\,ds] \end{aligned}$$

ergibt für jede Wahl der Function $\mathfrak{F}(s)$ eine bestimmte Minimalfläche, sobald festgesetzt wird, dass für einen bestimmten Werth der complexen Variabeln s die Coordinaten x, y, z vorgeschriebene Werthe haben sollen. Ein bestimmtes Stück M dieser Fläche erhält man, sobald die Veränderlichkeit von s auf einen begrenzten Bereich T beschränkt wird.

Ebenso erhält man, wird $\mathfrak{F}(s)+\varepsilon\mathfrak{G}(s)$ an die Stelle von $\mathfrak{F}(s)$ gesetzt, wo ε eine reelle Veränderliche bezeichnet, die nur kleine Werthe annehmen soll, und $\mathfrak{G}(s)$ eine für den Bereich T erklärte

*) Siehe S. 131 dieses Bandes.

willkürliche Function von s bedeutet, deren Allgemeinheit in angemessener Weise beschränkt ist, unendlich viele dem Flächenstücke M benachbarte Flächenstücke, welche ebenfalls Minimalflächen angehören und welche als Variationen des Flächenstückes M angesehen werden können. Alle diese Minimalflächen haben in entsprechenden Punkten parallele Normalen. Bezeichnen X, Y, Z die Cosinus der Winkel, welche die zu dem Werthe s gehörende Normale der Fläche mit den Coordinaten-Axen einschliesst, so gelten die Gleichungen:

$$X = \frac{s+s_1}{ss_1+1}, \quad Y = \frac{1}{i}\cdot\frac{s-s_1}{(ss_1+1)}, \quad Z = \frac{ss_1-1}{ss_1+1},$$

$$X^2+Y^2+Z^2 = 1, \quad XdX+YdY+ZdZ = 0,$$

$$Xdx+Ydy+Zdz = 0,$$

$$(dX)^2+(dY)^2+(dZ)^2 = \frac{4ds\,ds_1}{(ss_1+1)^2},$$

in welchen s_1 die zu der Variabeln s conjugirte complexe Grösse bezeichnet, deren Gebiet ein dem Bereiche T in Bezug auf die Axe des Reellen symmetrischer Bereich T_1 ist.

Bestimmt man nun eine Function $G(s)$ durch die Bedingung, dass $\mathfrak{G}(s)$ deren dritte Ableitung ist, so erhält man bei angemessener Bestimmung der in die Function $G(s)$ eingehenden Constanten, wenn beim Uebergange von $\mathfrak{F}(s)$ in $\mathfrak{F}(s)+\varepsilon\mathfrak{G}(s)$ x, y, z in $x+\varepsilon\delta x$, $y+\varepsilon\delta y$, $z+\varepsilon\delta z$ übergehen, aus dem Formelsysteme (E) des Hrn. W e i e r s t r a s s (a. a. O. S. 619) die Gleichungen

$$\begin{aligned}\delta x &= \Re[(1-s^2)G''(s)+2sG'(s)-2G(s)],\\ \delta y &= \Re[i(1+s^2)G''(s)-2isG'(s)+2iG(s)],\\ \delta z &= \Re[2sG''(s)-2G'(s)],\end{aligned}$$

welche, wenn δx, δy, δz als Coordinaten eines Punktes gedeutet werden, eine Minimalfläche darstellen. Denkt man sich in dem dem Werthepaare s, s_1 entsprechenden Punkte dieser Minimalfläche die Tangentialebene construirt und auf dieselbe vom Coordinatenanfange ein Perpendikel gefällt, so erhält man, in Uebereinstimmung mit der von Hrn. W e i e r s t r a s s (a. a. O. S. 624) gegebenen Gleichung der Minimalflächen in Ebenencoordinaten, für die Länge dieses Perpendikels den Werth

$$X\delta x+Y\delta y+Z\delta z = \Re\left[2G'(s)-\frac{4s_1}{1+ss_1}G(s)\right] = 2\psi(s,s_1).$$

Die Verschiebung eines beliebigen Punktes von M, welche den Coordinatenänderungen $\varepsilon\delta x$, $\varepsilon\delta y$, $\varepsilon\delta z$ entspricht, kann in zwei Componenten zerlegt werden, von denen die eine in die Tangentialebene dieses Punktes fällt, während die andere auf derselben senkrecht steht. Die letztere Componente, welche hier allein in Betracht kommt, besitzt in Folge der vorhergehenden Gleichung die Grösse $2\varepsilon\psi(s, s_1)$.

Nun sind aber nicht allein diejenigen Variationen von M zu betrachten, welche genau oder näherungsweise wieder Minimalflächen sind, sondern überhaupt alle in Rücksicht auf die Grenzbedingungen zulässigen Variationen.

Man denke sich daher, was für den vorliegenden Zweck hinreichend allgemein ist, eine Variation von M dadurch herbeigeführt, dass jeder Punkt in der Richtung der Normale der Fläche um die Grösse $\varepsilon \cdot w(s, s_1)$ verschoben wird, wo $w(s, s_1)$ eine stetige differentiirbare Function der beiden Argumente s, s_1 bedeutet, welche für jedes den Bereichen T, T_1 angehörende Paar conjugirter Werthe von s und s_1 einen reellen Werth hat.

Unter dieser Voraussetzung ergeben sich, wenn die auf die variirte Fläche sich beziehenden Grössen zur Unterscheidung mit darüber gesetzten Strichen bezeichnet werden, die Gleichungen

$$d\bar{x} = dx + \varepsilon d(w \cdot X), \quad d\bar{y} = dy + \varepsilon d(w \cdot Y), \quad d\bar{z} = dz + \varepsilon d(w \cdot Z)$$

und, wenn zur Abkürzung das Quadrat der Länge des Linienelementes

$$d\bar{x}^2 + d\bar{y}^2 + d\bar{z}^2 = A \cdot ds^2 + B \cdot ds \cdot ds_1 + C \cdot ds_1^2$$

gesetzt wird,

$$A = 2\varepsilon w \mathfrak{F}(s) + \varepsilon^2 \left(\frac{\partial w}{\partial s}\right)^2,$$

$$C = 2\varepsilon w \mathfrak{F}_1(s_1) + \varepsilon^2 \left(\frac{\partial w}{\partial s_1}\right)^2,$$

$$B = (1 + ss_1)^2 \mathfrak{F}(s) \mathfrak{F}_1(s_1) + 2\varepsilon^2 \left(\frac{\partial w}{\partial s} \cdot \frac{\partial w}{\partial s_1} + \frac{2w^2}{(1+ss_1)^2}\right),$$

wo $\mathfrak{F}_1(s_1)$ die zu $\mathfrak{F}(s)$ conjugirte Grösse bezeichnet.

Setzt man nun

$$s = \xi + \eta i, \qquad s_1 = \xi - \eta i,$$

so erhält man für das Element des Flächeninhalts $\bar{S}$ den Werth

$$d\bar{S} = \sqrt{B^2 - 4AC} \cdot d\xi\, d\eta.$$

Hieraus folgt, wenn nach Potenzen von ε entwickelt wird,

$$d\bar{S} = (1+ss_1)^2 \mathfrak{F}(s)\mathfrak{F}_1(s_1)\,d\xi\,d\eta + 2\varepsilon^2\left(\frac{\partial w}{\partial s}\cdot\frac{\partial w}{\partial s_1} - \frac{2w^2}{(1+ss_1)^2}\right)d\xi\,d\eta -$$

$$-4\varepsilon^3\frac{w}{(1+ss_1)^2}\left[\frac{1}{\mathfrak{F}(s)}\cdot\left(\frac{\partial w}{\partial s}\right)^2 + \frac{1}{\mathfrak{F}_1(s_1)}\cdot\left(\frac{\partial w}{\partial s_1}\right)^2\right]d\xi\,d\eta + (\varepsilon^4).$$

Wird nun zu der angegebenen Voraussetzung noch die Voraussetzung hinzugefügt, dass die Integrationsbereiche für die Flächeninhalte S und $\bar{S}$ übereinstimmen, so ergibt sich die zweite Variation des Flächeninhalts aus der Gleichung

$$\delta^2 S = \int\!\!\int\left[\left(\frac{\partial w}{\partial \xi}\right)^2 + \left(\frac{\partial w}{\partial \eta}\right)^2 - \frac{8w^2}{(1+\xi^2+\eta^2)^2}\right]d\xi\,d\eta.$$

Aus dieser Gleichung geht zunächst hervor, dass die zweite Variation zwar von der Gestaltung des sphärischen Bildes von M abhängt, nach welchem das Gebiet, über das die Integration zu erstrecken ist, sich richtet, dagegen ganz unabhängig ist von der speciellen Wahl der Function $\mathfrak{F}(s)$, welche die Besonderheit der analytischen Minimalfläche bedingt, von welcher M ein Stück ist.

Setzt man w gleich einer Constanten, d. h. geht man zu den benachbarten äquidistanten Flächen über, so sind die Ableitungen von w gleich Null und es ist $\bar{S}-S$ negativ und zwar gleich dem Producte aus $\varepsilon^2 w^2$ und der negativen Grösse des sphärischen Bildes (curvatura integra) von M, ein Satz, welchen Steiner auf anderem Wege bewiesen und nebst daraus zu ziehenden Folgerungen im Jahre 1840 der Königlichen Akademie mitgetheilt hat. (S. Monatsbericht vom April 1840 S. 118.) Wenn daher die vorgeschriebene Begrenzung des Flächenstückes M von einer Fläche gebildet wird, welche der geometrische Ort der längs der Begrenzungslinie dieses Flächenstückes construirten Normalen desselben ist, so besitzt das betrachtete Flächenstück für diese Grenzbedingung nicht ein Minimum von Flächeninhalt. Aus demselben Grunde tritt auch in dem Falle, in welchem die Begrenzung nur durch Ebenen vorgeschrieben ist, für die Minimalflächen, welche diese Ebenen überall rechtwinklig treffen, ein Minimum des Flächeninhalts nicht ein. (Vergl. Monatsbericht vom Febr. d. J. S. 123.)*)

---

*) Siehe S. 150 dieses Bandes.

Wird mit ψ eine reelle Function von ξ und η bezeichnet, welche der partiellen Differentialgleichung

$$\frac{\partial^2\psi}{\partial\xi^2}+\frac{\partial^2\psi}{\partial\eta^2}+\frac{8\psi}{(1+\xi^2+\eta^2)^2}=0$$

genügt, nebst ihren ersten Ableitungen endlich, stetig und eindeutig ist und im Innern des Integrationsbereiches nicht gleich Null wird, vorausgesetzt, dass eine solche Function existirt, so gestattet der in der Gleichung für $\delta^2 S$ unter dem Integralzeichen stehende Ausdruck folgende Umformung:

$$\left(\frac{\partial w}{\partial\xi}\right)^2+\left(\frac{\partial w}{\partial\eta}\right)^2-\frac{8\,w^2}{(1+\xi^2+\eta^2)^2}=$$

$$\left(\frac{\partial w}{\partial\xi}-\frac{w}{\psi}\cdot\frac{\partial\psi}{\partial\xi}\right)^2+\left(\frac{\partial w}{\partial\eta}-\frac{w}{\psi}\cdot\frac{\partial\psi}{\partial\eta}\right)^2+\frac{\partial}{\partial\xi}\left(\frac{w^2}{\psi}\cdot\frac{\partial\psi}{\partial\xi}\right)+\frac{\partial}{\partial\eta}\left(\frac{w^2}{\psi}\cdot\frac{\partial\psi}{\partial\eta}\right).$$

In Folge dieser Umformung zerfällt das Doppelintegral für $\delta^2 S$ in zwei wohl zu unterscheidende Theile.

Der erste derselben ist wieder ein über dasselbe Gebiet zu erstreckendes Doppelintegral, welches nur dann den Werth Null annimmt, wenn $w = c\cdot\psi$ gesetzt wird, in jedem andern Falle aber einen positiven Werth besitzt.

Der zweite Theil ist ein über den Rand des Integrationsgebietes zu erstreckendes einfaches Integral, dessen Element, wenn dl ein Element der Begrenzungslinie des Integrationsgebietes und $\frac{\partial\psi}{\partial p}$ die partielle Ableitung von ψ genommen in Bezug auf die Richtung der inneren Normale dieser Begrenzungslinie bezeichnet, die Gestalt

$$-\frac{w^2}{\psi}\cdot\frac{\partial\psi}{\partial p}\cdot dl$$

annimmt.

Den bisherigen Entwickelungen liegt die Voraussetzung zu Grunde, dass das Integrationsgebiet für den Flächeninhalt der Variation des Flächenstückes M mit demjenigen für den Flächeninhalt von M selbst übereinstimmt.

Diese Voraussetzung ist aber, wenn die Grenzbedingungen, denen das Flächenstück M genügen soll, auch eine Flächenbegrenzung enthalten, im Allgemeinen nicht erfüllt, da bei dieser Annahme die Grenzen des Doppelintegrals, durch welches jener Flächeninhalt ausgedrückt ist, im Allgemeinen von ε abhängen. Es muss daher für diesen Fall zu dem gefundenen Ausdrucke für $\delta^2 S$ noch ein Ergänzungsglied hinzugefügt werden. Wenn dL ein Element der Begrenzungslinie von M und R^* den Krümmungsradius des auf diesem Elemente senkrechten Normalschnittes der begrenzenden Fläche bezeichnet, positiv oder negativ gerechnet, jenachdem der Krümmungsradius dem Innern von M zu- oder abgewandt ist, so ist dieses Ergänzungsglied das über die Begrenzung zu erstreckende Integral

$$-\int \frac{w^2}{R^*} \cdot dL = -\int \frac{w^2}{R^*} \cdot (1+ss_1)\sqrt{\mathfrak{F}(s)\mathfrak{F}_1(s_1)} \cdot \sqrt{ds \cdot ds_1}.$$

Es ergibt sich also schliesslich für die zweite Variation des Flächeninhalts von M folgende Gleichung

$$\delta^2 S = \int\!\!\int \left[\left(\frac{\partial w}{\partial \xi} - \frac{w}{\psi} \cdot \frac{\partial \psi}{\partial \xi}\right)^2 + \left(\frac{\partial w}{\partial \eta} - \frac{w}{\psi} \cdot \frac{\partial \psi}{\partial \eta}\right)^2\right] d\xi\, d\eta -$$

$$- \int w^2 \left(\frac{1}{\psi} \cdot \frac{\partial \psi}{\partial p} + \frac{1+ss_1}{R^*} \sqrt{\mathfrak{F}(s)\mathfrak{F}_1(s_1)}\right) \sqrt{ds \cdot ds_1}.$$

Wenn nun die Begrenzung von M als fest angenommen wird, so sind nur solche Variationen dieses Flächenstückes in Betracht zu ziehen, bei welchen die Begrenzung nicht geändert wird, die Variation w also längs des ganzen Randes gleich Null ist.

Unter dieser Voraussetzung erhält das in dem Ausdrucke für $\delta^2 S$ vorkommende Randintegral den Werth Null. Es sind dann drei Fälle zu unterscheiden.

I. Wenn es eine den angegebenen Bedingungen genügende Function ψ gibt, welche weder im Innern noch auf dem Rande des betrachteten Bereiches gleich Null wird, so hat die zweite Variation des Flächeninhalts für alle in Rücksicht auf die Grenzbedingungen zulässigen Variationen einen positiven Werth und es besitzt daher das betrachtete Flächenstück M wirklich ein Minimum von Flächeninhalt.

Dieser Satz lässt sich dahin erweitern, dass der Schluss auf das Eintreten des Minimums auch dann noch gestattet ist, wenn eine den übrigen Bedingungen genügende Function ψ bekannt ist, welche zwar in einzelnen Punkten oder längs einzelner Theile der Begrenzung des Integrationsbereiches gleich Null, für das ganze Innere und für einen Theil des Randes desselben aber von Null verschieden ist.

II. Wenn der Bereich T so beschaffen ist, dass es eine Function ψ gibt, welche, ohne im Innern von T den Werth Null anzunehmen, am ganzen Rande dieses Bereiches den Werth Null hat, so ist die Untersuchung der zweiten Variation allein nicht hinreichend, um zu entscheiden, ob ein Minimum des Flächeninhalts eintritt oder nicht. Denn wenn $w = \psi$ gesetzt wird, so wird $\delta^2 S$ gleich Null.

Im Allgemeinen wird in diesem Falle ein Minimum nicht eintreten, weil die dritte Variation

$$\delta^3 S = -48\Re \int\int \frac{w}{\mathfrak{F}(s)} \cdot \left(\frac{\partial w}{\partial s}\right)^2 \cdot \frac{d\xi\, d\eta}{(1+ss_1)^2}$$

im Allgemeinen einen von Null verschiedenen Werth besitzt.

III. Wenn es aber möglich ist, die angegebene partielle Differentialgleichung so zu integriren, dass die Function ψ am ganzen Rande eines Theiles des Integrationsbereiches gleich Null, im Innern dieses Theiles aber von Null verschieden ist, so kann mit Sicherheit behauptet werden, dass für diesen Bereich ein Minimum nicht eintritt, denn es kann in diesem Falle die zweite Variation nicht bloss gleich Null werden, sondern auch negative Werthe annehmen.

Es kommt daher alles darauf an, zu untersuchen, welcher der drei Sätze in einem gegebenen Falle Anwendung findet; für diese Untersuchung lässt sich indess eine allgemeine Regel nicht wohl aufstellen.

Da die partielle Differentialgleichung, welcher die Function ψ genügen muss, durch die Formel

$$\psi = \Re\left[G'(s) - \frac{2s_1}{1+ss_1} G(s)\right]$$

allgemein integrirt wird, da jeder solchen Function ψ eine der ursprünglichen Minimalfläche unendlich benachbarte Minimalfläche entspricht, welche dieselbe längs der Linie, längs welcher $\psi = 0$ ist, schneidet, und da die Eigenschaft des Minimums für jeden Bereich gilt, für welchen eine solche Function ψ von Null verschieden bleibt, so ergibt sich die vollkommene Analogie der Lösung der hier betrachteten Aufgabe mit der von Jacobi herrührenden Lösung der entsprechenden Aufgabe, welche die geodätische Linie auf einer krummen Fläche betrifft; denn wie in jenem Falle die Schnittpunkte mit unendlich benachbarten geodätischen Linien, so ergeben in diesem Falle die Schnittlinien mit unendlich benachbarten Minimalflächen die entscheidenden Kriterien.

Zur Untersuchung der Eigenschaften der Integrale der partiellen Differentialgleichung

$$\frac{\partial^2\psi}{\partial\xi^2}+\frac{\partial^2\psi}{\partial\eta^2}+\frac{8\psi}{(1+\xi^2+\eta^2)^2}=0$$

kann dieselbe Methode dienen, welche Riemann in seiner Dissertation zur Untersuchung der Eigenschaften der Integrale der Differentialgleichung

$$\frac{\partial^2 u}{\partial x^2}+\frac{\partial^2 u}{\partial y^2}=0$$

angewendet hat und welche von Hrn. Heinrich Weber auf den Fall der Differentialgleichung

$$\frac{\partial^2 u}{\partial x^2}+\frac{\partial^2 u}{\partial y^2}+k^2 u=0$$

ausgedehnt worden ist. (Math. Annalen von Clebsch und Neumann, Bd. 1, S. 1.)

Setzt man in der Formel für ψ an die Stelle von $G(s)$ specielle Functionen, z. B. s, $s(\log s+C)$, $s(C_1\cdot s^{\lambda}+C_2\cdot s^{-\lambda})$, so erhält man specielle Bereiche, wie die Fläche einer Halbkugel, einer Kugelzone, eines Sectors einer Kugelzone u. a., längs deren Begrenzung eine Function ψ gleich Null werden kann, ohne im Innern derselben den Werth Null anzunehmen. Jedem Theile eines solchen Bereiches entspricht nach dem Satze I ein Minimum des Flächeninhalts des betreffenden Stückes einer Minimalfläche.

Bei der Untersuchung der Kugelzonen gelangt man zu denselben transcendenten Gleichungen, auf welche Hr. Lindelöf durch die Untersuchung der zweiten Variation des Flächeninhalts von Zonen der Rotationsfläche der Kettenlinie geführt worden ist. (Sur les limites entre lesquelles le caténoïde est une surface minima. Acta soc. scient. Fennicae, tom. IX., Helsingfors 1871.)

Mitunter kann man durch passende Zusammensetzung eine Function ψ bilden, mit deren Hülfe entschieden werden kann, welcher der drei angegebenen Fälle für ein gegebenes Stück einer Minimalfläche eintritt.

Wenn es sich z. B. darum handelt, zu untersuchen, ob das Flächenstück, welches durch das in dem Monatsbericht vom April 1865 auf S. 152 beschriebene Modell II*) veranschaulicht wird, innerhalb des

*) Siehe S. 4 dieses Bandes und die Figur auf Tafel 2.

als fest gedachten die Begrenzung bildenden Zwölfseits ein Minimum von Flächeninhalt besitzt, so entspricht bei geeigneter Wahl des Coordinatensystems, auf welches dieses Flächenstück bezogen wird, wenn man $s = r(\cos\varphi + i\sin\varphi)$ setzt, die Function

$$\psi = \frac{1-r^2}{1+r^2} + \frac{\sqrt{2}}{9}\cdot\frac{2+r^2}{1+r^2}\cdot r^3 \sin 3\varphi + \gamma\cdot\frac{7+5r^2}{1+r^2}\cdot r^6 \cos 6\varphi$$

den Bedingungen des ersten der obigen drei Sätze, vorausgesetzt, dass dem Coefficienten γ ein positiver Werth von hinreichender Kleinheit beigelegt wird. —

Die entwickelte allgemeine Formel für $\delta^2 S$ soll nun zur Beantwortung folgender Frage benutzt werden.

Unter welchen Bedingungen besitzt der von zwei geraden Strecken und von zwei Schraubenlinien begrenzte, einfach zusammenhängende Theil der Schraubenfläche $x + y\,\mathrm{tg}\,z = 0$, welcher zwischen den Ebenen

$$z = -\alpha\pi = -\tfrac{1}{2}H \quad \text{und} \quad z = +\alpha\pi = +\tfrac{1}{2}H$$

und zugleich innerhalb der Cylinderfläche $x^2+y^2 = R^2$ liegt, ein Minimum von Flächeninhalt? und zwar

erstens unter der Voraussetzung, dass die ganze Begrenzung desselben als fest betrachtet werden soll,

zweitens unter der Voraussetzung, dass nur die beiden geraden Strecken der Begrenzung als fest betrachtet werden, während die beiden andern Begrenzungstheile auf der Cylinderfläche variiren dürfen.

Aus den Formeln (D) des Hrn. Weierstrass ergibt sich die Schraubenfläche $x + y\,\mathrm{tg}\,z = 0$, wenn man

$$\mathfrak{F}(s) = \frac{1}{2i}\cdot\frac{1}{s^2}, \qquad s = e^{\varrho+\varphi i}$$

setzt und die Bedingung stellt, dass die fünf Variabeln ϱ, φ, x, y, z gleichzeitig den Werth Null annehmen sollen; das betrachtete Stück der Schraubenfläche erhält man, wenn man die Veränderlichkeit der Variabeln ϱ und φ auf die Gebiete

$$-\alpha\pi \leqq \varphi \mathrel{\overline{\gtrless}} +\alpha\pi, \qquad -\beta \leqq \varrho \mathrel{\overline{\gtrless}} +\beta$$

beschränkt, wo β den Werth $\log(R+\sqrt{1+R^2})$ bezeichnet, also $R = \frac{1}{2}(e^\beta - e^{-\beta})$ ist.

Man setze $G(s) = s(s^{\lambda} - s^{-\lambda})$, wo $\lambda = \frac{1}{2\alpha}$ zu wählen ist, so ergibt sich

$$\psi = \frac{U(\varrho, \lambda)}{e^{\varrho} + e^{-\varrho}} \cos \lambda \varphi,$$

wenn

$$U(\varrho, \lambda) = \lambda(e^{\lambda\varrho} + e^{-\lambda\varrho})(e^{\varrho} + e^{-\varrho}) - (e^{\lambda\varrho} - e^{-\lambda\varrho})(e^{\varrho} - e^{-\varrho})$$

gesetzt wird.

Die Function U genügt den Gleichungen

$$U(-\varrho, \lambda) = U(\varrho, \lambda), \quad \frac{\partial U}{\partial \varrho} = (\lambda^2 - 1)(e^{\lambda\varrho} - e^{-\lambda\varrho})(e^{\varrho} + e^{-\varrho});$$

für wachsende positive Werthe von ϱ nimmt daher diese Function beständig zu, wenn λ grösser als 1 ist, dagegen beständig ab, wenn λ kleiner als 1 ist, während dieselbe, wenn λ gleich 1 ist, den constanten Werth 4 hat.

Wird nun e r s t e n s die ganze Begrenzung als fest angesehen und ist α gleich $\frac{1}{2}$ oder kleiner als $\frac{1}{2}$, d. h. ist die Höhe H des betrachteten Flächenstückes gleich der Höhe eines halben Schraubenganges oder kleiner, so nimmt die Function ψ innerhalb des zu betrachtenden Bereiches nur p o s i t i v e Werthe an, und es besitzt daher in diesem Falle das betrachtete Flächenstück für jeden Werth von R ein Minimum von Flächeninhalt. Dieses ergibt sich übrigens auch daraus, dass das sphärische Bild desselben in diesem Falle ganz auf einer Halbkugelfläche Platz findet.

Ist hingegen α grösser als $\frac{1}{2}$, also $\lambda = \frac{1}{2\alpha}$ kleiner als 1, so gibt es jedesmal zwei entgegengesetzt gleiche Werthe von ϱ, für welche $U(\varrho, \lambda)$ gleich Null wird. Es gibt also in diesem Falle eine Grenze β_0, unterhalb welcher β, und also auch eine Grenze R_0, unterhalb welcher R liegen muss, damit auf das betrachtete Flächenstück der Satz I Anwendung finde.

Für einige Werthe von α enthält die folgende kleine Tabelle die zugehörenden Grenzwerthe für R und für das Verhältniss des Cylinderdurchmessers zur Höhe eines Schraubenganges.

α	$\lambda = \frac{1}{2\alpha}$	R_0	$R_0 : \pi$
$\frac{1}{2}$	1	∞	∞
$\frac{3}{4}$	$\frac{2}{3}$	2	0,63662
1	$\frac{1}{2}$	$\sqrt{3}$	0,55133
$\frac{3}{2}$	$\frac{1}{3}$	$[\frac{1}{2}(\sqrt{3}+1)]^{\frac{3}{2}}$	0,50820
∞	0	1,50888	0,48029

Wenn nämlich α von $\frac{1}{2}$ bis $+\infty$ wächst, so nimmt die einzige positive Wurzel β_0 der Gleichung $U(\beta_0, \lambda) = 0$ beständig ab und zwar bis zu einem Werthe $b = 1{,}1996786\cdots$, welcher der Gleichung

$$(e^b + e^{-b}) - b(e^b - e^{-b}) = 0$$

genügt; diesem Werthe entspricht $R_0 = 1{,}50888$.

Aus der vorangegangenen Untersuchung folgt also:

Das betrachtete Stück der Schraubenfläche besitzt innerhalb seiner Begrenzung ein Minimum des Flächeninhalts, wenn $U\left(\beta, \frac{1}{2\alpha}\right)$ positiv ist.

In dem Grenzfalle $U\left(\beta, \frac{1}{2\alpha}\right) = 0$ ergibt sich für $w = \psi$ $\delta^2 S = 0$, $\delta^3 S = 0$. Die Entscheidung der Frage, ob in diesem Falle ein Minimum eintritt oder nicht, erfordert daher die Prüfung der vierten Variation für die Annahme $w = \psi$.

Ist $U\left(\beta, \frac{1}{2\alpha}\right)$ negativ, so besitzt das betrachtete Flächenstück innerhalb seiner Begrenzung nicht ein Minimum von Flächeninhalt. —

Wenn zweitens nur die beiden geraden Strecken der Begrenzung als fest angesehen werden, während die beiden andern Begrenzungstheile auf der Cylinderfläche $x^2 + y^2 = R^2$ variiren dürfen, so ist die Variation w nur für $\varphi = \pm \alpha\pi$, nicht aber für $\varrho = \pm \beta$ gleich Null zu setzen. Die Bedingung, dass $U\left(\beta, \frac{1}{2\alpha}\right)$ positiv sei, ist in diesem Falle für das Eintreten des Minimums zwar nothwendig, aber nicht hinreichend.

Es ergeben sich folgende Gleichungen:

$$R^* = \tfrac{1}{4} R \cdot (e^\beta + e^{-\beta})^2 = \tfrac{1}{8}(e^\beta - e^{-\beta})(e^\beta + e^{-\beta})^2,$$

$$\left\{\begin{aligned} &\left(\frac{1}{\psi} \cdot \frac{\partial \psi}{\partial p} + \frac{1 + s s_1}{R^*} \cdot \sqrt{\mathfrak{F}(s)\,\mathfrak{F}_1(s_1)}\right) \sqrt{ds \cdot ds_1} = \\ &= \left(\mp \frac{1}{\psi} \cdot \frac{\partial \psi}{\partial \varrho} + \frac{4}{(e^\beta + e^{-\beta})(e^\beta - e^{-\beta})}\right)_{(\varrho = \pm \beta)} \cdot d\varphi = \\ &= \lambda^2 \cdot \frac{e^\beta + e^{-\beta}}{e^\beta - e^{-\beta}} \cdot \frac{U(\lambda\beta, \frac{1}{\lambda})}{U(\beta, \lambda)} \cdot d\varphi, \end{aligned}\right\}$$

$$\begin{aligned} \delta^2 S = &\int_{-\alpha\pi}^{+\alpha\pi} \int_{-\beta}^{+\beta} \left[\left(\frac{\partial w}{\partial \varrho} - \frac{w}{\psi} \cdot \frac{\partial \psi}{\partial \varrho}\right)^2 + \left(\frac{\partial w}{\partial \varphi} - \frac{w}{\psi} \cdot \frac{\partial \psi}{\partial \varphi}\right)^2\right] d\varrho\, d\varphi - \\ &- \lambda^2 \cdot \frac{e^\beta + e^{-\beta}}{e^\beta - e^{-\beta}} \cdot \frac{U(\lambda\beta, \frac{1}{\lambda})}{U(\beta, \lambda)} \cdot \int_{-\alpha\pi}^{+\alpha\pi} [w^2(\beta; \varphi) + w^2(-\beta; \varphi)]\, d\varphi. \end{aligned}$$

Setzt man nun $\lambda = \frac{1}{2\alpha}$ und $w = \psi$, so ist $\delta^2 S$ positiv, gleich Null, oder negativ, jenachdem $U\left(\frac{\beta}{2\alpha}, 2\alpha\right)$ negativ, gleich Null, oder positiv ist. Umgekehrt: das betrachtete Stück der Schraubenfläche besitzt ein Minimum von Flächeninhalt, wenn $U\left(\frac{\beta}{2\alpha}, 2\alpha\right)$ negativ ist.

In dem Grenzfalle $U\left(\frac{\beta}{2\alpha}, 2\alpha\right) = 0$ ist, da für die Annahme $w = \psi$ auch $\delta^3 S$ gleich Null wird, die Untersuchung der vierten Variation erforderlich, um zu entscheiden, ob ein Minimum eintritt oder nicht.

Wenn α gleich $\frac{1}{2}$ oder grösser als $\frac{1}{2}$ ist, so ist die Function $U\left(\frac{\beta}{2\alpha}, 2\alpha\right)$ für jeden reellen Werth von β positiv; mit anderen Worten: ist die Höhe H des betrachteten Flächenstückes gleich der Höhe eines halben Schraubenganges oder grösser, so besitzt dasselbe unter den angegebenen Grenzbedingungen nicht ein Minimum von Flächeninhalt.

Hieraus folgt, dass die in dem Monatsbericht vom Januar d. J. auf S. 9 angegebenen Schraubenflächen*), sobald der ganzen Zahl n ein von 0 und -1 verschiedener Werth beigelegt wird, unter den daselbst angegebenen Grenzbedingungen ein Minimum von Flächeninhalt nicht besitzen.

Ist hingegen α kleiner als $\frac{1}{2}$, mithin $\lambda = \frac{1}{2\alpha}$ grösser als 1, d. h. enthält das betrachtete Flächenstück weniger als einen halben Schraubengang, so nimmt die Function $U(\beta\lambda, \frac{1}{\lambda})$ für wachsende positive Werthe von β beständig ab und wird, sobald β einen gewissen Werth β_0' überschritten hat, negativ. Wenn daher R grösser ist als ein durch die Gleichungen

$$U\left(\frac{\beta_0'}{2\alpha}, 2\alpha\right) = 0, \quad \tfrac{1}{2}(e^{\beta_0'} - e^{-\beta_0'}) = R_0'$$

von α abhängender Grenzwerth R_0', welcher nebst dem Verhältnisse $H:2R_0'$ für einige Werthe von α aus der Tabelle:

*) Siehe S. 132 dieses Bandes

α	$\alpha\cdot 360^0$	$\lambda = \frac{1}{2\alpha}$	R'_0	$H:2R'_0$
$\frac{1}{2}$	180^0	1	∞	0
$\frac{1}{3}$	120^0	$\frac{3}{2}$	$\frac{1}{2}\sqrt{5}$	$\frac{2\pi}{3\sqrt{5}} = 0,93664$
$\frac{1}{4}$	90^0	2	$\frac{1}{2}\sqrt{2}$	$\frac{\pi}{2\sqrt{2}} = 1,11072$
$\frac{1}{6}$	60^0	3	$\frac{1}{2}\sqrt{\sqrt{3}-1}$	$\frac{\pi}{3\sqrt{\sqrt{3}-1}} = 1,22393$
0	0^0	∞	0	$\frac{\pi}{2\cdot 1,1996786} = 1,30935$

entnommen werden kann, so besitzt das betrachtete Flächenstück ein Minimum von Flächeninhalt.

Aus der vorstehenden Tabelle ergibt sich, dass die auf S. 9 des Monatsberichts vom Januar d. J.*) angegebenen Schraubenflächen, für welche, wenn $2n+1 = \pm 1$ gesetzt wird, die hier mit α bezeichnete Grösse den Werth $\frac{1}{4}$ hat, unter den daselbst angegebenen Grenzbedingungen ein Minimum des Flächeninhalts besitzen, wenn R grösser als $\frac{1}{2}\sqrt{2}$ ist, dass dieses aber nicht der Fall ist, wenn R kleiner als $\frac{1}{2}\sqrt{2}$ ist.

Wenn man an die Stelle von x, y, z, R beziehlich $\lambda^{-1}x'$, $\lambda^{-1}y'$, $\lambda^{-1}z'$, $\lambda^{-1}R'$ setzt und hierauf zur Grenze $\lambda = \infty$ übergeht, so tritt an die Stelle des betrachteten Stückes der Schraubenfläche die Fläche eines ebenen Rechteckes

$$x' = 0, \quad y'^2 \overline{\gtrless} R'^2, \quad z'^2 \overline{\gtrless} (\tfrac{1}{2}\pi)^2.$$

Die beiden Seiten $x' = 0$, $z' = \pm\frac{1}{2}\pi$ dieses Rechteckes werden als fest betrachtet, die beiden andern Theile der Begrenzungslinie dürfen auf der Cylinderfläche $x'^2+y'^2 = R'^2$ variiren.

Ist R' grösser als die positive Wurzel der Gleichung

$$(e^b+e^{-b})-b(e^b-e^{-b}) = 0,$$

also grösser als $b = 1,1996786\cdots$, so besitzt jenes ebene Flächenstück ein Minimum von Flächeninhalt, ist dagegen R' kleiner als diese Wurzel, so gibt es benachbarte, denselben Grenzbedingungen genügende

*) Siehe S. 132 dieses Bandes.

Flächenstücke, welche einen noch kleineren Flächeninhalt als jenes Rechteck haben.

Dieses Resultat kann man auch auf anderem Wege direct herleiten, indem man an die Stelle der Ebene $x' = 0$ eine die beiden Geraden $x' = 0$, $z' = \pm \frac{1}{2}\pi$ enthaltende Fläche $x' = \varepsilon \cdot w(y', z')$ setzt, eine Formel für den Flächeninhalt des von den beiden Geraden und von der Cylinderfläche $x'^2 + y'^2 = R'^2$ begrenzten Stückes dieser Fläche aufstellt und diesen Ausdruck nach Potenzen von ε entwickelt. An die Stelle der Function ψ in den bisherigen Entwickelungen tritt die Function

$$\psi' = \Re(e^{y'+z'i} + e^{-(y'+z'i)}) = (e^{y'} + e^{-y'}) \cos z'.$$

Setzt man $R' = b$ und $w = \psi'$, so ergeben sich die Gleichungen $\delta^2 S = 0$, $\delta^3 S = 0$, während $\delta^4 S$ einen negativen Werth erhält. In diesem Falle tritt also auch an der Grenze ein Minimum des Flächeninhalts nicht ein. —

Die gewonnenen Untersuchungsergebnisse sind einer interessanten Veranschaulichung fähig.

Wenn man auf experimentellem Wege mittelst der Plateauschen Glycerinseifenflüssigkeit und geeigneter Vorrichtungen eine Seifenwasserlamelle herstellt, welche einem den in Betracht gezogenen Grenzbedingungen genügenden Stücke einer Minimalfläche entspricht, so wird diese Lamelle sich nur dann im Zustande der Stabilität befinden, wenn das betrachtete Flächenstück im mathematischen Sinne unter Voraussetzung jener Grenzbedingungen wirklich ein Minimum von Flächeninhalt besitzt. Wenn es daher irgendwie gelungen ist, durch eine Seifenwasserlamelle für einen Moment ein Minimalflächenstück zu realisiren, welchem ein Minimum des Flächeninhalts nicht zukommt, so wird sich dieser Umstand dadurch zu erkennen geben, dass jene Lamelle in der Lage, in welcher sie sich in jenem Momente befindet, nicht zur Ruhe gelangt, sondern sich von derselben allmählig immer mehr entfernt, bis sie eine von der ursprünglichen Gestalt vielleicht sehr verschiedene stabile Gleichgewichtsgestalt erlangt hat.

Ist hierbei die Vorrichtung, welche die Seifenwasserlamelle den Grenzbedingungen anpasst, so beschaffen, dass ein Theil derselben beweglich ist, entsprechend einem in den Grenzbedingungen enthaltenen Parameter, so lässt sich die Grenze, bei welcher die Stabilität aufhört, auf experimentellem Wege ermitteln. Für den Fall einer Zone der durch Rotation einer Kettenlinie um ihre Directrix entstehenden Fläche hat bekanntlich Hr. Plateau eine solche Untersuchung wirklich ausgeführt. (Sur les figures d'équilibre d'une masse liquide sans pesanteur. Vme Série. § 2, 3, 11, 15. VIIme Série. § 21, 22. Xme Série. § 29. Wegen allgemeiner hierher gehörender Bemerkungen vgl. XIme Série § 33, 34. Mémoires de l'Académie royale de Belgique. T. XXXIII—XXXVII. 1860—68.) Durch Vergleichung mit dem theoretischen Ergebnisse erhält man ein Urtheil über das Mass der grösseren oder geringeren Genauigkeit, mit der es gelungen ist, den mathematischen Bedingungen durch das Experiment zu entsprechen.

Bei den Experimenten, welche ich angestellt habe, entspricht der Cylinderfläche $x^2+y^2 = R^2$ ein Glascylinder, die beiden geraden Strecken der Begrenzung werden durch zwei Drähte von der Länge des inneren Cylinderdurchmessers vertreten, welche durch passende Führungen in einer zur Cylinderfläche senkrechten Lage erhalten werden. Wird der Apparat in die Flüssigkeit getaucht und wieder herausgezogen, so zeigen sich bei Anwendung geeigneter Vorsichtsmassregeln die beiden Drähte durch eine die innere Cylinderwandung rechtwinklig treffende Lamelle mit einander verbunden, welche die Gestalt der Fläche eines ebenen Rechteckes oder eines Theiles einer Schraubenfläche besitzt, jenachdem die beiden Drähte parallel eingestellt sind oder nicht. Durch Aenderung des Abstandes der beiden Drähte und des Winkels, den dieselben mit einander bilden, können dem Verhältnisse $H:2R$ und der Grösse α verschiedene Werthe beigelegt werden. Wenn die Stabilitätsgrenze überschritten wird, so degenerirt die erwähnte Lamelle in zwei ebene halbkreisförmige Lamellen, welche je einen der beiden Drähte mit der inneren Cylinderwandung verbinden. Sowohl wenn α gleich 0, als auch wenn α gleich $\frac{1}{4}$ gesetzt wurde, ergab sich zwischen den auf experimentellem Wege bestimmten Stabilitätsgrenzen für das Verhältniss $H:2R$ und den theoretischen Werthen der obigen Tabelle eine befriedigende Uebereinstimmung; genauere Messungen anzustellen muss ich Physikern überlassen.

Miscellen aus dem Gebiete der Minimalflächen.

Zuerst im XIX. Jahrgange der Vierteljahrsschrift der Naturforschenden Gesellschaft in Zürich, S. 243–271, veröffentlicht. Ein zweiter, einige Aenderungen enthaltender Abdruck erschien im 80. Bande des Journals für reine und angewandte Mathematik, S. 280–300.

Die Variationsrechnung zeigt, dass dasjenige Flächenstück, welches unter allen von derselben Randlinie begrenzten Flächenstücken möglichst kleinen Flächeninhalt hat, in jedem seiner Punkte gleich grosse und entgegengesetzt gerichtete Hauptkrümmungsradien besitzen muss. Da nun auch umgekehrt allen Flächen, deren mittlere Krümmung in jedem ihrer Punkte gleich Null ist, die Eigenschaft zukommt, dass sich Stücke derselben abgrenzen lassen, welche unter allen je von denselben Randlinien begrenzten Flächenstücken den kleinsten Flächeninhalt besitzen, so werden die in Rede stehenden Flächen überhaupt Flächen kleinsten Flächeninhalts oder kurz Minimalflächen genannt. Die Titel einer grossen Anzahl von Abhandlungen, welche sich auf diese Flächen beziehen, findet man, zumeist mit einer mehr oder weniger ausführlichen Inhaltsangabe in den Einleitungen der beiden Schriften:

„Ueber die Fläche vom kleinsten Inhalt bei gegebener Begrenzung.“ Eine Abhandlung von Bernhard Riemann. Bearbeitet von K. Hattendorff. 13. Bd. der Abhandlungen der Königlichen Gesellschaft der Wissenschaften zu Göttingen. 1867.

„Sulle proprietà generali delle superficie d'area minima.“ Mem. del prof. E. Beltrami. Memorie dell' Accademia delle Scienze dell' Istituto di Bologna. Serie 2. Tomo VII. 1868.

und in den beiden Werken:

Todhunter, History of the Progress of the Calculus of Variations, Cambridge and London, 1861.

J. Plateau, Statique expérimentale et théorique des Liquides, Gand et Leipzig, 1873.

angeführt, auf welche hier verwiesen wird.

Der Umstand, dass die Bedingung für das Eintreten des stabilen Gleichgewichtszustandes einer flüssigen Lamelle, auf welche äussere Kräfte nur längs des Randes einwirken, übereinstimmt mit der Bedingung, dass diese Lamelle innerhalb der Begrenzung, an welcher sie adhärirt, ein Minimum von Oberfläche besitze, ist von Herrn Plateau mit glücklichstem Erfolge dazu benutzt worden, um Stücke von Minimalflächen, deren Begrenzung in mannigfaltiger Weise vorgeschrieben werden kann, auf physikalischem Wege zur Anschauung zu bringen. Die grosse Vergänglichkeit der aus gewöhnlichem Seifenwasser gebildeten Lamellen legte den Wunsch nahe, zu dem angegebenen Zwecke eine Flüssigkeit benutzen zu können, deren Lamellen längere Zeit andauern. Dieser Forderung entspricht in hohem Grade eine Flüssigkeit, welche Herr Plateau bereiten gelehrt hat und welche unter dem Namen des Plateauschen Glycerinseifenwassers bekannt ist; mittelst desselben gelingt es auf die einfachste Weise, Stücke von Minimalflächen durch flüssige Lamellen zur Anschauung zu bringen, welche unter günstigen Umständen stundenlang andauern.

Besonderen Anspruch auf Dank hat Herr Plateau sich neuerdings auch dadurch erworben, dass derselbe seine zahlreichen Untersuchungen über den Gleichgewichtszustand der Flüssigkeiten, die Früchte jahrelanger vom schönsten Erfolge gekrönter Forschungen, in Verbindung mit einer eingehenden Würdigung der einschlägigen Arbeiten anderer Physiker und Mathematiker, gesammelt in zwei Bänden unter dem oben angeführten Titel, allen denen leicht zugänglich gemacht hat, welche nicht die Gelegenheit haben, diese inhaltreichen Abhandlungen aus den Schriften der belgischen Akademie, in welchen sie zuerst veröffentlicht worden sind, kennen zu lernen.

Die Mittheilung der vorliegenden Miscellen geht aus dem Wunsche hervor, zur Verbreitung des Interesses für die in so mannigfacher Beziehung merkwürdigen Minimalflächen etwas beizutragen. Herr W. Fiedler erwies dem Verfasser die Ehre, der jüngst erschienenen zweiten Auflage der deutschen Ausgabe der Analytischen Geometrie des Raumes von George Salmon einen Auszug aus dem Folgenden als Anhang beizugeben.

I.

Einen wichtigen Schritt zur Erforschung geometrischer Eigenschaften der Minimalflächen that Herr Ossian Bonnet (siehe dessen Abhandlung: Liouvilles Journal, 2. Série, Tome V. p. 221—252, 1860), indem derselbe die bekannte durch parallele Normalen vermittelte Beziehung der Punkte einer krummen Fläche zu den Punkten einer Kugelfläche vom Radius 1 der Untersuchung der Minimalflächen zu Grunde legte. Es ergab sich hierbei (l. c. p. 227, Formel 53) das folgenreiche Resultat, dass das Quadrat des Linienelementes einer Minimalfläche an jeder Stelle dem Quadrate des entsprechenden Linienelementes der Kugelfläche proportional ist. Herr Ossian Bonnet zog hieraus den Schluss, dass die den Meridianen und Parallelkreisen der Kugelfläche entsprechenden Linien einer Minimalfläche sich nicht nur stets rechtwinklig schneiden, wie bereits Herr Minding im Jahre 1849 gefunden hatte (Journal für Mathematik, Bd. 44, S. 70), sondern dass dieselben, was noch mehr besagt, ein System sogenannter isometrischer Linien bilden, d. h. solcher Linien, welche die Fläche in unendlich kleine Quadrate zu theilen vermögen, — und dass überhaupt jedem Systeme von isometrischen Linien auf der Kugelfläche ein System isometrischer Linien auf der Minimalfläche entspricht. Nun ist aber mit jedem Curvensystem auf einer Fläche, welches dieselbe in unendlich kleine Quadrate zu theilen vermag (vergl. Liouvilles Journal, Tome XII. p. 294, 1847), eine conforme Abbildung dieser Fläche auf eine Ebene verbunden, bei welcher jeder von den beiden das Curvensystem bildenden Schaaren von Curven auf der Fläche eine Schaar paralleler Geraden in der Ebene entspricht. Mit Rücksicht auf die Gaussische Auflösung der Aufgabe: die Theile einer gegebenen Fläche auf einer anderen gegebenen Fläche conform, d. h. in den kleinsten Theilen ähnlich, abzubilden, enthält daher die von Herrn Ossian Bonnet gegebene Formel nicht allein den Satz, dass bei der durch parallele Normalen vermittelten Zuordnung der Punkte einer Minimalfläche und einer Kugelfläche entsprechende Linienelemente an jeder Stelle einander proportional sind, sondern auch den Satz, dass durch die erwähnte Zuordnung jede der beiden Flächen auf die andere conform abgebildet wird. Denn nach dem Ergebnisse der Gaussischen Untersuchung sind diese beiden Sätze vollkommen äquivalent und jeder derselben ist eine unmittelbare Folge des Satzes, welcher in der erwähnten Ossian Bonnetschen Formel seinen analytischen Ausdruck findet.

Man kann den angeführten und einige andere allgemeine Sätze, welche Minimalflächen betreffen, auf einfache Weise ableiten, indem man die unabhängigen Variablen p, q, als deren Functionen die rechtwinkligen Coordinaten x, y, z eines Punktes der Minimalfläche betrachtet werden, so wählt, dass die Curven $p =$ const. mit der einen, die Curven $q =$ const. mit der anderen Schaar der Krümmungslinien der Fläche zusammenfallen. Bezeichnen X, Y, Z die Cosinus der Winkel, welche diejenige Richtung der Normale der Minimalfläche in dem Punkte x, y, z mit den Coordinatenaxen bildet, welche mit der Richtung des der Krümmungslinie $p =$ const. angehörenden Hauptkrümmungsradius ϱ der Fläche in diesem Punkte zusammenfällt, so erhält man in Folge des Parallelismus des Elementes einer Krümmungslinie und seines sphärischen Bildes und des bekannten Verhältnisses der Längen beider (vergl. einen Aufsatz von Rodrigues, Correspondance sur l'École polytechnique, vol. III. p. 162, 1815, und einen Aufsatz des Herrn Weingarten, Journal für Mathematik, Bd. 62, S. 160—165, 1862)

$$dx = \varrho\left(\frac{\partial X}{\partial p}dp - \frac{\partial X}{\partial q}dq\right),$$

$$dy = \varrho\left(\frac{\partial Y}{\partial p}dp - \frac{\partial Y}{\partial q}dq\right),$$

$$dz = \varrho\left(\frac{\partial Z}{\partial p}dp - \frac{\partial Z}{\partial q}dq\right).$$

Setzt man hierauf

$$\left(\frac{\partial X}{\partial p}\right)^2 + \left(\frac{\partial Y}{\partial p}\right)^2 + \left(\frac{\partial Z}{\partial p}\right)^2 = E,$$

$$\frac{\partial X}{\partial p}\cdot\frac{\partial Y}{\partial q} + \frac{\partial Y}{\partial p}\cdot\frac{\partial Y}{\partial q} + \frac{\partial Z}{\partial p}\cdot\frac{\partial Z}{\partial q} = F,$$

$$\left(\frac{\partial X}{\partial q}\right)^2 + \left(\frac{\partial Y}{\partial q}\right)^2 + \left(\frac{\partial Z}{\partial q}\right)^2 = G,$$

so ist wegen der Orthogonalität der Curven $p =$ const. und $q =$ const. $F = 0$, und man erhält, wenn dl die Länge eines Linienelementes der Minimalfläche, dL die Länge des entsprechenden Linienelementes der Kugelfläche $X^2+Y^2+Z^2 = 1$ bezeichnet,

$$dl^2 = (dx)^2+(dy)^2+(dz)^2 = \varrho^2(E dp^2 + G dq^2) =$$
$$= \varrho^2[(dX)^2+(dY)^2+(dZ)^2] = \varrho^2 dL^2.$$

Diese Gleichung sagt aus, dass bei der durch parallele Normalen vermittelten Beziehung der Punkte einer Minimalfläche zu den Punkten einer Kugelfläche vom Radius 1 die erstere auf die letztere conform abgebildet wird und dass hierbei die lineare Vergrösserung an jeder einzelnen Stelle dem reciproken Werthe des Hauptkrümmungsradius gleich ist. Weil die Ausdrücke für dx, dy, dz vollständige Differentiale sein müssen, so müssen dieselben der bekannten Integrabilitätsbedingung genügen. Stellt man diese Bedingung für die drei Ausdrücke auf, so erhält man mit leichter Mühe die Gleichungen

$$\frac{\partial}{\partial q}(\varrho E) = 0, \qquad \frac{\partial}{\partial p}(\varrho G) = 0.$$

Hieraus folgt, dass ϱE eine Function von p allein, ϱG eine Function von q allein ist. Führt man daher mittelst der Gleichungen

$$dp_1 = \sqrt{\varrho E} \cdot dp, \qquad dq_1 = \sqrt{\varrho G} \cdot dq$$

zwei neue Variable ein und wählt diese zu unabhängigen Variablen, bezeichnet dieselben auch der Einfachheit halber wieder mit p, q, so hat man zu setzen

$$E = G = \frac{1}{\varrho}, \qquad dl^2 = \varrho(dp^2 + dq^2), \qquad dL^2 = \frac{dp^2 + dq^2}{\varrho}.$$

Hieraus ergibt sich der von Herrn Ossian Bonnet zuerst ausgesprochene Satz (Comptes rendus 1853, Tome 37. p. 532), dass eine Minimalfläche durch ihre beiden Schaaren von Krümmungslinien in unendlich kleine Quadrate getheilt werden kann, oder mit anderen Worten: Jede Minimalfläche kann in der Art auf eine Ebene conform abgebildet werden, dass den beiden Schaaren Krümmungslinien zwei Schaaren von parallelen Geraden (p = const., q = const.) entsprechen, und zwar ist das Vergrösserungsverhältniss bei dieser Abbildung der Quadratwurzel aus der Länge des Hauptkrümmungsradius in dem betrachteten Punkte der Minimalfläche umgekehrt proportional. Bei dieser Abbildung entspricht zugleich jeder Asymptotenlinie der Minimalfläche, welche die Schaar der Krümmungslinien unter 45° schneidet, und überhaupt jeder isogonalen Trajectorie der Krümmungslinien eine gerade Linie. Man kann den obigen Satz auch aussprechen wie folgt: Der Abstand zweier unendlich benachbarten Krümmungslinien einer Minimalfläche ist überall der Quadratwurzel aus dem Hauptkrümmungsradius der Minimalfläche direct proportional.

II.

Führt man nun mit Herrn Weierstrass (Monatsberichte der Berliner Akademie 1866, S. 618) die complexen Grössen

$$\frac{X+Yi}{1-Z} = s, \quad \frac{X-Yi}{1-Z} = s_1$$

als neue Variable ein, von welchen die erste durch einen Punkt der XY-Ebene geometrisch dargestellt wird, welcher bei der stereographischen Projection der Kugelfläche vom Punkte $X=0$, $Y=0$, $Z=1$ aus auf die Aequatorebene $Z=0$ dem Punkte X, Y, Z der Kugel entspricht, so erhält man

$$X = \frac{s+s_1}{ss_1+1}, \quad Y = \frac{1}{i}\cdot\frac{s-s_1}{ss_1+1}, \quad Z = \frac{ss_1-1}{ss_1+1},$$

$$(dX)^2+(dY)^2+(dZ)^2 = \frac{4ds\cdot ds_1}{(ss_1+1)^2} = \frac{dp^2+dq^2}{\varrho}.$$

Da nun $ds\cdot ds_1$ das Quadrat der Länge des Linienelementes in der Ebene bedeutet, deren Punkte die complexe Grösse s geometrisch darstellen, und da die Länge dieses Linienelementes der Länge des Linienelementes in der Ebene der complexen Grösse $p+qi$ proportional ist, wie die vorstehende Gleichung lehrt, so ist jede der beiden Ebenen eine conforme Abbildung der anderen, also ist die complexe Grösse s entweder eine Function des complexen Argumentes $\sigma = p+qi$, oder des complexen Argumentes $\sigma_1 = p-qi$. Man kann also, indem man nöthigenfalls q mit $-q$ vertauscht, allgemein

$$s = f(\sigma), \quad s_1 = f_1(\sigma_1)$$

setzen, wo f und f_1 zwei conjugirte analytische Functionen bezeichnen. Drückt man alle übrigen Grössen durch die Grössen s, s_1, σ, σ_1 aus, so erhält man

$$\varrho = \frac{1}{4}(1+ss_1)^2\cdot\frac{d\sigma}{ds}\cdot\frac{d\sigma_1}{ds_1},$$

$$dl^2 = \frac{1}{4}(1+ss_1)^2\cdot\left(\frac{d\sigma}{ds}\right)^2\cdot\left(\frac{d\sigma_1}{ds_1}\right)^2\cdot ds\,ds_1,$$

$$dx = \frac{1}{4}(1-s^2)\left(\frac{d\sigma}{ds}\right)^2 ds + \frac{1}{4}(1-s_1^2)\left(\frac{d\sigma_1}{ds_1}\right)^2 ds_1,$$

$$dy = \frac{i}{4}(1+s^2)\left(\frac{d\sigma}{ds}\right)^2 ds - \frac{i}{4}(1+s_1^2)\left(\frac{d\sigma_1}{ds_1}\right)^2 ds_1,$$

$$dz = \frac{1}{2}s\left(\frac{d\sigma}{ds}\right)^2 ds + \frac{1}{2}s_1\left(\frac{d\sigma_1}{ds_1}\right)^2 ds_1.$$

(Vergl. die Abhandlung des Herrn Enneper, Zeitschrift für Mathematik 1864, Band IX, S. 107.) Betrachtet man nun s und s_1 als unabhängige Variable, während $\mathfrak{F}(s)$ eine Function von s bezeichnet, welche durch die Gleichung

$$\tfrac{1}{2}\left(\frac{d\sigma}{ds}\right)^2 = \mathfrak{F}(s)$$

bestimmt ist, so ergibt sich, wenn der vorgesetzte Buchstabe $\mathfrak{R}$ bedeutet, dass der reelle Theil der nachfolgenden complexen Grösse genommen werden soll (vergl. Monatsberichte 1866, S. 619),

$$x = \mathfrak{R}\int_{s_0}^{s}(1-s^2)\,\mathfrak{F}(s)\,ds\,,$$

$$y = \mathfrak{R}\int_{s_0}^{s} i(1+s^2)\,\mathfrak{F}(s)\,ds\,,$$

$$z = \mathfrak{R}\int_{s_0}^{s} 2s\,\mathfrak{F}(s)\,ds\,,$$

$$dl^2 = dx^2 + dy^2 + dz^2 = (1+ss_1)^2\,\mathfrak{F}(s)\,\mathfrak{F}_1(s_1)\,ds\cdot ds_1\,,$$

$\varrho = \frac{1}{2}(1+ss_1)^2\sqrt{\mathfrak{F}(s)\cdot\mathfrak{F}_1(s_1)}$, wo $\mathfrak{F}_1(s_1)$ die zu $\mathfrak{F}(s)$ conjugirte complexe Grösse bezeichnet. Zu jeder Function $\mathfrak{F}(s)$ des complexen Argumentes s gehört in Folge dieser Formeln eine Minimalfläche und zwar ist diese Fläche, wie Herr Weierstrass nachgewiesen hat (a. a. O. S. 621), stets dann und nur dann eine algebraische Fläche, wenn die Function $\mathfrak{F}(s)$ die dritte Ableitung einer algebraischen Function von s ist.

Weil die Gleichungen für dx, dy, dz in Bezug auf die Function $\mathfrak{F}(s)$ linear sind, so erhält man, wenn man nach der Reihe für $\mathfrak{F}(s)$ setzt $\varphi_1(s)$, $\varphi_2(s)$, $\varphi_1(s)+\varphi_2(s)$, folgenden allgemeinen Satz: Ordnet man die Punkte zweier Minimalflächen F_1 und F_2 in der Weise einander zu, dass die Normalen beider Flächen in entsprechenden Punkten einander parallel sind, und construirt zu jedem Paare entsprechender Punkte von F_1 und F_2 einen dritten Punkt, dessen Coordinaten bezüglich die Summen der gleichnamigen Coordinaten der beiden entsprechenden Punkte sind, so beschreibt auch dieser dritte Punkt eine Minimalfläche und die Tangentialebenen in entsprechenden Punkten der drei Minimalflächen sind einander parallel. Dieser Satz wurde im Jahre 1865 von Herrn Weierstrass den damaligen Mitgliedern des an der Berliner Universität bestehenden mathematischen Seminars mitgetheilt. Dass bei der angegebenen Construction jede der drei Minimalflächen auf die beiden anderen conform abgebildet wird, ergibt sich sowohl aus der Proportionalität der Längen entsprechender Linienelemente der drei Flächen, als auch daraus, dass jede derselben durch parallele Normalen auf die Kugelfläche conform abgebildet wird.

III.

Ersetzt man die Function $\mathfrak{F}(s)$ durch $e^{\alpha i}\mathfrak{F}(s)$, wo α eine reelle Grösse ist, und dem entsprechend $\mathfrak{F}_1(s_1)$ durch $e^{-\alpha i}\mathfrak{F}_1(s_1)$, so erhält man, da die Länge des Linienelementes der Minimalfläche hierbei nicht geändert wird, eine Biegungsfläche der vorigen Fläche, welche wieder eine Minimalfläche ist.*) Hierbei entsprechen die Krümmungslinien der Biegungsfläche einer Schaar von Curven, welche die Krümmungslinien der ursprünglichen Fläche unter dem Winkel $\frac{1}{2}\alpha$ schneiden, denn es geht $d\sigma$ in $e^{\frac{1}{2}\alpha i}d\sigma$ über. Die reelle Grösse α kann als ein variabler Parameter aufgefasst werden: Es ist also möglich, Theile einer Minimalfläche auf stetige Weise mit einem variablen Parameter so zu biegen, dass dieselben während der Biegung beständig Minimalflächen bleiben. Jede Schaar von Curven, welche die Krümmungslinien der ursprünglichen Fläche unter demselben constanten Winkel schneiden, wird bei dieser Biegung einmal zu einer Schaar von Krümmungslinien. Auch gilt der Satz, dass die bei der Multiplication von $\mathfrak{F}(s)$ mit $e^{\alpha i}$ entstehenden Biegungen einer Minimalfläche die einzigen Biegungen derselben sind, bei welchen sie die Eigenschaft, Minimalfläche zu sein, beibehält.

Denkt man sich während der Biegung, indem man α als variabel betrachtet, einen Punkt des gebogenen Flächentheiles festgehalten, was durch passende Verfügung über die durch die Integration eingeführten Constanten erreicht wird, so geht die Biegung den obigen Formeln zufolge in der Art vor sich, dass die Tangentialebenen in allen entsprechenden Punkten parallel sind und dass die Tangenten je zweier entsprechenden Linienelemente mit einander den Winkel α einschliessen. Jeder Punkt des Minimalflächenstückes beschreibt während der Biegung eine Ellipse, deren Mittelpunkt der festgehaltene Punkt ist.

Einen speciellen Fall dieser Biegung, welcher dem Werthe $\alpha = \pm\frac{1}{2}\pi$ entspricht, kennt man durch eine kurze Mittheilung des Herrn Ossian Bonnet seit dem Jahre 1853 (Comptes rendus Tome 37. p. 532). Bezeichnen $\mathfrak{x}$, $\mathfrak{y}$, $\mathfrak{z}$ die Coordinaten des dem Punkte x, y, z

*) Siehe S. 119 dieses Bandes.

unter der Voraussetzung $\alpha = -\frac{1}{2}\pi$ nach der Biegung entsprechenden Punktes, so erhält man einerseits die Gleichungen

$$d\mathfrak{x} = -\mathfrak{R}[(1-s^2)\,i\,\mathfrak{F}(s)\,ds],$$
$$d\mathfrak{y} = +\mathfrak{R}[(1+s^2)\,\mathfrak{F}(s)\,ds],$$
$$d\mathfrak{z} = -\mathfrak{R}[2si\,\mathfrak{F}(s)\,ds],$$

andererseits ergeben sich aus den Gleichungen

$$d\mathfrak{x}^2 + d\mathfrak{y}^2 + d\mathfrak{z}^2 = dx^2 + dy^2 + dz^2,$$
$$d\mathfrak{x}\,dx + d\mathfrak{y}\,dy + d\mathfrak{z}\,dz = 0,$$
$$X d\mathfrak{x} + Y d\mathfrak{y} + Z d\mathfrak{z} = 0$$

bei richtiger Bestimmung des Vorzeichens folgende Ausdrücke

$$d\mathfrak{x} = Z dy - Y dz, \quad d\mathfrak{y} = X dz - Z dx, \quad d\mathfrak{z} = Y dx - X dy.$$

Hierbei erhält man beiläufig den Satz, dass die auf der rechten Seite der vorstehenden Gleichungen stehenden Ausdrücke vollständige Differentiale sind, was einer bekannten Form der partiellen Differentialgleichung der Minimalflächen entspricht. (Lagrange, Oeuvres complètes Tome I. p. 356.)

Ueber den allgemeineren Fall der Biegung einer Minimalfläche unter der Bedingung, dass sie die Eigenschaft behält, Minimalfläche zu sein, vergleiche man Ossian Bonnet, Journal de l'École polytechnique, Cah. 42, (1860) 1867 p. 7—15 und die Monographie: „Ueber Raumcurven und Flächen" von K. Peterson, Leipzig bei Franz Wagner, 1868, S. 66 und 72.

IV.

Bezeichnet man die drei Grössen

$$x + \mathfrak{x}i = \int_{s_0}^{s} (1-s^2)\,\mathfrak{F}(s)\,ds,$$

$$y + \mathfrak{y}i = \int_{s_0}^{s} i(1+s^2)\,\mathfrak{F}(s)\,ds,$$

$$z + \mathfrak{z}i = \int_{s_0}^{s} 2s\,\mathfrak{F}(s)\,ds$$

beziehlich mit U, V, W und führt statt s irgend eine Function t von s als neue unabhängige Variable ein, so erhält man folgenden Satz: Sind U, V, W im Sinne der neueren Functionentheorie drei Functionen derselben complexen Grösse t, welche die Eigenschaft besitzen, dass die Summe der Quadrate ihrer Ableitungen

$$\left(\frac{dU}{dt}\right)^2+\left(\frac{dV}{dt}\right)^2+\left(\frac{dW}{dt}\right)^2$$

identisch gleich Null ist, so stellen die Gleichungen

$$x = \Re U, \quad y = \Re V, \quad z = \Re W,$$

wenn x, y, z rechtwinklige Punktcoordinaten bezeichnen und der Buchstabe $\Re$ die oben erklärte Bedeutung hat, in allgemeinster Weise eine Minimalfläche dar. Diese Gleichungen stehen übrigens mit den von Monge (Application de l'Analyse à la Géométrie, édition de M. Liouville p. 219 et 220) gegebenen auf derselben Stufe.

Werden die drei complexen Grössen U, V, W in drei Ebenen durch Punkte geometrisch dargestellt, so ergeben sich drei conforme Abbildungen der betrachteten Minimalfläche auf diese drei Ebenen. Da nun den Curven, in welchen die Minimalfläche von der Ebenenschaar $z =$ const. geschnitten wird, in der Ebene der complexen Grösse W eine Schaar von parallelen Geraden entspricht, welche die in dieser Ebene liegende Axe des Reellen rechtwinklig schneiden, so bilden die Curven $z =$ const. (Niveaucurven) nebst ihren orthogonalen Trajectorien, den Curven des stärksten Falles, ein isometrisches Curvensystem auf der Fläche. Dieser Satz gilt unverändert für alle Curven, in welchen eine Minimalfläche von irgend einer Schaar von parallelen Ebenen geschnitten wird, und deren orthogonale Trajectorien.

Bezeichnet man die zu den Grössen U, V, W conjugirten complexen Grössen mit U_1, V_1, W_1, so ergibt sich

$$dl^2 = dx^2+dy^2+dz^2 = \tfrac{1}{2}(dU\cdot dU_1+dV\cdot dV_1+dW\cdot dW_1).$$

Man verdankt Riemann eine interessante geometrische Interpretation dieses Satzes. (S. Art. 7 der oben erwähnten Abhandlung.) Nach der obigen Formel ist zunächst das Quadrat der Länge des Linienelementes der Minimalfläche gleich der halben Summe der Quadrate der Längen der entsprechenden Linienelemente in den Ebenen der complexen Grössen U, V, W. Da nun die Linearvergrösserung bei der conformen Abbildung in irgend einem Punkte nach allen Richtungen dieselbe ist, so ist die Flächenvergrösserung gleich dem Quadrate der Linearvergrösserung. Also ist das Flächenelement der Minimalfläche gleich der halben Summe der entsprechenden Flächenelemente in den Ebenen der complexen Grössen U, V, W, und dasselbe gilt von ganzen Flächentheilen der Minimalfläche und deren conformen Abbildungen in den Ebenen der Grössen U, V, W. Werden nun die Flächenelemente in diesen Ebenen beziehungsweise durch $dx \cdot d\mathfrak{x}$, $dy \cdot d\mathfrak{y}$, $dz \cdot d\mathfrak{z}$ bezeichnet (wobei zu bemerken ist, dass diese Producte in Folge der soeben getroffenen Festsetzung nicht mehr dieselbe Bedeutung haben, wie vorher), so wird durch den angegebenen Satz die Berechnung des Flächeninhalts eines gegebenen Stückes M einer Minimalfläche auf die Berechnung des Integrales

$$\tfrac{1}{2}\int\int(dx \cdot d\mathfrak{x} + dy \cdot d\mathfrak{y} + dz \cdot d\mathfrak{z})$$

zurückgeführt. (Man vergl. die Formel 5 des Art. 6 der citirten Abhandlung.)

Dieses Doppelintegral geht aber, wenn die Integration in Bezug auf x, y, z ausgeführt wird, in das über die Begrenzung von M zu erstreckende einfache Integral

$$\tfrac{1}{2}\int(x\,d\mathfrak{x} + y\,d\mathfrak{y} + z\,d\mathfrak{z})$$

über, welchem man auch die Gestalt

$$\tfrac{1}{2}\int\begin{vmatrix} X, & Y, & Z \\ x, & y, & z \\ dx, & dy, & dz \end{vmatrix}$$

geben kann.

Das Element des letzteren Integrals kann nun wie folgt geometrisch interpretirt werden.

Man verbinde die Endpunkte eines Elementes dl der Begrenzung von M durch geradlinige Strecken mit dem Coordinatenanfang und bezeichne den Flächeninhalt des hierdurch entstandenen Dreiecks mit df; ω sei der Neigungswinkel der Ebene dieses Dreiecks gegen die Tangentialebene von M an der betrachteten Randstelle. Dann ist

$$\tfrac{1}{2}\begin{vmatrix} X, & Y, & Z \\ x, & y, & z \\ dx, & dy, & dz \end{vmatrix} = \cos\omega \cdot df.$$

Denkt man sich diese Construction für alle Elemente der Begrenzungslinie von M ausgeführt, so bildet die Gesammtheit der Dreiecke eine bestimmte Kegelfläche, deren Seiten den Coordinatenanfang mit allen Punkten der Begrenzungslinie von M verbinden. Tritt nun der specielle Fall ein, dass diese Kegelfläche gegen die Minimalfläche längs der Begrenzung unter constantem Winkel ω geneigt ist, so ist der Flächeninhalt des Minimalflächenstückes gleich dem Producte aus dem Flächeninhalt des betrachteten Stückes der Kegelfläche und dem Cosinus des Neigungswinkels beider Flächen gegen einander. Insbesondere ist der Flächeninhalt des Minimalflächenstückes dem Flächeninhalt des betrachteten Stückes der Kegelfläche gleich, wenn jener Winkel überall gleich Null ist.

Diese den Flächeninhalt von Minimalflächenstücken betreffenden Sätze, von welchen specielle Fälle (Lindelöf-Moigno, Calcul des variations p. 210—212, 1861) schon seit längerer Zeit bekannt sind, lassen sich auch sehr einfach auf mehr geometrischem Wege beweisen, wenn man eine Schaar ähnlicher und ähnlich gelegener Minimalflächenstücke betrachtet und die Differenz des Flächeninhalts zweier unendlich benachbarten in doppelter Weise ausdrückt.

V.

Setzt man in den Formeln, durch welche die Grössen U, V, W eingeführt wurden, für $d\mathfrak{x}$, $d\mathfrak{y}$, $d\mathfrak{z}$ ihre durch X, Y, Z, dx, dy, dz ausgedrückten Werthe, so ergeben sich die, wie mir scheint, bemerkenswerthen Gleichungen

$$U = x + i\int(Z\,dy - Y\,dz),$$
$$V = y + i\int(X\,dz - Z\,dx),$$
$$W = z + i\int(Y\,dx - X\,dy),$$

welche zu einer expliciten Lösung folgender Aufgabe führen: Es soll eine Minimalfläche analytisch bestimmt werden, welche durch eine beliebige vorgeschriebene analytische Linie hindurchgeht und längs dieser Linie in jedem Punkte eine vorgeschriebene Normale besitzt, deren Lage sich längs der gegebenen analytischen Linie nach einem gegebenen analytischen Gesetze ändert.

Denkt man sich nämlich die Coordinaten x, y, z eines beliebigen Punktes der vorgeschriebenen Linie und ebenso X, Y, Z, die Cosinus der Winkel, welche die vorgeschriebene Normale in dem betrachteten

Punkte mit den Coordinatenaxen bildet, als analytische Functionen einer reellen Variablen t gegeben, so dass also die Gleichungen

$$X^2+Y^2+Z^2 = 1, \quad X dx + Y dy + Z dz = 0$$

identisch befriedigt sind, so sind die Functionen U, V, W für die reellen Werthe von t, abgesehen von additiven rein imaginären Constanten, auf welche es hier nicht ankommt, eindeutig bestimmt und befriedigen die Gleichungen

$$X dU + Y dV + Z dW = 0, \quad (dU)^2+(dV)^2+(dW)^2 = 0$$

identisch.

Weil aber die Functionen U, V, W analytische Functionen der Variablen t sind, so haben dieselben auch für alle complexen Werthe von t, welche diese Variable als Argument der analytischen Functionen x, y, z, X, Y, Z annehmen kann, eine bestimmte Bedeutung, während die Gleichungen

$$X dU + Y dV + Z dW = 0, \quad (dU)^2+(dV)^2+(dW)^2 = 0$$

unverändert bestehen bleiben. Wenn man nun der Variablen t auch diese complexen Werthe beilegt, so stellen die Gleichungen

$$x' = \Re U, \quad y' = \Re V, \quad z' = \Re W$$

eine Minimalfläche dar, welche die vorgeschriebenen Eigenschaften besitzt.

Aus dem Vorhergehenden kann auch der Schluss gezogen werden, dass es unter den angegebenen Voraussetzungen nur eine einzige Minimalfläche giebt, welche den gestellten Bedingungen genügt. Denn, betrachtet man an Stelle der Grösse t wieder die Grösse

$$s = \frac{X+Yi}{1-Z}$$

als unabhängige Variable, so sind die Functionen U, V, W des complexen Argumentes s in Folge der obigen Gleichungen längs einer Linie, nämlich für diejenigen Werthe von s, welche den vorgeschriebenen Normalen entsprechen, durch die gestellten Bedingungen dem Werthe nach bis auf additive rein imaginäre Constanten, welche willkürlich angenommen werden können, bestimmt. Nach einem bekannten Satze der Theorie der analytischen Functionen, dessen Voraussetzungen im vorliegenden Falle erfüllt sind, ist aber eine Function complexen

Argumentes vollständig bestimmt, sobald deren Werthe längs einer Linie gegeben sind.

Hieraus ergibt sich folgender allgemeine Satz: Wenn zwei Minimalflächen eine Linie gemeinsam haben und wenn längs dieser Linie die Normalen beider Flächen zusammenfallen, so fallen beide Flächen, beziehungsweise deren analytische Fortsetzungen, in ihrer ganzen Ausdehnung mit einander zusammen.

Dieser Satz, dessen Kenntniss ich einer gütigen mündlichen Mittheilung des Herrn Weierstrass verdanke, enthält als specielle Fälle folgende beiden Sätze:

1. Jede auf einem Stücke einer Minimalfläche liegende gerade Linie ist eine Symmetrieaxe der durch analytische Fortsetzung dieses Stückes entstehenden Minimalfläche.

2. Wenn auf einem Stücke einer Minimalfläche eine ebene Curve liegt, längs welcher die Tangentialebene der Fläche und die Ebene der Curve mit einander einen rechten Winkel einschliessen, so ist die Ebene dieser Curve eine Symmetrie-Ebene derjenigen Minimalfläche, welche durch analytische Fortsetzung dieses Stückes entsteht.

Eine Anwendung dieser Sätze enthält ein in den Monatsberichten der Berliner Akademie vom Jahre 1872, S. 3—27 veröffentlichter Aufsatz des Verfassers.*)

Die allgemeine Aufgabe, durch eine vorgeschriebene Linie eine Minimalfläche zu legen, deren Normalen längs der Linie ebenfalls vorgeschrieben sind, ist schon vor längerer Zeit von E. G. Björling, später von den Herren Ossian Bonnet und Mathet in Angriff genommen worden.

Mit Hülfe der obigen Formeln kann man leicht alle Minimalflächen bestimmen, welche zugleich geradlinige Flächen sind.

Wählt man nämlich eine beliebige geradlinige Erzeugende einer geradlinigen Minimalfläche zur x-Axe, die diese Erzeugende und die derselben unendlich benachbarte Erzeugende rechtwinklig schneidende Gerade zur z-Axe eines rechtwinkligen Coordinatensystems, so ist es stets möglich, eine Constante a so zu bestimmen, dass $z = a \cdot \frac{y}{x}$ die Gleichung eines hyperbolischen Paraboloides darstellt, welches die Minimalfläche längs der Geraden $y = 0$, $z = 0$ berührt. Man hat also zu setzen

*) Siehe S. 126—148 dieses Bandes.

$$y = 0, \quad z = 0, \quad X = 0, \quad Y = \frac{-a}{\sqrt{a^2+x^2}}, \quad Z = \frac{x}{\sqrt{a^2+x^2}},$$

oder besser

$$x = \frac{a}{i}\cdot \sin(ti), \; y = 0, \; z = 0, \; X = 0, \; Y = \frac{-1}{\cos(ti)}, \quad Z = \frac{1}{i}\cdot \operatorname{tg}(ti),$$

und erhält dann ohne Mühe

$$z = a \operatorname{arctg} \frac{y}{x}$$

als Gleichung der Minimalfläche selbst. Hieraus ergibt sich der Satz: Jede geradlinige Minimalfläche ist entweder eine Ebene oder eine Schraubenfläche, deren erzeugende Geraden von der Axe der Schraubenfläche rechtwinklig geschnitten werden.

Für diesen Satz gibt es eine Anzahl verschiedener Beweise, welche man den Herren O. Bonnet, Catalan, M. Roberts, Serret u. A. verdankt.

Man kann nun die Lösung der allgemein gestellten Aufgabe für einige specielle Fälle durchführen.

1. Es wird die Minimalfläche gesucht, welche das hyperbolische Paraboloid $2z = a(x^2 - y^2)$ längs der Schnittlinie desselben mit dem Rotationscylinder $x^2 + y^2 = 1$ berührt.

Die gesuchte Fläche ist eine algebraische.

2. Für welche Minimalfläche ist eine Parabel eine geodätische Linie?

Man erhält dieselbe transcendente Fläche, für welche Herr Catalan (Comptes rendus, Tome 41. p. 1022, 1855; Journal de l'École polytechnique, Cah. 37. p. 160—163, 1858) eine geometrische Construction gegeben hat.

3. Für welche Minimalfläche ist eine Ellipse eine geodätische Linie?

Man erhält eine transcendente Fläche, auf welcher eine einfach unendliche Schaar von Raumcurven vierten Grades liegt, von denen jede einen isolirten Doppelpunkt besitzt.*) Die sphärischen Bilder dieser Curven vierten Grades sind confocale sphärische Kegelschnitte.

---

*) Längs jeder Curve der Schaar wird die betrachtete Fläche von einem Kegel zweiten Grades berührt, dessen Mittelpunkt mit dem isolirten Doppelpunkte der Curve zusammenfällt. (Späterer Zusatz. 1875.)

VI.

Die Aufgabe, durch eine geschlossene analytische Linie L eine Minimalfläche zu legen, auf welcher diese Linie ein in seinem Innern von singulären Stellen freies, einfach zusammenhängendes Flächenstück begrenzt, ist, wenn man von dem trivialen Falle absieht, in welchem die vorgeschriebene Linie L eine ebene Curve ist, bis jetzt noch in keinem einzigen Falle gelöst worden, obwohl Gergonne im Jahre 1816 die Aufmerksamkeit der Mathematiker gerade auf diese Aufgabe hingelenkt und im 7. Bande seines Journals (p. 68) eine bestimmte Aufgabe dieser Art gestellt hat.

Die analoge Aufgabe hingegen, bei welcher die vorgeschriebene Linie L von einer Anzahl geradliniger Strecken gebildet wird, ist in der neuesten Zeit von Riemann und Weierstrass in vollster Allgemeinheit gelöst worden. Die Veröffentlichung der von Herrn Weierstrass benutzten Untersuchungsmethode steht noch bevor. Von den Untersuchungen Riemann's auf diesem Gebiete gibt die oben erwähnte posthume Abhandlung Kunde.

In Bezug auf die specielle Minimalfläche, deren Begrenzung als ein von vier Kanten eines regulären Tetraeders gebildetes Vierseit vorgeschrieben ist, sei verwiesen auf eine in den Monatsberichten der Berliner Akademie vom Jahre 1865 (S. 149—153) enthaltene Mittheilung*) und auf die Monographie des Verfassers: Bestimmung einer speciellen Minimalfläche.**) Berlin 1871.

VII.

Die einzige unzerlegbare Fläche zweiten Grades, welche im analytischen Sinne als eine Minimalfläche aufgefasst werden kann, ist die Kugelfläche, deren Radius gleich Null ist. Die Frage aber, welches die unzerlegbaren algebraischen Minimalflächen des nächst höheren Grades, beziehungsweise der nächst höheren Klasse sind, sieht noch ihrer Beantwortung entgegen.

Von den Punktsingularitäten, welche eine algebraische Minimalfläche haben kann, und dem Verhalten einer solchen Fläche im Unendlichen handelt ein Aufsatz des Herrn Geiser, Mathematische Annalen, Band 3, S. 530—534 (1871).

Die Minimalflächen, für welche die eine Schaar der Krümmungs-

---

*) Siehe S. 1—5 dieses Bandes.

**) Siehe S. 6—125 dieses Bandes.

linien eine Schaar ebener Curven ist, haben die Eigenschaft, dass auch die andere Schaar der Krümmungslinien von ebenen Curven gebildet wird. Zu diesen Flächen, welche von Herrn Ossian Bonnet (Comptes rendus, Tome 41. p. 1058, 1855) analytisch bestimmt worden sind, gehört auch eine algebraische Minimalfläche neunten Grades, welche nur als ein Grenzfall in den Ossian Bonnetschen Formeln enthalten ist und deren Gleichung Herr Enneper aufgestellt hat. (Zeitschrift für Mathematik, Bd. IX, S. 108, 1864.)

Man erhält diese Fläche, wenn man in den obigen Gleichungen $\frac{d\sigma}{ds}$, also auch $\mathfrak{F}(s)$ einer reellen Constante gleichsetzt. Die beiden Schaaren der Krümmungslinien dieser Fläche werden von ebenen Curven dritten Grades gebildet, während die isogonalen Trajectorien derselben Raumcurven dritten Grades sind. Diese Fläche hat ferner die Eigenschaft, auf stetige Weise in sich selbst verbiegbar zu sein; denn setzt man $s \cdot e^{\alpha i}$ statt s, $s_1 \cdot e^{-\alpha i}$ statt s_1, so wird die Länge des Linienelementes der Fläche nicht geändert und hieraus folgt die Richtigkeit der aufgestellten Behauptung.

Die Eigenschaft, auf stetige Weise in sich selbst und folglich auf eine Rotationsfläche verbiegbar zu sein, kommt allen Minimalflächen zu, bei welchen $\mathfrak{F}(s) = C \cdot s^{m-2}$ ist, wo C eine beliebige, m eine reelle Constante bezeichnet, denn die Länge des Linienelementes dieser Flächen wird durch die Substitution von $s \cdot e^{\alpha i}$ für s und $s_1 \cdot e^{-\alpha i}$ für s_1 nicht geändert. Die der Annahme $\mathfrak{F}(s) = C \cdot s^{m-2}$ entsprechenden Minimalflächen sind zugleich die einzigen Minimalflächen, welche die angegebene Eigenschaft besitzen.

Die Richtigkeit dieser Behauptung ergibt sich vielleicht am einfachsten aus folgender Ueberlegung.

Wenn eine Minimalfläche so gebogen wird, dass sie nach der Biegung wieder eine Minimalfläche ist, so wird in jedem ihrer Punkte weder die mittlere Krümmung noch das Gaussische Krümmungsmass geändert, also haben die Hauptkrümmungsradien in jedem Punkte der Fläche nach der Biegung dieselbe Grösse wie vor der Biegung. Hieraus folgt, dass das durch parallele Normalen erhaltene conforme sphärische Bild eines Stückes der Minimalfläche durch die in Rede stehende Biegung weder in den kleinsten Theilen noch im Ganzen bezüglich Gestalt und Grösse geändert wird; denn das Vergrösserungsverhältniss hat für jeden Punkt der Minimalfläche vor und nach der Biegung denselben Werth. Das erwähnte sphärische Bild kann also, wenn es überhaupt seine Lage auf der Kugelfläche ändert, zufolge einer bekannten Eigenschaft congruenter sphärischer Figuren, nur eine Drehung auf der Kugelfläche erfahren.

Hat nun eine Minimalfläche die Eigenschaft, auf stetige Weise in sich selbst verbiegbar zu sein, so wird bei einer solchen Biegung der Fläche in sich selbst, bei welcher, um eine gebräuchliche Ausdrucksweise anzuwenden, alle Punkte eines Stückes der Fläche ihre Lage nur unendlich wenig ändern, das sphärische Bild dieses Flächenstückes eine unendlich kleine Drehung auf der Kugelfläche erfahren. Hieraus folgt, dass das sphärische Bild jeder auf der Minimalfläche liegenden Linie, welche bei dieser Biegung in sich selbst gebogen wird, ein Kreis sein muss, welcher bei jener Drehung sich selbst entspricht. Alle diese Kreise bilden eine Schaar von Parallelkreisen der Kugel. Wählt man nun, was stets möglich ist, das Coordinatensystem so, dass den beiden Polen dieser Parallelkreise die Werthe $s = 0$ und $s = \infty$ entsprechen, so ergibt sich, dass bei jeder Biegung der Minimalfläche in sich selbst die Grössen s, s_1 in $s \cdot e^{\alpha i}$, $s_1 \cdot e^{-\alpha i}$ übergehen, wo α eine reelle Grösse bezeichnet. Denn es gibt ausser den diesem Uebergange entsprechenden Drehungen keine andere, bei welcher jeder der erwähnten Parallelkreise in sich selbst übergeht. Da nun auch das Quadrat der Länge des Linienelementes der Fläche

$$dl^2 = (1+ss_1)^2 \mathfrak{F}(s)\mathfrak{F}_1(s_1)\, ds\, ds_1$$

bei der Vertauschung von s, s_1 mit $s \cdot e^{\alpha i}$, $s_1 \cdot e^{-\alpha i}$ ungeändert bleiben muss, weil die Fläche der Annahme zufolge in sich selbst verbogen wird, so muss der absolute Betrag von $\mathfrak{F}(s)$ eine Function des absoluten Betrages von s allein sein und hieraus folgt $\mathfrak{F}(s) = C \cdot s^{m-2}$, wo C eine beliebige, m eine reelle Constante bezeichnet.

Dieselbe Frage nach den Minimalflächen, welche Biegungen von Rotationsflächen sind, ist auf anderem Wege von Bour in seiner Preisschrift über die Biegung der Flächen (Journal de l'École polytechnique, Cah. 39. p. 99—109 [1860] 1862) beantwortet worden.

Den Meridianen und den Parallelkreisen der Rotationsflächen entsprechen bei der vorhin getroffenen Wahl des Coordinatensystems die Curven, längs denen beziehungsweise der reelle und der imaginäre Theil von $i \log s$ constant ist.

Gibt man der Zahl m den Werth 0, so erhält man alle ohne Gestaltsänderung der einzelnen Theile in sich verschiebbaren Minimalflächen, welche also zugleich Schraubenflächen sind. Für $m = 0$ und reelle Werthe von C ergibt sich die durch Rotation einer Kettenlinie um ihre Directrix als Axe entstehende Minimalfläche. Für $m = 0$ und rein imaginäre Werthe von C ergibt sich die oben erwähnte geradlinige Schraubenfläche. Die Gleichung der für $m = 0$ und für beliebige Werthe von C sich ergebenden Minimalflächen ist zuerst von Herrn Scherk im Jahre 1831 in der Beantwortung einer von der Jablonowskischen Gesellschaft gestellten Preisfrage aufgestellt worden.

VIII.

Ebenso wie man nach allen geradlinigen Minimalflächen fragen kann, kann man die Aufgabe stellen, alle Minimalflächen zu bestimmen, welche eine einfach unendliche Schaar anderer vorgeschriebener Linien enthalten. Diese Aufgabe ist für den Fall, dass die vorgeschriebenen Curven Kreise sein sollen, von Herrn Enneper gelöst worden, welcher in einem Aufsatze „Die cyclischen Flächen“ (Zeitschrift für Mathematik, Bd. XIV, S. 393—406, 1869) zu folgendem Ergebnisse gelangt ist: Wenn eine Minimalfläche die Eigenschaft besitzen soll, eine einfach unendliche Schaar (reeller) Kreise zu enthalten, so müssen alle diese Kreise in parallelen Ebenen liegen. Ein Auszug aus der eben angeführten Abhandlung ist in den „Göttinger Nachrichten“ vom Jahre 1866 (Nr. 15 vom 11. Juli, S. 243—249) abgedruckt, welcher die allgemeine Gleichung aller Minimalflächen, auf denen eine Schaar reeller Kreise liegt, in einfacher Gestalt enthält. Auch der letzte Artikel der mehrfach erwähnten posthumen Abhandlung Riemann's handelt von diesen Flächen. Mit Ausnahme der Rotationsfläche der Kettenlinie haben dieselben die Eigenschaft periodisch zu sein, sie besitzen eine Symmetrie-Ebene, enthalten unendlich viele einzelne gerade Linien und haben unendlich viele Asymptoten-Ebenen. Längs jedes Kreises der Schaar wird jede dieser Flächen von einem Kegel zweiten Grades berührt und zwar sind diese Kegel für jede dieser Flächen concyclisch, d. h. bei jeder solchen Fläche schneiden dieselben beiden Schaaren von parallelen Ebenen die Tangentialkegel zweiten Grades in Kreisen. Der Schaar der auf der Minimalfläche liegenden Kreise entspricht daher bei der durch parallele Normalen vermittelten conformen Uebertragung der Minimalfläche auf die Kugel eine Schaar von confocalen sphärischen Kegelschnitten. Die Function $\mathfrak{F}(s)$ erhält für diese Flächen bei passender Wahl des Coordinatensystems die Gestalt

$$\mathfrak{F}(s) = \frac{C}{s\sqrt{(s - \operatorname{cotg} \varepsilon) s (s + \operatorname{tg} \varepsilon)}},$$

wo C und ε zwei reelle Constanten bezeichnen. Je zwei Flächen dieser Art, für welche C denselben Werth hat, während die beiden Werthe von ε sich zu $\frac{1}{2}\pi$ ergänzen, sind solche Biegungen von einander, dass den Krümmungslinien der einen Fläche die Asymptotenlinien der anderen entsprechen. Die dem Werthe $\varepsilon = \pm\frac{1}{4}\pi$ entsprechende Fläche ist daher in der Art auf sich selbst abwickelbar, dass den Krümmungslinien die Asymptotenlinien der Fläche entsprechen und umgekehrt.

Auf eine Fläche dieser Art führt auch der in dem Nachtrage zu meiner Abhandlung „Bestimmung einer speciellen Minimalfläche" auf S. 92*) angegebene, aber nicht näher untersuchte Fall, in welchem die Function $\mathfrak{F}(s)$ durch die Gleichung

$$\mathfrak{F}(s) = \frac{C}{\sqrt{(1-s^2)^3(1+s^2)}}$$

bestimmt ist, denn dieser Fall geht in den vorher erwähnten über, wenn an Stelle der Grösse s die Grösse $\frac{1-s}{1+s}\cdot i$ als unabhängige Variable eingeführt wird.

IX.

Wie die Betrachtung der Minimalflächen überhaupt bei einem Probleme des Minimums angefangen hat, so kann man die Betrachtung jeder speciellen Minimalfläche mit der Beantwortung einer Frage des Minimums beendigen.

Wenn nämlich eine Minimalfläche gegeben ist, also eine analytische Fläche, welche in jedem ihrer Punkte gleich grosse und entgegengesetzt gerichtete Hauptkrümmungsradien besitzt, wie kann man auf derselben eine oder mehrere Linien wählen, welche ein zusammenhängendes Stück M der Fläche begrenzen, um sicher zu sein, dass dieses Flächenstück M unter allen von denselben Randlinien begrenzten und diesem Flächenstück unendlich benachbarten Flächenstücken den kleinsten Flächeninhalt besitzt?

Die Beantwortung dieser Frage hängt davon ab, ob die zweite Variation des Flächeninhalts für alle Variationen des Flächenstückes

*) Siehe S. 103 dieses Bandes.

M, welche die Begrenzung desselben ungeändert lassen, positiv ist, oder ob dieselbe für einige dieser Variationen auch den Werth Null oder negative Werthe annehmen kann.

Eine nähere Untersuchung dieser zweiten Variation, welche in den Monatsberichten der Berliner Akademie, Jahrgang 1872, S. 718,*) veröffentlicht ist, hat zu dem Ergebnisse geführt, dass jene Entscheidung über das Vorzeichen unabhängig ist von der speciellen Function $\mathfrak{F}(s)$, welche die Besonderheit der Minimalfläche bedingt, von welcher M ein Stück ist. Die erwähnte Entscheidung hängt vielmehr nur von der Gestaltung des sphärischen Bildes ab, welches dem Flächenstücke M bei der durch parallele Normalen vermittelten Zuordnung entspricht, und fällt daher für alle Minimalflächenstücke, welche dasselbe sphärische Bild besitzen, in gleichem Sinne aus. Zugleich hat jene Untersuchung zu dem Satze geführt, dass die in Rede stehende zweite Variation stets dann und nur dann beständig positiv ist, wenn es ein zusammenhängendes Minimalflächenstück gibt, welches dem betrachteten Flächenstücke M in der ganzen Ausdehnung des letzteren unendlich benachbart ist, mit demselben aber keinen Punkt gemein hat.

Gibt es daher einen Punkt P, welcher in keiner Tangentialebene des Flächenstückes M enthalten ist, so braucht man nur für den Punkt P als Aehnlichkeitspunkt ein dem Flächenstück M unendlich benachbartes ähnliches und ähnlich gelegenes Flächenstück zu construiren und man kann dann dem vorher erwähnten Satze zufolge schliessen, dass das Flächenstück M unter allen unendlich benachbarten, denselben Grenzbedingungen genügenden Flächenstücken den kleinsten Flächeninhalt besitzt.

Allgemein gilt folgender Satz: Ein bestimmtes Stück einer Minimalfläche besitzt unter allen von denselben Randlinien begrenzten und ihm unendlich benachbarten Flächenstücken stets dann und im Allgemeinen auch nur dann den kleinsten Flächeninhalt, wenn es ein dem betrachteten Flächenstücke durch parallele Normalen Punkt für Punkt entsprechendes Minimalflächenstück $\mathfrak{M}$ gibt, dessen sämmtliche Tangentialebenen von ein und demselben Punkte des Raumes einen von Null verschiedenen Abstand haben.

X.

Es ist bisher nicht gelungen, für jede gegebene Begrenzungslinie L die Frage zu beantworten, ob es nur ein einziges oder ob es meh-

*) Siehe S. 151 dieses Bandes.

rere Flächenstücke gibt, welche von der Linie L begrenzt sind, in ihrem Innern keine singulären Stellen enthalten und je unter allen ihnen unendlich benachbarten Flächenstücken den kleinsten Flächeninhalt besitzen. Eine interessante mit dieser Frage zusammenhängende Untersuchung hat Steiner angestellt. (Journal für Mathematik Bd. 24, S. 239 Anm., 1842.)*) Diese Untersuchung bezieht sich auf zwei von derselben Randlinie begrenzte Flächenstücke, für welche bei passender Wahl des Coordinatensystems gleichzeitig die eine Coordinate eine eindeutige Function der beiden andern ist. Unter dieser Voraussetzung ergibt sich, dass jedenfalls einem der beiden Flächenstücke die Eigenschaft des Minimums nicht zukommt.

Die im Vorhergehenden erwähnten auf die zweite Variation bezüglichen Lehrsätze gelten unter der Voraussetzung, dass bei der Variation des betrachteten Flächenstückes die Begrenzung desselben als fest betrachtet wird. Lässt man diese Voraussetzung fallen, so eröffnet sich der Forschung ein bisher noch wenig betretenes Gebiet, dessen Schwelle folgender, ebenfalls von Steiner (Monatsberichte der Berliner Akademie, Jahrgang 1840, S. 118)**) herrührender Satz bezeichnet: Unter allen zu einem Minimalflächenstücke äquidistanten Flächenstücken besitzt das Minimalflächenstück selbst nicht den kleinsten, sondern den grössten Flächeninhalt.

Unterstrass bei Zürich, im December 1874.

---

*) Jacob Steiner, Gesammelte Werke, Band II, S. 298.

**) Jacob Steiner, Gesammelte Werke, Band II, S. 176.

Ueber diejenigen Minimalflächen, welche von einer Schaar von Kegeln zweiten Grades eingehüllt werden.

Journal für reine und angewandte Mathematik, Band 80, S 301—314.

Die Minimalflächen, welche eine Schaar reeller Kreise enthalten, haben die Eigenschaft (vergl. Art. VIII der Miscellen)*), längs dieser Kreise von einer Schaar concyclischer Kegel zweiten Grades berührt zu werden. Jede solche Fläche wird nämlich längs jedes auf ihr liegenden Kreises von einem Kegel oder Cylinder zweiten Grades berührt und alle dieselbe Fläche einhüllenden Kegel zweiten Grades werden von denselben beiden Schaaren paralleler Ebenen in Kreisen geschnitten.

Eine analoge Eigenschaft besitzen die Minimalflächen, welche eine Ellipse oder eine Hyperbel als kürzeste Linie enthalten; denn auf diesen Flächen liegt ebenfalls eine einfach unendliche Schaar von algebraischen Curven, nämlich von Raumcurven vierten Grades, und längs jeder von diesen Curven werden die erwähnten Flächen von einem Kegel zweiten Grades berührt. Diese Kegel sind, wie in dem vorher angeführten Falle, concyclisch.

Die vorliegende Abhandlung beschäftigt sich in ihrem ersten Theile mit der Aufgabe: Alle Minimalflächen zu bestimmen, welche von einer Schaar concyclischer Kegel zweiten Grades umhüllt werden.

Dass mit der Lösung dieser Aufgabe zugleich alle Minimalflächen gefunden sind, welche die Eigenschaft haben, überhaupt von einer Schaar von Kegeln zweiten Grades umhüllt zu werden, wird in dem zweiten Theile bewiesen.

---

*) Siehe S. 186 dieses Bandes.

I.

Zwei Flächen zweiten Grades sollen concyclisch genannt werden, wenn sie die Eigenschaft haben, von denselben beiden Schaaren von parallelen Ebenen in Kreisen geschnitten zu werden.

Sind zwei Flächen zweiten Grades φ und ψ concyclisch, so haben alle mit ihnen zu demselben Büschel gehörenden, d. h. die Schnittlinie derselben enthaltenden Flächen zweiten Grades die Eigenschaft, von denselben Ebenen, welche die Flächen φ und ψ in Kreisen schneiden, ebenfalls in Kreisen geschnitten zu werden. Ein solches Büschel concyclischer Flächen zweiten Grades ist, allgemein zu reden, durch die Eigenschaft charakterisirt, dass dasselbe stets eine Kugelfläche enthält, welche nur dann durch eine Ebene vertreten wird, wenn alle Flächen des Büschels mit der unendlich fernen Ebene des Raumes dieselbe Linie gemein haben.

Ist insbesondere die Fläche φ eine Kegelfläche und die Fläche ψ eine derselben unendlich benachbarte concyclische Kegelfläche, so enthält die durch die Schnittlinie beider Flächen hindurchgehende Kugelfläche den Mittelpunkt des Kegels φ.

Bei einer einfach unendlichen Schaar concyclischer Kegel zweiten Grades kann daher jedem Kegel der Schaar eine Kugelfläche zugeordnet werden, welche den Mittelpunkt dieses Kegels enthält und zugleich durch die Schnittlinie desselben mit dem unendlich benachbarten Kegel der Schaar hindurchgeht.

Man erhält also folgenden Satz: Wenn eine Minimalfläche die Eigenschaft hat, von einer einfach unendlichen Schaar concyclischer Kegel zweiten Grades umhüllt zu werden, so berührt jeder von diesen Kegeln die Minimalfläche längs der Schnittlinie mit einer durch seinen Mittelpunkt hindurchgehenden Kugelfläche.

Wenn aber von einer Minimalfläche eine auf derselben liegende Linie und in jedem Punkte eines Stückes dieser Linie die Normale der Minimalfläche gegeben ist, so ist hierdurch, wie aus dem Inhalt des Art. V der erwähnten Miscellen hervorgeht, die Minimalfläche selbst in ihrer ganzen Ausdehnung unzweideutig bestimmt.

Mit Hülfe der a. a. O. hergeleiteten Gleichungen kann man allgemein diejenige Minimalfläche bestimmen, welche von einem Kegel zweiten Grades längs der Schnittlinie desselben mit irgend einer durch seinen Mittelpunkt hindurchgehenden Kugelfläche berührt wird.

Zu diesem Zwecke mögen als unabhängige Variable zwei veränderliche Grössen u und v eingeführt werden, welche mit den elliptischen Kugelcoordinaten auf gleiche Linie zu stellen sind.

Wo in dem Folgenden die Angabe des Moduls nicht ausdrücklich in die Bezeichnung aufgenommen ist, soll $k = \sin\varepsilon$, $k' = \cos\varepsilon$ gesetzt werden, während K, K' die bekannte Bedeutung haben.

Setzt man unter Anwendung der Gudermannschen Bezeichnungsweise

$$X = \frac{\operatorname{cn} u \operatorname{dn} vi}{\operatorname{dn} u \operatorname{cn} vi}, \quad Y = \frac{-k' \operatorname{sn} u}{\operatorname{dn} u \operatorname{cn} vi}, \quad Z = \frac{1}{i} \cdot \frac{k' \operatorname{sn} vi}{\operatorname{dn} u \operatorname{cn} vi},$$

so ist $\frac{X+Yi}{1-Z}$ eine Function des complexen Argumentes $u+vi = w$, denn es ergibt sich

$$\frac{X+Yi}{1-Z} = \sqrt{\frac{1-k'}{1+k'}} \cdot \sin\operatorname{am}\left\{\frac{1+k'}{2}(u+vi+K+K'i),\ \frac{1-k'}{1+k'}\right\},$$

und es bestehen die Gleichungen

$$\begin{aligned}
&X^2 + Y^2 + Z^2 = 1;\\
&\frac{X^2}{\lambda+1} + \frac{Y^2}{\lambda+k'^2} + \frac{Z^2}{\lambda} = 0; \quad \lambda = -\frac{k'^2}{\operatorname{dn}^2 u}; \quad -k'^2 > \lambda > -1;\\
&\frac{X^2}{\mu+1} + \frac{Y^2}{\mu+k'^2} + \frac{Z^2}{\mu} = 0; \quad \mu = k'^2 \operatorname{tg}^2 \operatorname{am} vi; \quad 0 > \mu > -k'^2.
\end{aligned}$$

Diese Gleichungen stellen, wenn das eine Mal u, das andere Mal v als variabler Parameter angesehen wird, zwei Schaaren confocaler sphärischer Kegelschnitte dar, deren Brennpunkte durch die Gleichungen

$$X = \pm \sin\varepsilon, \quad Y = 0, \quad Z = \pm\cos\varepsilon$$

bestimmt sind. Um alle Punkte der Kugeloberfläche und, allgemein zu reden, jeden nur einmal zu erhalten, hat man der Variablen u alle Werthe von $-2K$ (excl.) bis $+2K$ (incl.) und der Variablen v alle Werthe von $-K'$ bis $+K'$ (beide Werthe incl.) beizulegen.

Man gebe nun der Variablen v einen constanten Werth und denke sich von einem Punkte des Raumes, dessen Coordinaten x_0, y_0, z_0 sind, auf alle Tangentialebenen des Kegels

$$\frac{X^2}{\mu+1} + \frac{Y^2}{\mu+k'^2} + \frac{Z^2}{\mu} = 0$$

Perpendikel gefällt. Wenn x', y', z' die Coordinaten eines beliebigen Punktes eines solchen Perpendikels bezeichnen, so bestehen die Gleichungen

$$x'-x_0 = \varrho\cdot\frac{X}{\mu+1}, \quad y'-y_0 = \varrho\cdot\frac{Y}{\mu+k'^2}, \quad z'-z_0 = \varrho\cdot\frac{Z}{\mu},$$

in welchen ϱ eine veränderliche Grösse bezeichnet. Der geometrische Ort dieser Perpendikel ist die Kegelfläche

$$(\mu+1)\cdot(x'-x_0)^2+(\mu+k'^2)\cdot(y'-y_0)^2+\mu\cdot(z'-z_0)^2 = 0,$$

welche der Kegelfläche

$$\frac{X^2}{\mu+1}+\frac{Y^2}{\mu+k'^2}+\frac{Z^2}{\mu} = 0$$

in der Weise durch Reciprocität entspricht, dass zu jeder Tangentialebene jedes der beiden Kegel eine auf dieser Tangentialebene perpendiculare Seite des andern Kegels gehört.

Betrachtet man die Grösse v als variablen Parameter und x_0, y_0, z_0 als Functionen desselben, so stellt die Gleichung

$$(\mu+1)\cdot(x'-x_0)^2+(\mu+k'^2)\cdot(y'-y_0)^2+\mu\cdot(z'-z_0)^2 = 0$$

eine Schaar concyclischer Kegel zweiten Grades dar, welche von den beiden Schaaren von Ebenen

$$\sin\varepsilon\cdot x'+\cos\varepsilon\cdot z' = \text{const.}, \quad \sin\varepsilon\cdot x'-\cos\varepsilon\cdot z' = \text{const.}$$

in Kreisen geschnitten werden.

Der Grösse v denke man sich jetzt wieder einen constanten Werth beigelegt und bestimme die Durchschnittslinie des Kegels

$$(\mu+1)\cdot(x'-x_0)^2+(\mu+k'^2)\cdot(y'-y_0)^2+\mu\cdot(z'-z_0)^2 = 0$$

mit einer durch den Mittelpunkt desselben hindurchgehenden Kugelfläche. Die allgemeine Gleichung einer solchen Kugelfläche hat die Gestalt

$$(x'-x_0)^2+(y'-y_0)^2+(z'-z_0)^2 = \alpha'(x'-x_0)+\beta'(y'-y_0)+\gamma'(z'-z_0),$$

wo α', β', γ' drei constante, d. h. von der Variablen u nicht abhängende Grössen bezeichnen.

Führt man in diese Gleichung die oben für $x'-x_0$, $y'-y_0$, $z'-z_0$ gefundenen Ausdrücke ein, so erhält man, wenn man den Ausdruck $1-k^2\operatorname{sn}^2 u\operatorname{sn}^2 vi$ zur Abkürzung mit N bezeichnet,

$$(x'-x_0)^2+(y'-y_0)^2+(z'-z_0)^2 = \varrho^2\cdot\frac{-\operatorname{cn}^4 vi}{k'^2\operatorname{sn}^2 vi\operatorname{dn}^2 vi}\cdot\frac{N}{\operatorname{dn}^2 u},$$

$$\varrho = \frac{k'^2\operatorname{sn}^2 vi\operatorname{dn}^2 vi}{-\operatorname{cn}^4 vi}\cdot\left(\alpha'\frac{X}{\mu+1}+\beta'\frac{Y}{\mu+k'^2}+\gamma'\frac{Z}{\mu}\right)\cdot\frac{\operatorname{dn}^2 u}{N}.$$

Zum Zwecke der Vereinfachung kann man nun

$$\alpha' = \alpha \cdot \delta, \quad \beta' = \beta \cdot \delta, \quad \gamma' = \gamma \cdot \delta$$

setzen und der Grösse δ den Werth $\dfrac{i \operatorname{cn}^3 vi}{\operatorname{sn} vi \operatorname{dn} vi}$ beilegen.

Setzt man hierauf

$$\begin{aligned} x' - x_0 &= \alpha x_1 + \beta x_2 + \gamma x_3, \\ y' - y_0 &= \alpha y_1 + \beta y_2 + \gamma y_3, \\ z' - z_0 &= \alpha z_1 + \beta z_2 + \gamma z_3, \end{aligned}$$

so erhält man für die neun Grössen $x_1 \cdots z_3$ folgende Ausdrücke:

$$\begin{aligned} x_1 &= \frac{\operatorname{sn} vi \operatorname{cn} vi}{i \operatorname{dn} vi} \cdot \frac{k'^2 \operatorname{cn}^2 u}{N}, \\ y_1 &= -k' \cdot \frac{\operatorname{sn} u \operatorname{cn} u \operatorname{sn} vi \operatorname{cn} vi}{i N}, \\ z_1 &= -k' \cdot \frac{\operatorname{cn} u \operatorname{cn} vi}{N}, \\ x_2 &= -k' \cdot \frac{\operatorname{sn} u \operatorname{cn} u \operatorname{sn} vi \operatorname{cn} vi}{i N}, \\ y_2 &= \frac{\operatorname{sn} vi \operatorname{cn} vi \operatorname{dn} vi}{i} \cdot \frac{\operatorname{sn}^2 u}{N}, \\ z_2 &= \frac{\operatorname{sn} u \operatorname{cn} vi \operatorname{dn} vi}{N}, \\ x_3 &= -k' \cdot \frac{\operatorname{cn} u \operatorname{cn} vi}{N}, \\ y_3 &= \frac{\operatorname{sn} u \operatorname{cn} vi \operatorname{dn} vi}{N}, \\ z_3 &= \frac{i \operatorname{cn} vi \operatorname{dn} vi}{\operatorname{sn} vi} \cdot \frac{1}{N}. \end{aligned}$$

Mit Hülfe der vorstehenden Gleichungen erhält man die Coordinaten x', y', z' eines beliebigen Punktes der Schnittlinie des Kegels

$$(\mu + 1) \cdot (x' - x_0)^2 + (\mu + k'^2) \cdot (y' - y_0)^2 + \mu \cdot (z' - z_0)^2 = 0$$

mit der Kugel

$$(x' - x_0)^2 + (y' - y_0)^2 + (z' - z_0)^2 = [\alpha (x' - x_0) + \beta (y' - y_0) + \gamma (z' - z_0)] \cdot \delta$$

ausgedrückt als Functionen einer veränderlichen Grösse u.

Soll nun eine Minimalfläche diesen Kegel längs der Schnittlinie desselben mit der Kugel berühren, so sind für X, Y, Z die vorhin angegebenen Ausdrücke zu setzen, durch welche diese Grössen als Functionen derselben veränderlichen Grösse u erklärt werden. Der

Grösse v ist überall derselbe, von der Grösse u unabhängige Werth beizulegen.

Es würde nicht schwierig, aber etwas weitläufig sein, die Bestimmung der Functionen U, V, W mit Hülfe des in Art. V der Miscellen angegebenen Formelsystems wirklich auszuführen; es empfiehlt sich daher, zur Bestimmung dieser Functionen einen anderen Weg einzuschlagen.

Die Functionen U, V, W sind in Bezug auf die constanten Grössen α, β, γ ganze lineare und homogene Functionen; man kann daher setzen

$$\begin{aligned} U &= \alpha U_1 + \beta U_2 + \gamma U_3, \\ V &= \alpha V_1 + \beta V_2 + \gamma V_3, \\ W &= \alpha W_1 + \beta W_2 + \gamma W_3, \end{aligned}$$

und hat nun die neun Functionen $U_1 \cdots W_3$ zu bestimmen.

Berücksichtigt man, dass die für

$$y_1 = x_2, \quad z_1 = x_3, \quad z_2 = y_3$$

gefundenen Ausdrücke, wie aus dem Additionstheorem hervorgeht, beziehlich mit den reellen Theilen der Functionen

$$-\frac{ik'}{k^2}\cdot \mathrm{dn}(u+vi), \quad -k'\cdot \mathrm{cn}(u+vi), \quad \mathrm{sn}(u+vi)$$

übereinstimmen, so liegt es nahe,

$$\begin{array}{lll} * & V_1 = -\frac{ik'}{k^2}\mathrm{dn}(u+vi), & W_1 = -k'\,\mathrm{cn}(u+vi) \\ U_2 = -\frac{ik'}{k^2}\mathrm{dn}(u+vi), & * & W_2 = \mathrm{sn}(u+vi) \\ U_3 = -k'\,\mathrm{cn}(u+vi), & V_3 = \mathrm{sn}(u+vi), & * \end{array}$$

zu setzen, unter diesen Annahmen U_1, V_2, W_3 zu berechnen und nachträglich zu prüfen, ob das auf diese Weise bestimmte System von Functionen allen gestellten Bedingungen genügt.

Aus der Gleichung $X dU_1 + Y dV_1 + Z dW_1 = 0$ erhält man

$$dU_1 = ik'^2\,\mathrm{sn}^2(u+vi)\,du,$$

und auf analoge Weise findet man

$$\begin{aligned} dV_2 &= i\,\mathrm{cn}^2(u+vi)\,du, \\ dW_3 &= -i\,\mathrm{dn}^2(u+vi)\,du; \end{aligned}$$

es sind also U_1, V_2, W_3 elliptische Integrale zweiter Art.

Die auf diese Weise bestimmten drei Functionensysteme genügen bei passender Bestimmung der unteren Grenzen der zuletzt erwähnten drei Integrale, beziehungsweise der drei Constanten x_0, y_0, z_0 allen gestellten Bedingungen.

In der That, bildet man zunächst für jedes einzelne der drei Functionensysteme die Summe der Quadrate der in Bezug auf u genommenen Ableitungen, so ergibt sich, dass diese Summe identisch gleich Null ist.

Ebenso ergibt sich, dass die Gleichung

$$dU_2\,dU_3 + dV_2\,dV_3 + dW_2\,dW_3 = 0$$

und die durch cyclische Vertauschung der Indices 1, 2, 3 aus derselben hervorgehenden Gleichungen identisch befriedigt sind. Es besteht also identisch die Gleichung $(dU)^2 + (dV)^2 + (dW)^2 = 0$.

Da auch die Gleichung $X\,dU + Y\,dV + Z\,dW = 0$ für jedes der drei Functionensysteme identisch erfüllt ist, weil dieselbe zur Bestimmung von dU_1, dV_2, dW_3 benutzt worden ist, so bleibt nur noch zu zeigen, dass die reellen Theile der drei Integrale

$$\alpha i \int^u k'^2 \operatorname{sn}^2(u+vi)\,du\,, \quad \beta i \int^u \operatorname{cn}^2(u+vi)\,du\,, \quad -\gamma i \int^u \operatorname{dn}^2(u+vi)\,du$$

bei passender Bestimmung der unteren Grenzen derselben, oder, was auf dasselbe hinauskommt, bei geeigneter Verfügung über die noch disponiblen Constanten x_0, y_0, z_0 für reelle Werthe von u beziehlich mit

$$x_0 + \alpha x_1\,, \quad y_0 + \beta y_2\,, \quad z_0 + \gamma z_3$$

übereinstimmen.

Wenn man von der Bezeichnung

$$\int_0^w \operatorname{dn}^2 w \cdot dw = E(w)$$

und von dem für die Function $E(w)$ geltenden Additionstheorem

$$E(u+vi) = E(u) + E(vi) - k^2 \operatorname{sn} u \operatorname{sn} vi \operatorname{sn}(u+vi)$$

Gebrauch macht, so erhält man

$$\begin{aligned}\Re\, i E(u+vi) &= iE(vi) + k^2 \cdot \frac{\operatorname{sn} vi \operatorname{cn} vi \operatorname{dn} vi}{i} \cdot \frac{\operatorname{sn}^2 u}{N}\,,\\ &= iE(vi) + k^2 \cdot \frac{\operatorname{sn} vi \operatorname{cn} vi}{i \operatorname{dn} vi} - k^2 \cdot \frac{\operatorname{sn} vi \operatorname{cn} vi}{i \operatorname{dn} vi} \cdot \frac{\operatorname{cn}^2 u}{N}\,,\\ &= iE(vi) + i \cdot \frac{\operatorname{cn} vi \operatorname{dn} vi}{\operatorname{sn} vi} - i \cdot \frac{\operatorname{cn} vi \operatorname{dn} vi}{\operatorname{sn} vi} \cdot \frac{1}{N}\,,\end{aligned}$$

$$\int_0^w k'^2 \operatorname{sn}^2 w \cdot dw = -\frac{k'^2}{k^2} E(w) + \frac{k'^2}{k^2} w, \quad \int_0^w \operatorname{cn}^2 w \cdot dw = \frac{1}{k^2} E(w) - \frac{k'^2}{k^2} w.$$

Setzt man nun $w = u + vi$ und

$$x_0 = \alpha \left\{ \frac{1}{i} \cdot \frac{k'^2}{k^2} \cdot E(vi) - \frac{k'^2}{k^2} \cdot v - k'^2 \cdot \frac{\operatorname{sn} vi \operatorname{cn} vi}{i \operatorname{dn} vi} \right\},$$

$$y_0 = \beta \left\{ -\frac{1}{ik^2} \cdot E(vi) + \frac{k'^2}{k^2} \cdot v \right\},$$

$$z_0 = \gamma \left\{ \frac{1}{i} \cdot E(vi) - i \frac{\operatorname{cn} vi \operatorname{dn} vi}{\operatorname{sn} vi} \right\},$$

wobei zu bemerken ist, dass diese drei Grössen zwar von dem Werthe des Parameters v, nicht aber von der veränderlichen Grösse u abhängen, so ergibt sich

$$\Re \alpha i \int_0^w k'^2 \operatorname{sn}^2 w \cdot dw = x_0 + \alpha x_1,$$

$$\Re \beta i \int_0^w \operatorname{cn}^2 w \cdot dw = y_0 + \beta y_2,$$

$$\Re - \gamma i \int_0^w \operatorname{dn}^2 w \cdot dw = z_0 + \gamma z_3.$$

Hieraus geht hervor, dass unter den getroffenen Festsetzungen die reellen Theile der drei Functionen U, V, W für reelle Werthe von u beziehlich mit x', y', z' übereinstimmen, und hiermit ist bewiesen, dass die für die Functionen U, V, W aufgestellten Ausdrücke allen gestellten Bedingungen genügen.

Die vorstehende Untersuchung hat also zu folgendem Ergebniss geführt:

Setzt man

$$U = \alpha i \int_0^w k'^2 \operatorname{sn}^2 w\, dw - \beta \frac{k' i}{k^2} \operatorname{dn} w - \gamma k' \operatorname{cn} w,$$

$$V = -\alpha \frac{k' i}{k^2} \operatorname{dn} w + \beta i \int_0^w \operatorname{cn}^2 w\, dw + \gamma \operatorname{sn} w,$$

$$W = -\alpha k' \operatorname{cn} w + \beta \operatorname{sn} w - \gamma i \int_0^w \operatorname{dn}^2 w\, dw,$$

wo α, β, γ drei reelle Constanten sind und $w = u + vi$ eine unbeschränkt veränderliche Grösse bezeichnet, so stellen die Gleichungen

$$x = \Re U, \quad y = \Re V, \quad z = \Re W$$

in rechtwinkligen Punktcoordinaten eine periodische Minimalfläche dar. Diese Minimalfläche wird von dem Kegel zweiten Grades

$$(\mu+1)\cdot(x-x_0)^2+(\mu+k'^2)\cdot(y-y_0)^2+\mu\cdot(z-z_0)^2=0, \quad \mu = k'^2\cdot \operatorname{tg}^2 \operatorname{am} vi,$$

längs der Schnittlinie desselben mit der Kugelfläche

$$(x-x_0)^2+(y-y_0)^2+(z-z_0)^2 = \frac{i \operatorname{cn}^3 vi}{\operatorname{sn} vi \operatorname{dn} vi}\cdot\{\alpha(x-x_0)+\beta(y-y_0)+\gamma(z-z_0)\}$$

berührt, und zwar gilt dieses für jeden reellen Werth von v. Die Grössen x_0, y_0, z_0 sind durch die oben angegebenen Gleichungen (S. 197) bestimmt.

Es ist also der Satz bewiesen:

Jede Minimalfläche, welche von einem Kegel zweiten Grades längs der Schnittlinie desselben mit einer durch seinen Mittelpunkt hindurchgehenden Kugelfläche berührt wird, wird von einer einfach unendlichen Schaar concyclischer Kegel zweiten Grades eingehüllt.

Hiermit ist die oben gestellte Aufgabe in allgemeinster Weise gelöst.

Man kann nun einige specielle Fälle beziehungsweise Grenzfälle der allgemeinen Lösung ins Auge fassen.

1. Die Meusniersche Schraubenfläche ergibt sich als ein Grenzfall der der Annahme $\alpha = \frac{k^2}{k'^2}$, $\beta = 0$, $\gamma = 0$ entsprechenden Minimalfläche. Lässt man nämlich $K+w$ an die Stelle von w treten und setzt

$$U_1 = k^2 i \int_0^w \frac{\operatorname{cn}^2 w}{\operatorname{dn}^2 w}\,dw, \quad V_1 = -\frac{i}{\operatorname{dn} w}, \quad W_1 = k'^2\cdot\frac{\operatorname{sn} w}{\operatorname{dn} w},$$

$$x_1 = \Re U_1, \qquad y_1 = \Re V_1, \qquad z_1 = \Re W_1$$

so ergibt sich beim Uebergange zur Grenze $k = 1$ nach ausgeführter Elimination die Gleichung der Schraubenfläche

$$y_1 + z_1\cdot \operatorname{tg} x_1 = 0.$$

Setzt man dagegen

$$x_1' = \Re i U_1, \quad y_1' = \Re i V_1, \quad z_1' = \Re i W_1,$$

d. h. biegt man die der Annahme $\alpha = \frac{k^2}{k'^2}$, $\beta = 0$, $\gamma = 0$ entsprechende Minimalfläche in der Weise, dass sie ihre Eigenschaft Minimalfläche zu sein nicht verliert und dass den Krümmungslinien der ursprünglichen Fläche die Asymptotenlinien der Biegungsfläche entsprechen, so zeigt sich, dass die auf die angegebene Weise entstehende durch die obigen Gleichungen dargestellte Biegungsfläche die Ellipse

$$x_1' = 0, \quad y_1'^2 + \frac{z_1'^2}{k^2} = 1, \quad X = 0$$

enthält, welche eine geodätische Linie der Fläche ist. Die Punkte dieser Ellipse entsprechen den rein imaginären Werthen der Grösse w.

2. Setzt man $\alpha = 0$, $\beta = k$, $\gamma = 0$, so erhält man für $v = K'$ eine Hyperbel, welche eine geodätische Linie der dieser Annahme entsprechenden Minimalfläche ist. Es ergibt sich nämlich für

$$x_2 = \Re k U_2, \quad y_2 = \Re k V_2, \quad z_2 = \Re k W_2, \quad v = K',$$

$$y_2 = 0, \quad z_2^2 - \frac{x_2^2}{k'^2} = 1, \quad Y = 0.$$

3. Die der Annahme $\alpha = 0$, $\beta = 0$, $\gamma = 1$ entsprechende Minimalfläche ist durch die Eigenschaft charakterisirt, dass auf derselben eine Ellipse liegt, welche eine kürzeste Linie der Fläche ist.

Setzt man nämlich

$$x_3 = \Re U, \quad y_3 = \Re V_3, \quad z_3 = \Re W_3,$$

so erhält man für den Werth $v = 0$

$$z_3 = 0, \quad \frac{x_3^2}{k'^2} + y_3^2 = 1, \quad Z = 0.$$

Aus diesem speciellen Falle kann man zwei Grenzfälle herleiten, indem man den Modul k in die Grenzwerthe $k = 0$ und $k = 1$ übergehen lässt.

Für $k = 0$ erhält man die Minimalfläche, welche durch Rotation der Kettenlinie um ihre Directrix als Axe entsteht.

Vor dem Uebergange zur Grenze $k' = 0$ setze man

$$x_4 = \frac{x_3}{k'^2}, \quad y_4 = \frac{1 - y_3}{k'^2}, \quad z_4 = \frac{z_3}{k'^2}$$

und lasse $K + w$ an die Stelle von w treten; dann erhält man für

$\lim k' = 0$

$$x_4 = \Re\tfrac{1}{2}(e^{w} - e^{-w}),\ y_4 = \Re\tfrac{1}{8}(e^{w} - e^{-w})^2,\ z_4 = \Re\tfrac{1}{8}\{4wi + i(e^{2w} - e^{-2w})\}.$$

Die durch diese Gleichungen dargestellte Minimalfläche enthält die Parabel

$$z_4 = 0, \quad y_4 = \tfrac{1}{2}x_4^2, \quad Z = 0$$

und die Cycloide

$$x_4 = 0, \quad y_4 = \tfrac{1}{4}(1 - \cos 2v), \quad z_4 = -\tfrac{1}{4}(2v + \sin 2v), \quad X = 0$$

als geodätische Linien.

Die Raumcurven vierten Grades des allgemeinen Falles werden in diesem Grenzfalle durch Parabeln, die einhüllenden Kegel werden durch einhüllende parabolische Cylinder vertreten. Es ist also die durch die vorstehenden Gleichungen bestimmte Minimalfläche identisch mit derjenigen transcendenten Minimalfläche, für welche Herr Catalan im 37. Hefte des Journal de l'École polytechnique p. 160—163, 1858 (Comptes rendus, Tome XLI. p. 1022, 1855) eine geometrische Construction gegeben hat.

4. Setzt man $\alpha = \sin\varepsilon$, $\beta = 0$, $\gamma = \cos\varepsilon$, so schneiden die einhüllenden Kegelflächen und die denselben zugeordneten Kugelflächen einander in Kreisen, und zwar liegen alle diese Kreise in parallelen Ebenen. Die getroffene Festsetzung führt also zu den im Eingange erwähnten Flächen, und man erhält den Satz:

Wenn eine Minimalfläche einen Kegel oder Cylinder zweiten Grades längs eines Kreisschnittes berührt, so enthält dieselbe eine einfach unendliche Schaar von Kreisen, welche in parallelen Ebenen liegen.

II.

Im Vorhergehenden ist gezeigt worden, dass es eine von vier Parametern $(\alpha, \beta, \gamma, k)$ abhängende Mannigfaltigkeit von Minimalflächen gibt, welche die Eigenschaft haben, von einer Schaar concyclischer Kegel zweiten Grades umhüllt zu werden.

Man kann nun die Frage aufwerfen, ob es ausser diesen Minimalflächen überhaupt noch andere Minimalflächen gibt, welche von einer Schaar von Kegeln zweiten Grades eingehüllt werden?

Um diese Frage zu beantworten kann man folgenden Weg einschlagen.

Wenn irgend eine Fläche von einer Schaar von Kegeln zweiten Grades umhüllt wird, so wird dieselbe von jedem Kegel der Schaar längs der Schnittlinie desselben mit dem unendlich benachbarten Kegel der Schaar, also, allgemein zu reden, längs einer Raumcurve vierten Grades berührt, welche in dem Mittelpunkte der Kegelfläche einen Doppelpunkt besitzt. Eine solche Curve kann stets erklärt werden als Schnittlinie der Kegelfläche mit einer durch ihren Mittelpunkt hindurchgehenden Fläche zweiten Grades. Legt man nun im Wesentlichen die im Vorhergehenden benutzte Bezeichnungsweise zu Grunde und setzt $v = v_0$, $\mu_0 = k'^2 \operatorname{tg}^2 \operatorname{am} v_0 i$, $x_0 = y_0 = z_0 = 0$, so bedeuten

$$x' = \varrho \cdot \frac{X}{\mu_0+1}, \quad y' = \varrho \cdot \frac{Y}{\mu_0+k'^2}, \quad z' = \varrho \cdot \frac{Z}{\mu_0}$$

die Coordinaten eines beliebigen Punktes einer Kegelfläche zweiten Grades. Dieser Kegel sei ein Kegel der Schaar, und es sei

$$Ax'^2+By'^2+Cz'^2+2Dy'z'+2Ez'x'+2Fx'y' = ax'+by'+cz'$$

die Gleichung einer Fläche zweiten Grades, welche durch die Schnittlinie jener Kegelfläche mit der unendlich benachbarten Kegelfläche der Schaar hindurchgeht. Auch in diesem Falle erhält man für die Punkte der Schnittlinie die Grösse ϱ durch elliptische Functionen der unabhängig veränderlichen Grösse u rational ausgedrückt.

Werden nun durch die Gleichungen

$$\begin{aligned} U &= x'+i\int(Z dy'-Y dz'), \\ V &= y'+i\int(X dz'-Z dx'), \\ W &= z'+i\int(Y dx'-X dy') \end{aligned}$$

drei Functionen U, V, W eines complexen Argumentes $u = w$ bestimmt, so sind deren Ableitungen $\frac{dU}{dw}$, $\frac{dV}{dw}$, $\frac{dW}{dw}$ rationale Functionen elliptischer Functionen der Grösse w; die Functionen U, V, W sind also elliptische Integrale.

Es entsteht jetzt überhaupt die Frage: Welche Bedingungen müssen erfüllt sein, damit auf der durch die Gleichungen

$$x = \Re U, \quad y = \Re V, \quad z = \Re W$$

bestimmten Minimalfläche eine Schaar von algebraischen Curven liege, zu welcher die für reelle Werthe von w sich ergebende Curve gehört?

Um diese Frage zu beantworten bezeichne man die zu U, V, W conjugirten complexen Grössen mit U_1, V_1, W_1. Dieselben sind Functionen einer complexen Grösse w_1 und zwar entsprechen conjugirten Werthen der Argumente w, w_1 conjugirte Werthe von U, U_1, V, V_1, W, W_1.

Nach diesen Festsetzungen stellen die Gleichungen

$$x = \tfrac{1}{2}(U+U_1), \quad y = \tfrac{1}{2}(V+V_1), \quad z = \tfrac{1}{2}(W+W_1)$$

die in Rede stehende Minimalfläche ebenfalls dar, vorausgesetzt, dass den beiden Argumenten w und w_1 stets conjugirte Werthe beigelegt werden.

Wird dagegen zwischen den beiden Argumenten w und w_1 eine bestimmte Relation

$$\psi(w, w_1) = 0$$

festgesetzt, der zufolge jede der beiden Variablen eine Function der andern wird, so stellen die vorstehenden Gleichungen nicht mehr eine Fläche, sondern nur noch eine Linie dar, da die Ausdrücke auf der rechten Seite in Functionen eines Argumentes übergehen.

Es soll nun angenommen werden, diese Linie sei eine algebraische Raumcurve, d. h. es wird vorausgesetzt, dass zwischen den drei Coordinaten x, y, z zwei von einander unabhängige Gleichungen

$$G(x, y, z) = 0, \quad H(x, y, z) = 0$$

bestehen, wo G und H zwei ganze Functionen bezeichnen.

Aus der Berücksichtigung des Umstandes, dass dG und dH für denselben Werth von $\frac{dw_1}{dw}$ gleich Null sein müssen, ergibt sich dann eine dritte Gleichung

$$\begin{aligned}&\left(\frac{\partial G}{\partial x}\cdot\frac{dU}{dw}+\frac{\partial G}{\partial y}\cdot\frac{dV}{dw}+\frac{\partial G}{\partial z}\cdot\frac{dW}{dw}\right)\cdot\left(\frac{\partial H}{\partial x}\cdot\frac{dU_1}{dw_1}+\frac{\partial H}{\partial y}\cdot\frac{dV_1}{dw_1}+\frac{\partial H}{\partial z}\cdot\frac{dW_1}{dw_1}\right)\\ -&\left(\frac{\partial G}{\partial x}\cdot\frac{dU_1}{dw_1}+\frac{\partial G}{\partial y}\cdot\frac{dV_1}{dw_1}+\frac{\partial G}{\partial z}\cdot\frac{dW_1}{dw_1}\right)\cdot\left(\frac{\partial H}{\partial x}\cdot\frac{dU}{dw}+\frac{\partial H}{\partial y}\cdot\frac{dV}{dw}+\frac{\partial H}{\partial z}\cdot\frac{dW}{dw}\right)=0,\end{aligned}$$

deren Coefficienten rationale Functionen elliptischer Functionen von w und w_1 sind.

Jede der drei Grössen x, y, z ist also eine algebraische Function von $\operatorname{sn} w$ und $\operatorname{sn} w_1$.

Denkt man sich diese algebraischen Functionen in eine der beiden Gleichungen $G = 0$ oder $H = 0$ eingesetzt, so ergibt sich auch zwischen $\operatorname{sn} w$ und $\operatorname{sn} w_1$ eine algebraische Gleichung.

Hieraus folgt: Jede der drei Gleichungen

$$x = \tfrac{1}{2}(U + U_1), \quad y = \tfrac{1}{2}(V + V_1), \quad z = \tfrac{1}{2}(W + W_1)$$

stellt dar eine lineare Relation zwischen elliptischen Integralen mit demselben Modul, deren obere Grenzen algebraisch von einander abhängen, und algebraischen Functionen dieser Grenzen; es ist also die zwischen $\operatorname{sn} w$ und $\operatorname{sn} w_1$ bestehende algebraische Relation eine solche, welche eine Transformation eines elliptischen Integrales in ein ebensolches mit demselben Modul, vermehrt um eine algebraische Function, vermittelt. Also besteht unter den angegebenen Voraussetzungen nach einem von Abel aufgestellten Lehrsatze zwischen den Grössen w und w_1 selbst eine lineare Relation

$$w_1 = m \cdot w + n.$$

Der Multiplicator m ist an die Bedingung geknüpft, rational zu sein, wenn er reell ist; imaginär kann derselbe nur dann werden, wenn der Modul k zu denjenigen gehört, für welche complexe Multiplication stattfindet. Aus diesem Grunde kann m nicht von dem Parameter der algebraischen Curvenschaar abhängen und hat daher für alle Curven der Schaar denselben constanten Werth $+1$, wie für die der Annahme $w_1 = w$ entsprechende Curve der Schaar. Die Grösse n aber ist von dem Parameter der Schaar abhängig. Da w und w_1 conjugirte Werthe haben, wenn der entsprechende Punkt der Fläche reell ist, so ist der Grösse n ein rein imaginärer Werth beizulegen.

Hieraus folgt:

Wenn die durch die Gleichungen $x = \Re U$, $y = \Re V$, $z = \Re W$ bestimmte Minimalfläche eine Schaar algebraischer Curven enthält, zu welcher die für $w_1 = w$ sich ergebende Raumcurve vierten Grades gehört, so entsprechen diese Curven der Annahme $w = u + vi$, $v =$ const.

Damit aber für jeden constanten Werth von v und für reelle Werthe der veränderlichen Grösse u der Annahme $w = u + vi$ eine auf der Minimalfläche liegende algebraische Curve entspreche, muss die Bedingung erfüllt sein, dass die reellen Theile der drei Functionen U, V, W algebraisch von $\operatorname{sn} u$ abhängen. Andererseits ist das Erfülltsein dieser Bedingung hinreichend, um schliessen zu können, dass jedem constanten Werthe der Grösse v eine auf der Minimalfläche liegende algebraische Curve entspricht.

Die gestellte Aufgabe, alle Minimalflächen zu finden, welche von einer Schaar von Kegeln zweiten Grades umhüllt werden, gestattet nun folgende Lösung.

In Folge der Gleichung

$$\frac{X+Yi}{1-Z} = \sqrt{\frac{1-k'}{1+k'}} \sin \operatorname{am} \left\{ \frac{1+k'}{2}(u+v_0 i+K+K'i), \frac{1-k'}{1+k'} \right\}$$

ist der Ausdruck auf der linken Seite eine analytische Function des Argumentes $u = w$. Diese Gleichung vermittelt demnach die conforme Abbildung der Kugeloberfläche $X^2+Y^2+Z^2 = 1$ und damit zugleich der Minimalfläche auf die Ebene, deren Punkte die Werthe der complexen Grösse w geometrisch darstellen. Der Axe des Reellen in der w-Ebene entspricht der sphärische Kegelschnitt

$$X^2+Y^2+Z^2 = 1, \quad \frac{X^2}{\mu_0+1}+\frac{Y^2}{\mu_0+k'^2}+\frac{Z^2}{\mu_0} = 0, \quad \mu_0 = k'^2 \operatorname{tg}^2 \operatorname{am} v_0 i.$$

Durch dieselbe Gleichung ist auch das sphärische Bild der der Linie $w = u+vi$, $v = \text{const.}$, auf der Minimalfläche entsprechenden Curve bestimmt, und zwar entspricht dieser Linie der sphärische Kegelschnitt

$$X^2+Y^2+Z^2 = 1, \quad \frac{X^2}{\mu+1}+\frac{Y^2}{\mu+k'^2}+\frac{Z^2}{\mu} = 0, \ \mu = k'^2 \operatorname{tg}^2 \operatorname{am}(v_0+v)i,$$

welcher zu dem vorher betrachteten confocal ist.

Wenn demnach die durch die Gleichungen $x = \Re U$, $y = \Re V$, $z = \Re W$ dargestellte Minimalfläche längs jeder Linie, welche der Annahme

$$w = u+vi, \quad v = \text{const.}$$

entspricht, von einem Kegel zweiten Grades berührt wird, so ist dieser Kegel mit dem für $v = 0$ sich ergebenden Kegel zweiten Grades concyclisch.

Wenn mithin eine Minimalfläche die Eigenschaft hat, von einer Schaar von Kegeln zweiten Grades umhüllt zu werden, so sind diese Kegel concyclisch.

Die in dem ersten Theile der vorliegenden Abhandlung untersuchten Minimalflächen sind demnach die einzigen Minimalflächen, welche die Eigenschaft haben, von einer Schaar von Kegeln zweiten Grades umhüllt zu werden.

Unterstrass bei Zürich, 1875.

Ueber einige nicht algebraische Minimalflächen, welche eine Schaar algebraischer Curven enthalten.

Journal für reine und angewandte Mathematik, Bd. 87, S. 146—160.

Die bis jetzt genauer untersuchten nicht algebraischen Minimalflächen, welche eine Schaar algebraischer Curven enthalten*), besitzen folgende Eigenschaften:

1. Die transcendenten Functionen, von welchen die analytische Bestimmung dieser Flächen abhängt, sind bei passender Wahl der unabhängigen Variablen entweder Logarithmen, oder elliptische Integrale erster und zweiter Art, welche zu reellen Invarianten g_2 und g_3 gehören.

2. Längs jeder Curve der auf einer dieser Flächen liegenden Schaar algebraischer Curven hat der reelle oder der imaginäre Bestandtheil des in Betracht kommenden Logarithmus, beziehungsweise elliptischen Integrals erster Art, einen constanten Werth. In Folge dieses Umstandes gestattet jede der erwähnten Flächen eine

---

*) 1. Die Meusniersche Schraubenfläche,

2. die durch Rotation der Kettenlinie um ihre Directrix als Axe entstehende Rotationsfläche, das Catenoid Plateau's,

3. die von Herrn Catalan aufgefundene Minimalfläche, welche eine Schaar von Parabeln enthält,

4. die von Riemann und von Herrn Enneper untersuchten Minimalflächen, welche eine Schaar von Kreisen enthalten,

5. die Minimalflächen, welche von einer Schaar von Kegeln zweiten Grades umhüllt werden. Diese Flächen enthalten die unter 1. bis 4. angeführten als specielle Fälle, beziehungsweise als Grenzfälle. (S. den diese Flächen betreffenden auf S. 190—204 dieses Bandes abgedruckten Aufsatz.)

solche conforme Abbildung auf eine Ebene, dass der Schaar von algebraischen Curven, welche sie enthält, in jener Ebene eine Schaar von parallelen Geraden entspricht.

3. Die erwähnten Flächen sind einander paarweise zugeordnet, in der Art, dass von je zwei einander zugeordneten Flächen jede eine Biegungsfläche der andern ist, während den Krümmungslinien der einen die Asymptotenlinien der andern entsprechen und umgekehrt. Hierbei stehen die auf den Flächen eines Paares liegenden zwei Schaaren von algebraischen Curven in der Beziehung zu einander, dass die Curven der einen Schaar die Biegungslinien der orthogonalen Trajectorien der Curven der andern Schaar sind und umgekehrt.

Man kann nun die Aufgabe stellen:

Alle nicht algebraischen Minimalflächen zu bestimmen, welche eine Schaar algebraischer Curven enthalten.

Einen Theil der Lösung dieser allgemeinen Aufgabe enthält die vorliegende Abhandlung.

I.

Es seien x, y, z die rechtwinkligen Coordinaten eines beliebigen Punktes einer gegebenen algebraischen Curve, X, Y, Z die Cosinus der Winkel, welche eine Normale dieser Curve im Punkte x, y, z, deren Lage sich längs der Curve nach einem gegebenen algebraischen Gesetze ändert, mit den Coordinatenaxen einschliesst.

Es wird vorausgesetzt, es seien x, y, z, X, Y, Z gegebene rationale Functionen zweier Variablen t, τ, zwischen denen eine unzerlegbare algebraische Gleichung von der Form $F(t, \tau) = 0$ besteht, in der Weise, dass auch umgekehrt t und τ als rationale Functionen von x, y, z, X, Y, Z dargestellt werden können. Alle Coefficienten werden als reell vorausgesetzt.

Wird nun mittelst des im Art. V der Miscellen*) angegebenen Systems von Gleichungen eine Minimalfläche bestimmt, welche die gegebene Curve enthält, und deren Normale in jedem Punkte dieser Curve mit der vorher erwähnten Normale der Curve zusammenfällt, so sind die Grössen s und $\mathfrak{F}(s)$, von denen die analytische Bestimmung

---

*) Siehe S. 179 dieses Bandes.

dieser Minimalfläche abhängt, durch die Grössen t, τ rational ausdrückbar, wie aus den Gleichungen

$$s = \frac{X+Yi}{1-Z},$$

$$\mathfrak{F}(s) = \frac{dx+i(Zdy-Ydz)}{(1-s^2)ds} = \frac{dy+i(Xdz-Zdx)}{i(1+s^2)ds} = \frac{dz+i(Ydx-Xdy)}{2s\,ds}$$

hervorgeht.

Hieraus folgt, dass die durch die beiden Grössen s, $\mathfrak{F}(s)$ bestimmte Klasse von algebraischen Functionen unter der durch die Grössen t, τ bestimmten Klasse enthalten ist.

Im Allgemeinen, d. h. wenn die Functionen x, y, z, X, Y, Z nicht speciellen Bedingungen genügen, wird es auch umgekehrt möglich sein, die Grössen t, τ rational durch die Grössen s und $\mathfrak{F}(s)$ auszudrücken. Unter dieser Voraussetzung wird, wenn s_1 und $\mathfrak{F}_1(s_1)$ die zu s und $\mathfrak{F}(s)$ conjugirten complexen Grössen bezeichnen, auch s_1 und $\mathfrak{F}_1(s_1)$ rational durch t und τ und umgekehrt t und τ durch s_1 und $\mathfrak{F}_1(s_1)$ rational ausdrückbar sein, und es wird hierdurch eine rationale Transformation zwischen s, $\mathfrak{F}(s)$ einerseits und s_1, $\mathfrak{F}_1(s_1)$ andererseits erhalten, welche eindeutig umkehrbar ist.

II.

Wenn eine Minimalfläche eine Schaar algebraischer Curven enthält, so bestimmt jede Curve der Schaar in Verbindung mit der auf der Kugel vom Radius 1 durch parallele Normalen ihr entsprechenden Curve eine bestimmte Klasse von algebraischen Functionen, unter welcher die durch die Grössen s und $\mathfrak{F}(s)$ bestimmte Klasse enthalten ist.

Das Umgekehrte findet nicht immer statt; denn, wenn z. B. die Minimalfläche eine algebraische Fläche ist, so kann man auf derselben in unendlich mannigfaltiger Weise eine Schaar von algebraischen Curven wählen, so dass die durch die einzelnen Curven der Schaar bestimmten Klassen von algebraischen Functionen in der durch s und $\mathfrak{F}(s)$ bestimmten Klasse nicht enthalten sind.

Es kann aber auch der Fall eintreten, dass auf einer nicht algebraischen Minimalfläche eine Schaar von algebraischen Curven liegt, welche in der durch s und $\mathfrak{F}(s)$ bestimmten Klasse nicht enthalten sind. (S. das Beispiel 3 des Art. IV.)

Im Folgenden wird nun der Fall etwas genauer untersucht, in

welchem die algebraische Klasse jeder auf der Minimalfläche liegenden Curve der Schaar unter der durch s und $\mathfrak{F}(s)$ bestimmten algebraischen Klasse enthalten ist.

Ist diese Bedingung erfüllt, so sind, wenn die Coordinaten eines beliebigen Punktes einer Curve der Schaar x, y, z, und des demselben entsprechenden sphärischen Bildes X, Y, Z in der im Art. I angegebenen Weise durch zwei Grössen t, τ rational ausgedrückt werden, für jede Curve der Schaar die beiden Grössen t und τ durch die beiden Grössen s und $\mathfrak{F}(s)$ rational ausdrückbar.

Beweis. Zwischen den Grössen s, $\mathfrak{F}(s)$, x, y, z, X, Y, Z, U, V, W bestehen ausser den bereits angeführten folgende Gleichungen

$$x = \Re U, \qquad y = \Re V, \qquad z = \Re W,$$

$$dU = (1-s^2)\mathfrak{F}(s)\,ds, \quad dV = i(1+s^2)\mathfrak{F}(s)\,ds, \quad dW = 2s\mathfrak{F}(s)\,ds,$$

$$dU = dx + i(Zdy - Ydz), \; dV = dy + i(Xdz - Zdx), \; dW = dz + i(Ydx - Xdy),$$

$$Xdx + Ydy + Zdz = 0, \; XdU + YdV + ZdW = 0, \; (dU)^2 + (dV)^2 + (dW)^2 = 0,$$

$$X^2 + Y^2 + Z^2 = 1, \quad dU\cdot dx + dV\cdot dy + dW\cdot dz = dx^2 + dy^2 + dz^2,$$

$$X = i\cdot\frac{dW\cdot dy - dV\cdot dz}{dx^2 + dy^2 + dz^2}, \quad Y = i\cdot\frac{dU\cdot dz - dW\cdot dx}{dx^2 + dy^2 + dz^2}, \quad Z = i\cdot\frac{dV\cdot dx - dU\cdot dy}{dx^2 + dy^2 + dz^2}.$$

Wenn nun die Coordinaten x, y, z eines beliebigen Punktes einer der Schaar angehörenden Curve durch die beiden Grössen s und $\mathfrak{F}(s)$ rational ausdrückbar sind, so sind in Folge der vorstehenden Gleichungen auch die Grössen X, Y, Z rational durch s und $\mathfrak{F}(s)$ ausdrückbar, und hieraus ergibt sich, in Folge einer bezüglich der Grössen t, τ getroffenen Voraussetzung, dass auch die Grössen t und τ rational durch die Grössen s und $\mathfrak{F}(s)$ ausdrückbar sind, was in dem oben ausgesprochenen Satze behauptet wurde.

Unter der angegebenen Voraussetzung gibt es also eine Schaar rationaler eindeutig umkehrbarer Transformationen zwischen s, $\mathfrak{F}(s)$ einerseits und s_1, $\mathfrak{F}_1(s_1)$ andererseits, da, wie im Art. I ausgeführt wurde, jede Curve der Schaar eine solche Transformation nach sich zieht.

Folglich gibt es auch eine Schaar rationaler eindeutig umkehrbarer Transformationen der zwischen s und $\mathfrak{F}(s)$ bestehenden algebraischen Gleichung in sich selbst.

Hieraus ergibt sich nach einem Lehrsatze, welchen ich in dem Aufsatze „Ueber diejenigen algebraischen Gleichungen zwischen zwei veränderlichen Grössen, welche eine Schaar rationaler eindeutig umkehrbarer Transformationen in sich selbst zulassen"*) bewiesen habe, dass die Grössen s und $\mathfrak{F}(s)$ entweder rationale Functionen oder eindeutige elliptische Functionen einer unabhängig veränderlichen Grösse sind.

III.

Wenn $\frac{dU}{dt}$, $\frac{dV}{dt}$, $\frac{dW}{dt}$ rationale Functionen einer unabhängig veränderlichen Grösse t sind, so ist nothwendig und hinreichend, damit die zugehörende Minimalfläche eine Schaar algebraischer Curven enthalte, dass, wenn mit

$$\Sigma A_\nu \log(t-t_\nu), \quad \Sigma B_\nu \log(t-t_\nu), \quad \Sigma C_\nu \log(t-t_\nu)$$

die in U, V, W vorkommenden logarithmischen Glieder bezeichnet werden, die Gleichungen

$$\Re \Sigma A_\nu \log(t-t_\nu) = \text{const.}, \quad \Re \Sigma B_\nu \log(t-t_\nu) = \text{const.}, \quad \Re \Sigma C_\nu \log(t-t_\nu) = \text{const.}$$

in der t-Ebene dieselbe Schaar algebraischer Curven darstellen.

Damit diese Gleichungen dieselbe Curvenschaar darstellen, ist nothwendig und hinreichend, dass

$$\Sigma A_\nu \log(t-t_\nu), \quad \Sigma B_\nu \log(t-t_\nu), \quad \Sigma C_\nu \log(t-t_\nu)$$

in constantem reellem Verhältnisse stehen. Mittelst einer Coordinatentransformation kann man in diesem Falle bewirken, dass nur W, nicht aber U und V logarithmische Glieder enthält, dass also alle Coefficienten A_ν und B_ν gleich Null sind.

Damit die Gleichung

$$\Re \Sigma C_\nu \log(t-t_\nu) = \text{const.}$$

eine Schaar algebraischer Curven darstelle, ist nothwendig und hinreichend, dass alle Coefficienten C_ν entweder reelle oder rein imaginäre Werthe haben und dass die Verhältnisse je zweier unter ihnen rational sind.

IV.

Es sollen nun einige specielle Fälle von nicht algebraischen Minimalflächen genauer untersucht werden, welche der im Art. III ins Auge gefassten besonderen Art angehören.

---

*) Abgedruckt im zweiten Bande der vorliegenden Ausgabe.

1. Die Functionen U und V werden für zwei Werthe t' und t'' von t unendlich gross erster Ordnung.

In diesem Falle erhält man $(t-t')^2 \cdot (t-t'')^2$ als gemeinsamen Nenner der drei Ausdrücke $\frac{dU}{dt}, \frac{dV}{dt}, \frac{dW}{dt}$. Setzt man nun

$$\frac{dW}{dt} = ic_0 c_0'' \frac{(t-c_1)\cdot(t-c_2)}{(t-t')^2 \cdot (t-t'')^2},$$

so ist in Folge der Gleichung

$$\frac{dU+idV}{dt} \cdot \frac{dU-idV}{dt} = -\left(\frac{dW}{dt}\right)^2$$

$$\frac{dU+idV}{dt} = c_0'^2 \cdot \frac{(t-c_1)^2}{(t-t')^2 \cdot (t-t'')^2},$$

$$\frac{dU-idV}{dt} = c_0''^2 \cdot \frac{(t-c_2)^2}{(t-t')^2 \cdot (t-t'')^2}$$

zu setzen. Damit nun U und V, also auch $U+iV$ und $U-iV$ eindeutige Functionen von t seien, ist nothwendig und hinreichend, dass die beiden Gleichungen

$$(c_1-t')\cdot(c_1-t'') = 0, \quad (c_2-t')\cdot(c_2-t'') = 0$$

erfüllt sind. Man kann also

$$c_1 = t'', \quad c_2 = t'$$

setzen und erhält dann, von additiven Constanten abgesehen,

$$U+iV = -c_0'^2 \cdot \frac{1}{t-t'}, \quad U-iV = -c_0''^2 \cdot \frac{1}{t-t''}, \quad W = i\frac{c_0' c_0''}{t''-t'} \log \frac{t-t''}{t-t'}.$$

In diesem Falle stellen die Gleichungen

$$x = \Re U, \quad y = \Re V, \quad z = \Re W$$

die Meusniersche Schraubenfläche oder die durch Rotation der Kettenlinie um ihre Directrix als Axe entstehende Rotationsfläche dar, jenachdem die Grösse $\frac{c_0' c_0''}{t''-t'}$ einen reellen oder einen rein imaginären Werth hat.

2. Die Functionen $U+iV$ und $U-iV$ werden für zwei Werthe von t, nämlich für $t = 0$ und für $t = \infty$, unendlich gross zweiter Ordnung.

Setzt man in diesem Falle

$$\frac{dW}{dt} = i c_0' c_0'' \frac{(t-c_1)(t-c_2)(t-c_3)(t-c_4)}{t^3},$$

so sind zwei Anordnungen zulässig:

$$\frac{dU+idV}{dt} = c_0'^2 \cdot \frac{(t-c_3)^2(t-c_1)(t-c_2)}{t^3}, \quad \Bigg| \quad \frac{dU+idV}{dt} = c_0'^2 \cdot \frac{(t-c_1)^2(t-c_3)^2}{t^3},$$

$$\frac{dU-idV}{dt} = c_0''^2 \cdot \frac{(t-c_4)^2(t-c_1)(t-c_2)}{t^3}, \quad \Bigg| \quad \frac{dU-idV}{dt} = c_0''^2 \cdot \frac{(t-c_2)^2(t-c_4)^2}{t^3},$$

$$s = i \frac{c_0'}{c_0''} \cdot \frac{t-c_3}{t-c_4}. \quad \Bigg| \quad s = i \cdot \frac{c_0'}{c_0''} \cdot \frac{(t-c_1)(t-c_3)}{(t-c_2)(t-c_4)}.$$

Damit nun U und V keine logarithmischen Glieder enthalten, müssen die Gleichungen

$$c_3^2 + 2(c_1+c_2)c_3 + c_1 c_2 = 0, \quad \Big| \quad c_3^2 + 4c_1 c_3 + c_1^2 = 0,$$

$$c_4^2 + 2(c_1+c_2)c_4 + c_1 c_2 = 0 \quad \Big| \quad c_4^2 + 4c_2 c_4 + c_2^2 = 0$$

erfüllt sein, aus denen sich

$$c_3 = -(c_1+c_2) + \sqrt{c_1^2 + c_1 c_2 + c_2^2}, \quad \Big| \quad c_3 = -(2-\sqrt{3})c_1,$$

$$c_4 = -(c_1+c_2) - \sqrt{c_1^2 + c_1 c_2 + c_2^2} \quad \Big| \quad c_4 = -(2-\sqrt{3})c_2$$

ergibt. Der in W vorkommende Logarithmus von t hat den Coefficienten

$$-2i c_0' c_0'' (c_1^2 + c_1 c_2 + c_2^2). \quad \Big| \quad -i c_0' c_0'' (2-\sqrt{3})(c_1-c_2)^2.$$

Hat dieser Coefficient einen reellen oder einen rein imaginären Werth, so enthält die zugehörende Minimalfläche eine Schaar algebraischer Curven des vierten Grades, welche der Curvenschaar

$$\Re \log t = \text{const.}, \quad \text{beziehungsweise} \quad \Re i \log t = \text{const.}$$

entspricht.

Unter den auf die angegebene Weise bestimmten, von zwei wesentlichen Constanten, nämlich den Verhältnissen $\frac{c_1}{c_2}$ und $\frac{c_0'}{c_0''}$, abhängenden Minimalflächen ist eine einfach unendliche Mannigfaltigkeit durch die Bedingung ausgezeichnet, dass die Grösse W ausser dem logarithmischen Gliede nur Potenzen von t mit geradem Exponenten enthalten soll.

Damit dieses eintrete, ist in Folge der Gleichungen

$$c_1 + c_2 + c_3 + c_4 = -(c_1+c_2) \quad \Big| \quad c_1 + c_2 + c_3 + c_4 = (\sqrt{3}-1)(c_1+c_2)$$

nothwendig und hinreichend, dass $c_2 = -c_1$ gesetzt werde.

In diesem Falle kann man ohne Beschränkung der Allgemeinheit

$c_1 = 1,\quad c_2 = -1,$	$c_1 = \frac{\sqrt{3}+1}{\sqrt{2}},\quad c_2 = \frac{\sqrt{3}+1}{\sqrt{2}},$
$c_3 = 1,\quad c_4 = -1$	$c_3 = -\frac{\sqrt{3}-1}{\sqrt{2}},\quad c_4 = -\frac{\sqrt{3}-1}{\sqrt{2}}$

setzen, während das Verhältniss $c_0' : c_0''$ willkürlich bleibt. Setzt man auch noch $c_0' = c_0'' = 1$, so erhält man folgende specielle Gleichungen

$U = \frac{1}{2}(t^2+t^{-2}),$	$U = \frac{1}{2}(t^2-t^{-2}),$
$V = 2i(t+t^{-1}),$	$V = 2\sqrt{2}\,i(t+t^{-1}),$
$W = \frac{1}{2}i(t^2-t^{-2})-2i\log t,$	$W = \frac{1}{2}i(t^2-t^{-2})-4i\log t,$
$s = i\frac{t-1}{t+1}.$	$s = i\frac{t^2-\sqrt{2}\cdot t-1}{t^2+\sqrt{2}\cdot t-1}.$

Aus den Gleichungen auf der linken Seite ergeben sich, wenn $t = r\cdot e^{\varphi i}$ gesetzt wird, die folgenden

$$x = \tfrac{1}{2}(r^2+r^{-2})\cos 2\varphi,\ y = -2(r-r^{-1})\sin\varphi,\ z = -\tfrac{1}{2}(r^2+r^{-2})\sin 2\varphi + 2\varphi,$$

$$s = i\cdot\frac{re^{\varphi i}-1}{re^{\varphi i}+1}.$$

Diese Gleichungen stellen, wenn $\varphi = (2n+1)\frac{1}{2}\pi$ gesetzt wird, für jeden ganzzahligen Werth von n eine Parabel dar. Alle diese Parabeln liegen auf dem parabolischen Cylinder

$$y^2 = -8(x+1).$$

Da für die angegebenen Werthe von φ der absolute Betrag der Grösse s gleich 1 ist, so liegen die längs jeder von diesen Parabeln construirten Normalen der Minimalfläche in der Ebene der betreffenden Parabel. Die durch die obigen Gleichungen dargestellte periodische Minimalfläche wird daher von dem parabolischen Cylinder $y^2 = -8(x+1)$ längs dieser Parabeln berührt. Die erwähnten Parabeln sind geodätische Linien der Minimalfläche.

Für jeden constanten Werth von φ stellen die obigen Gleichungen ebenfalls eine Parabel dar, welche Schnittlinie der Ebene

$$\frac{x}{\cos 2\varphi} + \frac{z-2\varphi}{\sin 2\varphi} = 0$$

mit dem parabolischen Cylinder

$$\frac{y^2}{8\sin^2\varphi} = \frac{x}{\cos 2\varphi} - 1$$

ist. Längs jeder Parabel der Schaar wird die Minimalfläche von einem parabolischen Cylinder

$$\frac{y^2}{8\sin^2\varphi} + x + \frac{z-2\varphi}{\operatorname{tg}\varphi} + 1 = 0$$

berührt. Für den Werth $r = 1$ stellen die obigen Gleichungen eine in der Ebene $y = 0$ liegende Cycloide dar, welche eine geodätische Linie der Minimalfläche ist.

Aus dem Gesagten geht hervor, dass die betrachtete Minimalfläche dieselbe ist, auf welche Herr Catalan im Jahre 1855 geführt wurde und für welche derselbe eine geometrische Construction gegeben hat. Lässt man U, V, W, in $-iU$, $-iV$, $-iW$ übergehen, so geht aus dieser Fläche eine andere hervor, welche eine Biegungsfläche derselben ist.

Auf dieser durch die Gleichungen

$$x = \tfrac{1}{2}(r^2 - r^{-2})\sin 2\varphi,\; y = 2(r + r^{-1})\cos\varphi,\; z = \tfrac{1}{2}(r^2 - r^{-2})\cos 2\varphi - 2\log r$$

dargestellten Minimalfläche liegt eine Schaar von Raumcurven vierten Grades, in welchen die Rotationscylinder

$$x^2 + (z + 2\log r)^2 = \tfrac{1}{4}(r^2 - r^{-2})^2$$

von den parabolischen Cylindern

$$y^2 = 4\frac{r + r^{-1}}{r - r^{-1}}(z + 2\log r) + 2(r + r^{-1})^2$$

geschnitten werden.

Im Punkte $x = 0$, $y = 0$, $z = -\frac{1}{2}(r^2 - r^{-2}) - 2\log r$ berühren sich beide Cylinder; in diesem Punkte besitzt daher ihre Schnittlinie einen Doppelpunkt. Längs jeder Curve der Schaar wird die Minimalfläche von einem Rotationskegel

$$x^2 + [z + \tfrac{1}{2}(r^2 - r^{-2}) + 2\log r]^2 = \tfrac{1}{4}(r - r^{-1})^2 y^2$$

berührt. Die z-Axe ist eine Doppellinie der Fläche. Dasselbe gilt bezüglich der y-Axe, von welcher der zwischen $y = -4$ und $y = +4$ liegende Theil mit reellen Flächenelementen zusammenhängt. Die Endpunkte dieser Strecke sind uniplanare Doppelpunkte der Fläche.

Ueberhaupt besitzen alle Minimalflächen, zu welchen die auf der linken Seite der obigen Entwickelungen zu Grunde gelegte Anordnung führt, uniplanare Doppelpunkte, welche den Werthen $t = c_1$ und $t = c_2$ entsprechen. —

Die Gleichungen auf der rechten Seite der obigen Entwickelungen (S. 212) führen zu einer periodischen Minimalfläche, welche von den Ebenen

$$z = 2(2n+1)\pi$$

in geodätischen Linien geschnitten und längs dieser ebenen Curven von der Cylinderfläche

$$x^2 - 2(\tfrac{1}{4}y)^2 - (\tfrac{1}{4}y)^4 = 0$$

berührt wird.

Lässt man auch bei dieser Fläche U, V, W beziehlich in $-iU$, $-iV$, $-iW$ übergehen, so erhält man eine durch folgende Gleichungen bestimmte Minimalfläche

$$\begin{aligned} x &= \tfrac{1}{2}(r^2+r^{-2})\sin 2\varphi, \\ y &= 2\sqrt{2}(r+r^{-1})\cos\varphi, \\ z &= \tfrac{1}{2}(r^2-r^{-2})\cos 2\varphi - 4\log r. \end{aligned}$$

Für jeden constanten Werth von r stellen diese Gleichungen eine Raumcurve vierten Grades dar, welche Schnittlinie des elliptischen Cylinders

$$\left[\frac{x}{\tfrac{1}{2}(r^2+r^{-2})}\right]^2 + \left[\frac{z+4\log r}{\tfrac{1}{2}(r^2-r^{-2})}\right]^2 = 1.$$

mit dem parabolischen Cylinder

$$y^2 = 8\frac{r+r^{-1}}{r-r^{-1}}\left[z+\tfrac{1}{2}(r^2-r^{-2})+4\log r\right]$$

ist. Dem Werthe $r = 1$ entspricht eine ebene Curve vierten Grades

$$x^2-2(\tfrac{1}{4}y)^2+(\tfrac{1}{4}y)^4 = 0, \quad z = 0,$$

welche eine geodätische Linie der Minimalfläche ist.

Die z-Axe ist eine Doppellinie der Fläche.

3. Ein Beispiel für den Fall, in welchem die Function W sich an drei Stellen logarithmisch verzweigt, nämlich für die Werthe $t = -1$, $t = +1$ und $t = \infty$, ist das folgende:

$$s = t, \quad \mathfrak{F}(s) = \frac{3+6t^2-t^4}{(1-t^2)^3},$$

$$U = \frac{3t+t^3}{1-t^2}, \quad V = i\cdot\frac{3t+t^5}{(1-t^2)^2}, \quad W = \log(1-t^2) + \frac{4t^2}{(1-t^2)^2}.$$

Die algebraischen Curven der Minimalfläche entsprechen den in der t-Ebene liegenden confocalen Lemniskaten, deren Brennpunkte die Punkte $t = -1$ und $t = +1$ sind.

Dieser specielle Fall unterscheidet sich von allen andern meines Wissens bisher genauer untersuchten nicht algebraischen Minimalflächen, welche eine Schaar algebraischer Curven enthalten, dadurch, dass die algebraischen Klassen, welche durch irgend zwei der Schaar angehörende Curven bestimmt werden, im Allgemeinen von einander verschieden sind. Die Coordinaten eines beliebigen Punktes jeder Curve der Schaar sind darstellbar als eindeutige elliptische Functionen einer veränderlichen Grösse, aber die zugehörende absolute Invariante ändert sich beim Uebergange von einer Curve der Schaar zur unendlich benachbarten.

In diesem Falle sind also die auf der Minimalfläche liegenden algebraischen Curven in der durch s und $\mathfrak{F}(s)$ bestimmten algebraischen Klasse nicht enthalten.

V.

Die allgemeine Untersuchung wird jetzt an der Stelle wieder aufgenommen, wo dieselbe durch die Betrachtung specieller Fälle unterbrochen wurde.

Im Art. II ist gezeigt worden, dass die Grössen s und $\mathfrak{F}(s)$ unter den daselbst angegebenen Voraussetzungen entweder rationale Functionen oder eindeutige elliptische Functionen einer veränderlichen Grösse sind.

In diesem Artikel wird nun der Fall genauer untersucht, in welchem die Grössen s und $\mathfrak{F}(s)$ eindeutige elliptische Functionen eines Argumentes u sind.

Aus demselben Grunde, aus welchem die Coefficienten der zwischen t und τ bestehenden algebraischen Gleichung als reell vorausgesetzt worden sind, kann man von der Annahme ausgehen, dass die Invarianten g_2 und g_3 der elliptischen Functionen $\wp u$ und $\wp' u$, durch welche t, τ, s und $\mathfrak{F}(s)$ rational ausgedrückt werden, reelle Werthe haben.

Unter dieser Voraussetzung entsprechen conjugirten Werthen t, t_1 auch conjugirte Werthe u, u_1 des Argumentes, und es hat daher die Differenz $u - u_1$ einen rein imaginären Werth, welcher mit $2vi$ bezeichnet werden möge. Da nun jede der rationalen eindeutig umkehrbaren Transformationen der zwischen s und $\mathfrak{F}(s)$ bestehenden Gleichung in die zwischen s_1 und $\mathfrak{F}_1(s_1)$ bestehende Gleichung für die Grösse $u-u_1$ einen constanten Werth ergibt, — die Schlussfolgerung ist der in dem angeführten Aufsatze angewandten völlig analog — so kann die Grösse v als Parameter der auf der Minimalfläche liegenden Schaar algebraischer Curven angesehen werden.

Die Gleichung $u-u_1 = 2vi$ stellt, wenn v als veränderlicher Parameter angesehen wird, in der u-Ebene eine Schaar von parallelen Geraden dar, längs denen der imaginäre Bestandtheil der Grösse u einen constanten Werth hat. Weil aber die Grösse u als eine Function des complexen Argumentes s angesehen werden kann und in Folge dessen die Minimalfläche auf die u-Ebene conform abgebildet wird, so bilden die auf der Minimalfläche liegenden der Schaar angehörenden algebraischen Curven nebst ihren orthogonalen Trajectorien ein isometrisches Curvensystem auf der Fläche, mit anderen Worten, die erwähnte Curvenschaar vermag nebst der zu ihr orthogonalen Curvenschaar die Minimalfläche in unendlich kleine Quadrate zu theilen.

Setzt man nun $u = u'+vi$, wo u' eine veränderliche Grösse bezeichnet, welche zunächst nur reelle Werthe annehmen soll, so ergibt sich aus der Voraussetzung, welche bezüglich der auf der Minimalfläche liegenden Curven der Schaar gestellt worden ist, und aus dem für die Function $\wp u$ geltenden Additionstheorem, dass die reellen Theile der drei Functionen U, V, W für jeden constanten Werth von v rationale Functionen von $\wp u'$ und $\wp' u'$ sein müssen.

Denn für jeden constanten Werth von v sollen die Gleichungen

$$x = \Re U, \quad y = \Re V, \quad z = \Re W$$

eine algebraische Curve darstellen, welche die Eigenschaft besitzt, dass die Coordinaten eines beliebigen Punktes derselben durch s und $\mathfrak{F}(s)$, also auch durch $\wp u$ und $\wp' u$ rational ausdrückbar sind. Da nun $u = u'+vi$ ist und $\wp(u'+vi)$ sowohl als $\wp'(u'+vi)$ in Folge des für diese Functionen geltenden Additionstheorems durch $\wp u'$ und $\wp' u'$ rational ausdrückbar ist, so sind auch die reellen Theile von U, V, W für jeden constanten Werth von v rationale Functionen von $\wp u'$ und $\wp' u'$.

Damit dieses eintritt, ist nothwendig und hinreichend, dass zwei Bedingungen erfüllt sind:

erstens, dass in den für die Umgebung irgend eines Werthes $u = u_0$ geltenden Entwickelungen von U, V, W nach Potenzen von

$u-u_0$ für keinen Werth von u_0 ein mit dem Factor $\log(u-u_0)$ behaftetes Glied auftrete, mit anderen Worten, dass die Functionen U, V, W kein Integral dritter Art enthalten;

zweitens, dass die Coefficienten der in den drei Functionen U, V, W vorkommenden mit $\frac{\sigma' u}{\sigma u}$, beziehungsweise mit u multiplicirten Glieder rein imaginäre Werthe haben.

Beweis. Bezeichnet U_1 die zu der Grösse U conjugirte Grösse, welche eine Function der zu der Grösse u conjugirten Grösse u_1 ist, so gilt, vorausgesetzt, dass den Grössen u und u_1 zunächst nur conjugirte Werthe beigelegt werden, die Gleichung

$$2\Re U = U + U_1.$$

Setzt man nun $u = u' + vi$, $u_1 = u' - vi$, so soll nach der Voraussetzung für jeden constanten Werth von v $U + U_1$ eine rationale Function von $\wp u'$ und $\wp' u'$ sein; man erhält also die Gleichung

$$U + U_1 = R(\wp u', \wp' u'),$$

in welcher R eine rationale Function bezeichnet, deren Coefficienten analytische Functionen des Parameters v sind.

Man kann jetzt die Voraussetzung, dass der Variablen u' nur reelle Werthe beigelegt werden sollen, fallen lassen, weil alle in Betracht kommenden Functionen analytische Functionen sind.

Hieraus folgt, dass die Grösse $U + U_1$ als Function der jetzt unbeschränkt veränderlichen Grösse u' betrachtet für alle endlichen Werthe dieser Grösse den Charakter einer rationalen Function besitzt. Aus diesem Grunde ist $U + U_1$ an keiner Stelle logarithmisch verzweigt.

Es kann aber auch die Grösse U an keiner Stelle logarithmisch verzweigt sein.

Enthielte nämlich die für die Umgebung irgend eines Werthes $u = u_0$ geltende, nach Potenzen von $u - u_0$ fortschreitende Entwickelung von U das Glied $C \log(u - u_0)$, so würde die für die Umgebung des Werthes $u' = u_0 - vi$ geltende Entwickelung von U das Glied $C \log[u' - (u_0 - vi)]$ und die für die Umgebung desselben Werthes geltende Entwickelung von U_1 das Glied $-C \log[u' - (u_0 - vi)]$ enthalten müssen. Hieraus würde folgen, dass die für die Umgebung des Werthes $u_1 = u_0 - 2vi$ geltende Entwickelung von U_1 das Glied $-C \log[u_1 - (u_0 - 2vi)]$, und die für die Umgebung des Werthes

$u = u_{0,1} + 2vi$ geltende Entwickelung von U als Glied

$$-C_1 \log[u-(u_{0,1}+2vi)]$$

enthalten müsste, wenn $u_{0,1}$, C_1 die zu den Grössen u_0, C conjugirten Grössen bezeichnen.

Da nun die Function U innerhalb jedes Periodenparallelogramms jedenfalls nur an einer endlichen Anzahl von Stellen logarithmisch verzweigt sein kann, so besitzt dieselbe für den Werth $u = u_{0,1} + 2vi$, wenn v nicht specielle Werthe annimmt, den Charakter einer ganzen Function. Es muss also C_1 und demnach auch C gleich Null sein.

Hiermit ist der erste Theil des obigen Satzes bewiesen.

Weil die Functionen U, V, W unter den angegebenen Voraussetzungen an keiner Stelle logarithmisch verzweigt sind, besitzen dieselben die Gestalt

$$(A+Bi)\frac{\sigma' u}{\sigma u} + (C+Di)u + R_1(\wp u, \wp' u),$$

wo A, B, C, D reelle Constanten sind und R_1 eine rationale Function bezeichnet.

Der reelle Theil dieses Ausdruckes erhält, wenn $u = u' + vi$ gesetzt und die Veränderlichkeit von u' und v auf reelle Werthe beschränkt wird, nach dem für die elliptischen Integrale zweiter Art geltenden Additionstheoreme die Gestalt

$$A\frac{\sigma'(u')}{\sigma(u')} + Bi\frac{\sigma'(vi)}{\sigma(vi)} + Cu' - Dv + R_2[\wp(u'), \wp'(u'), \wp(vi), \wp'(vi)],$$

wo R_2 eine rationale Function bezeichnet.

Dieser Ausdruck ist, wenn der Grösse v ein constanter Werth beigelegt wird, nur dann eine doppeltperiodische Function von u', wenn A und C einzeln gleich Null sind.

Es muss also sowohl A als auch C gleich Null gesetzt werden.

Hiermit ist der zweite Theil der oben aufgestellten Behauptung bewiesen.

Die Aufgabe:

„Alle nicht algebraischen Minimalflächen zu bestimmen, welche eine Schaar algebraischer in dem angegebenen Sinne mit den Grössen s und $\mathfrak{F}(s)$ in dieselbe Riemannsche Klasse gehörender Curven enthalten,“

ist daher mit Ausnahme des Falles, in welchem s und $\mathfrak{F}(s)$ durch dieselbe veränderliche Grösse t rational ausdrückbar sind, allgemein zurückgeführt auf folgendes algebraische

Problem:

Durch Gleichungen von der Form:

$$U = i\left(Au + A'\frac{\sigma'u}{\sigma u}\right) + F_1(\wp u, \wp' u),$$

$$V = i\left(Bu + B'\frac{\sigma'u}{\sigma u}\right) + F_2(\wp u, \wp' u),$$

$$W = i\left(Cu + C'\frac{\sigma'u}{\sigma u}\right) + F_3(\wp u, \wp' u),$$

in welchen $A \cdots C'$ reelle Constanten und F_1, F_2, F_3 rationale Functionen bezeichnen, sollen drei linear unabhängige Functionen U, V, W derselben unbeschränkt veränderlichen Grösse u bestimmt werden, welche die Eigenschaft haben, dass die Summe der Quadrate ihrer Ableitungen identisch gleich Null ist.

Die Function $\wp u$ ist mit ihrer Ableitung $\wp' u$ durch die Gleichung

$$(\wp' u)^2 = 4\wp u^3 - g_2 \wp u - g_3$$

verbunden, in welcher g_2 und g_3 zwei reelle Grössen bezeichnen. Die Constante der Integration ist durch die Bedingung

$$\wp(0) = \infty$$

bestimmt.

Von der Function $\wp u$ hängt die Function σu durch die Differentialgleichung

$$\frac{d^2 \log \sigma u}{du^2} = -\wp u$$

ab und ist durch die Bedingungen $\sigma'(0) = 1$, $\sigma''(0) = 0$ eindeutig bestimmt. Die Function $\frac{\sigma' u}{\sigma u}$, ein elliptisches Integral zweiter Art, betrachtet als Function des elliptischen Integrals erster Art u, ist durch die Gleichung

$$\frac{\sigma' u}{\sigma u} = \frac{d \log \sigma u}{du}$$

bestimmt.

Wenn es gelungen ist, drei Functionen U, V, W den Bedingungen des obigen Problems gemäss zu bestimmen, so stellen die Gleichungen

$$x = \Re U, \quad y = \Re V, \quad z = \Re W,$$

wie sich aus dem Additionstheorem ergibt, eine Minimalfläche dar, welche eine Schaar algebraischer Curven enthält. Jeder Geraden der u-Ebene, längs welcher der imaginäre Bestandtheil der Grösse u einen constanten Werth hat, entspricht eine Curve der Schaar.

Unter derselben Voraussetzung stellen die Gleichungen

$$x = \Re i U, \quad y = \Re i V, \quad z = \Re i W$$

eine zweite Minimalfläche dar, welche eine Biegungsfläche der vorigen ist und welche ebenfalls eine Schaar algebraischer Curven enthält. Jeder Geraden der u-Ebene, längs welcher der reelle Bestandtheil der Grösse u einen constanten Werth hat, entspricht eine algebraische Curve auf dieser zweiten Minimalfläche.

Bemerkung. Der einfachste Fall der im letzten Artikel betrachteten Minimalflächen ergibt sich, wenn die mit U, V, W bezeichneten Functionen der Bedingung unterworfen werden, innerhalb jedes Periodenparallelogramms nur für zwei Werthe des Argumentes u und zwar von der ersten Ordnung unendlich gross zu werden. Eine nähere Untersuchung zeigt, dass in Folge der übrigen Bedingungen des Problems die Differenz dieser beiden Werthe eine halbe Periode sein muss. Als allgemeine Gleichung der durch die angegebene Bedingung charakterisirten Minimalflächen ergibt sich bei passender Wahl des Coordinatensystems

$$\left(x - \frac{\sigma' z}{\sigma z} - e_2 z\right)^2 + y^2 - (\wp z - e_2) = 0.$$

Es ist hierbei vorausgesetzt, dass die drei Wurzeln e_1, e_2, e_3 der Gleichung $4s^3 - g_2 s - g_3 = 0$ reelle Werthe haben und dass

$$(e_1 - e_2)(e_2 - e_3) = 1$$

ist. Die betrachteten Flächen, welche von den Ebenen $z = \text{const.}$ in Kreisen geschnitten werden, stimmen mit den von Riemann und von Herrn Enneper untersuchten eine Schaar reeller Kreise enthaltenden Minimalflächen überein.

Göttingen, 1875.

Sur les surfaces à courbure moyenne nulle sur lesquelles on peut limiter une portion finie de la surface par quatre droites situées sur la surface.

Lu le 9. Avril 1883. Comptes rendus de l'Académie des sciences, Tome XCVI. p. 1011.

'A l'occasion d'un Mémoire récemment publié par M. le Dr Édouard Neovius, de Helsingfors, et intitulé: *Détermination de deux surfaces spéciales périodiques à courbure moyenne nulle, qui contiennent un nombre infini de lignes droites et en même temps un nombre infini de courbes géodésiques planes*, je demande à l'Académie la permission de présenter les remarques suivantes.

Les surfaces à courbure moyenne nulle sur lesquelles on peut limiter une portion finie par quatre lignes droites formant quatre arêtes d'un tétraèdre offrent cette propriété bien remarquable, que, dans le cas général, la surface est composée d'un nombre infini de parties égales entre elles; car chaque droite située sur une surface à courbure moyenne nulle est un axe de symétrie de la surface, qui peut ainsi être déduite par le prolongement analytique de chacune de ses portions.

Dans le cas général, il est aisé de voir que, dans chaque portion finie de l'espace, il entre un nombre infini de répétitions des quadrilatères à surface courbe en question.

Mais il y a des cas d'exception. J'ai trouvé qu'il n'y a que *cinq* surfaces à courbure moyenne nulle sur lesquelles on puisse limiter entièrement une portion finie de la surface par quatre lignes droites, et qui jouissent, en outre, de la propriété que, dans chaque portion finie de l'espace, il n'entre qu'un nombre *fini* de répétitions d'un tel quadrilatère à surface courbe.

Pour ces cinq surfaces, toutes les lignes droites qu'elles contiennent sont parallèles aux axes de symétrie d'un *cube.* On pourrait sans doute déduire ce résultat du travail de M. Camille Jordan sur les groupes de mouvements. J'y suis arrivé par une voie toute différente.

J'ai étudié deux de ces cinq surfaces dans mon Mémoire intitulé: *Détermination d'une surface spéciale à courbure moyenne nulle.* Berlin, 1871.*)

La troisième est l'objet du beau travail de M. Neovius, qui ne laisse presque plus rien à désirer sur la question.

La quatrième et la cinquième de ces surfaces n'ont pas été étudiées jusqu'à présent d'une manière approfondie.

Les équations de ces cinq surfaces peuvent être données au moyen de fonctions elliptiques des coordonnées rectangulaires.

Je serais heureux que l'Académie voulût bien m'autoriser, dans la prochaine séance, à mettre sous ses yeux quelques expériences à l'aide d'un liquide glycérique composé d'après une méthode nouvelle, et à lui montrer quelques modèles qui se rattachent à ces cinq surfaces spéciales.

---

*) Voir p. 6 de ce tome.

Ueber ein die Flächen kleinsten Flächeninhalts betreffendes Problem der Variationsrechnung.

Festschrift zum siebzigsten Geburtstage des Herrn Karl Weierstrass.

Acta societatis scientiarum Fennicae, tomus XV. p. 315—362.

Zum 31sten October 1885.

Hochverehrter Herr Professor!

Um Ihnen zu dem Tage, an welchem Sie auf siebzig Lebensjahre zurückblicken, durch eine wissenschaftliche Arbeit eine Freude zu bereiten, habe ich die Beschäftigung mit einer Frage wieder aufgenommen, deren Bearbeitung Sie vor zwanzig Jahren einigen Ihrer Zuhörer empfohlen haben.

Das Ergebniss, zu welchem ich durch Anwendung von Schlussweisen, die von Ihnen ausgebildet worden sind, gelangt bin, enthalten die folgenden Blätter; ich bitte Sie, dieselben als ein Zeichen dankbarer Gesinnung freundlich aufnehmen zu wollen.

Verehrungsvoll

H. A. Schwarz.

Erster Theil.

Ueber Minimalflächenstücke, welche bei unverändert gelassener Begrenzungslinie ein Minimum des Flächeninhalts besitzen.

1.

Zwei unendlich benachbarte Minimalflächenstücke.

Eine Minimalfläche ist eine analytische Fläche, welche die Eigenschaft besitzt, dass in jedem Punkte derselben die beiden Hauptkrümmungshalbmesser der Fläche gleich gross und entgegengesetzt gerichtet sind.

Es sei M ein ganz im Endlichen liegendes, von einer endlichen Anzahl von Stücken analytischer Linien begrenztes, einfach zusammenhängendes, in seinem Innern keinen singulären Punkt enthaltendes Stück einer Minimalfläche. Der Flächeninhalt dieses Flächenstückes werde mit S, seine Begrenzungslinie mit L, die Länge eines Elementes dieser Begrenzungslinie mit dL bezeichnet.

Es sei M′ ein dem Minimalflächenstücke M in der ganzen Ausdehnung desselben unendlich benachbartes Minimalflächenstück, bezüglich dessen analoge Voraussetzungen erfüllt sind, wie für das Flächenstück M. Es wird vorausgesetzt, dass die beiden Flächenstücke M und M′ keinen gemeinsamen Punkt besitzen.

Der Flächeninhalt des Flächenstückes M′ werde mit S′, die Begrenzungslinie desselben mit L′ bezeichnet.

Durch die beiden unendlich benachbarten Begrenzungslinien L und L′ sei eine krumme Fläche F gelegt, so dass die Curven L und L′ die vollständige Begrenzung eines auf dieser Fläche liegenden gürtelförmigen Flächenstreifens, eines G ü r t e l s von unendlich schmaler Breite bilden. Diese Fläche F werde als g e g e b e n angesehen. Der betrachtete Gürtel werde mit G bezeichnet.

Es bezeichne $d\mathfrak{p}$ den auf der Fläche F gemessenen unendlich kleinen geodätischen Abstand des Curvenelementes dL von der Curve

L', oder die Breite des Gürtels G an der betrachteten Stelle. Das Product $d\mathfrak{p} \cdot d\mathrm{L}$ bedeutet die Grösse des Flächeninhalts eines Rechtecks mit den Seiten $d\mathfrak{p}$ und $d\mathrm{L}$, d. h. die Grösse des Flächeninhalts eines Elementes des Gürtels G, welche mit $d\mathrm{F}$ bezeichnet werden soll.

Es besteht also die Gleichung

$$(1.)\qquad d\mathrm{F} = d\mathfrak{p} \cdot d\mathrm{L}.$$

Längs jedes Elementes $d\mathrm{L}$ der Curve L grenzt je ein Element des Gürtels G an je ein Element des Flächenstückes M. Der von den Ebenen dieser beiden Flächenelemente gebildete Flächenwinkel, dessen Grösse allgemein zu reden mit der Lage des Elementes $d\mathrm{L}$ längs der Curve L sich ändert, werde mit ω bezeichnet.

Den gestellten Voraussetzungen zufolge kann das Flächenstück M' als eine Variation des Flächenstückes M angesehen werden, bei welcher für jedes Element $d\mathrm{L}$ der Randlinie die Grösse der Verschiebung auf der Fläche F in einer zur Richtung dieses Elementes senkrechten Richtung $d\mathfrak{p}$ beträgt.

Nach einer von Gauss aufgestellten Formel (Werke Band V, Seite 65) ergibt sich für die Differenz der Flächeninhalte der beiden Flächenstücke M' und M die Formel

$$(2.)\qquad \mathrm{S}' - \mathrm{S} = -\int \cos\omega \cdot d\mathfrak{p} \cdot d\mathrm{L} = -\int \cos\omega \cdot d\mathrm{F},$$

wobei die Integration längs aller Theile der Begrenzungslinie des Flächenstückes M, oder, was dasselbe bedeutet, über alle den Gürtel G bildenden Elemente der Fläche F zu erstrecken ist.

2.

Betrachtung einer Schaar von Minimalflächenstücken. Herleitung des Fundamentalsatzes.

Es sei gegeben eine von einem Parameter abhängende, einfach unendliche Schaar von Minimalflächenstücken

$$\mathrm{M},\ \mathrm{M}',\ \mathrm{M}'',\ \cdots \mathrm{M}^*,$$

welche so beschaffen sind, dass keine zwei zu verschiedenen Werthen des Parameters gehörenden Flächenstücke dieser Schaar einen gemeinsamen Punkt besitzen, und dass für je zwei unendlich benachbarte Flächenstücke dieser Schaar die in dem vorhergehenden Art. angegebenen auf die Flächenstücke M und M' sich beziehenden Voraussetzungen erfüllt sind.

[Der einfachste Fall einer solchen Schaar von Minimalflächenstücken wird offenbar dann erhalten, wenn man voraussetzt, dass alle der Schaar angehörenden Flächenstücke e b e n, und dass die Ebenen, denen dieselben angehören, einander p a r a l l e l sind.]

Es bezeichne F zugleich den Flächeninhalt der von den Curven

$$L, L', L'', \cdot\cdot L^*,$$

den Begrenzungslinien der Flächenstücke

$$M, M', M'', \cdot\cdot M^*,$$

gebildeten Fläche F. Es wird vorausgesetzt, dass diese Fläche von einer endlichen Anzahl von Stücken analytischer Flächen gebildet werde.

Die Bedeutung des im Art. 1 erklärten Winkels ω und des Flächenelementes dF möge in der Weise ausgedehnt werden, dass die Formel (2.) des Art. 1 für je zwei unendlich benachbarte Minimalflächenstücke der betrachteten Schaar Geltung erhält.

Den gestellten Voraussetzungen zufolge besitzt die Grösse ω innerhalb jedes einzelnen der vorher erwähnten Stücke analytischer Flächen, aus denen die Fläche F besteht, für jeden Punkt nur e i n e n Werth, welcher sich innerhalb dieses Flächenstückes mit der Lage des Flächenelementes dF nicht anders als stetig ändern kann.

Aus der Formel (2.) des Art. 1 ergibt sich durch Anwendung derselben auf je zwei unendlich benachbarte Flächenstücke der betrachteten Schaar und durch Integration in Bezug auf den Parameter der Schaar, wenn S^* die Grösse des Flächeninhalts des Minimalflächenstückes M^* bezeichnet, die Gleichung

$$(3.) \qquad S^*-S = -\int\int \cos\omega \cdot dF.$$

Bei dem auf der rechten Seite dieser Gleichung stehenden Doppelintegrale ist die Integration über alle der Fläche F angehörende Elemente dF zu erstrecken.

Wird nun die specielle Annahme gemacht, dass die Curve L^* sich auf einen Punkt reducirt, wobei S^* in 0 übergeht, während die Fläche F eine schalenförmige Gestalt erhält, so geht die Gleichung (3.) über in

$$(4.) \qquad S = \int\int \cos\omega \cdot dF,$$

aus welcher sich in Folge der Gleichung $F = \int\int dF$ die Formel

$$F - S = \int\int (1 - \cos\omega)\, dF \tag{5.}$$

ergibt, welche für die folgende Untersuchung von wesentlicher Bedeutung ist.

3.

Einführung einer neuen Bedingung. Erweiterung des Geltungsbereiches des Fundamentalsatzes.

Einer im vorhergehenden Art. gestellten Voraussetzung zufolge sollen keine zwei Minimalflächenstücke der betrachteten Schaar, welche zu verschiedenen Werthen des Parameters gehören, einen gemeinsamen Punkt besitzen. Aus diesem Grunde bilden je zwei unendlich benachbarte Minimalflächenstücke der betrachteten Schaar und der die Begrenzungslinien derselben verbindende gürtelförmige Streifen der Fläche F zusammengenommen die vollständige Begrenzung eines einfach zusammenhängenden Theiles des Raumes, einer körperlichen Schale von überall unendlich kleiner Dicke.

Die Gesammtheit derjenigen Theile des Raumes, welche von allen auf die angegebene Weise durch die betrachtete Schaar von Minimalflächenstücken bestimmten körperlichen Schalen eingenommen werden, bildet einen einfach zusammenhängenden Theil des Raumes, welcher die Gesammtheit aller den Minimalflächenstücken der betrachteten Schaar angehörenden Punkte enthält, und dessen vollständige Begrenzung von dem Minimalflächenstücke M und der Fläche F gebildet wird.

Dieser linsenförmig gestaltete Raumtheil möge mit R′ bezeichnet werden.

Es wird nun die Festsetzung getroffen, die betrachtete Schaar von Minimalflächenstücken soll so beschaffen sein, dass der Abstand je zweier unendlich benachbarten Minimalflächenstücke der Schaar (die Dicke der vorher betrachteten körperlichen Schale) in der ganzen Ausdehnung dieser Flächenstücke einschliesslich des Randes derselben eine unendlich kleine Grösse derselben Ordnung ist.

In Folge dieser Festsetzung ist der Schluss gestattet, dass der in dem vorhergehenden Art. erklärte Winkel ω nicht für jeden Punkt der Fläche F den Werth Null haben kann, ohne dass diese Fläche in ihrer ganzen Ausdehnung mit dem Minimalflächenstücke M zusammenfällt. Letzteres ist aber mit den gestellten Voraussetzungen nicht vereinbar.

Der Formel (5.) des vorhergehenden Art. zufolge besitzt daher die Fläche F, weil das Doppelintegral

$$\int\int(1-\cos\omega)\,dF$$

einen von Null verschiedenen positiven Werth hat, grösseren Flächeninhalt als das Minimalflächenstück M, mit welchem die Fläche F die Begrenzungslinie L gemein hat.

Wie eine einfache Ueberlegung ergibt, gilt dieselbe Schlussfolgerung für jede einfach zusammenhängende, von der Linie L begrenzte und aus einer endlichen Anzahl von Stücken analytischer Flächen bestehende Fläche F_1, vorausgesetzt, dass alle Punkte dieser Fläche dem Raume R′ angehören, und dass dieselbe nicht in ihrer ganzen Ausdehnung mit dem Minimalflächenstücke M zusammenfällt.

Die in den beiden vorhergehenden Artikeln angestellten Betrachtungen lassen sich nämlich bei angemessener Erweiterung der zu Grunde gelegten Voraussetzungen ohne Schwierigkeit so verallgemeinern, dass die zunächst für die Fläche F hergeleitete Schlussfolgerung für jede den angegebenen Bedingungen genügende Fläche F_1 Geltung erhält. Bei dieser Verallgemeinerung, auf welche hier nicht näher eingegangen zu werden braucht, kommt nicht allein der Fall in Betracht, in welchem die Fläche F_1 mit einem oder mehreren Minimalflächenstücken der Schaar Flächentheile von endlicher Ausdehnung gemeinsam hat, sondern auch der Fall, in welchem die Schnittlinien der Fläche F_1 mit einigen der Schaar angehörenden Minimalflächenstücken in getrennte Theile zerfallen. Für die auf die letztere Verallgemeinerung bezügliche Untersuchung ist das im Art. 1 betrachtete einfach zusammenhängende Minimalflächenstück M durch ein mehrfach zusammenhängendes Minimalflächenstück zu ersetzen, dessen Begrenzungslinie aus mehreren getrennten Theilen besteht; ebenso sind an die Stelle des einen im Art. 1 betrachteten gürtelförmigen Flächenstreifens mehrere solche Flächenstreifen zu setzen. Auf die nähere Ausführung dieser Verallgemeinerung, durch welche das Wesentliche der in den Artikeln 1 und 2 entwickelten Schlussfolgerungen nicht berührt wird, gehe ich hier nicht näher ein.

4.

Andere Begründung des Fundamentalsatzes.

Die im Art. 2 hergeleitete Formel (4.) $S=\int\int\cos\omega\cdot dF$ kann auch hergeleitet werden wie folgt.

Man denke sich die der betrachteten Schaar angehörenden Minimalflächenstücke in Flächenelemente zerlegt und betrachte eine durch die Begrenzung eines dieser Flächenelemente gelegte röhrenförmige Fläche, welche die Minimalflächenstücke der betrachteten Schaar rechtwinklig durchschneidet. Diese Fläche begrenzt auf allen Flächenstücken der betrachteten Schaar, welche von derselben durchschnitten werden, Flächenelemente von gleich grossem Flächeninhalt, weil für jedes dieser Flächenstückchen die auf den Uebergang desselben in ein unendlich benachbartes von derselben röhrenförmigen Fläche begrenztes Flächenstückchen sich beziehende erste Variation des Flächeninhalts gleich Null ist.

Dieser Satz ist in dem Werke von E. Lamarle, *Exposition géométrique du calcul différentiel et intégral* (*Mémoires couronnés et autres mémoires publiés par l'Académie de Belgique, in 8vo, Tome XV. Bruxelles 1863, p. 576*) meines Wissens zuerst ausgesprochen worden.

Bezeichnet dS den Flächeninhalt eines dieser Flächenelemente und dF den Flächeninhalt eines der Fläche F angehörenden, von der betrachteten röhrenförmigen Fläche begrenzten Flächenelementes, so besteht, jenachdem der im Vorhergehenden erklärte Winkel ω an der betrachteten Stelle kleiner oder grösser ist als ein Rechter, die erste oder die zweite der beiden Gleichungen

$$dS = \cos\omega \cdot dF, \quad dS = -\cos\omega \cdot dF.$$

Durch Integration ergibt sich hieraus, wenn die Integration über alle Flächenelemente dF erstreckt wird, aus welchen die Fläche F besteht, die Formel (4.) des Art. 2.

5.

Analytischer Beweis des Fundamentalsatzes.

Die vorstehenden Untersuchungen stützen sich grösstentheils auf geometrische Betrachtungen. Mit Hülfe des folgenden Systems von Formeln kann die Richtigkeit derselben Schlussfolgerungen auf analytischem Wege nachgewiesen werden.

Es mögen u, v, ε drei reelle stetig veränderliche Grössen,

x, y, z drei gegebene reelle analytische Functionen der Grössen u, v, ε bezeichnen, welche innerhalb des zu betrachtenden Gebietes Q der von einander unabhängigen Variablen u, v, ε den Charakter ganzer Functionen besitzen. Die Grössen x, y, z bedeuten die rechtwinkligen Coordinaten eines Punktes P; für jeden dem betrachteten Gebiete Q angehörenden Werth von ε ist der geometrische Ort dieses Punktes P allgemein zu reden ein Stück einer krummen Fläche; für jedes dem betrachteten Gebiete Q angehörende Werthepaar u, v ist der geometrische Ort des Punktes P allgemein zu reden ein Stück einer krummen Linie.

Die Grössen $A, B, C, D, D', D'', E, F, G, H, I, K$ sollen durch folgende Gleichungen erklärt werden:

$$A = \frac{\partial y}{\partial u}\frac{\partial z}{\partial v} - \frac{\partial z}{\partial u}\frac{\partial y}{\partial v}, \qquad D = A\frac{\partial^2 x}{\partial u^2} + B\frac{\partial^2 y}{\partial u^2} + C\frac{\partial^2 z}{\partial u^2},$$

$$B = \frac{\partial z}{\partial u}\frac{\partial x}{\partial v} - \frac{\partial x}{\partial u}\frac{\partial z}{\partial v}, \qquad D' = A\frac{\partial^2 x}{\partial u\,\partial v} + B\frac{\partial^2 y}{\partial u\,\partial v} + C\frac{\partial^2 z}{\partial u\,\partial v},$$

$$C = \frac{\partial x}{\partial u}\frac{\partial y}{\partial v} - \frac{\partial y}{\partial u}\frac{\partial x}{\partial v}, \qquad D'' = A\frac{\partial^2 x}{\partial v^2} + B\frac{\partial^2 y}{\partial v^2} + C\frac{\partial^2 z}{\partial v^2},$$

$$E = \left(\frac{\partial x}{\partial u}\right)^2 + \left(\frac{\partial y}{\partial u}\right)^2 + \left(\frac{\partial z}{\partial u}\right)^2, \qquad H = \frac{\partial x}{\partial u}\frac{\partial x}{\partial \varepsilon} + \frac{\partial y}{\partial u}\frac{\partial y}{\partial \varepsilon} + \frac{\partial z}{\partial u}\frac{\partial z}{\partial \varepsilon},$$

$$F = \frac{\partial x}{\partial u}\frac{\partial x}{\partial v} + \frac{\partial y}{\partial u}\frac{\partial y}{\partial v} + \frac{\partial z}{\partial u}\frac{\partial z}{\partial v}, \qquad I = \frac{\partial x}{\partial v}\frac{\partial x}{\partial \varepsilon} + \frac{\partial y}{\partial v}\frac{\partial y}{\partial \varepsilon} + \frac{\partial z}{\partial v}\frac{\partial z}{\partial \varepsilon},$$

$$G = \left(\frac{\partial x}{\partial v}\right)^2 + \left(\frac{\partial y}{\partial v}\right)^2 + \left(\frac{\partial z}{\partial v}\right)^2, \qquad K = \left(\frac{\partial x}{\partial \varepsilon}\right)^2 + \left(\frac{\partial y}{\partial \varepsilon}\right)^2 + \left(\frac{\partial z}{\partial \varepsilon}\right)^2.$$

Für das Quadrat der Länge des Linienelementes einer von dem Punkte mit den Coordinaten x, y, z beschriebenen Linie ergibt sich der Ausdruck

$$dx^2 + dy^2 + dz^2 = E\,du^2 + 2F\,du\,dv + G\,dv^2 + 2H\,du\,d\varepsilon + 2I\,dv\,d\varepsilon + K\,d\varepsilon^2.$$

Es wird vorausgesetzt, dass die beiden Grössen H und I beständig den Werth Null haben; mit anderen Worten es wird vorausgesetzt, dass die einfach unendliche Schaar der Flächen $\varepsilon = \text{const.}$ von der zweifach unendlichen Schaar von Raumcurven $u = \text{const.}$, $v = \text{const.}$ orthogonal durchsetzt wird. Ferner wird vorausgesetzt, dass die Grössen $EG - F^2$, K für kein dem zu betrachtenden Gebiete Q angehörendes System von Werthen u, v, ε den Werth Null annehmen.

Wird die Veränderlichkeit der Grössen u, v, ε auf solche Werthe beschränkt, welche eine gegebene analytische Gleichung

$$\varepsilon = f(u, v)$$

befriedigen, wobei vorausgesetzt werden soll, dass die Function $f(u, v)$ für alle in Betracht kommenden Werthe der Argumente u, v den Charakter einer ganzen Function besitzt, so ist der geometrische Ort des Punktes P allgemein zu reden eine gewisse krumme Fläche F, und zwar wird die Grösse des Flächeninhalts dF eines Elementes dieser Fläche gegeben durch die Formel

$$dF = \sqrt{\left[E+K\left(\frac{\partial\varepsilon}{\partial u}\right)^2\right]\left[G+K\left(\frac{\partial\varepsilon}{\partial v}\right)^2\right]-\left(F+K\frac{\partial\varepsilon}{\partial u}\frac{\partial\varepsilon}{\partial v}\right)^2}\cdot du\,dv$$

$$= \sqrt{EG-F^2+K\left[E\left(\frac{\partial\varepsilon}{\partial v}\right)^2-2F\frac{\partial\varepsilon}{\partial u}\frac{\partial\varepsilon}{\partial v}+G\left(\frac{\partial\varepsilon}{\partial u}\right)^2\right]}\cdot du\,dv.$$

Ohne dass die Allgemeinheit der Untersuchung beeinträchtigt wird, kann vorausgesetzt werden, dass die Determinante

$$\begin{vmatrix} \frac{\partial x}{\partial u} & \frac{\partial y}{\partial u} & \frac{\partial z}{\partial u} \\ \frac{\partial x}{\partial v} & \frac{\partial y}{\partial v} & \frac{\partial z}{\partial v} \\ \frac{\partial x}{\partial \varepsilon} & \frac{\partial y}{\partial \varepsilon} & \frac{\partial z}{\partial \varepsilon} \end{vmatrix} = A\frac{\partial x}{\partial\varepsilon}+B\frac{\partial y}{\partial\varepsilon}+C\frac{\partial z}{\partial\varepsilon} = N$$

für alle dem zu betrachtenden Gebiete Q angehörenden Werthe der unabhängigen Variablen u, v, ε einen positiven Werth habe. In Folge der Gleichungen $H=0$, $I=0$ ergibt sich $N^2 = (EG-F^2)K$, also ist $N = \sqrt{EG-F^2}\cdot\sqrt{K}$, wobei jeder von diesen Quadratwurzeln ihr positiver Werth beizulegen ist.

Wird festgesetzt, dass die positiven Richtungen der Normalen der den Gleichungen $\varepsilon = \text{const.}$, $\varepsilon = f(u,v)$ entsprechenden Flächen diejenigen sind, in welchen der Parameter ε zunimmt, so haben die Cosinus der Neigungswinkel, welche die positive Richtung der Normale eines Elementes der Fläche $\varepsilon = \text{const.}$ mit den positiven Richtungen der Coordinatenaxen einschliesst, beziehlich die Werthe

$$\frac{1}{\sqrt{K}}\frac{\partial x}{\partial\varepsilon} = \frac{A}{\sqrt{EG-F^2}},\quad \frac{1}{\sqrt{K}}\frac{\partial y}{\partial\varepsilon} = \frac{B}{\sqrt{EG-F^2}},\quad \frac{1}{\sqrt{K}}\frac{\partial z}{\partial\varepsilon} = \frac{C}{\sqrt{EG-F^2}},$$

und es ergibt sich für den Cosinus des Winkels ω, welchen die positive Richtung der Normale der Fläche $\varepsilon = f(u,v)$ im Punkte P mit der positiven Richtung der Normale der durch den Punkt P hindurchgehenden Fläche $\varepsilon = \text{const.}$ einschliesst, die Gleichung

$$\sqrt{EG-F^2+K\left[E\left(\frac{\partial\varepsilon}{\partial v}\right)^2-2F\frac{\partial\varepsilon}{\partial u}\frac{\partial\varepsilon}{\partial v}+G\left(\frac{\partial\varepsilon}{\partial u}\right)^2\right]}\cdot\sqrt{K}\cos\omega =$$

$$= \begin{vmatrix} \frac{\partial x}{\partial u}+\frac{\partial x}{\partial\varepsilon}\frac{\partial\varepsilon}{\partial u} & \frac{\partial y}{\partial u}+\frac{\partial y}{\partial\varepsilon}\frac{\partial\varepsilon}{\partial u} & \frac{\partial z}{\partial u}+\frac{\partial z}{\partial\varepsilon}\frac{\partial\varepsilon}{\partial u} \\ \frac{\partial x}{\partial v}+\frac{\partial x}{\partial\varepsilon}\frac{\partial\varepsilon}{\partial v} & \frac{\partial y}{\partial v}+\frac{\partial y}{\partial\varepsilon}\frac{\partial\varepsilon}{\partial v} & \frac{\partial z}{\partial v}+\frac{\partial z}{\partial\varepsilon}\frac{\partial\varepsilon}{\partial v} \\ \frac{\partial x}{\partial\varepsilon} & \frac{\partial y}{\partial\varepsilon} & \frac{\partial z}{\partial\varepsilon} \end{vmatrix} = N = \sqrt{EG-F^2}\cdot\sqrt{K}.$$

Es ergibt sich also bei angemessener Zerlegung des Flächenstückes F in Flächenelemente die Formel

$$\sqrt{EG-F^2+K\left[E\left(\frac{\partial\varepsilon}{\partial v}\right)^2-2F\frac{\partial\varepsilon}{\partial u}\frac{\partial\varepsilon}{\partial v}+G\left(\frac{\partial\varepsilon}{\partial u}\right)^2\right]}\cdot\cos\omega\,du\,dv =$$

$$= \cos\omega\, dF = \sqrt{EG-F^2}\,du\,dv,$$

deren geometrische Bedeutung evident ist.

Der Winkel ω ist hierbei den getroffenen Festsetzungen zufolge stets ein spitzer Winkel.

Der Werth der Grösse $EG-F^2$ hängt im Allgemeinen nicht bloss von den Werthen der Grössen u, v, sondern auch von dem Werthe des Parameters ε ab. Wenn aber jedes der betrachteten Flächenstücke $\varepsilon = \text{const.}$ ein Minimalflächenstück ist, so ist, wie in dem Nachfolgenden gezeigt werden soll, der Werth der Grösse $EG-F^2$ von dem Werthe der Grösse ε unabhängig.

Der analytische Ausdruck der Bedingung, dass für jede der betrachteten Flächen $\varepsilon = \text{const.}$ die beiden Hauptkrümmungshalbmesser der Fläche gleich gross und entgegengesetzt gerichtet sind, ist die Gleichung

$$ED''-2FD'+GD = 0.$$

In Folge der Gleichungen $H = 0$, $I = 0$ ergibt sich

$$D = \frac{\sqrt{EG-F^2}}{\sqrt{K}}\left[\frac{\partial x}{\partial\varepsilon}\frac{\partial^2 x}{\partial u^2}+\frac{\partial y}{\partial\varepsilon}\frac{\partial^2 y}{\partial u^2}+\frac{\partial z}{\partial\varepsilon}\frac{\partial^2 z}{\partial u^2}\right],$$

$$D' = \frac{\sqrt{EG-F^2}}{\sqrt{K}}\left[\frac{\partial x}{\partial\varepsilon}\frac{\partial^2 x}{\partial u\,\partial v}+\frac{\partial y}{\partial\varepsilon}\frac{\partial^2 y}{\partial u\,\partial v}+\frac{\partial z}{\partial\varepsilon}\frac{\partial^2 z}{\partial u\,\partial v}\right],$$

$$D'' = \frac{\sqrt{EG-F^2}}{\sqrt{K}}\left[\frac{\partial x}{\partial\varepsilon}\frac{\partial^2 x}{\partial v^2}+\frac{\partial y}{\partial\varepsilon}\frac{\partial^2 y}{\partial v^2}+\frac{\partial z}{\partial\varepsilon}\frac{\partial^2 z}{\partial v^2}\right],$$

es bestehen also die Gleichungen

$$D = \frac{\sqrt{EG-F^2}}{\sqrt{K}}\left[\frac{\partial H}{\partial u}-\frac{1}{2}\frac{\partial E}{\partial\varepsilon}\right],$$

$$D' = \frac{1}{2}\frac{\sqrt{EG-F^2}}{\sqrt{K}}\left[\frac{\partial H}{\partial v}+\frac{\partial I}{\partial u}-\frac{\partial F}{\partial\varepsilon}\right],$$

$$D'' = \frac{\sqrt{EG-F^2}}{\sqrt{K}}\left[\frac{\partial I}{\partial v}-\frac{1}{2}\frac{\partial G}{\partial\varepsilon}\right],$$

$$ED''-2FD'+GD = -\tfrac{1}{2}\frac{\sqrt{EG-F^2}}{\sqrt{K}}\left[E\frac{\partial G}{\partial \varepsilon}-2F\frac{\partial F}{\partial \varepsilon}+G\frac{\partial E}{\partial \varepsilon}\right] =$$

$$= -\tfrac{1}{2}\frac{\sqrt{EG-F^2}}{\sqrt{K}}\frac{\partial}{\partial \varepsilon}(EG-F^2).$$

Hieraus folgt, dass

$$\frac{\partial}{\partial \varepsilon}(EG-F^2) = 0,$$

dass also die Grösse $EG-F^2$ und mithin auch der Ausdruck für die Grösse des Flächeninhalts $d\mathrm{S}$ eines Elementes der Fläche ε = const.,

$$d\mathrm{S} = \sqrt{EG-F^2}\,du\,dv,$$

von dem Werthe des Parameters ε unabhängig ist.

Die Richtigkeit der Gleichung

$$d\mathrm{S} = \cos\omega\cdot d\mathrm{F}$$

ist hierdurch analytisch dargethan.

Derjenige Theil des unbegrenzten Raumes, welcher die Gesammtheit aller den Minimalflächenstücken der betrachteten Schaar angehörenden Punkte und ausser diesen keine anderen Punkte enthält, möge mit R bezeichnet werden.

Bei der vorstehenden Herleitung ist die einschränkende Voraussetzung zu Grunde gelegt, die betrachtete Fläche F sei so beschaffen, dass, wenn der Gleichung dieser Fläche die Form $\varepsilon = f(u, v)$ gegeben wird, der Parameter ε als Function der beiden unabhängigen Variablen u, v für alle in Betracht kommenden Werthepaare u, v den Charakter einer ganzen Function besitzt. Es bietet keine Schwierigkeit dar, die Geltung der Formel (4.) des Art. 2

$$\mathrm{S} = \int\!\!\int \cos\omega\cdot d\mathrm{F}$$

von dieser einschränkenden Voraussetzung zu befreien, wenn bei angemessener Abänderung der Erklärung des Winkels ω an folgenden Bedingungen festgehalten wird:

1. Die vollständige Begrenzung der Fläche F und die vollständige Begrenzung des Minimalflächenstückes M wird gebildet von der aus einer endlichen Anzahl von Stücken analytischer Linien bestehenden Linie L.

2. Die Fläche F besteht aus einer endlichen Anzahl von zusam-

menhängenden Stücken analytischer Flächen, welche in ihrem Innern von singulären Stellen frei sind.

3. Die Fläche F und das Minimalflächenstück M bilden die vollständige Begrenzung eines oder mehrerer Theile des Raumes, welche sämmtlich Theile des Raumes R sind.

6.

Anwendung des Fundamentalsatzes.

Durch das in den vorhergehenden Artikeln erläuterte Beweisverfahren kann einer Forderung genügt werden, welche, wenn von dem Falle eines ebenen Flächenstückes abgesehen wird, meines Wissens bisher noch in keinem Falle ihre Erledigung gefunden hat.

Für ein (gewissen Bedingungen genügendes) Minimalflächenstück M soll der Nachweis geführt werden, dass dieses Flächenstück wirklich kleineren Flächeninhalt S besitzt, als jedes andere aus einer endlichen Anzahl von Stücken analytischer Flächen bestehende, von derselben Randlinie begrenzte, demselben unendlich benachbarte Flächenstück F.

Bezüglich dieser Forderung bemerke ich Folgendes:

Ein Minimalflächenstück, für welches der im Vorstehenden geforderte Nachweis gelingen soll, darf nicht ein ganz beliebiges sein; denn es gibt unendlich viele Minimalflächenstücke, für welche bei unverändert gelassener Begrenzungslinie die zweite Variation des Flächeninhalts einen negativen Werth erhalten kann, wie ich in einer in den Monatsberichten der Königlich Preussischen Akademie der Wissenschaften zu Berlin vom Jahre 1872 veröffentlichten Abhandlung: „Beitrag zur Untersuchung der zweiten Variation des Flächeninhalts von Minimalflächenstücken im Allgemeinen und von Theilen der Schraubenfläche im Besonderen“ *) gezeigt habe.

Die Bedingung: „Die zweite Variation des Flächeninhalts eines solchen Flächenstückes soll bei unverändert gelassener Begrenzung desselben negative Werthe nicht annehmen können“ ist zweifellos eine nothwendige; aber es darf aus dem Umstande, dass diese Bedingung für ein bestimmtes Minimalflächenstück M erfüllt ist, nicht ohne Weiteres der Schluss gezogen werden, dass dieses Flächenstück wirklich kleineren Flächeninhalt besitzt, als jedes andere, von der-

*) Siehe S. 151—167 dieses Bandes.

selben Begrenzungslinie begrenzte, ihm unendlich benachbarte Flächenstück. Denn bei einem Probleme der Variationsrechnung ist überhaupt die Untersuchung der in Betracht kommenden zweiten Variation allein, wie Herr Weierstrass nachgewiesen hat, im Allgemeinen nicht ausreichend, um mit Sicherheit auf das Eintreten eines Maximums oder Minimums schliessen zu können.

In dieser Hinsicht bedürfen einige in der erwähnten Abhandlung aus dem Jahre 1872 ausgesprochene Behauptungen einer noch eingehenderen Begründung.

In der That kann der geforderte Nachweis mittelst des in den vorhergehenden Artikeln dargelegten Beweisverfahrens für jedes Minimalflächenstück M geführt werden, für dessen beide Seiten eine das Flächenstück M enthaltende Schaar von Minimalflächenstücken construirt werden kann, welche so beschaffen ist, dass der Abstand je zweier unendlich benachbarter Flächenstücke der Schaar überall eine unendlich kleine Grösse derselben Ordnung ist.

Denn unter dieser Voraussetzung ist es möglich, auf der einen Seite des Minimalflächenstückes M einen Raum R′, auf der anderen Seite desselben einen Raum R″ abzugrenzen, so dass der aus den beiden Räumen R′ und R″ bestehende Raum, welcher mit R bezeichnet werden soll, ausser der Gesammtheit derjenigen Punkte, welche den Minimalflächenstücken der beiden Schaaren angehören, keine anderen Punkte enthält.

Es gilt dann der Satz: Jede nicht in ihrer ganzen Ausdehnung mit dem Minimalflächenstücke M zusammenfallende, aus einer endlichen Anzahl von Stücken analytischer Flächen bestehende, zusammenhängende Fläche F, deren vollständige Begrenzung von der Begrenzung des Minimalflächenstückes M gebildet wird, und welche so beschaffen ist, dass alle Punkte dieser Fläche dem Raume R angehören, besitzt grösseren Flächeninhalt, als das Minimalflächenstück M.

Ein Beweis für die Richtigkeit dieses Satzes ergibt sich unmittelbar aus der Formel (5.) des Art. 2

$$\mathrm{F}-\mathrm{S} = \int\!\!\int (1-\cos\omega)\, d\mathrm{F},$$

welche den in den vorhergehenden Artikeln enthaltenen Ausführungen zufolge für jede den angegebenen Bedingungen genügende Fläche F Geltung hat.

7.

Geometrische Deutung einiger eine Schaar von Minimalflächenstücken betreffender Formeln.

In der im vorhergehenden Art. angeführten Abhandlung habe ich gezeigt, dass die Frage, ob es möglich ist, zu einem Minimalflächenstücke M ein in der ganzen Ausdehnung desselben unendlich benachbartes Minimalflächenstück zu construiren, welches mit dem Minimalflächenstücke M keinen Punkt gemein hat, für alle Minimalflächenstücke, welche dasselbe sphärische Bild besitzen, in gleicher Weise zu beantworten ist.

Von den Bezeichnungen, welche ich in dieser Abhandlung angewendet habe, werde ich auch in dem Nachfolgenden Gebrauch machen.

Es bezeichnen die Grössen s, s_1 die beiden complexen veränderlichen Grössen:

$$s = \xi + \eta i, \qquad s_1 = \xi - \eta i,$$

als deren Functionen die Coordinaten eines beliebigen Punktes einer Minimalfläche betrachtet werden. Siehe die Abhandlung des Herrn Weierstrass: Ueber die Flächen, deren mittlere Krümmung überall gleich Null ist, Monatsberichte der Berliner Akademie vom Jahre 1866, Seite 618.

Es bezeichnen ξ, η die rechtwinkligen Coordinaten eines Punktes in derjenigen Ebene, auf welche die Fläche der Hülfskugel mit dem Radius 1 durch stereographische Projection conform übertragen wird.

Es bezeichnet T dasjenige Stück dieser Ebene, welches dem zu betrachtenden Minimalflächenstücke M entspricht.

Wenn nun die lineare partielle Differentialgleichung zweiter Ordnung

$$\frac{\partial^2 \psi}{\partial \xi^2} + \frac{\partial^2 \psi}{\partial \eta^2} + \frac{8\psi}{(1+\xi^2+\eta^2)^2} = 0$$

ein particuläres Integral besitzt, welches sich im Innern des Bereiches T regulär verhält, im Innern und längs des Randes dieses Bereiches nur reelle und zwar überall endliche, von Null verschiedene Werthe annimmt, so lässt sich stets eine einfach unendliche Schaar von Minimalflächenstücken angeben, zu welcher das betrachtete Minimalflächenstück M gehört, und welche die Eigenschaft besitzt, dass der Abstand je zweier unendlich benachbarter der Schaar angehörender Minimalflächenstücke überall eine unendlich kleine Grösse derselben Ordnung ist.

Bezeichnen nämlich

x, y, z die rechtwinkligen Coordinaten eines beliebigen Punktes P des Minimalflächenstückes M,

X, Y, Z die Cosinus der Winkel, welche die Normale des Flächenstückes M im Punkte P mit den positiven Richtungen der Coordinatenaxen einschliesst,

$x+\varepsilon\delta x,\ y+\varepsilon\delta y,\ z+\varepsilon\delta z$ die rechtwinkligen Coordinaten eines Punktes P′ eines beliebigen Minimalflächenstückes M′ der Schaar, wobei $\delta x, \delta y, \delta z$ von der Grösse ε, dem Parameter der Schaar, unabhängig sind,

so ergibt sich, wenn festgesetzt wird, dass die Normale des Flächenstückes M′ im Punkte P′ der Normale des Flächenstückes M im Punkte P parallel sein soll, folgendes System von Gleichungen

$$Xdx+Ydy+Zdz=0,\quad Xd\delta x+Yd\delta y+Zd\delta z=0,\quad X\delta x+Y\delta y+Z\delta z=2\psi,$$

$$\delta x = 2X\psi + (1-s^2)\frac{\partial\psi}{\partial s} + (1-s_1^2)\frac{\partial\psi}{\partial s_1},\quad Y\delta z - Z\delta y = i(1-s^2)\frac{\partial\psi}{\partial s} - i(1-s_1^2)\frac{\partial\psi}{\partial s_1},$$

$$\delta y = 2Y\psi + i(1+s^2)\frac{\partial\psi}{\partial s} - i(1+s_1^2)\frac{\partial\psi}{\partial s_1},\quad Z\delta x - X\delta z = -(1+s^2)\frac{\partial\psi}{\partial s} - (1+s_1^2)\frac{\partial\psi}{\partial s_1},$$

$$\delta z = 2Z\psi + 2s\frac{\partial\psi}{\partial s} + 2s_1\frac{\partial\psi}{\partial s_1},\quad X\delta y - Y\delta x = 2is\frac{\partial\psi}{\partial s} - 2is_1\frac{\partial\psi}{\partial s_1},$$

$$(\delta x-2X\psi)^2+(\delta y-2Y\psi)^2+(\delta z-2Z\psi)^2 = 4(1+ss_1)^2\frac{\partial\psi}{\partial s}\frac{\partial\psi}{\partial s_1} =$$

$$= (1+\xi^2+\eta^2)^2\left[\left(\frac{\partial\psi}{\partial\xi}\right)^2+\left(\frac{\partial\psi}{\partial\eta}\right)^2\right],$$

$$\delta x\cdot dx+\delta y\cdot dy+\delta z\cdot dz = (1+ss_1)^2\left(\mathfrak{F}(s)\frac{\partial\psi}{\partial s_1}ds+\mathfrak{F}_1(s_1)\frac{\partial\psi}{\partial s}ds_1\right),$$

$$\delta x\cdot dX+\delta y\cdot dY+\delta z\cdot dZ = 2d\psi.$$

In diesen Gleichungen bezeichnet ψ das erwähnte particuläre Integral der angegebenen partiellen Differentialgleichung.

Die Bedeutung der Functionen $\mathfrak{F}(s)$, $\mathfrak{F}_1(s_1)$ ist a. a. O. erklärt.

Aus dem vorstehenden Systeme von Gleichungen ergibt sich, dass die Richtung der Strecke mit den Coordinaten δx, δy, δz einen rechten Winkel einschliesst mit der Richtung derjenigen im Punkte mit den Coordinaten X, Y, Z die Hülfskugel $X^2+Y^2+Z^2=1$ berührenden Geraden, welche der Fortschreitung in der durch die Gleichung

$$d\psi = \frac{\partial\psi}{\partial s}ds+\frac{\partial\psi}{\partial s_1}ds_1 = 0$$

bestimmten Richtung entspricht.

Betrachtet man die Schaar der auf dieser Hülfskugel liegenden Curven, längs welcher die Function ψ einen constanten Werth besitzt, construirt zu dieser Schaar die Schaar der orthogonalen Trajectorien und bezeichnet mit $d\mathfrak{q}$ die Länge eines Linienelementes der durch den Punkt mit den Coordinaten X, Y, Z gehenden, auf der Kugel $X^2+Y^2+Z^2 = 1$ liegenden orthogonalen Trajectorie der Curvenschaar ψ = const., so ergibt sich

$$\frac{\partial\psi}{\partial s} ds = \frac{\partial\psi}{\partial s_1} ds_1, \quad d\mathfrak{q}^2 = \frac{4}{(1+ss_1)^2} ds\, ds_1,$$

$$(1+\xi^2+\eta^2)^2\left[\left(\frac{\partial\psi}{\partial\xi}\right)^2+\left(\frac{\partial\psi}{\partial\eta}\right)^2\right] = 4\left(\frac{\partial\psi}{\partial\mathfrak{q}}\right)^2,$$

wenn mit $\frac{\partial\psi}{\partial\mathfrak{q}}$ die in der Richtung des betrachteten Curvenelementes genommene partielle Ableitung der Function ψ bezeichnet wird. Wird nun die Festsetzung getroffen, dass die Richtung, in welcher die Bogenlänge $\mathfrak{q}$ zunimmt, diejenige sein soll, in welcher die Function ψ ebenfalls zunimmt, so stimmt diese Richtung mit der Richtung derjenigen Strecke überein, deren Coordinaten

$$\delta x - 2X\psi, \qquad \delta y - 2Y\psi, \qquad \delta z - 2Z\psi$$

sind, während die Grösse $2\frac{\partial\psi}{\partial\mathfrak{q}}$ die L ä n g e dieser Strecke ergibt. Die Richtung dieser Strecke steht zu der Richtung desjenigen dem Flächenstücke M angehörenden Curvenelementes, welches im Punkte P der durch die Gleichung

$$d\psi = \frac{\partial\psi}{\partial s} ds + \frac{\partial\psi}{\partial s_1} ds_1 = 0$$

bestimmten Fortschreitungsrichtung entspricht, in der einfachen Beziehung, dass die H a l b i r u n g s l i n i e des durch diese beiden Richtungen bestimmten Winkels der T a n g e n t e einer der beiden durch den Punkt P hindurchgehenden A s y m p t o t e n l i n i e n des Minimalflächenstückes M p a r a l l e l ist. Mit anderen Worten: Die beiden mit einander verglichenen Richtungen sind in Beziehung auf den zu dem Punkte P des Minimalflächenstückes M gehörenden D u p i n schen Kegelschnitt zu einander c o n j u g i r t.

Der geometrische Ort desjenigen Punktes, dessen rechtwinklige Coordinaten beziehlich die Grösse

$$2X\psi, \qquad 2Y\psi, \qquad 2Z\psi$$

haben, ist die Fusspunktfläche einer Minimalfläche, welche letztere sich als geometrischer Ort eines Punktes erweist, dessen rechtwinklige Coordinaten beziehlich δx, δy, δz sind; der Coordinatenanfangspunkt ist hierbei der Pol.

Da die Grösse ψ der Voraussetzung zufolge für kein dem Bereiche T angehörendes Werthepaar ξ, η gleich Null wird, so liegt der Coordinatenanfangspunkt in keiner der Tangentialebenen des dem Bereiche T entsprechenden Stückes dieser Minimalfläche, welches mit $\mathfrak{M}$ bezeichnet werden möge.

Es ergibt sich hieraus folgender Lehrsatz.

Ein bestimmtes Stück M einer Minimalfläche besitzt unter allen von denselben Randlinien begrenzten und ihm unendlich benachbarten Flächenstücken den kleinsten Flächeninhalt, wenn es ein zusammenhängendes dem betrachteten Flächenstücke M durch parallele Normalen Punkt für Punkt entsprechendes Minimalflächenstück $\mathfrak{M}$ gibt, dessen sämmtliche Tangentialebenen von einem und demselben Punkte des Raumes einen von Null verschiedenen Abstand haben.*)

8.

Unterscheidung dreier Fälle. Tragweite der durch die Betrachtung derselben zu treffenden Entscheidung.

Durch das in den vorhergehenden Artikeln entwickelte Beweisverfahren ist die Frage über das Eintreten des Minimums des Flächeninhalts bei unverändert gelassener Begrenzungslinie für alle diejenigen Minimalflächenstücke M in positivem Sinne entschieden, deren sphärisches Bild einem Bereiche T entspricht, für dessen Inneres eines der particulären Integrale der partiellen Differentialgleichung

$$\frac{\partial^2\psi}{\partial\xi^2}+\frac{\partial^2\psi}{\partial\eta^2}+\frac{8\psi}{(1+\xi^2+\eta^2)^2}=0$$

sich regulär verhält und nur reelle, endliche, von Null verschiedene Werthe annimmt; die letztere Bedingung muss hierbei zunächst auch für alle Punkte der Begrenzung des Bereiches T gestellt werden.

Es entsteht nun die Frage nach dem diesem Entscheidungsgrunde beizulegenden Grade der Allgemeinheit.

In der im Art. 6 angeführten Abhandlung habe ich drei Fälle unterschieden, ohne den Beweis dafür anzutreten, dass durch dieselben die Gesammtheit aller Fälle erschöpft wird, welche in Bezug auf die

*) Siehe S. 188 dieses Bandes.

Entscheidung der vorliegenden Frage eintreten können. Es sind dies folgende drei Fälle:

I. Es gibt ein particuläres Integral der angegebenen partiellen Differentialgleichung, welches in Bezug auf den betrachteten Bereich allen aufgestellten Bedingungen genügt.

II. Es gibt ein particuläres Integral der angegebenen partiellen Differentialgleichung, welches zwar im Innern des betrachteten Bereiches den aufgestellten Bedingungen genügt, aber längs der ganzen Begrenzung desselben den Werth Null annimmt.

III. Es gibt ein particuläres Integral der angegebenen partiellen Differentialgleichung, welches so beschaffen ist, dass dieses Integral für einen Theil des betrachteten Bereiches den Bedingungen des vorhergehenden Falles (II.) genügt.

Tritt für ein gegebenes Minimalflächenstück M der erste Fall ein, so besitzt dasselbe, wie durch das in den vorhergehenden Artikeln entwickelte Beweisverfahren erhärtet wird, in dem angegebenen Sinne wirklich ein Minimum des Flächeninhalts.

Tritt für das betrachtete Minimalflächenstück M der dritte Fall ein, so gibt es unendlich viele, dem betrachteten Minimalflächenstücke unendlich benachbarte, von derselben Randlinie begrenzte Flächenstücke, welche kleineren Flächeninhalt haben als das Minimalflächenstück M. Es tritt also in diesem Falle für das betrachtete Minimalflächenstück ein Minimum des Flächeninhalts nicht ein.

Der zweite Fall ist für die vorliegende Untersuchung als Grenzfall anzusehen, dessen Eintreten eine besondere Untersuchung erfordert.

Der Nachweis, dass durch die angeführten drei Fälle die Gesammtheit aller Fälle erschöpft wird, welche in Bezug auf die Entscheidung der vorliegenden Frage eintreten können, scheint nicht ohne ein genaueres Eingehen auf einige Eigenschaften derjenigen reellen Functionen zweier Argumente geführt werden zu können, welche, wenn $p(\xi, \eta)$ eine gegebene Function dieser beiden Argumente bezeichnet, die in dem betrachteten Bereiche nur positive Werthe annimmt, einer partiellen Differentialgleichung von der Form

$$\frac{\partial^2 u}{\partial \xi^2} + \frac{\partial^2 u}{\partial \eta^2} + p(\xi, \eta) \cdot u = 0$$

genügen. Diese Untersuchung bildet den Gegenstand des zweiten Theiles der vorliegenden Abhandlung.

Zweiter Theil.

Integration der partiellen Differentialgleichung

$$\frac{\partial^2 u}{\partial x^2} + \frac{\partial^2 u}{\partial y^2} + p \cdot u = 0$$

unter vorgeschriebenen Bedingungen.

9.

Stellung der Aufgabe.

Es sei gegeben ein ebener, zweifach ausgedehnter, zusammenhängender, ganz im Endlichen enthaltener Bereich T, dessen vollständige Begrenzung von einer endlichen Anzahl von Stücken analytischer Linien gebildet wird.

Die den Bereich T geometrisch darstellende Riemannsche Fläche, welche ebenfalls als gegeben betrachtet wird, kann einfach oder mehrfach zusammenhängend, einblättrig oder mehrblättrig sein; im letzteren Falle wird vorausgesetzt, dass dieselbe nur eine endliche Anzahl von Blättern und nur eine endliche Anzahl von Windungspunkten besitzt.

In der Ebene des Bereiches T denke man sich ein rechtwinkliges Coordinatensystem angenommen und bezeichne mit x, y, beziehungsweise mit ξ, η die auf dieses Coordinatensystem bezogenen rechtwinkligen Coordinaten einer beliebigen Stelle (x, y), beziehungsweise (ξ, η) des Bereiches T.

Es bezeichne $p = p(x, y)$ eine gegebene, für jede Stelle (x, y) des Bereiches T eindeutig erklärte, stetige Function der Grössen x, y.

Unter der Voraussetzung, dass diese Function nur positive Werthe annimmt, welche den Werth P an keiner Stelle übersteigen, handelt es sich darum, zu untersuchen, ob es möglich ist, die partielle Differentialgleichung

$$\frac{\partial^2 w}{\partial x^2} + \frac{\partial^2 w}{\partial y^2} + p \cdot w = 0,$$

oder, wenn der Ausdruck $\frac{\partial^2 w}{\partial x^2} + \frac{\partial^2 w}{\partial y^2}$ zur Abkürzung mit Δw bezeichnet wird, die partielle Differentialgleichung $\Delta w + p \cdot w = 0$ für den Bereich T gewissen vorgeschriebenen Bedingungen gemäss zu integriren.

Hierbei wird gefordert, die Function w soll für alle dem Innern und der Begrenzung des Bereiches T angehörenden Stellen stetig bleiben, eindeutig erklärt sein und nur reelle Werthe annehmen; die partiellen Ableitungen der Function w, $\frac{\partial w}{\partial x}$, $\frac{\partial w}{\partial y}$ sollen im Innern des Bereiches T nicht längs einer Linie unstetig sein.

Die Hauptfrage, auf deren Beantwortung es ankommt, ist die folgende: Gibt es eine für den betrachteten Bereich T allen angegebenen Bedingungen genügende Function w, welche im Innern und längs der ganzen Begrenzung dieses Bereiches nur positive, von Null verschiedene Werthe annimmt?

10.

Einige als bekannt vorauszusetzende Hülfssätze.

In Folge der bezüglich des Bereiches T gestellten Voraussetzungen ist es möglich, wie ich in einer in den Monatsberichten der Königlich Preussischen Akademie der Wissenschaften zu Berlin vom Jahre 1870 veröffentlichten Abhandlung*) bewiesen habe, die partielle Differentialgleichung $\Delta w = 0$ für den Bereich T gewissen vorgeschriebenen Grenz- und Unstetigkeitsbedingungen gemäss zu integriren.

Insbesondere ergibt sich aus einem in dieser Abhandlung geführten Beweise, dass es, wenn mit (x, y), (ξ, η) irgend zwei von einander verschiedene Stellen des Bereiches T bezeichnet werden, stets eine Function $G = G(x, y; \xi, \eta)$ der vier Argumente x, y, ξ, η gibt, welche folgende Eigenschaften besitzt:

1. Als Function der beiden Argumente x, y betrachtet genügt die Function $G(x, y; \xi, \eta)$ der partiellen Differentialgleichung $\Delta G = 0$.

2. Bei der Annäherung der Stelle (x, y) an die Stelle (ξ, η) wird die Function $G(x, y; \xi, \eta)$ in derselben Weise logarithmisch unstetig, wie die Function

$$-\frac{1}{2(m+1)} \log\left[(x-\xi)^2 + (y-\eta)^2\right].$$

---

*) Ueber die Integration der partiellen Differentialgleichung

$$\frac{\partial^2 u}{\partial x^2} + \frac{\partial^2 u}{\partial y^2} = 0$$

unter vorgeschriebenen Grenz- und Unstetigkeitsbedingungen. Abgedruckt im zweiten Bande der vorliegenden Ausgabe.

Die Grösse m bezeichnet hierbei eine bestimmte ganze Zahl, welcher, wenn die Stelle (ξ, η) nicht mit einem Windungspunkte des Bereiches T zusammenfällt, der Werth 0, andernfalls, wenn μ die Ordnungszahl dieses Windungspunktes bezeichnet, der Werth μ beizulegen ist.

3. Längs der ganzen Begrenzung des Bereiches T wird die Function $G(x, y; \xi, \eta)$ gleich Null.

In Folge dieser Eigenschaften besitzt die Function $G(x, y; \xi, \eta)$ zugleich die Eigenschaft, für alle dem Innern des Bereiches T angehörenden Stellen (x, y) nur positive Werthe anzunehmen und ihren Werth nicht zu ändern, wenn die beiden Stellen (x, y) und (ξ, η) mit einander vertauscht werden.

Wird nun mit $f(\xi, \eta)$ eine für alle Stellen (ξ, η) des Bereiches T eindeutig erklärte, stetige Function der beiden Argumente (ξ, η) bezeichnet, so ergibt die Formel

$$(6.) \qquad w = w(x, y) = \frac{1}{2\pi}\int\!\!\int_{\mathrm{T}} f(\xi, \eta)\, G(\xi, \eta; x, y)\, d\xi\, d\eta,$$

wenn die Integration über den Bereich T erstreckt wird, ein particuläres Integral der partiellen Differentialgleichung

$$(7.) \qquad \Delta w + f(x, y) = 0,$$

welches für alle dem Innern und der Begrenzung des Bereiches T angehörenden Stellen eindeutig erklärt ist, stetig bleibt und längs der ganzen Begrenzung dieses Bereiches gleich Null wird. Die Ableitungen $\frac{\partial w}{\partial x}$, $\frac{\partial w}{\partial y}$ sind im Innern des Bereiches T nicht längs einer Linie unstetig.

Durch die angegebenen Eigenschaften ist dieses particuläre Integral der partiellen Differentialgleichung $\Delta w + f(x, y) = 0$ eindeutig bestimmt.

Auf die Beweise dieser Sätze, welche ich für die folgende Untersuchung als bekannt voraussetze, gehe ich hier nicht näher ein.

11.

Voraussetzung der Existenz einer für den Bereich T den gestellten Bedingungen genügenden Function w, welche für keine Stelle dieses Bereiches den Werth Null annimmt. Folgerungen.

Wenn vorausgesetzt wird, dass für den Bereich T eine Function w existirt, welche für diesen Bereich im angegebenen Sinne die partielle Differentialgleichung $\Delta w + p \cdot w = 0$ befriedigt, und welche sowohl im Innern, als auch längs der ganzen Begrenzung des Bereiches T nur positive, von Null verschiedene Werthe annimmt, so kann geschlossen werden wie folgt.

Es bezeichne $w_0 = w_0(x, y)$ eine für den Bereich T der Differentialgleichung $\Delta w_0 = 0$ genügende Function, welche längs der ganzen Begrenzung dieses Bereiches mit der Function w übereinstimmt. Es gibt stets eine und nur eine einzige solche Function und zwar nimmt dieselbe für alle Stellen des Bereiches T nur positive, von Null verschiedene Werthe an.

Die Function $w - w_0$, welche längs der ganzen Begrenzung des Bereiches T den Werth Null hat, genügt für den Bereich T der partiellen Differentialgleichung $\Delta(w - w_0) + p \cdot w = 0$ und nimmt im Innern dieses Bereiches ebenfalls nur positive Werthe an.

Der grösste Werth, welchen der Quotient $\frac{w - w_0}{w}$ innerhalb des Bereiches T annimmt, werde mit q bezeichnet. Die Grösse q ist kleiner als 1.

Man denke sich nun für den Bereich T die Functionen $w_1, w_2, w_3, \cdots, w_{n-1}, w_n, \cdots$ deren Anzahl unbegrenzt ist, durch die Bedingung bestimmt, dass die Function w_n der partiellen Differentialgleichung

$$\Delta w_n + p \cdot w_{n-1} = 0 \qquad (n = 1, 2, 3 \cdots \infty) \tag{8.}$$

genügen und längs der ganzen Begrenzung des Bereiches T den Werth Null haben soll.

Aus der Formel (6.) des Art. 10 ergibt sich, wenn

$$p(\xi, \eta) \cdot w_{n-1}(\xi, \eta)$$

an die Stelle von $f(\xi, \eta)$ gesetzt wird, dass die Function $w_n(x, y)$ im Innern des Bereiches T nur positive Werthe annimmt, wenn die Function $w_{n-1}(\xi, \eta)$ dieselbe Eigenschaft besitzt. Da nun die Function $w_0(\xi, \eta)$ dieser Bedingung entspricht, so nimmt jede der Functionen $w_1, w_2, w_3, \cdots w_n, \cdots$ im Innern des Bereiches T nur positive Werthe an.

Aus dem Systeme von Gleichungen

$$\begin{array}{c}
\Delta(w - w_0) + p \cdot w = 0 \\
\Delta(w - w_0 - w_1) + p \cdot (w - w_0) = 0 \\
\Delta(w - w_0 - w_1 - w_2) + p \cdot (w - w_0 - w_1) = 0 \\
\cdot \quad \cdot \quad \cdot \quad \cdot \quad \cdot \quad \cdot \quad \cdot \quad \cdot \quad \cdot \quad \cdot \quad \cdot \quad \cdot \\
\Delta(w - w_0 - w_1 - \cdots - w_n) + p \cdot (w - w_0 - w_1 - \cdots - w_{n-1}) = 0 \\
\cdots \qquad\qquad \cdots
\end{array} \tag{9.}$$

ergibt sich, da jede der Functionen $w-w_0-w_1-\cdots-w_n$ längs der ganzen Begrenzung des Bereiches T den Werth Null annimmt, durch wiederholte Anwendung der Formel (6.) des Art. 10, dass jede dieser Functionen im Innern des Bereiches T nur positive Werthe annimmt.

Aus der Beziehung $w-w_0 \overline{\overline{<}}\, qw$ ergibt sich in Folge der Gleichungen (9.) unter wiederholter Anwendung der Formel (6.) des Art. 10 folgendes System von Ungleichheiten

$$(10.)\quad \begin{aligned} w-w_0-w_1 &< q\cdot(w-w_0) \\ w-w_0-w_1-w_2 &< q\cdot(w-w_0-w_1) \\ \cdots\quad & \quad\cdots \\ w-w_0-w_1-\cdots-w_n &< q\cdot(w-w_0-w_1-\cdots-w_{n-1}). \\ \cdots\quad & \quad\cdots \end{aligned}$$

Für jeden Werth des Index n besteht also die Beziehung

$$(11.)\qquad w-w_0-w_1-\cdots-w_n < q^{n+1}\cdot w.$$

Hieraus folgt, da die Grösse q kleiner als 1 ist, dass die aus den Functionen $w_0, w_1, w_2, \cdots$ gebildete unendliche Reihe

$$w_0+w_1+w_2+\cdots+w_n+\cdots \text{ in inf.}$$

für alle dem Bereiche T angehörenden Stellen (x, y) unbedingt und in gleichem Grade convergirt. Die Function w, deren Existenz vorausgesetzt wurde, ist die Summe dieser Reihe.

12.

Weitere Folgerungen.

Die Function w_0 ist eindeutig bestimmt durch diejenigen Werthe, welche die Function w längs der Begrenzung des Bereiches T annimmt; dasselbe gilt von jeder einzelnen der Functionen $w_1, w_2, \cdots w_n \cdots$

Man kann nun die Werthe, welche eine stetige reelle Function $u_0 = u_0(x, y)$ der beiden Argumente x, y längs der Begrenzung des Bereiches T annehmen soll, willkürlich vorschreiben und die partielle Differentialgleichung $\Delta u_0 = 0$ für den Bereich T so integriren, dass die Function $u_0(x, y)$ dieser vorgeschriebenen Grenzbedingung genügt.

Wenn mit k der kleinste, mit g der grösste unter allen denjenigen Werthen bezeichnet wird, welche der Quotient $\dfrac{u_0(x, y)}{w_0(x, y)}$ längs der Begrenzung des Bereiches T annimmt, so nimmt auch im Innern des Bereiches T von den beiden Functionen $u_0(x, y)-kw_0(x, y)$, $u_0(x, y)-gw_0(x, y)$ die erste an keiner Stelle einen negativen, die zweite an keiner Stelle einen positiven Werth an. Denkt man sich nun für den Bereich T die Functionen $u_1, u_2, u_3, \cdots u_n, \cdots$ bestimmt, welche aus der Function u_0 auf dieselbe Weise hervorgehen, wie die Functionen $w_1, w_2, w_3, \cdots w_n \cdots$ aus der Function w_0 hervorgegangen sind, so ergibt sich, dass im Innern des Bereiches T von den beiden Functionen $u_n - kw_n$, $u_n - gw_n$ die erste an keiner Stelle einen negativen, die zweite an keiner Stelle einen positiven Werth annimmt.

Hieraus folgt, dass die unendliche Reihe $u_0 + u_1 + u_2 + \cdots + u_n + \cdots$ für alle Stellen des Bereiches T unbedingt und in gleichem Grade convergirt. Die Summe dieser Reihe, welche mit $u = u(x, y)$ bezeichnet werden soll, ist eine Function, welche in Folge der Gleichung

$$(12.)\quad u(x,y) - u_0(x,y) = \frac{1}{2\pi}\int\!\!\int_{\mathrm{T}} p(\xi,\eta)\, u(\xi,\eta)\, G(\xi,\eta;\, x,y)\, d\xi\, d\eta$$

für den Bereich T der partiellen Differentialgleichung $\varDelta u + p \cdot u = 0$ genügt und längs der Begrenzung dieses Bereiches mit der Function $u_0(x, y)$ übereinstimmt.

Hieraus ergibt sich folgender Satz:

Wenn es eine Function w gibt, welche für den betrachteten Bereich T in dem erklärten Sinne der partiellen Differentialgleichung $\varDelta w + p \cdot w = 0$ genügt und nur positive, von Null verschiedene Werthe annimmt, so ist es möglich, diese Differentialgleichung für den betrachteten Bereich so zu integriren, dass das Integral derselben längs der Begrenzung des Bereiches T mit einer beliebig vorgeschriebenen, längs dieser Begrenzung stetigen Function übereinstimmt und im Innern des Bereiches T den angegebenen Bedingungen genügt. Durch die vorgeschriebenen Bedingungen ist dieses particuläre Integral der angegebenen partiellen Differentialgleichung eindeutig bestimmt.

13.

Einführung der Specialisirung $w_0 = 1$.

Wenn die im Art. 11 gestellte Voraussetzung jetzt wieder fallen gelassen und es als noch unentschieden betrachtet wird, ob diese Voraussetzung erfüllt ist, so kann man gleichwohl, ausgehend von einer beliebig getroffenen Festsetzung über diejenigen Werthe, welche eine Function $w_0(x, y)$ längs der Begrenzung des Bereiches T annehmen soll, für den betrachteten Bereich T eine unendliche Reihe von Functionen $w_0, w_1, w_2, \cdots w_n \cdots$ bestimmen, welche die Eigenschaft haben, dass die Function w_n für jeden positiven Werth des Index n längs der ganzen Begrenzung des Bereiches T den Werth Null annimmt und der partiellen Differentialgleichung $\Delta w_n + p \cdot w_{n-1} = 0$ in dem angegebenen Sinne genügt, während $\Delta w_0 = 0$ ist.

Die einfachste Annahme, von welcher man ausgehen kann, ist, dass der Function w_0 längs der ganzen Begrenzung und demzufolge auch für das Innere des Bereiches T ein constanter Werth und zwar der Werth 1 beigelegt wird.

Diese Annahme soll der folgenden Untersuchung zu Grunde gelegt werden.

Es wird also angenommen, dass für den betrachteten Bereich T eine unendliche Reihe von Functionen $w_0, w_1, w_2, \cdots w_n, \cdots$ bestimmt sei, welche den Bedingungen

$$w_0 = 1, \; \Delta w_1 + p \cdot w_0 = 0, \; \Delta w_2 + p \cdot w_1 = 0, \; \cdots \Delta w_n + p \cdot w_{n-1} = 0, \; \cdots$$

genügen. Mit Ausnahme von w_0 ist jede dieser Functionen w_n der ferneren Bedingung unterworfen, längs der ganzen Begrenzung des Bereiches T den Werth Null anzunehmen.

14.

Erklärung der Grössen $W_{m,n}$, $V_{m,n}$, W_n.

Unter Zugrundelegung der Annahme, dass die Functionen $w_0, w_1, w_2, \cdots w_n, \cdots$ die in dem vorhergehenden Art. erklärte Bedeutung haben, sollen, wenn m, n irgend zwei ganze positive Zahlen bezeichnen, einschliesslich der Null, mit $W_{m,n}$ und $V_{m,n}$ die durch die Gleichungen

$$(13.) \quad W_{m,n} = \int\!\!\int_T p\, w_m w_n \, dx\, dy, \quad V_{m,n} = \int\!\!\int_T \left(\frac{\partial w_m}{\partial x} \frac{\partial w_n}{\partial x} + \frac{\partial w_m}{\partial y} \frac{\partial w_n}{\partial y} \right) dx\, dy$$

erklärten Grössen bezeichnet werden, wobei die Integrationen über den Bereich T zu erstrecken sind.

Es sollen nun einige zwischen den Werthen dieser bestimmten Integrale bestehende Beziehungen hergeleitet werden, welche für die folgende Untersuchung von wesentlicher Bedeutung sind; zugleich ist der Nachweis zu führen, dass das mit $V_{m,n}$ bezeichnete Doppelintegral für jede Combination m, n der beiden Indices die Eigenschaft besitzt, unbedingt convergent zu sein.

I. Weil das Doppelintegral

$$\int\!\!\int_T p\, w_0 w_{n-1} \, dx\, dy = W_{0,n-1}$$

nur positive Elemente enthält, so hat jedes Doppelintegral

$$\int\limits_{T'}\int p\,w_0\,w_{n-1}\,dx\,dy,$$

bei welchem die Integration über einen Theil T′ des Gebietes T erstreckt wird, einen endlichen Werth, welcher kleiner als $W_{0,n-1}$ ist.

In Folge der Gleichungen $p\cdot w_{n-1} = -\Delta w_n$, $w_0 = 1$ geht das Doppelintegral

$$\int\limits_{T'}\int p\,w_0\,w_{n-1}\,dx\,dy$$

in ein einfaches, längs der Randlinie (T′) des Bereiches T′ zu erstreckendes Integral über, nämlich in das Integral $\int\limits_{(T')}\frac{\partial w_n}{\partial \nu}\,dl$, wenn dl die Länge eines Elementes dieser Randlinie, $\frac{\partial w_n}{\partial \nu}$ den Werth der in der Richtung der Normale zu dem Randelemente dl genommenen partiellen Ableitung der Function w_n bezeichnet. Als positive Richtung dieser Normale wird hierbei diejenige fixirt, welche von dem betrachteten Randelemente zu inneren Punkten des Bereiches T′ führt.

Das Integral $\int\limits_{(T')}\frac{\partial w_n}{\partial \nu}\,dl$ hat hiernach stets einen endlichen, den Werth der Grösse $W_{0,n-1}$ nicht übertreffenden Werth.

Der getroffenen Festsetzung zufolge ist der Bereich T′ ein Theil des Bereiches T. Die Wahl des Bereiches T′ ist einzig der Beschränkung unterworfen, dass die Grösse $\frac{\partial w_n}{\partial \nu}$ für jeden Punkt der Begrenzung desselben einen endlichen bestimmten Werth haben muss.

In dem Folgenden wird der Bereich T′ der Bedingung gemäss gewählt werden, dass die Gesammtheit der dem Innern dieses Bereiches angehörenden Stellen (x, y) übereinstimmt mit der Gesammtheit derjenigen Stellen (x, y), für welche der Werth einer der erklärten Functionen $w_m(x, y)$ grösser ist, als eine von Null verschiedene positive, hinsichtlich ihrer Kleinheit keiner Beschränkung unterliegende Grösse ε_m.

Ist insbesondere die Function $p(x, y)$ eine analytische Function ihrer beiden Argumente, so ist auch die Gleichung der Begrenzungslinie des auf die angegebene Weise erklärten Bereiches, $w_m(x, y) = \varepsilon_m$, eine analytische Linie von endlicher Länge, welche, wenn einzelne Werthe der Grösse ε_m ausgeschlossen werden, die Eigenschaft besitzt, dass für jeden Punkt derselben die Grösse $\frac{\partial w_n}{\partial \nu}$ einen endlichen bestimmten Werth hat.

II. Wird dem Index m der Werth n beigelegt und das Gebiet T' durch die Bedingung $w_n(x, y) \geqq \varepsilon_n$ erklärt, so ergibt sich die Gleichung

$$\iint\limits_{T'} p\, w_{n-1}\, w_n\, dx\, dy = -\iint\limits_{T'} w_n \Delta w_n\, dx\, dy =$$
$$\int\limits_{(T')} w_n \frac{\partial w_n}{\partial \nu}\, dl + \iint\limits_{T'} \left[\left(\frac{\partial w_n}{\partial x}\right)^2 + \left(\frac{\partial w_n}{\partial y}\right)^2\right] dx\, dy.$$

Da das Randintegral, dessen Werth $\varepsilon_n \int\limits_{(T')} \frac{\partial w_n}{\partial \nu}\, dl$ nicht grösser ist als $\varepsilon_n W_{0,n-1}$, für $\lim \varepsilon_n = 0$ ebenfalls den Grenzwerth Null hat, so ergibt sich, weil beim Uebergange zur Grenze $\varepsilon_n = 0$ der Bereich T' in den Bereich T übergeht, die Gleichung

$$(14.)\quad W_{n-1,n} = \iint\limits_{T} p\, w_{n-1} w_n\, dx\, dy = \iint\limits_{T} \left[\left(\frac{\partial w_n}{\partial x}\right)^2 + \left(\frac{\partial w_n}{\partial y}\right)^2\right] dx\, dy = V_{n,n}.$$

Durch die vorstehende Gleichung ist zugleich der Nachweis erbracht, dass das mit $V_{n,n}$ bezeichnete bestimmte Integral, dessen Elemente sämmtlich positiv sind, die Eigenschaft besitzt, unbedingt convergent zu sein.

Aus der unbedingten Convergenz der beiden, der getroffenen Festsetzung zufolge mit $V_{m,m}$ und $V_{n,n}$ zu bezeichnenden bestimmten Integrale ergibt sich als Folge der Beziehungen

$$\left|\frac{\partial w_m}{\partial x}\frac{\partial w_n}{\partial x}\right| \overline{\overline{<}} \frac{1}{2}\left(\frac{\partial w_m}{\partial x}\right)^2 + \frac{1}{2}\left(\frac{\partial w_n}{\partial x}\right)^2,$$
$$\left|\frac{\partial w_m}{\partial y}\frac{\partial w_n}{\partial y}\right| \overline{\overline{<}} \frac{1}{2}\left(\frac{\partial w_m}{\partial y}\right)^2 + \frac{1}{2}\left(\frac{\partial w_n}{\partial y}\right)^2,$$

dass das mit $V_{m,n}$ bezeichnete bestimmte Integral die Eigenschaft, unbedingt convergent zu sein, ebenfalls besitzt.

III. Wenn unter Beibehaltung der im Vorhergehenden unter II. angegebenen Erklärung des Bereiches T' für $p \cdot w_m$ der Ausdruck $-\Delta w_{m+1}$ gesetzt wird, so ergibt sich

$$\iint\limits_{T'} p\, w_m w_n\, dx\, dy =$$
$$= \int\limits_{(T')} w_n \frac{\partial w_{m+1}}{\partial \nu}\, dl + \iint\limits_{T'} \left(\frac{\partial w_{m+1}}{\partial x}\frac{\partial w_n}{\partial x} + \frac{\partial w_{m+1}}{\partial y}\frac{\partial w_n}{\partial y}\right) dx\, dy.$$

Da der Werth des Randintegrals

$$\int\limits_{(T')} w_n \frac{\partial w_{m+1}}{\partial \nu}\, dl,$$

welcher nicht grösser als $\varepsilon_n W_{0,m}$ ist, für $\lim \varepsilon_n = 0$ ebenfalls den Grenzwerth Null besitzt, so ergibt sich, weil für $\lim \varepsilon_n = 0$ der Bereich T′ in den Bereich T übergeht, die Gleichung

$$(15.) \qquad W_{m,n} = V_{m+1,n}.$$

Den Erklärungen der Grössen $W_{m,n}$, $V_{m,n}$ zufolge ändert keine dieser beiden Grössen bei der Vertauschung beider Indices ihren Werth, es besteht daher die Gleichung

$$(16.) \qquad W_{m,n} = V_{m+1,n} = V_{n,m+1}.$$

Andererseits hat in Folge der Gleichung (15.) auch die Grösse $W_{n-1,m+1}$ den Werth $V_{n,m+1}$. Hieraus ergibt sich die Gleichung

$$(17.) \qquad W_{m,n} = W_{n-1,m+1} = W_{m+1,n-1}.$$

Durch Wiederholung der Schlussweise, welche von der Grösse $W_{m,n}$ zu der Grösse $W_{m+1,n-1}$ geführt hat, ergibt sich die Gleichung

$$(18.) \quad W_{m,n} = W_{m+1,n-1} = W_{m+2,n-2} = \cdots = W_{m+k,n-k} = \cdots = W_{m+n,0}.$$

Wird nun die Grösse $W_{m+n,0}$ zur Abkürzung mit W_{m+n} bezeichnet, so ergibt sich

$$(19.) \qquad W_{m,n} = W_{m+n}, \qquad V_{m,n} = W_{m-1,n} = W_{m+n-1}.$$

Es bestehen also für jeden ganzzahligen Werth von k, welcher kleiner ist als n, die Gleichungen

$$(20.) \qquad \iint\limits_T p\, w_0 w_n\, dx\, dy = \iint\limits_T p\, w_k w_{n-k}\, dx\, dy = W_n,$$

$$\iint\limits_T \left(\frac{\partial w_1}{\partial x} \frac{\partial w_n}{\partial x} + \frac{\partial w_1}{\partial y} \frac{\partial w_n}{\partial y} \right) dx\, dy =$$

$$= \iint\limits_T \left(\frac{\partial w_{k+1}}{\partial x} \frac{\partial w_{n-k}}{\partial x} + \frac{\partial w_{k+1}}{\partial y} \frac{\partial w_{n-k}}{\partial y} \right) dx\, dy = W_n.$$

15.

Einführung der Constante c.

Der bekannte Satz, dass die Discriminante einer definiten binären quadratischen Form stets einen positiven von Null verschiedenen Werth besitzt, kann dazu angewendet werden, um eine Beziehung zwischen den absoluten Beträgen der über denselben Bereich T auszudehnenden drei Doppelintegrale

$$A = \int\!\!\int \varphi^2 \, dx\, dy\,, \quad B = \int\!\!\int \varphi\chi \, dx\, dy\,, \quad C = \int\!\!\int \chi^2 \, dx\, dy$$

herzuleiten, eine Beziehung, deren Kenntniss für die folgende Untersuchung von Wichtigkeit ist.

Die Grössen φ, χ bedeuten zwei reelle, für alle Stellen (x, y) des Bereiches T eindeutig erklärte Functionen der beiden Argumente x, y, welche die Eigenschaft haben, erstens, dass die über den Bereich T ausgedehnten Doppelintegrale A, B, C unbedingt convergent sind, zweitens, dass der Quotient der beiden Functionen φ und χ nicht einer Constanten gleich ist.

Unter den angegebenen Voraussetzungen ist die binäre quadratische Form

$$\int\!\!\int (\alpha\varphi + \beta\chi)^2 \, dx\, dy \;=\; A\cdot\alpha^2 + 2B\cdot\alpha\beta + C\cdot\beta^2$$

eine definite, weil das Doppelintegral, dessen Werth mit dem Werthe der quadratischen Form übereinstimmt, für kein von dem Werthepaare $\alpha = 0$, $\beta = 0$ verschiedenes Paar reeller Werthe der Grössen α, β gleich Null wird. Hieraus ergibt sich also die Beziehung

$$(21.) \qquad AC - B^2 > 0 \quad \text{oder} \quad |B| < \sqrt{A}\cdot\sqrt{C}.$$

Wenn $\varphi = \sqrt{p}\cdot w_n$, $\chi = \sqrt{p}\cdot w_{n+1}$ gesetzt wird, so erhalten A, B, C beziehlich die Werthe W_{2n}, W_{2n+1}, W_{2n+2}. Es besteht demnach zwischen diesen drei Grössen die Beziehung

$$(22.) \qquad \frac{W_{2n+1}}{W_{2n}} < \frac{W_{2n+2}}{W_{2n+1}}.$$

Durch eine ganz analoge Schlussweise ergibt sich aus der Gleichung

$$\int\!\!\int_{\mathrm{T}} \left[\left(\frac{\partial(\alpha w_n + \beta w_{n+1})}{\partial x}\right)^2 + \left(\frac{\partial(\alpha w_n + \beta w_{n+1})}{\partial y}\right)^2\right] dx\, dy =$$
$$= W_{2n-1}\cdot\alpha^2 + 2\, W_{2n}\cdot\alpha\beta + W_{2n+1}\cdot\beta^2$$

die Beziehung

$$(23.)\qquad \frac{W_{2n}}{W_{2n-1}} < \frac{W_{2n+1}}{W_{2n}}.$$

Durch Verbindung der beiden Beziehungen (22.) und (23.) ergibt sich

$$(24.)\qquad \frac{W_1}{W_0} < \frac{W_2}{W_1} < \frac{W_3}{W_2} < \cdots < \frac{W_n}{W_{n-1}} < \frac{W_{n+1}}{W_n} < \cdots$$

Wird nun der Werth des Quotienten $\frac{W_n}{W_{n-1}}$ mit c_n bezeichnet, so wird jedem den angegebenen Bedingungen genügenden Bereiche T eine unbegrenzte Anzahl beständig zunehmender Constanten $c_1, c_2, c_3, \cdots c_n, \cdots$ zugeordnet.

Die obere Grenze dieser constanten Grössen, eine für den betrachteten Bereich T in Bezug auf die zu Grunde gelegte positive Function p charakteristische Constante, möge mit c bezeichnet werden.

Dass die Grössen $c_1, c_2, c_3, \cdots c_n, \cdots$ eine bestimmte endliche obere Grenze besitzen, kann folgendermassen bewiesen werden.

Es bezeichne g den grössten unter allen denjenigen Werthen, welche die Function w_1 innerhalb des Bereiches T annimmt. Unter dieser Voraussetzung erlangt keine der Functionen

$$w_1 - g w_0,\; w_2 - g w_1,\; \cdots\; w_n - g w_{n-1},\; \cdots$$

im Innern des Bereiches T einen positiven Werth, mithin haben die Grössen

$$W_{2n} - g W_{2n-1} = \int\!\!\int_{\mathrm{T}} p\, w_n (w_n - g w_{n-1})\, dx\, dy,$$

$$W_{2n+1} - g W_{2n} = \int\!\!\int_{\mathrm{T}} p\, w_{n+1} (w_n - g w_{n-1})\, dx\, dy,$$

negative Werthe, folglich ist jede der beiden Grössen c_{2n}, c_{2n+1} kleiner als die Grösse g. Hieraus ergibt sich aber, dass die obere Grenze c der Constanten $c_1, c_2, c_3, \cdots c_n, \cdots$ einen endlichen Werth besitzt.

16.

Einführung der Grösse Q.

Aus der im vorhergehenden Art. abgeleiteten Beziehung zwischen den Werthen der mit A, B, C bezeichneten drei Doppelintegrale ergibt sich, wenn

$$\varphi = p(x,y)\,\frac{w_{n-1}(x,y)}{\sqrt{W_{2n}}},\quad \chi = G(x,y;\,\xi,\eta)$$

gesetzt, und der grösste Werth der Function $p(x, y)$ mit P, der grösste Werth, den das Doppelintegral

$$\int\int_{\mathrm{T}} G^2(x, y; \xi, \eta)\, dx\, dy$$

annehmen kann, mit Ω bezeichnet wird, dass die durch die Gleichung

$$\frac{w_n(\xi, \eta)}{\sqrt{W_{2n}}} = \frac{1}{2\pi}\int\int_{\mathrm{T}} p(x, y)\frac{w_{n-1}(x, y)}{\sqrt{W_{2n}}} G(x, y; \xi, \eta)\, dx\, dy$$

bestimmte Grösse $\frac{w_n(\xi, \eta)}{\sqrt{W_{2n}}}$ stets kleiner ist als die Grösse

$$\frac{1}{2\pi}\sqrt{\frac{P\Omega}{c_{2n-1}\, c_{2n}}},$$

mithin für alle Werthe des Index n kleiner ist als die Grösse $\frac{1}{2\pi c_1}\sqrt{P\Omega}$, welche mit Q bezeichnet werden möge.

Bezeichnet R den grössten unter allen denjenigen Werthen, welche die Grösse $\varrho = \sqrt{(x-\xi)^2+(y-\eta)^2}$ unter der Voraussetzung annimmt, dass jede Stelle (x, y) des Bereiches T mit jeder anderen Stelle (ξ, η) dieses Bereiches combinirt wird, und wird mit μ die Zahl der Blätter derjenigen Riemannschen Fläche bezeichnet, welche den Bereich T geometrisch darstellt, so ergibt sich

$$G(x, y; \xi, \eta) < \log\frac{R}{\varrho}, \quad \Omega < \mu \int_{\varrho=0}^{\varrho=R}\int_{\vartheta=0}^{\vartheta=2\pi} \log^2\left(\frac{R}{\varrho}\right) \varrho\, d\varrho\, d\vartheta,$$
$$\Omega < \tfrac{1}{2}\,\mu R^2 \pi.$$

17.

Untersuchung der Convergenz der Reihe $w_0 + w_1 + w_2 + \cdots$

Aus der in dem vorhergehenden Art. bewiesenen Eigenschaft der Grösse $\frac{w_n}{\sqrt{W_{2n}}}$, für keinen Werth des Index n die Grösse Q zu überschreiten, ergibt sich, dass die Reihe

(25.) $w = w(x, y; t) = w_0 + w_1(x, y)t + w_2(x, y)t^2 + \cdots w_n(x, y)t^n + \cdots$ in inf.

für alle Werthe der Grösse t, deren absoluter Betrag kleiner ist als $\frac{1}{c}$, unbedingt und zugleich für alle dem Bereiche T angehörende Stellen (x, y) in gleichem Grade convergirt.

Die Richtigkeit dieses Satzes folgt aus dem Umstande, dass die einzelnen Glieder der angegebenen Reihe (25.) dem absoluten Betrage nach beziehlich kleiner sind als die Glieder der Reihe

$$Q(\sqrt{W_0}+\sqrt{W_2}\cdot t+\sqrt{W_4}\cdot t^2+\cdots+\sqrt{W_{2n}}\cdot t^n+\cdots),$$

während der Quotient zweier auf einander folgenden Glieder dieser letzteren gleich $\sqrt{c_{2n-1}c_{2n}}\cdot t$ ist, der Grenzwerth dieses Quotienten für $\lim n = \infty$ also den Werth $c\cdot t$ hat.

Mittelst der Formel (6.) des Art. 10 ergibt sich, wenn an die Stelle der Function $f(\xi,\eta)$ der Ausdruck $tp(\xi,\eta)w(\xi,\eta;t)$ gesetzt wird, dass die Function $w = w(x,y;t)$ für alle Werthe der Grösse t, welche kleiner als $\frac{1}{c}$ sind, in dem früher angegebenen Sinne die partielle Differentialgleichung $\Delta w + tp\cdot w = 0$ befriedigt.

Hieraus folgt, dass, wenn die Grösse c kleiner als 1 ist, die im Art. 9 aufgestellte Frage in bejahendem Sinne zu beantworten ist, weil in diesem Falle der Grösse t der Werth 1 beigelegt werden kann.

18.

Untersuchung der Convergenz einiger unendlicher Producte.

Aus der im Art. 16 bewiesenen Eigenschaft der Grösse $\frac{w_n}{\sqrt{W_{2n}}}$, für jeden Werth des Index n kleiner zu bleiben, als eine bestimmte endliche Grösse Q, ergibt sich ferner, wenn in der Gleichung

$$\int\!\!\int_{\mathrm{T}} p\frac{w_n}{\sqrt{W_{2n}}}\frac{w_n}{\sqrt{W_{2n}}}dx\,dy = 1$$

der eine der beiden Factoren $\frac{w_n}{\sqrt{W_{2n}}}$ des unter dem Integralzeichen stehenden Ausdruckes durch Q ersetzt wird, dass die Beziehung besteht

$$\int\!\!\int_{\mathrm{T}} p\frac{w_n}{\sqrt{W_{2n}}}Q\,dx\,dy > 1.$$

Hieraus folgt, dass die Grösse

$$\frac{W_n}{\sqrt{W_{2n}}} = \int\!\!\int_{\mathrm{T}} p\frac{w_n}{\sqrt{W_{2n}}}dx\,dy$$

für jeden Werth des Index n grösser ist als die Grösse $\frac{1}{Q}$, und dass die Grösse $\frac{W_n^2}{W_{2n}}$ für jeden Werth des Index n grösser ist als $\frac{1}{Q^2}$.

Da die Grösse $\frac{W_n^2}{W_{2n}}$ den Werth

$$W_0 \cdot \frac{c_1^2}{c_1 c_2} \cdot \frac{c_2^2}{c_3 c_4} \cdot \frac{c_3^2}{c_5 c_6} \cdots \frac{c_n^2}{c_{2n-1} c_{2n}}$$

besitzt, welcher beständig abnimmt, wenn der Index n zunimmt, und da diese Grösse beständig grösser ist als die von dem Werthe des Index n nicht abhängende Grösse $\frac{1}{Q^2}$, so besitzt die Grösse $\frac{W_n^2}{W_{2n}}$ für $\lim n = \infty$ einen bestimmten endlichen von Null verschiedenen Grenzwerth, mit anderen Worten, das unendliche Product

$$\Pi_n\left(\frac{c_n^2}{c_{2n-1} c_{2n}}\right),$$

dessen Factoren sämmtlich kleiner sind als die Einheit, ist unbedingt convergent.

Hieraus folgt unter Berücksichtigung der Beziehung

$$\frac{c_n^2}{c_{2n-1} c_{2n}} < \frac{c_n}{c_{2n}} < 1,$$

dass auch das unendliche Product $\Pi_n\left(\frac{c_n}{c_{2n}}\right)$ unbedingt convergent ist.

Die Factoren des letzteren unendlichen Productes können nun in der Weise in unendlich viele Gruppen von je unendlich vielen Factoren zusammengefasst werden,

$$\begin{aligned}\Pi_n\left(\frac{c_n}{c_{2n}}\right) = {} & \frac{c_1}{c_2} \cdot \frac{c_2}{c_4} \cdot \frac{c_4}{c_8} \cdot \frac{c_8}{c_{16}} \cdot \frac{c_{16}}{c_{32}} \cdots \\ & \times \frac{c_3}{c_6} \cdot \frac{c_6}{c_{12}} \cdot \frac{c_{12}}{c_{24}} \cdot \frac{c_{24}}{c_{48}} \cdots \\ & \times \frac{c_5}{c_{10}} \cdot \frac{c_{10}}{c_{20}} \cdot \frac{c_{20}}{c_{40}} \cdots \\ & \times \frac{c_7}{c_{14}} \cdot \frac{c_{14}}{c_{28}} \cdots \\ & \cdots\end{aligned}$$

dass sich die Gleichung

$$\Pi_n\left(\frac{c_n}{c_{2n}}\right) = \frac{c_1}{c} \cdot \frac{c_3}{c} \cdot \frac{c_5}{c} \cdot \frac{c_7}{c} \cdots = \Pi_n\left(\frac{c_{2n-1}}{c}\right)$$

ergibt. Es ist also auch das unendliche Product

$$\Pi_n\left(\frac{c_{2n-1}}{c}\right)$$

unbedingt convergent; folglich besitzt, da

$$\frac{c_{2n-1}}{c} < \frac{c_{2n}}{c} < 1$$

ist, das unendliche Product $\prod_n \left(\frac{c_{2n}}{c}\right)$ dieselbe Eigenschaft.

Hieraus ergibt sich aber die unbedingte Convergenz des unendlichen Productes

$$\prod_n \left(\frac{c_{2n-1}}{c} \cdot \frac{c_{2n}}{c}\right) = \prod_n \left(\frac{c_n}{c}\right).$$

19.

Einführung der Functionen $\mathfrak{w}_n$ und der Grössen $\mathfrak{W}_m$. Der Fall $c = 1$.

Wenn die Functionen $\mathfrak{w}_n$ und die Grössen $\mathfrak{W}_m$ durch die Gleichungen $w_n = c^n \mathfrak{w}_n$, $W_m = c^m \mathfrak{W}_m$ erklärt werden, so bestehen die Gleichungen

$$\Delta \mathfrak{w}_n + \frac{1}{c} p \cdot \mathfrak{w}_{n-1} = 0, \qquad \mathfrak{W}_m = W_0 \frac{c_1}{c} \cdot \frac{c_2}{c} \cdot \frac{c_3}{c} \cdots \frac{c_m}{c}.$$

In Folge der unbedingten Convergenz des unendlichen Productes $\prod_n \left(\frac{c_n}{c}\right)$ nähert sich der Werth der Grösse $\mathfrak{W}_m$ für unbegrenzt wachsende Werthe des Index m beständig abnehmend einem bestimmten von Null verschiedenen Grenzwerthe, welcher mit $\mathfrak{W}$ bezeichnet werden soll.

Es ergibt sich

$$\iint\limits_T p \cdot \mathfrak{w}_n \, dx \, dy = \mathfrak{W}_n, \quad \iint\limits_T p \cdot \mathfrak{w}_m \mathfrak{w}_n \, dx \, dy = \mathfrak{W}_{m+n}, \quad \mathfrak{w}_n < Q \sqrt{\mathfrak{W}_{2n}}.$$

Aus der Gleichung

$$\iint\limits_T p (\mathfrak{w}_n - \mathfrak{w}_{n+k})^2 \, dx \, dy = \mathfrak{W}_{2n} - 2\mathfrak{W}_{2n+k} + \mathfrak{W}_{2n+2k}$$

wird zunächst gefolgert, dass der Werth des auf der linken Seite dieser Gleichung stehenden Doppelintegrales für jeden beliebig grossen positiven ganzzahligen Werth der Grösse k unendlich klein wird für unendlich grosse Werthe des Index n. Folglich wird auch das Doppelintegral

$$\iint\limits_T p^2 (\mathfrak{w}_n - \mathfrak{w}_{n+k})^2 \, dx \, dy,$$

dessen Werth kleiner ist als $P(\mathfrak{W}_{2n}-2\mathfrak{W}_{2n+k}+\mathfrak{W}_{2n+2k}) = \varrho_n$, für unendlich grosse Werthe des Index n unendlich klein. Hieraus ergibt sich als eine Folge der Gleichung

$$\mathfrak{w}_{n+1}(x,y)-\mathfrak{w}_{n+k+1}(x,y) =$$
$$= \frac{1}{2\pi c}\int\int_{\mathrm{T}} p(\xi,\eta)[\mathfrak{w}_n(\xi,\eta)-\mathfrak{w}_{n+k}(\xi,\eta)]\, G(\xi,\eta;x,y)\, d\xi\, d\eta$$

bei Anwendung des im Art. 15 bewiesenen Hülfssatzes, dass

$$|\,\mathfrak{w}_{n+1}(x,y)-\mathfrak{w}_{n+k+1}(x,y)\,| < \frac{1}{2\pi c}\sqrt{\Omega\varrho_n}.$$

Also wird der absolute Betrag der Differenz

$$\mathfrak{w}_{n+1}(x,y)-\mathfrak{w}_{n+k+1}(x,y),$$

wenn k eine beliebig grosse positive ganze Zahl bezeichnet, für unendlich grosse Werthe des Index n für alle dem Bereiche T angehörenden Stellen (x,y) in gleichem Grade unendlich klein.

Hieraus ergibt sich aber, dass die Functionen $\mathfrak{w}_n(x,y)$ für unendlich grosse Werthe des Index n gegen eine bestimmte Grenzfunction convergiren, welche mit $\mathfrak{w} = \mathfrak{w}(x,y)$ bezeichnet werden soll.

Diese Grenzfunction $\mathfrak{w}$ genügt in dem früher angegebenen Sinne für den Bereich T der partiellen Differentialgleichung $\Delta\mathfrak{w}+\frac{1}{c}p\cdot\mathfrak{w} = 0$ und nimmt längs der ganzen Begrenzung des Bereiches T den Werth Null an.

Es ist hiermit der Satz bewiesen: Wenn die bei Zugrundelegung der Function p für den betrachteten Bereich T sich ergebende Constante c den Werth 1 besitzt, so gibt es stets eine Function $\mathfrak{w}$, welche für den Bereich T der partiellen Differentialgleichung $\Delta\mathfrak{w}+p\cdot\mathfrak{w} = 0$ genügt, welche längs der ganzen Begrenzung des Bereiches T den Werth Null, im Innern desselben aber nur positive Werthe annimmt.

20.

Die Constante $\frac{1}{c}$ als Minimum. Folgerungen.

Es bezeichne $u = u(x,y)$ eine stetige, für alle dem Bereiche T angehörenden Stellen (x,y) eindeutig erklärte Function der beiden Argumente x, y, welche, ohne beständig gleich Null zu sein, längs der ganzen Begrenzung des betrachteten Bereiches den Werth Null annimmt und für welche das über den Bereich T ausgedehnte Doppelintegral

$$\iint\limits_{T} \left[\left(\frac{\partial u}{\partial x}\right)^2 + \left(\frac{\partial u}{\partial y}\right)^2\right] dx\, dy$$

eine bestimmte Bedeutung hat.

Wenn die Werthe der beiden Doppelintegrale

$$\iint\limits_{T} p \cdot u^2 dx\, dy \quad \text{und} \quad \iint\limits_{T} \left[\left(\frac{\partial u}{\partial x}\right)^2 + \left(\frac{\partial u}{\partial y}\right)^2\right] dx\, dy$$

zur Abkürzung beziehlich mit $J_0(u)$ und $J_1(u)$ bezeichnet werden und mit w, unter der Voraussetzung, dass der Grösse t ein positiver Werth beigelegt wird, welcher kleiner ist als $\frac{1}{c}$, die im Art. 17 (25.) erklärte Function $w(x, y; t)$ bezeichnet wird, so besteht die Gleichung

$$(26.)\quad J_1(u) - tJ_0(u) = \iint\limits_{T} \left[\left(\frac{\partial u}{\partial x} - \frac{u}{w}\frac{\partial w}{\partial x}\right)^2 + \left(\frac{\partial u}{\partial y} - \frac{u}{w}\frac{\partial w}{\partial y}\right)^2\right] dx\, dy,$$

welche sich aus der Identität

$$(27.)\quad \left(\frac{\partial u}{\partial x}\right)^2 + \left(\frac{\partial u}{\partial y}\right)^2 - tpu^2 = \left(\frac{\partial u}{\partial x} - \frac{u}{w}\frac{\partial w}{\partial x}\right)^2 + \left(\frac{\partial u}{\partial y} - \frac{u}{w}\frac{\partial w}{\partial y}\right)^2 +$$
$$+ \frac{\partial}{\partial x}\left(\frac{u^2}{w}\frac{\partial w}{\partial x}\right) + \frac{\partial}{\partial y}\left(\frac{u^2}{w}\frac{\partial w}{\partial y}\right) - \frac{u^2}{w}(\Delta w + tpw)$$

durch Integration ergibt.

Der Gleichung (26.) zufolge ist der Werth des Quotienten $\frac{J_1(u)}{J_0(u)}$ für jede den angegebenen Bedingungen genügende Function u grösser als die Grösse t. Hieraus ergibt sich zunächst der Satz: Unter denjenigen Werthen, welche der Quotient $\frac{J_1(u)}{J_0(u)}$ unter den angegebenen Bedingungen annehmen kann, gibt es keinen Werth, welcher kleiner als $\frac{1}{c}$ ist.

Bezeichnet $\mathfrak{w} = \mathfrak{w}(x, y)$ die im Art. 19 erklärte Function, so ergibt sich in Folge der Identität

$$(28.)\quad \left(\frac{\partial \mathfrak{w}}{\partial x}\right)^2 + \left(\frac{\partial \mathfrak{w}}{\partial y}\right)^2 - \frac{1}{c}p\mathfrak{w}^2 =$$
$$\frac{\partial}{\partial x}\left(\mathfrak{w}\frac{\partial \mathfrak{w}}{\partial x}\right) + \frac{\partial}{\partial y}\left(\mathfrak{w}\frac{\partial \mathfrak{w}}{\partial y}\right) - \mathfrak{w}\left(\Delta \mathfrak{w} + \frac{1}{c}p\mathfrak{w}\right)$$

durch ein Verfahren, welches dem im Art. 14 dargelegten Schlussverfahren analog ist, die Gleichung

$$J_1(\mathfrak{w}) - \frac{1}{c} J_0(\mathfrak{w}) = 0.$$

Hieraus folgt: Der Werth der Grösse $\frac{1}{c}$ ist der kleinste unter denjenigen Werthen, welche der Quotient $\frac{J_1(u)}{J_0(u)}$ unter den angegebenen Bedingungen annehmen kann.

Bei gewissen auf den betrachteten Bereich T sich beziehenden Problemen der Variationsrechnung führt die Untersuchung der in Betracht kommenden zweiten Variation zu der Frage, ob ein über diesen Bereich auszudehnendes Doppelintegral

$$\int\!\!\int_{\mathrm{T}} \left[\left(\frac{\partial u}{\partial x}\right)^2 + \left(\frac{\partial u}{\partial y}\right)^2 - p \cdot u^2\right] dx\,dy = J_1(u) - J_0(u) = J(u)$$

für alle, den angegebenen Bedingungen genügenden Functionen u nur positive Werthe annimmt, oder ob es auch solche Functionen u gibt, für welche dieses Integral den Werth Null oder negative Werthe annimmt.

Diese Frage kann, wenn die Function p den im Art. 9 angegebenen Bedingungen genügt, nach dem Ergebnisse der vorstehenden Untersuchung wie folgt beantwortet werden.

I. Wenn die bei Zugrundelegung der Function p für den betrachteten Bereich sich ergebende Constante c kleiner ist als 1, so nimmt das Doppelintegral $J(u)$ für alle Functionen, welche den angegebenen Bedingungen genügen, positive Werthe an.

II. Wenn diese Constante den Werth 1 besitzt, so nimmt das Doppelintegral $J(u)$ ausser positiven Werthen auch den Werth Null, aber keinen negativen Werth an.

III. Wenn die Constante c grösser als 1 ist, so nimmt das Doppelintegral $J(u)$ ausser positiven Werthen und dem Werthe Null auch negative Werthe an.

Es bezeichne $v = v(x, y)$ ein für alle Stellen (x, y) des Bereiches T eindeutig erklärtes, den im Art. 9 angegebenen Bedingungen genügendes particuläres Integral der partiellen Differentialgleichung $\Delta v + p \cdot v = 0$.

Bezeichnet ε eine reelle Constante, so ergibt sich

$$J(v + \varepsilon u) - J(v) = \varepsilon^2 J(u).$$

Hieraus folgt, dass die Grösse $J(v)$ kleiner ist als jede der Grössen $J(v + \varepsilon u)$, wenn $c < 1$ ist. Ist $c = 1$, so besteht für alle Werthe von ε die Gleichung $J(v + \varepsilon \mathfrak{w}) = J(v)$. Ist endlich $c > 1$, so gibt es unter den Werthen, welche die Grösse $J(v+\varepsilon u)$ annehmen kann, sowohl solche, welche grösser sind als $J(v)$, als auch solche, die kleiner sind als $J(v)$.

21.

Stetige Aenderung des Werthes der Constante c bei stetiger Verkleinerung des Bereiches T.

Mit T und T′ mögen zwei den angegebenen Bedingungen genügende Bereiche bezeichnet werden, welche zu einander in der Beziehung stehen, dass der Bereich T den Bereich T′ als Theil enthält. Derjenige Bereich, welcher sich ergibt, wenn aus dem Bereiche T alle Stellen ausgeschieden werden, welche dem Innern des Bereiches T′ angehören, möge mit T″, die den beiden Bereichen T′ und T″ gemeinsame Begrenzungslinie möge mit (T′) bezeichnet werden.

Es seien c und c' die unter Zugrundelegung der Function p für die beiden Bereiche T und T′ sich ergebenden charakteristischen Constanten.

Bezeichnet $\mathfrak{v} = \mathfrak{v}(x, y)$ eine Function, welche für den Bereich T′ dieselbe Bedeutung hat, wie nach dem Inhalte des Art. 19 die Function $\mathfrak{w}$ für den Bereich T, und wird festgesetzt, dass der Function $\mathfrak{v}(x, y)$ für die dem Bereiche T″ angehörenden Stellen (x, y) der Werth Null beigelegt werden soll, so ergibt sich die Gleichung

$$J_1(\mathfrak{v}+\varepsilon u)-\frac{1}{c'}J_0(\mathfrak{v}+\varepsilon u)$$
$$=2\varepsilon\int\!\!\int_{\mathrm{T}'}\left(\frac{\partial\mathfrak{v}}{\partial x}\frac{\partial u}{\partial x}+\frac{\partial\mathfrak{v}}{\partial y}\frac{\partial u}{\partial y}-\frac{1}{c'}p\,\mathfrak{v}\,u\right)dx\,dy+\varepsilon^2\left[J_1(u)-\frac{1}{c'}J_0(u)\right],$$

in welcher die Function u die im Art. 20 erklärte Bedeutung hat.

Bezeichnet jetzt dl die Länge eines Elementes der den Bereichen T′ und T″ gemeinsamen Begrenzungslinie (T′), $\frac{\partial\mathfrak{v}}{\partial\nu}$ die in der Richtung der Normale dieses Elementes genommene partielle Ableitung, wobei diejenige Richtung dieser Normale als positiv betrachtet wird, welche in das Innere des Bereiches T′ führt, so ergibt sich

$$(29.)\quad J_1(\mathfrak{v}+\varepsilon u)-\frac{1}{c'}J_0(\mathfrak{v}+\varepsilon u)=-2\varepsilon\int_{(\mathrm{T}')}u\frac{\partial\mathfrak{v}}{\partial\nu}\,dl+\varepsilon^2\left[J_1(u)-\frac{1}{c'}J_0(u)\right].$$

Die Function u kann, weil die partielle Ableitung $\frac{\partial\mathfrak{v}}{\partial\nu}$ weder längs der ganzen Begrenzung des Bereiches T′, noch längs eines

Theiles derselben den Werth Null annimmt, stets so gewählt werden, dass das Integral $\int\limits_{(T')} u \frac{\partial \mathfrak{v}}{\partial v} dl$ einen von Null verschiedenen Werth erhält.

Hieraus ergibt sich, dass die Grösse

$$J_1(\mathfrak{v}+\varepsilon u) - \frac{1}{c'} J_0(\mathfrak{v}+\varepsilon u)$$

bei passender Wahl der Grösse ε und der Function u auch negative Werthe annimmt; der Quotient $\frac{J_1(\mathfrak{v}+\varepsilon u)}{J_0(\mathfrak{v}+\varepsilon u)}$ nimmt demnach auch solche Werthe an, die kleiner sind als die Grösse $\frac{1}{c'}$; also ist die Grösse $\frac{1}{c}$ kleiner als die Grösse $\frac{1}{c'}$, mithin c grösser als c'.

Hieraus folgt: wenn der Bereich T′ ein Theil des Bereiches T ist, so ist die unter Zugrundelegung der betrachteten Function p für den Bereich T′ sich ergebende Constante c' kleiner als die unter Zugrundelegung dieser Function für den Bereich T sich ergebende Constante c.

Es soll nun bewiesen werden, dass bei einer stetigen Verkleinerung des Bereiches T der Werth der Constante c sich ebenfalls stetig ändert.

Für den Bereich T denke man sich die im Art. 19 erklärte Function $\mathfrak{w} = \mathfrak{w}(x, y)$ bestimmt, welche, wenn die Grösse $\frac{1}{c}$ mit t bezeichnet wird, im angegebenen Sinne der partiellen Differentialgleichung $\Delta \mathfrak{w} + tp \cdot \mathfrak{w} = 0$ genügt und längs der ganzen Begrenzung des Bereiches T den Werth Null annimmt. Es werde nun, wenn ε eine von Null verschiedene positive Grösse bezeichnet, deren Kleinheit keiner Beschränkung unterliegt, derjenige Theil des Bereiches T, für welchen $\mathfrak{w}(x, y) \geqq \varepsilon$ ist, mit T′ bezeichnet. Dieselbe Bedeutung, welche die Functionen $w_n = w_n(x, y)$ und die Grössen W_n, c_n, c für den Bereich T besitzen, möge den Functionen $v_n = v_n(x, y)$ und den Grössen V_n, c'_n, c' für den Bereich T′ zukommen.

Für alle dem Bereiche T′ angehörenden Stellen (x, y) gilt, da die Function $\mathfrak{w}$ für keine dieser Stellen den Werth Null annimmt, dem Inhalte des Art. 17 zufolge die Gleichung

$$\mathfrak{w} = \varepsilon(v_0 + v_1 t + v_2 t^2 + v_3 t^3 + \cdots),$$

aus welcher sich durch Integration ergibt

$$\iint\limits_{T'} p\mathfrak{w}\, dx\, dy = \varepsilon(V_0 + V_1 t + V_2 t^2 + V_3 t^3 + \cdots) =$$

$$= \varepsilon V_0 (1 + c'_1 t + c'_1 c'_2 t^2 + c'_1 c'_2 c'_3 t^3 + \cdots).$$

Wenn $\mathfrak{W}'$ den Werth des Doppelintegrals auf der linken Seite dieser Gleichung bezeichnet, so ergibt sich, weil jede der Grössen c'_n kleiner als c' und die Grösse $c't = \frac{c'}{c}$ kleiner als 1 ist,

$$\mathfrak{W}' < \varepsilon V_0 \cdot \frac{1}{1-c't}, \qquad \mathfrak{W}'(c-c') < \varepsilon V_0 c.$$

Da $\lim \mathfrak{W}'$ für $\lim \varepsilon = 0$ von Null verschieden ist, so folgt, dass die Grösse $c-c'$ für unendlich kleine Werthe von ε ebenfalls unendlich klein wird.

Bezeichnet nun T* einen beliebigen Bereich, welcher den Bereich T′ als Theil enthält und selbst wieder ein Theil des Bereiches T ist, und bezeichnet c^* den Werth der diesem Bereiche in Bezug auf die Function p entsprechenden charakteristischen Constante, so ergibt sich aus zweimaliger Anwendung des zu Anfang dieses Art. bewiesenen Satzes, dass zwischen den Werthen der drei Constanten c', c^*, c die Beziehung $c' < c^* < c$ besteht.

Hiermit ist der Satz bewiesen:

Bei jeder stetigen Verkleinerung des Bereiches T ändert sich der Werth der diesem Bereiche in Bezug auf die Function p entsprechenden charakteristischen Constante c ebenfalls stetig.

22.

Anwendung auf den Fall $p = \frac{8}{(1+x^2+y^2)^2}$.

Wenn die Function p durch die Gleichung $p = \frac{8}{(1+x^2+y^2)^2}$ bestimmt und $x+yi = s$, $x-yi = s_1$, $w = \psi$ gesetzt wird, so geht die partielle Differentialgleichung $\Delta w + p \cdot w = 0$ über in

$$\frac{\partial^2 \psi}{\partial s\, \partial s_1} + \frac{2\psi}{(1+ss_1)^2} = 0,$$

deren allgemeines Integral, wenn mit $G(s)$, $G_1(s_1)$ zwei Functionen der beiden complexen Grössen s, s_1 bezeichnet werden, durch die Gleichung

$$\psi = G'(s) + G_1'(s_1) - \frac{2}{1+ss_1}[s_1 G(s) + s\, G_1(s_1)]$$

gegeben wird.

Wird die Bedingung gestellt, dass jedem Paare conjugirter Werthe s, s_1 ein reeller Werth der Grösse ψ entsprechen soll, so muss die Function $G_1(s_1)$ mit der zu der Function $G(s)$ gehörenden conjugirten Function des conjugirten complexen Argumentes übereinstimmen.

Die Form der betrachteten partiellen Differentialgleichung bleibt ungeändert, wenn auf dieselbe die gleichzeitigen Substitutionen

$$s = \frac{as'-b}{b_1 s'+a_1}, \qquad s_1 = \frac{a_1 s_1'-b_1}{b s_1'+a}$$

angewendet werden. Hierbei bezeichnen s', s_1' zwei complexe veränderliche, a, a_1, b, b_1 vier reelle oder complexe constante Grössen, welche letzteren der Bedingung unterworfen sind, dass die aus denselben gebildete Grösse aa_1+bb_1 nicht gleich Null sein darf. Damit jedem Paare conjugirter Werthe der Grössen s, s_1 ein Paar conjugirter Werthe der Grössen s', s_1' entspreche, sind den Grössen a, a_1; b, b_1 zwei Paare conjugirter Werthe beizulegen.

Durch die Gleichungen

$$X = \frac{s+s_1}{ss_1+1}, \qquad Y = \frac{1}{i}\cdot\frac{s-s_1}{ss_1+1}, \qquad Z = \frac{ss_1-1}{ss_1+1}$$

wird ein eindeutiges Entsprechen zwischen den Punkten der xy-Ebene und den Punkten der Kugelfläche $X^2+Y^2+Z^2 = 1$ vermittelt. Es entspricht daher jedem der betrachteten Bereiche T ein gewisser sphärischer Bereich, welcher das sphärische Bild desselben genannt werden kann.

Durch die angegebenen Substitutionen wird in Folge der Gleichung

$$dX^2+dY^2+dZ^2 = \frac{4\,ds\,ds_1}{(ss_1+1)^2} = \frac{4\,ds'ds_1'}{(s's_1'+1)^2}$$

nur die Lage, nicht die Gestalt dieses sphärischen Bildes verändert.

Der Gesammtheit aller gleichzeitigen Substitutionen (s, s'), (s_1, s_1') entspricht unter den bezüglich der Grössen a, a_1, b, b_1 gestellten Bedingungen die Gesammtheit aller Drehungen der Kugelfläche $X^2+Y^2+Z^2 = 1$.

Bei Zugrundelegung der im Vorstehenden bezüglich der Function p gemachten Annahme ist es daher möglich, von der über der xy-Ebene ausgebreiteten Riemannschen Fläche, durch welche der Bereich T geometrisch dargestellt wird, zu dem sphärischen Bilde derselben überzugehen und die Ergebnisse der im Vorhergehenden angestellten Untersuchungen, insbesondere die aus dem Werthe der Grösse c zu ziehenden Schlussfolgerungen auf das sphärische Bild zu übertragen.

Durch Einführung der Grössen s, s_1 als unabhängiger Variablen erhält die partielle Differentialgleichung der Kugelfunctionen n^{ten} Ranges die Gestalt

$$\frac{\partial^2 X_n}{\partial s\,\partial s_1} + \frac{n(n+1)\,X_n}{(1+ss_1)^2} = 0.$$

Hieraus folgt, dass jede der partiellen Differentialgleichung

$$\frac{\partial^2 \psi}{\partial s\,\partial s_1} + \frac{2\psi}{(1+ss_1)^2} = 0$$

genügende Function eine Kugelfunction ersten Ranges ist.

Durch Specialisirung der Function $G(s)$ kann man unendlich viele specielle sphärische Bereiche erhalten, von welchen jeder einzelne so beschaffen ist, dass eine bestimmte Kugelfunction ersten Ranges für diesen Bereich den im Art. 8 unter II. angegebenen Bedingungen genügt.

Bei Zugrundelegung der Function $p = \frac{8}{(1+x^2+y^2)^2}$ hat die Constante c für alle diese Bereiche den Werth 1.

Wenn $G(s) = \frac{1}{2}s$ gesetzt wird, so ergibt sich $\psi = \frac{1-x^2-y^2}{1+x^2+y^2}$. Dem Bereiche $\psi \geqq 0$ entspricht in diesem Falle die Fläche einer Halbkugel.

Nach dem Inhalte des Art. 21 folgt hieraus, dass für jeden Bereich T′, dessen sphärisches Bild ein Theil einer Halbkugelfläche ist, der Werth der charakteristischen Constante c' kleiner als 1 ist.

Wenn der Werth der unter Zugrundelegung der Function $p = \frac{8}{(1+x^2+y^2)^2}$ für einen Bereich T sich ergebenden Constante c grösser als 1 ist, so ist es auf unendlich mannigfaltige Weise möglich, einen Theil T′ dieses Bereiches so abzugrenzen, dass das sphärische Bild desselben ein Theil einer Halbkugelfläche ist, dass also die dem abgegrenzten Bereiche T′ entsprechende charakteristische Constante c' kleiner als 1 ist.

Ebenso ist es auf unendlich mannigfaltige Weise möglich, eine von einem Parameter abhängende, die beiden Bereiche T und T′ enthaltende Schaar von Bereichen zu construiren, so dass für je zwei unendlich benachbarte Bereiche dieser Schaar die Voraussetzungen des im vorhergehenden Art. bewiesenen Lehrsatzes erfüllt sind.

Bezeichnet T* einen beliebigen Bereich dieser Schaar und c^* die diesem Bereiche in Bezug auf die Function $p = \frac{8}{(1+x^2+y^2)^2}$ entsprechende Constante, so folgt, dass die Grösse c^* jeden zwischen c' und c liegenden Werth annimmt.

Es ist also der Satz bewiesen: Wenn die bei Zugrundelegung der Function $p = \frac{8}{(1+x^2+y^2)^2}$ für einen bestimmten Bereich T sich ergebende charakteristische Constante c grösser als 1 ist, so ist es auf unendlich mannigfaltige Weise möglich, von diesem Bereiche einen Theilbereich T^* abzugrenzen, für welchen die unter Zugrundelegung derselben Function p sich ergebende Constante c^* den Werth 1 besitzt.

In Hinblick auf den im Art. 19 bewiesenen Lehrsatz ist somit der Nachweis geliefert, dass die im Art. 8 betrachteten drei Fälle die Gesammtheit aller Fälle erschöpfen, welche in Bezug auf die Entscheidung der gestellten Frage eintreten können.

Schluss.

Einige den Grenzfall betreffende Bemerkungen.

23.

Den Bedingungen des Grenzfalles entsprechende Minimalflächenstücke, für welche die Eigenschaft des Minimums im gewöhnlichen Sinne zu bestehen aufhört. Verallgemeinerung des von Herrn **Lindelöf** zuerst untersuchten speciellen Falles.

Wenn für ein Minimalflächenstück M der im Art. 8 unter II. angeführte Grenzfall eintritt, so kann die Frage aufgeworfen werden, ob, beziehungsweise in welchem Sinne für dieses Flächenstück unter der Voraussetzung, dass die Begrenzungslinie desselben unverändert gelassen wird, ein Minimum des Flächeninhalts eintritt.

Zur Beantwortung dieser Frage kann man sich der Gleichung (5.) des Art. 2 und der Formeln des Art. 7 bedienen.

Unter Wiederaufhebung der Bedingung, dass die Function ψ auch längs der ganzen Begrenzung des Bereiches T nur von Null verschiedene Werthe annehmen soll, möge in den Formeln des Art. 7 für die Function ψ das den Bedingungen des erwähnten Grenzfalles genügende particuläre Integral der partiellen Differentialgleichung

$$\frac{\partial^2 \psi}{\partial \xi^2} + \frac{\partial^2 \psi}{\partial \eta^2} + \frac{8\psi}{(1+\xi^2+\eta^2)^2} = 0$$

gesetzt werden. Die Veränderlichkeit der Grössen ξ, η werde auf den Bereich T, die Veränderlichkeit des Parameters ε auf solche Werthe beschränkt, deren absoluter Betrag eine gewisse von Null verschiedene positive Grösse ε' nicht überschreitet.

Für jeden hinreichend kleinen Werth der Grösse ε' stellen unter den angegebenen Voraussetzungen die Gleichungen

$$x' = x + \varepsilon\delta x, \quad y' = y + \varepsilon\delta y, \quad z' = z + \varepsilon\delta z,$$

wenn x', y', z' die rechtwinkligen Coordinaten eines Punktes bedeuten, eine Schaar von Minimalflächenstücken dar, welche so beschaffen ist, dass für je zwei unendlich benachbarte Minimalflächenstücke dieser Schaar die im Art. 1 angegebenen Bedingungen erfüllt sind.

Die Gesammtheit derjenigen Tangentialebenen des Minimalflächenstückes M, deren Berührungspunkte der Randlinie dieses Flächenstückes angehören, umhüllt allgemein zu reden eine gewisse abwickelbare geradlinige Fläche, welche mit Φ bezeichnet werden möge. Die erzeugenden Geraden dieser Fläche fallen mit den den Tangenten der Randlinie des Flächenstückes M im Dupinschen Sinne conjugirten Tangenten dieses Flächenstückes zusammen. Für jeden Punkt der Randlinie ist die letztere Tangente, mithin auch die durch diesen Punkt hindurchgehende geradlinige Erzeugende der Fläche Φ, der Strecke mit den Coordinaten δx, δy, δz parallel.

In Folge der Gleichungen

$$Xdx + Ydy + Zdz = 0, \; Xd\delta x + Yd\delta y + Zd\delta z = 0, \; X\delta x + Y\delta y + Z\delta z = 0,$$

von denen die beiden ersten für alle Stellen (ξ, η) des Bereiches T erfüllt sind, während die dritte nur längs der Begrenzung desselben Geltung hat, ist die abwickelbare Fläche Φ eine einhüllende Fläche der betrachteten Schaar von Minimalflächen.

Die Gesammtheit aller Punkte der Fläche Φ, welche den dem Intervalle $-\varepsilon' \leqq \varepsilon \gtreqless \varepsilon'$ angehörenden Werthen des Parameters ε entsprechen, bildet allgemein zu reden eine endliche Anzahl gürtelförmiger Flächenstreifen Γ, von welchen jeder aus einer endlichen Anzahl von Stücken analytischer Flächen besteht.

Die Gesammtheit der Flächenstreifen Γ und die den Werthen $\varepsilon = -\varepsilon'$, $\varepsilon = \varepsilon'$ entsprechenden Minimalflächenstücke der betrachteten Schaar bilden zusammengenommen die vollständige Begrenzung eines ganz im Endlichen liegenden Theiles des Raumes, welcher mit R bezeichnet werden möge.

In Folge der Gleichung (5.) des Art. 2 gilt folgender Satz: Jedes zusammenhängende, aus einer endlichen Anzahl von Stücken analytischer Flächen gebildete Flächenstück F, dessen vollständige Begrenzung mit der Begrenzung des Minimalflächenstückes M zusammenfällt, und dessen innere Punkte sämmtlich dem Innern des Raumes R angehören, hat grösseren Flächeninhalt, als das Minimalflächenstück M.

Die Geltung des vorstehenden Satzes erstreckt sich nicht ohne Weiteres auch auf solche Flächenstücke, welche zwar aus dem Raume R nicht heraustreten, jedoch mit den der Begrenzung desselben angehörenden Theilen der Fläche Φ Flächenstreifen von endlicher Ausdehnung gemeinsam haben.

Es kann nämlich der Fall eintreten, dass für ein den Bedingungen des Grenzfalles genügendes Minimalflächenstück M der reelle Theil der complexen Grösse $\frac{1}{\mathfrak{F}(s)}\left(\frac{\partial\psi}{\partial s}\right)^2$ längs der ganzen Begrenzung des Bereiches T dasselbe Vorzeichen besitzt. Wenn diese Bedingung erfüllt ist, so liegen alle Theile der Fläche Φ, aus denen die Flächenstreifen Γ bestehen, auf derselben Seite des Minimalflächenstückes M, und es gibt unendlich viele aus dem Raume R nicht heraustretende, im Uebrigen den gestellten Bedingungen genügende Flächenstücke F^*, deren Flächeninhalt mit dem Flächeninhalte des Minimalflächenstückes M der Grösse nach übereinstimmt.

Jedes dieser Flächenstücke F^* besteht aus einem Minimalflächenstücke M^* der betrachteten Schaar und einer endlichen Anzahl gürtelförmiger Flächenstreifen Γ^*, welche Theile der Begrenzungsfläche des Raumes R sind, und durch welche die Begrenzungslinie des Minimalflächenstückes M^* mit der Begrenzungslinie des Minimalflächenstückes M in Verbindung gebracht wird. Hierbei hat der zu dem Minimalflächenstücke M^* gehörende Werth ε^* des Parameters ε dasselbe Vorzeichen, wie der reelle Theil der complexen Grösse $\frac{1}{\mathfrak{F}(s)}\left(\frac{\partial\psi}{\partial s}\right)^2$ längs der Begrenzung des Bereiches T.

Da die mittlere Krümmung der die Flächenstreifen Γ^* bildenden Flächenstücke einen von Null verschiedenen Werth hat, so ist es möglich, durch solche Variationen dieser Flächenstücke, welche die Begrenzung derselben unverändert lassen, den Flächeninhalt derselben zu verkleinern. In dem betrachteten Falle gibt es also unendlich viele, zusammenhängende, dem Minimalflächenstücke M unendlich benachbarte, von derselben Randlinie begrenzte Flächenstücke, welche kleineren Flächeninhalt besitzen als das Minimalflächenstück M.

Die beste Veranschaulichung der vorstehenden Betrachtungen gewährt der von Herrn Lindelöf in seinem Lehrbuche der Variationsrechnung*) behandelte und durch Figuren erläuterte specielle Fall eines von zwei Parallelkreisen begrenzten zweifach zusammenhängenden Theiles eines Catenoids.

Dieser mit den Hülfsmitteln der Variationsrechnung zuerst von Herrn Lindelöf untersuchte classische specielle Fall entspricht, wenn mit C eine reelle Constante bezeichnet wird, den Annahmen

$$\mathfrak{F}(s) = \frac{1}{2s^2}, \quad G(s) = s(\log s + C).$$

Der Bereich T ist in diesem Falle ein zweifach zusammenhängendes von zwei concentrischen Kreisen begrenztes Ringgebiet; die Fläche Φ wird von den Mantelflächen zweier Rotationskegel gebildet, deren Mittelpunkte und deren Axen zusammenfallen.

Es bietet keine Schwierigkeit, für passend gewählte Theile solcher Minimalflächen, welche von einer Schaar von Kegelflächen zweiten Grades eingehüllt werden**), eine analoge Untersuchung durchzuführen. An die Stelle der beiden Rotationskegel treten hierbei zwei Kegel zweiten Grades, welche eine gemeinschaftliche Hauptebene besitzen und von denselben beiden Schaaren paralleler Ebenen in Kreisen geschnitten werden.

24.

Den Bedingungen des Grenzfalles entsprechende Minimalflächenstücke, für welche die Eigenschaft des Minimums uneingeschränkt bestehen bleibt.

Einem Minimalflächenstücke M, welches der im Art. 8 unter II. angegebenen Bedingung genügt, kann dessenungeachtet die Eigenschaft zukommen, kleineren Flächeninhalt zu besitzen, als alle anderen Flächenstücke, deren vollständige Begrenzung mit der Begrenzung dieses Minimalflächenstückes übereinstimmt.

---

*) Leçons de calcul des variations, par L. Lindelöf, Paris 1861, p. 204—214. Vergl. auch die Abhandlung: Sur les limites entre lesquelles le caténoide est une surface minima. Par L. Lindelöf. Acta societatis scientiarum Fennicae, tomus IX., Helsingfors 1871. (Mathematische Annalen, Band II, Seite 160.)

**) Siehe S. 190—204 dieses Bandes.

Es wird hierbei als selbstverständlich betrachtet, was übrigens auch bisher stillschweigend als selbstverständlich betrachtet worden ist, dass mit dem Minimalflächenstücke M nur solche Flächenstücke verglichen werden, welche ohne Aufhebung des Zusammenhanges ihrer Theile und bei ungeändert gelassener Begrenzung durch continuirliche Variationen in das Minimalflächenstück M übergeführt werden können.

Beispiele solcher Minimalflächenstücke, welchen in dem angegebenen Sinne ein Minimum des Flächeninhalts zukommt, ergeben sich, wenn unter der Voraussetzung, dass λ eine positive constante Grösse bezeichnet, welche k l e i n e r als 1 ist,

$$\mathfrak{F}(s) = \frac{1}{2is^2}, \qquad G(s) = s(s^\lambda - s^{-\lambda})$$

gesetzt wird.*)

Durch diese Angaben wird für jeden Werth der Constante λ ein einfach zusammenhängendes Flächenstück, ein von zwei geraden Strecken und von zwei Schraubenlinien begrenzter Theil einer S c h r a u b e n f l ä c h e der Gestalt nach bestimmt, für welchen bei unverändert gelassener Begrenzung die zweite Variation des Flächeninhalts zwar den Werth Null, aber nicht negative Werthe annehmen kann.

Jeder der vier Theile, aus denen die Begrenzung eines solchen Minimalflächenstückes besteht, ist eine Asymptotenlinie desselben. Die Fläche Φ besteht aus zwei singulären Geraden und zwei abwickelbaren Schraubenflächen, deren Rückkehrkanten die der Begrenzung des Minimalflächenstückes angehörenden Schraubenlinien sind.

Die vorstehende Abhandlung hat während eines Ferienaufenthaltes des Verfassers in dem gastlichen Finnland die Form erhalten, in welcher dieselbe vorliegt.

Der finnländischen Gesellschaft der Wissenschaften spreche ich für die Auszeichnung, welche sie dieser Arbeit durch Aufnahme derselben in ihre Acta hat zu Theil werden lassen, den gebührenden Dank aus.

---

*) Siehe S. 161 und 162 dieses Bandes.

Ueber specielle zweifach zusammenhängende Flächenstücke, welche kleineren Flächeninhalt besitzen, als alle benachbarten, von denselben Randlinien begrenzten Flächenstücke.

Der Königlichen Gesellschaft der Wissenschaften zu Göttingen vorgelegt am 2. Juli 1887.
Abhandlungen der Königl. Ges. d. Wiss. zu Göttingen, Band 34.

Die im Jahre 1761 von Lagrange gestellte Aufgabe, unter allen von derselben Randlinie begrenzten Flächen diejenige zu bestimmen, welche den kleinsten Flächeninhalt besitzt, hat zu einer grossen Zahl von Untersuchungen Veranlassung gegeben.

Den ersten Schritt zur Lösung der genannten Aufgabe hat Lagrange selbst gethan, indem er mit Hülfe der von ihm begründeten Variationsrechnung feststellte, dass die gesuchte Fläche einer bestimmten partiellen Differentialgleichung zweiter Ordnung genügen muss.

Wie Meusnier bemerkte, ist diese Differentialgleichung analytischer Ausdruck der Bedingung, dass die mittlere Krümmung der zu bestimmenden Fläche in jedem Punkte derselben den Werth Null haben muss.

Dem Sprachgebrauche, mit dem Worte Minimalfläche eine krumme Fläche zu bezeichnen, deren mittlere Krümmung in jedem ihrer Punkte gleich Null ist, schliesse ich mich an.

Das von Lagrange gefundene Resultat hat viele Jahre später durch die Abhandlung „Principia generalia theoriae figurae fluidorum in statu aequilibrii", welche Gauss im Jahre 1829 der hiesigen Gesellschaft der Wissenschaften vorgelegt hat, eine wesentliche Vervollständigung erfahren. In dieser Abhandlung hat Gauss zum ersten Male Variationen von Doppelintegralen, bei denen auch die Grenzen als veränderlich angesehen werden, in Betracht gezogen, hierdurch für die Untersuchungen über Minimalflächen ein höchst wichtiges, unentbehrliches Hülfsmittel geschaffen und alle, die Flächen kleinsten Flächeninhalts betreffenden Fragen, deren Beantwortung nur die Untersuchung der ersten Variation des Flächeninhalts erfordert, vollständig erledigt.

Mit der allgemeinen Integration der von Lagrange aufgestellten partiellen Differentialgleichung der Minimalflächen sowie mit der Auffindung allgemeiner Eigenschaften dieser Flächen haben sich viele Mathematiker beschäftigt; in Frankreich und Belgien Monge, Legendre, Ch. Dupin, M. Roberts, O. Bonnet, E. Lamarle, in Italien Brioschi, Beltrami, Dini, in Schweden und Norwegen E. G. Björling, S. Lie, in Deutschland Minding, Weingarten, Weierstrass, Riemann.

Die beiden letztgenannten Mathematiker haben auch die Aufgabe behandelt, ein Minimalflächenstück zu bestimmen, dessen Begrenzung von einer vorgeschriebenen, aus geradlinigen Strecken bestehenden Randlinie gebildet wird. Für eine Reihe specieller Fälle habe ich diese Aufgabe vollständig durchgeführt, auch einige Fälle behandelt, in welchen die Begrenzung des zu bestimmenden Minimalflächenstückes nur zum Theil von gegebenen geradlinigen Strecken, zum andern Theile aber von Curvenstrecken gebildet wird, welche der Bedingung unterworfen werden, in gegebenen Ebenen zu liegen.

Von den Schriftstellern, welche ausser den Genannten zur Auffindung specieller Minimalflächen und zur genaueren Kenntniss der Eigenschaften derselben beigetragen haben, erwähne ich hier Scherk, Catalan, Enneper, L. Kiepert, L. Henneberg, A. Herzog, C. Schilling, E. R. Neovius.

In Folge eines von Gauss ausgegangenen Vorschlages wurde von der philosophischen Facultät der hiesigen Universität für das Jahr 1831 eine die Rotationsfläche kleinsten Flächeninhalts betreffende Preisaufgabe gestellt, für deren Bearbeitung Goldschmidt den ausgesetzten Preis erhielt. In der gekrönten Preisschrift wird die durch Rotation einer Kettenlinie um ihre Directrix als Axe entstehende Minimalfläche, welche nach einem von Plateau ausgegangenen Vorschlage den Namen Catenoid erhalten hat, genauer untersucht. Insbesondere wird die Frage erledigt, welche Bedingung erfüllt sein muss, damit es möglich sei, durch zwei Parallelkreise einer Rotationsfläche zwei von einander verschiedene Catenoide zu legen, unter welchen Bedingungen durch beide Kreise nur ein Catenoïd, oder überhaupt kein Catenoid gelegt werden kann. Auf diejenigen Fragen, deren Erörterung mit der Untersuchung des Vorzeichens der Werthe zusammenhängt, welche die zweite Variation des Flächeninhalts einer von zwei Parallelkreisen begrenzten Zone eines Catenoids annehmen kann, geht Goldschmidt nicht ein.

Durch die Untersuchungen, auf welche im Vorstehenden hingewiesen wurde, hat indessen die Frage nach der kleinsten Fläche — die Frage nämlich, ob den gefundenen Flächen wirklich die Eigenschaft zukommt, dass geeignet ausgewählte Stücke derselben den kleinsten Flächeninhalt haben, sei es unter allen von derselben Randlinie begrenzten Flächenstücken überhaupt, sei es unter allen von derselben Randlinie begrenzten Flächenstücken, welche dem zu betrachtenden Flächenstücke unendlich nahe liegen — eine erschöpfende Beantwortung nicht gefunden.

Der Grund hiervon liegt in dem Umstande, dass bei jeder Aufgabe der Variationsrechnung das Verschwinden der ersten Variation des betrachteten Integrals zwar ein nothwendiges Erforderniss ist, wenn der Werth dieses Integrals unter den vorgeschriebenen Grenzbedingungen ein Minimum oder Maximum sein soll, dass aber ausserdem noch andere Bedingungen erfüllt werden müssen, welche bei den besprochenen Untersuchungen über Minimalflächen unberücksichtigt geblieben sind.

Den ersten Versuch, die hiernach in der Theorie der Flächen kleinsten Flächeninhalts noch vorhandene Lücke auszufüllen, hat meines Wissens Tédénat im Jahre 1816 gemacht, indem derselbe eine Untersuchung über das Vorzeichen der zweiten Variation des Flächeninhalts eines Minimalflächenstückes anstellte, bei welcher ihm eine die Brachistochrone betreffende von Lagrange herrührende Untersuchung zum Vorbilde diente. Die Anwendung der von Tédénat aufgestellten Formel ist aber auf solche Minimalflächenstücke beschränkt, für welche eine der drei rechtwinkligen Coordinaten eines beliebigen Punktes dieses Flächenstückes eine eindeutige Function der beiden andern rechtwinkligen Coordinaten desselben Punktes ist.

Später hat Clebsch allgemein die zweite Variation eines vielfachen Integrals in einer für die Beurtheilung ihres Vorzeichens geeigneten Form dargestellt, ohne jedoch die Ergebnisse seiner Untersuchung auf specielle Aufgaben anzuwenden. (Journal für Mathematik, Band 56.)

Einen ferneren Beitrag zur Untersuchung des Vorzeichens der zweiten Variation des Flächeninhalts von Minimalflächenstücken lieferte Steiner in einer im Jahre 1840 der Berliner Akademie der Wissenschaften gemachten Mittheilung, in welcher derselbe aus seinen allgemeinen Untersuchungen über äquidistante Flächenstücke die Folgerung zog, dass unter allen zu einem Minimalflächenstücke äquidistanten Flächenstücken das Minimalflächenstück selbst nicht den kleinsten, sondern den grössten Flächeninhalt besitze.

Von der Beschäftigung Steiners mit den Flächen kleinsten Flächeninhalts gibt auch der in der Abhandlung „Ueber das Maximum und Minimum bei den Figuren in der Ebene, auf der Kugelfläche und im Raume überhaupt“ im Jahre 1842 veröffentlichte Satz Zeugniss, dass im Allgemeinen zwischen gegebenen Grenzen nur eine einzige Fläche möglich sei, welche ein Minimum von Flächeninhalt besitzt. (Gesammelte Werke, Band 2, Seite 298.)

Dieser Satz kann zwar in der Allgemeinheit, mit welcher Steiner denselben ausgesprochen hat, nicht aufrecht erhalten werden; denn es lassen sich Fälle in beliebig grosser Zahl angeben, in welchen durch dieselbe Begrenzungslinie mehr als ein Minimalflächenstück vollständig begrenzt wird, welches in seinem Innern von singulären Stellen frei ist und im Widerspruch mit dem von Steiner ausgesprochenen Satze unter allen ihm hinreichend nahe liegenden und von derselben Randlinie begrenzten Flächenstücken wirklich den kleinsten Flächeninhalt besitzt. Wenn aber zu dem Wortlaute des von Steiner ausgesprochenen Satzes ausdrücklich die Einschränkung hinzugefügt wird, dass bei der Zugrundelegung eines bestimmten Systemes von rechtwinkligen Coordinaten eine der drei Coordinaten aller Punkte jedes der zu betrachtenden Flächenstücke eine eindeutige Function der beiden andern Coordinaten derselben Punkte ist, so bleibt sowohl die Behauptung Steiners, als auch der von Steiner angegebene Beweis derselben unverändert bestehen.

Eine wesentliche Förderung erfuhr die Frage nach der kleinsten in vorgeschriebener Weise begrenzten Fläche durch Herrn Lindelöf. Derselbe hat in seinem im Jahre 1861 erschienenen Lehrbuche der Variationsrechnung im Anschlusse an eine Untersuchung über die zweite Variation des Flächeninhalts von Zonen des Catenoids, welche durch Parallelkreise begrenzt werden, einige das Catenoid betreffende specielle Lehrsätze veröffentlicht, welche über die in Rede stehende Frage viel Licht verbreiten und mir bei meinen eigenen Arbeiten über

Minimalflächen von grösstem Nutzen gewesen sind. Die Lehrsätze, zu denen Herr Lindelöf gelangte, ergaben einerseits eine vollständige theoretische Erklärung für einige Versuche, welche Plateau kurze Zeit vorher über die Grenze der Stabilität flüssiger Lamellen von specieller Gestalt angestellt hatte, und enthielten andererseits den an speciellen Beispielen geführten Nachweis, dass es Fälle gibt, in welchen ein Stück einer Minimalfläche nicht kleineren Flächeninhalt besitzt, als alle ihm hinreichend nahe liegenden Flächenstücke, welche von derselben Randlinie begrenzt werden. Durch die von Herrn Lindelöf angestellte Untersuchung war somit, obgleich dieselbe sich nur auf eine specielle Fläche bezieht, thatsächlich bewiesen, dass das Verschwinden der ersten Variation des Flächeninhalts eines Flächenstückes nicht ausreicht, um den Schluss zu gestatten, dieses Flächenstück besitze unter allen ihm hinreichend nahe kommenden, von derselben Randlinie begrenzten Flächenstücken den kleinsten Flächeninhalt, dass vielmehr das Eintreten des Minimums noch von dem Erfülltsein anderer Bedingungen abhängig sein müsse.

Die analoge Frage bezüglich der kürzesten Linien auf krummen Flächen hatte Jacobi durch die Betrachtung unendlich benachbarter geodätischer Linien und der Schnittpunkte derselben mit einander zur Entscheidung gebracht. Es war daher zu erwarten, dass die Entscheidung der gestellten Frage für ein bestimmtes Minimalflächenstück durch die Betrachtung eines geeignet auszuwählenden Minimalflächenstückes würde gewonnen werden können, welches dem zu untersuchenden unendlich benachbart ist. Diesen Gedanken hatte bereits Clebsch in allgemeinerer Fassung in einer im Jahre 1858 veröffentlichten Abhandlung „Ueber die Reduction der zweiten Variation auf ihre einfachste Form" (Journal für Mathematik, Band 55, Seite 273) ausgesprochen.

In einer Abhandlung „Beitrag zur Untersuchung der zweiten Variation des Flächeninhalts von Minimalflächenstücken im Allgemeinen und von Theilen der Schraubenfläche im Besonderen" *), habe ich versucht, die Frage, innerhalb welcher Grenzen einem Stücke einer gegebenen Minimalfläche die Eigenschaft des Minimums des Flächeninhalts wirklich zukomme, auf Grund einer Untersuchung der zweiten Variation des Flächeninhalts eines Minimalflächenstückes, dessen Randlinie bei der Variation als unveränderlich betrachtet wird, zu beant-

---

*) Siehe S. 151—167 dieses Bandes.

worten. Die Ergebnisse, zu welchen die in dieser Abhandlung mitgetheilte Untersuchung geführt hat, sind richtig; aber der Beweis der Richtigkeit, insbesondere der Nachweis, dass durch die in dieser Abhandlung angegebenen Kriterien die Entscheidung darüber, ob für ein bestimmtes Minimalflächenstück bei unverändert gelassener Randlinie ein Minimum des Flächeninhalts eintrete, oder nicht, in allen Fällen getroffen werden könne, in welchen zu dieser Entscheidung schliesslich die Betrachtung der zweiten Variation des Flächeninhalts ausreicht, bedurfte einer ziemlich umfangreichen Umarbeitung.

Ein Theil der der Variationsrechnung eigenthümlichen Beweismethoden hat nämlich, soweit diese Beweismethoden bis vor etwa zehn Jahren Gemeingut der Mathematiker waren, durch eine von Herrn Weierstrass herrührende principielle Einwendung ihre vermeintliche Beweiskraft eingebüsst, so dass es sich als unumgänglich nothwendig herausgestellt hat, nach Aufstellung eines vollständigen Systemes von Bedingungen, deren Erfülltsein für das Eintreten eines Maximums oder Minimums nothwendig ist und hinreicht, einige Hauptlehrsätze der Variationsrechnung in neuer, einwurfsfreier Weise zu begründen.

Dass und wie dies geschehen könne, hat Herr Weierstrass für eine grosse Zahl von Aufgaben der Variationsrechnung in seinen Vorlesungen auseinandergesetzt und dadurch einen Weg gezeigt, auf welchem man, wie zu hoffen ist, dahin gelangen wird, für alle Probleme der Variationsrechnung die bisher gebräuchlichen nicht vollkommen befriedigenden Methoden durch andere, einwurfsfreie zu ersetzen.

Die Schwierigkeiten, welche sich der Erfüllung derselben Forderung für die hier in Betracht kommende Frage der Flächen kleinsten Flächeninhalts entgegenstellten, schienen über Erwarten gross zu sein. Ueberdies handelte es sich darum, einige allgemeine Lehrsätze über particuläre Integrale einer gewissen Art von linearen partiellen Differentialgleichungen zweiter Ordnung, von der früher nur ganz specielle Fälle eingehend untersucht worden waren, aufzustellen und zu beweisen.

In einer Abhandlung „Ueber ein die Flächen kleinsten Flächeninhalts betreffendes Problem der Variationsrechnung“ *), habe ich diejenigen Untersuchungen zusammengestellt, welche schliesslich zur Ueberwindung dieser Schwierigkeiten geführt haben.

*) Siehe S. 223—269 dieses Bandes.

Ein Hauptergebniss dieser Untersuchungen besteht darin, dass die Entscheidung über die Frage, ob ein bestimmtes Minimalflächenstück kleineren Flächeninhalt besitzt, als alle demselben benachbarten, von derselben Randlinie begrenzten Flächenstücke, oder nicht, — wenn von einem Grenzfalle, dessen Eintreten eine besondere Untersuchung erfordert, abgesehen wird, — stets von einem passend zu wählenden particulären Integrale einer bestimmten linearen partiellen Differentialgleichung zweiter Ordnung abhängig gemacht wird.

Für die Auffindung eines solchen particulären Integrals lässt sich eine allgemeine Regel nicht wohl aufstellen; dagegen lassen sich specielle particuläre Integrale dieser Differentialgleichung in beliebig grosser Zahl angeben, mit deren Hülfe die Entscheidung in unendlich vielen speciellen Fällen durchgeführt werden kann.

Die nachfolgende Abhandlung hat zum Gegenstande die Untersuchung specieller zweifach zusammenhängender Minimalflächenstücke M^*, deren Begrenzung gebildet wird von zwei regelmässigen Polygonen mit je einem Umlauf, mit gleich langen geradlinigen Seiten und gleich grosser Seitenzahl. Es wird vorausgesetzt, dass diese Polygone in parallelen Ebenen liegen und zu einander eine solche Lage haben, dass die geradlinigen Strecken, welche entsprechende Ecken beider Polygone verbinden, auf den Ebenen derselben senkrecht stehen. Die Seitenzahl dieser Polygone werde mit n, die Grösse $\frac{\pi}{n}$ werde mit α, die Länge des Radius des einbeschriebenen Kreises mit L, die Hälfte des Abstandes der Ebenen beider Polygone werde mit H bezeichnet. Die zu untersuchenden Minimalflächenstücke werden in ihrem Innern als von singulären Stellen frei vorausgesetzt. Ferner wird von der Voraussetzung ausgegangen, dass die $n+1$ Symmetrieebenen der Begrenzung der Minimalflächenstücke M^* zugleich Symmetrieebenen dieser Minimalflächenstücke selbst sind.

Nächst der analytischen Bestimmung der Minimalflächenstücke M^* und der Untersuchung der Gestalt derselben bestehen die Aufgaben der nachfolgenden Untersuchung in der Ermittelung des Intervalles, auf welches die Veränderlichkeit des Verhältnisses $\frac{H}{L}$ beschränkt ist, in der Beantwortung der Frage, wie viele von einander verschiedene Minimalflächenstücke M^* bei gegebenen Werthen der drei Grössen n, L und H existiren, endlich in der Ermittelung derjenigen Minimalflächenstücke M*, welche unter allen benachbarten von denselben Randlinien begrenzten Flächenstücken den kleinsten Flächeninhalt besitzen.

Eine vollständige Lösung der vorstehenden Aufgaben ist meines Wissens bisher noch für keinen endlichen Werth der Zahl n gegeben worden. Für den Grenzfall $n = \infty$ ergibt sich der von Goldschmidt und von Herrn Lindelöf untersuchte Fall.

Untersuchungen, welche sich auf einen Theil der gestellten Aufgaben beziehen, sind für die Fälle $n = 3$ und $n = 4$ in dem Nachtrage zu der Schrift des Verfassers „Bestimmung einer speciellen Minimalfläche“ *) enthalten. Eines der Hauptergebnisse dieser Untersuchung besteht darin, dass die Gleichung derjenigen Minimalflächen, von welchen die Flächenstücke M* Theile sind, für die Fälle $n = 3$ und $n = 4$ rational durch elliptische Functionen der Coordinaten ausgedrückt werden können. Die wirkliche Aufstellung dieser Gleichung ist für den Fall $n = 4$ in dem Aufsatze des Verfassers „Fortgesetzte Untersuchungen über specielle Minimalflächen“ **) enthalten.

Ein aus dem Nachlasse Riemann's herrührendes Fragment „Beispiele von Flächen kleinsten Inhalts bei gegebener Begrenzung“ (Gesammelte Werke, Seite 417—426) durch dessen Bearbeitung der Herausgeber der Riemannschen Werke, Herr H. Weber, sich Anspruch auf den Dank der Mathematiker erworben hat, handelt ebenfalls von zweifach zusammenhängenden Minimalflächenstücken, welche bei angemessener Specialisirung in die vorhin charakterisirten Minimalflächenstücke M* übergehen. Eine am Schlusse der Bearbeitung dieses Fragmentes für den Fall $n = 3$ von Herrn H. Weber ausgesprochene Vermuthung findet durch eine im Nachfolgenden mitzutheilende allgemeinere Untersuchung ihre Bestätigung.

1.

Analytische Bestimmung der Minimalflächenstücke M*.

Diejenige Ebene, in Bezug auf welche jede der beiden Randlinien eines der zu betrachtenden Minimalflächenstücke M* zu der anderen Randlinie desselben symmetrische Lage hat, werde zur Ebene $z = 0$, die Gerade, welche die Mittelpunkte beider n-seitigen Polygone ent-

---

*) Siehe S. 97—99, 105 und 106 dieses Bandes.

**) Siehe S. 126—148 dieses Bandes.

hält, werde zur z-Axe eines Systems rechtwinkliger Punktcoordinaten gewählt, auf welches das betrachtete Flächenstück M* bezogen wird.

Der Coordinatenanfangspunkt O soll Mittelpunkt des Flächenstückes M* genannt werden, obwohl diese Benennung mit der gewöhnlichen Bedeutung des Begriffes eines Mittelpunktes nur für den Fall, dass die Zahl n eine grade Zahl ist, übereinstimmt. Die Coordinatenebenen $x = 0$ und $y = 0$ mögen so gewählt werden, dass der Mittelpunkt einer Seite eines der beiden das Flächenstück M* begrenzenden Polygone die Coordinaten

$$x = L, \qquad y = 0, \qquad z = H$$

erhält.

Von den $n+1$ Symmetrieebenen des Flächenstückes M* ist eine, nämlich die Ebene $z = 0$, ausgezeichnet; sie möge Aequatorebene des Flächenstückes M* genannt werden.

Von den übrigen n Symmetrieebenen des Flächenstückes M* werden vorzugsweise die Ebenen

$$y = 0 \quad \text{und} \quad x \sin\alpha - y \cos\alpha = 0$$

in Betracht gezogen.

Die Gesammtheit derjenigen Punkte des Flächenstückes M*, deren Coordinaten den Bedingungen

$$0 \leqq y \gtreqqless x \operatorname{tg} \alpha, \qquad 0 \leqq z$$

genügen, bildet ein einfach zusammenhängendes Flächenstück, welches zum Unterschiede von M* mit M bezeichnet werden soll.

Die Begrenzung des Flächenstückes M wird gebildet von der geradlinigen Strecke

$$x = L, \qquad 0 \leqq y \gtreqqless L \operatorname{tg} \alpha, \qquad z = H$$

und von drei krummlinigen Strecken. Von diesen letzteren liegt je eine in einer der drei Symmetrieebenen

$$y = 0, \qquad z = 0, \qquad x \sin\alpha - y \cos\alpha = 0.$$

Jede dieser drei krummlinigen Strecken ist daher ein Theil einer Krümmungslinie des Flächenstückes M*.

Die vier Ecken des Flächenstückes M mögen mit a, b, c, d bezeichnet werden und zwar bezeichne a den Eckpunkt, dessen Coordinaten

$$x = L, \qquad y = 0, \qquad z = H$$

sind, b bezeichne die auf der positiven Hälfte der x-Axe des Coordinatensystems liegende, c die auf der Geraden

$$x \sin\alpha - y \cos\alpha = 0, \qquad z = 0$$

liegende Ecke; d bezeichne den Eckpunkt, dessen Coordinaten

$$x = L, \qquad y = L \operatorname{tg}\alpha, \qquad z = H$$

sind. (Fig. 55).

Fig. 55.

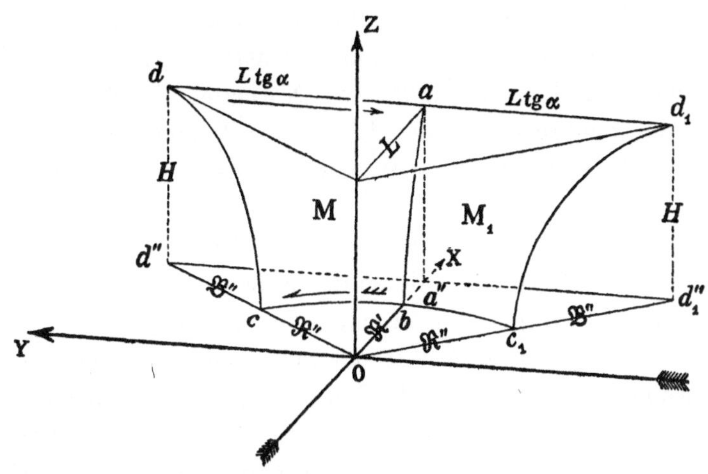

Die Begrenzung des Minimalflächenstückes M wird hiernach gebildet von einem Stücke ab einer in der Ebene $y = 0$ liegenden Krümmungslinie, einem Stücke bc einer in der Aequatorebene $z = 0$ liegenden Krümmungslinie, einem Stücke cd einer in der Ebene

$$x \sin\alpha - y \cos\alpha = 0$$

liegenden Krümmungslinie und von der geradlinigen Strecke da. Die letztere ist, wie jede Gerade auf jeder krummen Fläche, ein Stück einer Asymptotenlinie des Flächenstückes M. Längs der Curvenstrecke ab wird die Ebene $y = 0$, längs der Curvenstrecke bc wird die Ebene $z = 0$, längs der Curvenstrecke cd wird die Ebene

$$x \sin\alpha - y \cos\alpha = 0$$

von dem Minimalflächenstücke M rechtwinklig getroffen.

Die Aufgabe, das Minimalflächenstück aus den angegebenen Eigenschaften analytisch zu bestimmen, ist daher ein specieller Fall der allgemeineren Aufgabe: Gegeben ist eine zusammenhängende geschlossene Kette, deren Glieder von geradlinigen Strecken, oder von

Ebenen, oder von geradlinigen Strecken und von Ebenen gebildet werden; gesucht wird ein einfach zusammenhängendes, in seinem Innern von singulären Stellen freies Minimalflächenstück, welches von den geradlinigen und von den ebenen Gliedern der Kette begrenzt wird und die letzteren rechtwinklig trifft. *)

In dem vorliegenden Falle besteht die erwähnte Kette aus einer geradlinigen Strecke und drei Ebenen. Eine besonders einfache Lösung der gestellten Aufgabe ergibt sich durch die Betrachtung zweier conformen Abbildungen des Minimalflächenstückes M.

Für die Begrenzung des Minimalflächenstückes M* ist der Punkt a ein sogenannter Umkehrpunkt der Normale, da die geradlinige Strecke da im Punkte a mit der Ebene $y = 0$ einen rechten Winkel einschliesst und die Ebene $y = 0$ eine Symmetrieebene des Flächenstückes M* ist.

Vom Punkte a gehen ausser der die Strecke da enthaltenden Geraden noch zwei Asymptotenlinien des Flächenstückes M* aus, deren Tangenten im Punkte a mit dieser Geraden und mit einander Winkel von 60° einschliessen. Die Punkte b und c sind nichtsinguläre Punkte des Minimalflächenstückes M*. In Folge dessen wird bei derjenigen conformen Abbildung des Minimalflächenstückes M auf eine Ebene, bei welcher den Krümmungslinien und den Asymptotenlinien des Minimalflächenstückes gerade Linien entsprechen, dem Flächenstücke M die Fläche eines Paralleltrapezes $a'\,b'\,c'\,d'$ zugeordnet, dessen Winkel $a'\,b'\,c'$, $b'\,c'\,d'$ rechte Winkel sind. Die Seite $a'\,b'$ dieses Paralleltrapezes ist daher der Seite $d'\,c'$ parallel, der Winkel $c'\,d'\,a'$ ist gleich der Hälfte eines rechten Winkels und der Winkel $d'\,a'\,b'$ beträgt 135°. (Fig 56.)

Fig. 56.

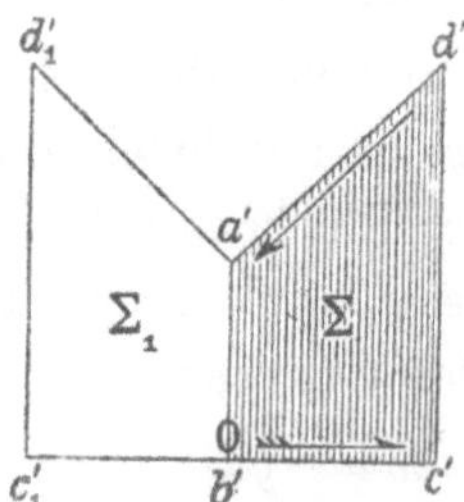

Es erscheint zweckmässig, bei der folgenden Untersuchung die Bezeichnungsweise möglichst beizubehalten, welche in der Abhandlung „Miscellen aus dem Gebiete der Minimalflächen" **) erklärt ist, und

*) Siehe S. 130 dieses Bandes.

**) Siehe S. 168—189 dieses Bandes.

von der ich bei früheren Untersuchungen über Minimalflächen wiederholt Gebrauch gemacht habe. Demzufolge werde die complexe Grösse, welche durch einen Punkt in der Ebene des Paralleltrapezes $a' b' c' d'$ geometrisch dargestellt wird, mit σ bezeichnet. Der Punkt b' werde zum Nullpunkte, die Richtung der Strecke $b' c'$ zur positiven Richtung der Axe des Reellen in der σ-Ebene gewählt. Das Gebiet aller derjenigen Werthe der complexen Grösse σ, welche durch die dem Innern und der Begrenzung des Paralleltrapezes $a' b' c' d'$ angehörenden Punkte geometrisch dargestellt werden, werde mit Σ bezeichnet. Die zu der Grösse σ conjugirte complexe Grösse werde mit σ_1 bezeichnet. Der Krümmungsradius in einem beliebigen Punkte des Minimalflächenstückes M^*, dessen Coordinaten x, y, z sind, wird mit ϱ, die Cosinus der Winkel, welche die positive Richtung der Normale des Flächenstückes M^* in diesem Punkte mit den positiven Richtungen der Coordinatenaxen einschliesst, werden mit X, Y, Z bezeichnet; die Grössen s, s_1 und die Functionen $\mathfrak{F}(s)$, $\mathfrak{F}_1(s_1)$ (siehe die Abhandlung des Herrn Weierstrass „Untersuchungen über die Flächen, in denen die mittlere Krümmung überall gleich Null ist“ Monatsberichte der Berliner Akademie, Jahrgang 1866, Seite 618) sind durch die Gleichungen

$$s = \frac{X+Yi}{1-Z}, \qquad s_1 = \frac{X-Yi}{1-Z},$$

$$\mathfrak{F}(s) = \tfrac{1}{2}\left(\frac{d\sigma}{ds}\right)^2, \qquad \mathfrak{F}_1(s_1) = \tfrac{1}{2}\left(\frac{d\sigma_1}{ds_1}\right)^2$$

erklärt. Es wird festgesetzt, dass die positive Richtung der Normale des Minimalflächenstückes M^* im Punkte b mit der positiven Richtung der x-Axe des Coordinatensystems übereinstimmen soll. Durch diese Festsetzung ist die positive Richtung der Normale für alle Punkte des Minimalflächenstückes M^* unzweideutig bestimmt. Dem Punkte b entspricht der Werth $s = 1$, dem Punkte c der Werth $s = e^{\alpha i}$, dem Punkte d der Werth $s = 0$. Dem Punkte a entspricht ein zwischen 0 und 1 liegender Werth der Grösse s, welcher mit R bezeichnet werden möge.

Die Bogenzahl des Winkels, welchen die positive Richtung der Normale des Minimalflächenstückes M^* im Punkte a mit der negativen Richtung der z-Axe des Coordinatensystems einschliesst, ist hiernach gleich $2 \operatorname{arc} \operatorname{tg} R$.

Von dem Werthe des Parameters R hängt die Gestalt der Flächenstücke M^* hauptsächlich ab. Um daher einen Ueberblick über die Gesammtheit der verschiedenen Gestalten zu gewinnen, welche die Minimalflächenstücke M* für denselben Werth der ganzen Zahl n annehmen können, ist es erforderlich, dem Parameter R alle Werthe des Intervalles $0 < R < 1$ beizulegen.

Für das in Betracht gezogene Minimalflächenstück M hat die Grösse R einen bestimmten Werth.

Den Punkten der Curvenstrecke ab entsprechen die Werthe

$$s = r, \qquad R \leqq r \overline{\gtrless} 1.$$

Den Punkten der Curvenstrecke bc entsprechen die Werthe

$$s = e^{\varphi i}, \qquad 0 \leqq \varphi \overline{\gtrless} \alpha.$$

Den Punkten der Curvenstrecke cd entsprechen die Werthe

$$s = r \cdot e^{\alpha i}, \quad 1 \overline{\gtrless} r \geqq 0.$$

Den Punkten der Geraden da entsprechen die Werthe

$$s = r, \qquad 0 \leqq r \overline{\gtrless} R.$$

Bei der durch parallele Normalen vermittelten conformen Abbildung des Minimalflächenstückes M* auf die Hülfskugel $X^2+Y^2+Z^2 = 1$ entspricht dem Minimalflächenstücke M die Fläche eines sphärischen Dreiecks, dessen Ecken beziehlich die Coordinaten

X	Y	Z
1,	0,	0,
$\cos\alpha$,	$\sin\alpha$,	0,
0,	0,	-1

haben. Der Fläche dieses sphärischen Dreiecks entspricht in der Ebene, deren Punkte die Werthe der complexen Grösse s geometrisch darstellen, die Fläche eines Kreissectors

$$s = r e^{\varphi i}, \qquad 0 \leqq r \overline{\gtrless} 1, \qquad 0 \leqq \varphi \overline{\gtrless} \alpha,$$

welche mit S bezeichnet werden möge. (Fig. 57.) Die den Ecken

Fig. 57.

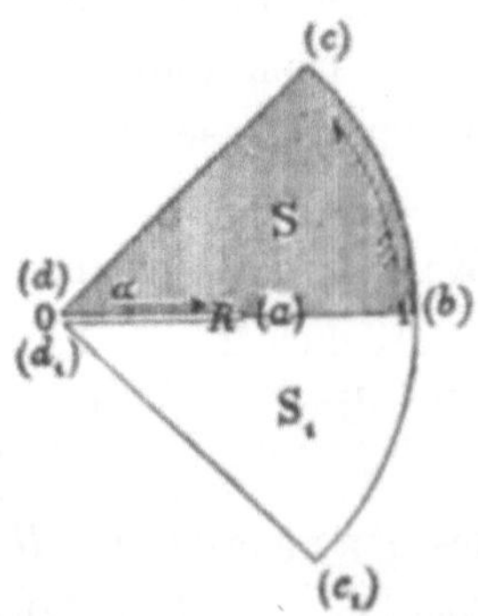

a, b, c, d des Minimalflächenstückes M entsprechenden Punkte der s-Ebene sind in dieser Figur beziehlich mit (a), (b), (c), (d) bezeichnet.

Die conforme Abbildung der Fläche S des Kreissectors in der s-Ebene auf die Fläche Σ des Paralleltrapezes $a'\,b'\,c'\,d'$ in der σ-Ebene wird vermittelt durch die Function

$$\sigma = \int_1^s \frac{-Ci\,d\log s}{\sqrt[4]{(R^{-n}+R^n)-(s^{-n}+s^n)}},$$

und zwar ist hierbei der Wurzelgrösse

$$\sqrt[4]{(R^{-n}+R^n)-(s^{-n}+s^n)}$$

ihr Hauptwerth, der Constanten C ein positiver Werth beizulegen.

In Folge der zwischen den Grössen σ, s, $\mathfrak{F}(s)$ bestehenden Abhängigkeit ergibt sich für die Function $\mathfrak{F}(s)$ der Ausdruck

$$\mathfrak{F}(s) = -\frac{\frac{1}{2}C^2 s^{-2}}{\sqrt{(R^{-n}+R^n)-(s^{-n}+s^n)}},$$

wobei der Wurzelgrösse ihr Hauptwerth beizulegen ist.

Da die Grösse C^2 einen reellen Werth hat, so besteht für alle dem Intervalle $R < s < R^{-1}$ angehörenden Werthe der Grösse s die Gleichung $\mathfrak{F}_1(s) = \mathfrak{F}(s)$.

Durch Abänderung der L ä n g e der Längeneinheit für das rechtwinklige Coordinatensystem, auf welches das Flächenstück M* bezogen wird, kann nun bewirkt werden, dass die Constante C einen beliebigen positiven Werth erhält. Die Freiheit, über den Werth dieser Grösse zu verfügen, kann zur Vereinfachung des Ausdruckes für die Function $\mathfrak{F}(s)$ benutzt werden. Aus diesem Grunde möge angenommen werden, es sei die Länge der Längeneinheit des Coordinatensystems so gewählt, dass die Constante C den Werth $\sqrt{2}$ erhält. Dieser Annahme zufolge ergibt sich für die Function $\mathfrak{F}(s)$ der Ausdruck

$$\mathfrak{F}(s) = -\frac{s^{-2}}{\sqrt{(R^{-n}+R^n)-(s^{-n}+s^n)}},$$

mit der Bestimmung, dass der Quadratwurzel ihr Hauptwerth beizulegen ist.

Das betrachtete Minimalflächenstück M wird mithin, wenn die Veränderlichkeit der Grösse s auf das Gebiet S beschränkt wird, durch folgende Formeln analytisch dargestellt:

$$
\text{(A.)} \qquad \begin{aligned}
x &= \Re U, & U &= L - \int_R^s \frac{(s^{-1} - s)\, d \log s}{\sqrt{(R^{-n} + R^n) - (s^{-n} + s^n)}}, \\
y &= \Re V, & V &= \int_R^s \frac{-i (s^{-1} + s)\, d \log s}{\sqrt{(R^{-n} + R^n) - (s^{-n} + s^n)}}, \\
z &= \Re W, & W &= \int_1^s \frac{-2\, d \log s}{\sqrt{(R^{-n} + R^n) - (s^{-n} + s^n)}}.
\end{aligned}
$$

Die im Vorhergehenden erklärten Grössen L und H sind mit dem Parameter R durch die Gleichungen

$$
\text{(B.)} \qquad \begin{aligned}
L &= \operatorname{cotg} \alpha \int_0^R \frac{(r^{-1} + r)\, d \log r}{\sqrt{(r^{-n} + r^n) - (R^{-n} + R^n)}}, \\
H &= \int_R^1 \frac{2\, d \log r}{\sqrt{(R^{-n} + R^n) - (r^{-n} + r^n)}} = \int_0^1 \frac{2\, d \log r}{\sqrt{R^{-n} + R^n + r^{-n} + r^n}}
\end{aligned}
$$

verbunden; den Wurzelgrössen sind hierbei ihre positiven Werthe beizulegen. Zur Bestimmung der in dem Ausdrucke für die Grösse U vorkommenden Constanten sowie der unteren Grenzen der drei Integrale, durch deren reelle Theile die Coordinaten x, y, z eines beliebigen Punktes des Minimalflächenstückes M ausgedrückt werden, kann die Bemerkung dienen, dass die Coordinaten des dem Werthe $s = R$ entsprechenden Punktes a des Flächenstückes M beziehlich die Werthe

$$x = L, \qquad y = 0, \qquad z = H$$

haben.

Bei angemessener Ausdehnung des Bereiches der Veränderlichkeit der complexen Grösse s wird durch die Formeln (A.) nicht allein das Minimalflächenstück M, sondern auch das Minimalflächenstück M* analytisch dargestellt.

Es möge zunächst derjenige Bereich ins Auge gefasst werden, welcher durch symmetrische Wiederholung des Bereiches S in Bezug auf die Axe des Reellen in der s-Ebene entsteht. Hierbei soll angenommen werden, dass dieser Bereich, welcher mit S_1 bezeichnet werden möge, mit dem Bereiche S längs eines Theiles der Axe des Reellen der s-Ebene und zwar längs der Strecke $R \leqq s \lesseqgtr 1$, nicht aber längs der Strecke $0 \leqq s < R$ zusammenhänge. (Fig. 58.)

Fig. 58. (Fig. 57. auf S. 282.)

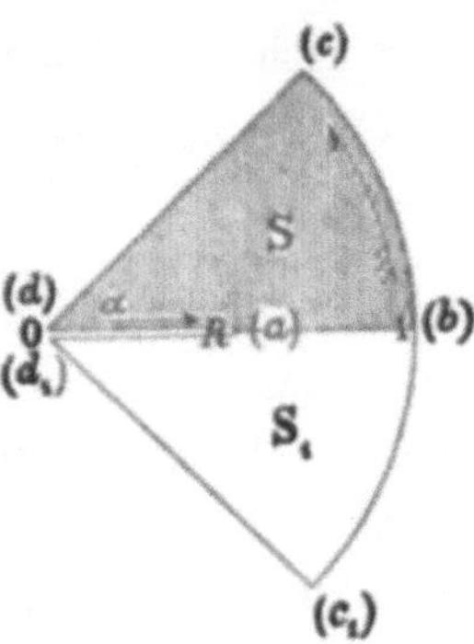

Die symmetrische Wiederholung des Bereiches Σ in Bezug auf die Axe des Imaginären der σ-Ebene möge mit Σ_1, die symmetrische Wiederholung des Minimalflächenstückes M in Bezug auf die Ebene $y = 0$ möge mit M_1 bezeichnet werden. Wird die Variabilität der Grösse s auf das Gebiet S_1 beschränkt, so ist Σ_1 der Bereich der complexen Grösse σ und die Formeln (A.) stellen das Minimalflächenstück M_1 analytisch dar, welches ein Theil des Minimalflächenstückes M^* ist.

Durch symmetrische Wiederholung des Gebietes $S + S_1$ in Bezug auf den Einheitskreis der s-Ebene entsteht ein in der s-Ebene liegendes einfach zusammenhängendes Gebiet, welchem ein durch symmetrische Wiederholung des aus den beiden Minimalflächenstücken M und M_1 bestehenden Flächenstückes in Bezug auf die Aequatorebene $z = 0$ entstehendes Minimalflächenstück entspricht.

Auch dieses Minimalflächenstück ist ein Theil des Minimalflächenstückes M^*. Auf diese Weise ist die Variabilität der Grösse $s = re^{\varphi i}$ auf ein Gebiet ausgedehnt worden, welches charakterisirt ist durch die Festsetzung, dass die beiden reellen veränderlichen Grössen r und φ unabhängig von einander alle den Intervallen

$$0 \leqq r \gtreqless +\infty, \qquad -\alpha \leqq \varphi \gtreqless \alpha.$$

angehörende Werthe annehmen sollen, jedoch mit Ausschluss derjenigen Werthepaare, für welche entweder $\varphi = 0$ und $0 \leqq r < R$ oder $\varphi = 0$ und $R^{-1} < r \gtreqless \infty$ ist.

Es liegt nun nahe, die Veränderlichkeit der complexen Grösse $s = re^{\varphi i}$ auf ein Gebiet S^* auszudehnen, welches in seinem Innern und auf seiner Begrenzung alle reellen und complexen Werthe enthält. Hierbei wird Folgendes festgesetzt: Dem Innern des Bereiches

S* sollen angehören alle diejenigen reellen und complexen Werthe der Grösse s, für welche der Werth der Function

$$(R^{-n}-s^{-n})(1-R^n s^n) = (R^{-n}+R^n)-(s^{-n}+s^n)$$

nicht negativ ist.

Die Gesammtheit der Werthe, für welche die angegebene Function negative Werthe hat, mit andern Worten, die Gesammtheit der Werthe der Grösse s, für welche s^n positiv und kleiner als R^n, oder positiv und grösser als R^{-n} ist, bildet die Begrenzung des Bereiches S*. Wenn es darauf ankommt, bei der Bezeichnung des Bereiches S* zugleich den Werth des Parameters R anzugeben, auf welchen dieser Bereich sich bezieht, so wird der Werth des Parameters R in Klammern zu dem Zeichen S* hinzugefügt werden, so dass S*(R_0) den zu dem Werthe $R = R_0$ gehörenden Bereich S* bezeichnet. Der Bereich S* kann durch eine die s-Ebene überall lückenlos und einfach bedeckende, zweifach zusammenhängende Riemannsche Fläche geometrisch dargestellt werden. Die den Bereich S* geometrisch darstellende einblättrige Fläche unterscheidet sich von der schlichten s-Ebene durch $2n$ geradlinige Schnitte, von welchem die eine Hälfte den Punkt $s = 0$ mit den Punkten, für welche $s^n = R^n$ ist, verbindet; die übrigen n geradlinigen Schnitte erstrecken sich von den Punkten aus, für welche $s^n = R^{-n}$ ist, bis ins Unendliche, während die Rückwärtsverlängerungen derselben durch den Null-Punkt hindurchgehen. Wird die Veränderlichkeit der complexen Grösse s auf das Gebiet S* ausgedehnt, mit der Festsetzung, dass die Grösse s die Begrenzung des Bereiches S* nicht überschreiten darf, so stellen die Gleichungen (A.), vorausgesetzt, dass der Wurzelgrösse

$$\sqrt{(R^{-n}+R^n)-(s^{-n}+s^n)}$$

ihr Hauptwerth beigelegt wird, das Minimalflächenstück M* in der Weise analytisch dar, dass jedem dem Innern des Bereiches S* angehörenden Werthe der complexen Grösse s ein und nur ein dem Innern des Minimalflächenstückes M* angehörender Punkt zugeordnet wird und umgekehrt. Wird die Veränderlichkeit der Grösse s auf den innerhalb des Einheitskreises der s-Ebene liegenden Theil des Gebietes S* beschränkt, so stellen die Gleichungen (A.) die auf der positiven Seite der Aequatorebene $z = 0$ liegende Hälfte des Minimalflächenstückes M* analytisch dar. Die dem Einheitskreise der s-Ebene entsprechende in der Ebene $z = 0$ liegende krumme Linie, durch welche das Minimalflächenstück M* in zwei zu einander symmetrische Theile getheilt wird, soll Aequator des Flächenstückes M* genannt werden. Die vorhin betrachtete Curvenstrecke bc ist ein Theil dieses Aequators.

Bemerkung. Bei den vorstehenden Entwickelungen ist vorausgesetzt worden, dass die Zahl n einen ganzzahligen positiven Werth habe, der grösser als 2 ist. Diese Voraussetzung kann nachträglich abgeändert werden, z. B. wenn die Veränderlichkeit der Grösse s auf den Bereich S beschränkt und die Festsetzung getroffen wird, dass, während der Grösse n nur reelle Werthe beigelegt werden, die grösser als 2 sind, den Potenzen s^n und s^{-n} ihr Hauptwerth beigelegt werden soll. Denn unter diesen Voraussetzungen behalten die Gleichungen (A.) auch für andere Werthe des Exponenten n, als ganzzahlige, eine bestimmte Bedeutung und es werden durch dieselben bestimmte Minimalflächenstücke analytisch dargestellt.

2.

Einführung der Grössen $\mathfrak{B}'$, $\mathfrak{B}''$, $\mathfrak{S}$, $\mathfrak{T}$, $\mathfrak{R}'$, $\mathfrak{R}''$.

Es ist zweckmässig, ausser den bestimmten Integralen, welche im Vorhergehenden mit L und H bezeichnet worden sind, noch vier andere zu betrachten, welche durch folgende Gleichungen erklärt werden.

$$\text{(C.)}\quad \begin{aligned} \mathfrak{B}' &= \int_R^1 \frac{(r^{-1}-r)\,d\log r}{\sqrt{(R^{-n}+R^n)-(r^{-n}+r^n)}}, & \mathfrak{B}'' &= \int_0^1 \frac{(r^{-1}-r)\,d\log r}{\sqrt{R^{-n}+R^n+r^{-n}+r^n}}, \\ \mathfrak{S} &= \int_0^\alpha \frac{2\cos\chi\,d\chi}{\sqrt{R^{-n}+R^n-2\cos n\chi}}, & \mathfrak{T} &= \int_0^\alpha \frac{2\sin\chi\,d\chi}{\sqrt{R^{-n}+R^n-2\cos n\chi}}. \end{aligned}$$

Die geometrische Bedeutung der Werthe dieser bestimmten Integrale (vergl. die Figur auf S. 288) ist folgende:

Die Coordinaten des Punktes b sind

$$x = L-\mathfrak{B}', \qquad y = 0, \qquad z = 0.$$

Die Coordinaten des Punktes c sind

$$x = L-\mathfrak{B}''\cos\alpha, \qquad y = \mathfrak{S}, \qquad z = 0.$$

Zwischen den Grössen $\mathfrak{B}'$, $\mathfrak{B}''$, $\mathfrak{S}$, $\mathfrak{T}$, L bestehen die Gleichungen

$$\text{(D.)}\qquad \mathfrak{B}'+\mathfrak{T} = \mathfrak{B}''\cos\alpha, \qquad \mathfrak{S}+\mathfrak{B}''\sin\alpha = L\,\mathrm{tg}\,\alpha.$$

Diese Gleichungen sind der analytische Ausdruck der Bedingung dafür, dass die Coordinaten x und y ihre Werthe nicht ändern, wenn die Variable s von einem der Begrenzung des Bereiches S angehörenden Werthe s_0 ausgehend die ganze Begrenzung des Bereiches S durchläuft und in den Werth s_0 zurückkehrt.

Die Grössen L, H, $\mathfrak{B}'$, $\mathfrak{B}''$, $\mathfrak{S}$, $\mathfrak{T}$ sind analytische Functionen des Parameters R, eindeutig erklärt mit dem Charakter ganzer Functionen für alle dem Innern des Intervalles

$$0 < R < 1$$

angehörenden Werthe desselben.

Fig. 59 stellt unter Zugrundelegung der Annahme, dass der

Fig. 59.

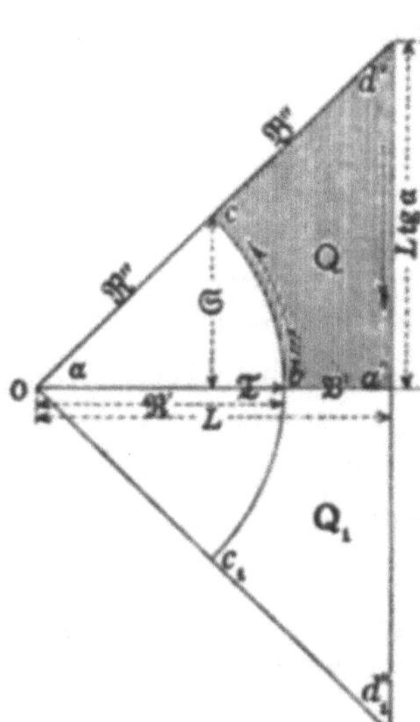

ganzen Zahl n der Werth 4, dem Parameter R der Werth $\frac{\sqrt{3}-1}{\sqrt{2}}$ beigelegt wird, in den Flächenstücken Q und Q_1 die orthographischen Projectionen der beiden Minimalflächenstücke M und M_1 auf die Aequatorebene $z = 0$ dar. O bezeichnet den Mittelpunkt des Minimalflächenstückes M^*.

Die Curvenstrecke $c_1 b c$ stellt einen Theil des Aequators, die Punkte a'', d'', d_1'' stellen die orthographischen Projectionen der Punkte a, d, d_1 auf die Aequatorebene dar. Unter derselben die Zahl n und den Werth des Parameters R betreffenden Annahme, welche zu der in der mehrfach angeführten Schrift „Bestimmung einer speciellen

Minimalfläche"*) beschriebenen Minimalfläche führt, ist auch die in Fig. 60 dargestellte Skizze entworfen.

Fig. 60. (Fig. 55. auf S. 279.)

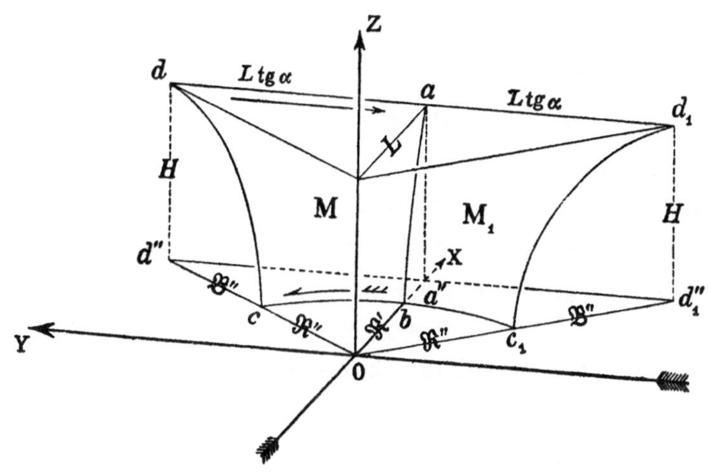

Es soll zunächst bewiesen werden, dass der Werth des Quotienten $\frac{\mathfrak{S}}{\mathfrak{B}''}$ beständig zunimmt, wenn der Parameter R zunimmt, und dass die Grösse $\frac{\mathfrak{S}}{\mathfrak{B}''}$ alle Werthe von 0 bis ∞ durchläuft, wenn dem Parameter R alle Werthe von 0 bis 1 beigelegt werden. Die Richtigkeit des ersten Theiles der vorstehenden Behauptung ergibt sich daraus, dass der Ausdruck

$$\mathfrak{B}''^2 \frac{d}{dR}\left(\frac{\mathfrak{S}}{\mathfrak{B}''}\right)$$

durch das Doppelintegral

$$(E.) \qquad \mathfrak{B}'' \frac{d\mathfrak{S}}{dR} - \mathfrak{S}\frac{d\mathfrak{B}''}{dR} =$$

$$= \int_0^1 \int_0^\alpha \frac{n(R^{-n}-R^n)(r^{-1}-r)\cos\chi(r^{-n}+r^n+2\cos n\chi)\, d\log r\, d\chi}{R\left(\sqrt{R^{-n}+R^n+r^{-n}+r^n}\right)^3\left(\sqrt{R^{-n}+R^n-2\cos n\chi}\right)^3}$$

darstellbar ist, dessen Elemente sämmtlich positiv sind; es nimmt also der Werth des Quotienten $\frac{\mathfrak{S}}{\mathfrak{B}''}$ stets gleichzeitig mit dem Werthe des Parameters R zu und ab. Die Richtigkeit des zweiten Theiles der aufgestellten Behauptung ergibt sich aus den Grenzwerthen

$$\lim_{(R=0)} \frac{\mathfrak{S}}{\mathfrak{B}''} = 0, \qquad \lim_{(R=1)} \frac{\mathfrak{S}}{\mathfrak{B}''} = \infty.$$

*) Siehe S. 88—91 und S. 98—99 dieses Bandes.

In Folge der Gleichung

$$\mathfrak{S} + \mathfrak{B}'' \sin\alpha = L \operatorname{tg}\alpha$$

ändert sich, wenn R beständig zunehmend alle Werthe von 0 bis 1 durchläuft, auch der Werth jedes der beiden Quotienten $\frac{\mathfrak{S}}{L}$ und $\frac{\mathfrak{B}''}{L}$ stets in demselben Sinne; der Werth des Quotienten $\frac{\mathfrak{S}}{L}$ nimmt beständig zu und zwar von 0 bis $\operatorname{tg}\alpha$; der Werth des Quotienten $\frac{\mathfrak{B}''}{L}$ nimmt beständig ab, und zwar von $\sec\alpha$ bis zu 0.

Eine ganz analoge Betrachtung lässt sich für den Werth des Quotienten $\frac{\mathfrak{T}}{\mathfrak{B}''}$ anstellen. Der Werth desselben nimmt, wenn R beständig zunehmend alle dem Intervalle

$$0 \leqq R \overline{\gtrless} 1$$

angehörenden Werthe durchläuft, beständig zu, und zwar von Null bis zu einer gewissen durch die Gleichung

$$g\int_0^1 \frac{(r^{-1}-r)\,d\log r}{r^{-\frac{1}{2}n}+r^{\frac{1}{2}n}} = \int_0^\alpha \frac{\sin\chi\,d\chi}{\sin(\frac{1}{2}n\chi)}$$

bestimmten Grösse g. In Folge der Gleichung

$$\mathfrak{B}' + \mathfrak{T} = \mathfrak{B}'' \cos\alpha$$

nimmt der Werth des Quotienten $\frac{\mathfrak{B}'}{\mathfrak{B}''}$ hierbei beständig ab und zwar von dem Werthe $\cos\alpha$ bis zu dem Werthe $\cos\alpha - g$.

Hieraus folgt, dass auch der Werth des Quotienten

$$\frac{\mathfrak{B}'}{L} = \frac{\mathfrak{B}'}{\mathfrak{B}''} \cdot \frac{\mathfrak{B}''}{L}$$

hierbei beständig abnimmt, weil jeder der beiden Factoren $\frac{\mathfrak{B}'}{\mathfrak{B}''}$, $\frac{\mathfrak{B}''}{L}$ diese Eigenschaft hat. Der Quotient $\frac{\mathfrak{B}'}{L}$ nimmt hierbei alle dem Intervalle von 1 bis 0 angehörenden Werthe an.

Wenn die Abstände der Punkte b und c des Minimalflächenstückes M^* vom Mittelpunkte desselben mit $\mathfrak{R}'$ und $\mathfrak{R}''$ bezeichnet werden, so bestehen die Gleichungen

(F.) $\mathfrak{R}' = L - \mathfrak{B}' = \mathfrak{S}\operatorname{cotg}\alpha + \mathfrak{T}, \quad \mathfrak{R}'' = L\sec\alpha - \mathfrak{B}'' = \mathfrak{S}\operatorname{cosec}\alpha,$

und es lässt sich als ein Ergebniss der vorhergehenden Untersuchung der Satz aussprechen:

Wenn der Parameter R stetig zunehmend alle Werthe des Intervalles $0 \leqq R \leqq 1$ durchläuft, so durchlaufen auch die Quotienten

$$\frac{\mathfrak{R}'}{L}, \qquad \frac{\mathfrak{R}''}{L \sec \alpha},$$

ebenfalls stetig zunehmend alle Werthe desselben Intervalles.

3.

Untersuchung der durch die Functionen U, V, W vermittelten conformen Abbildungen des Gebietes S.

Die durch die Gleichungen (A.) erklärten Functionen U, V, W des complexen Argumentes s vermitteln drei conforme Abbildungen des Gebietes S, zu deren Veranschaulichung die in den Figuren 61, 62 und 63 dargestellten Skizzen dienen können. In diesen Skizzen

Fig. 61.

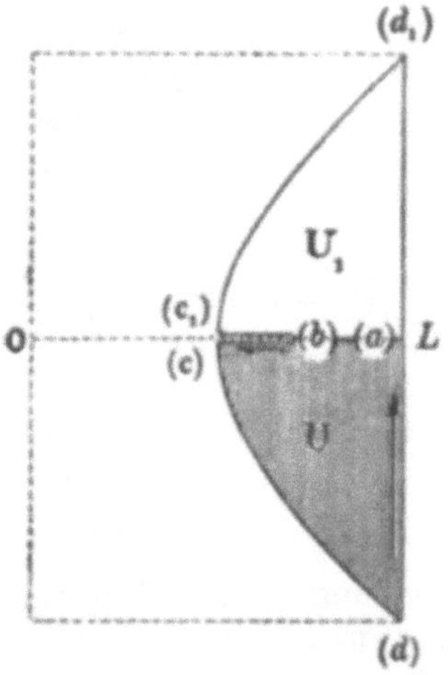

Fig. 63.

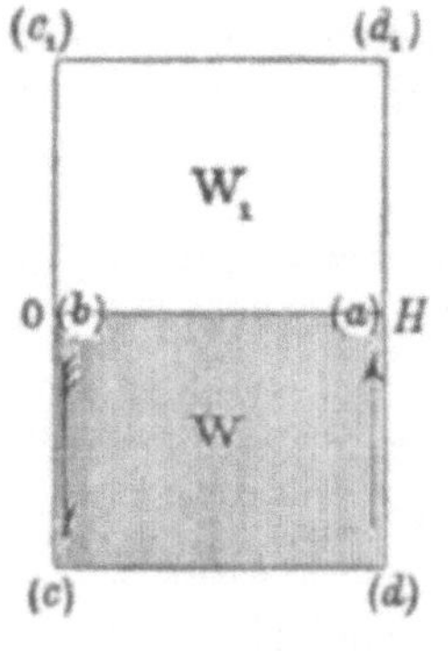

Fig. 62.

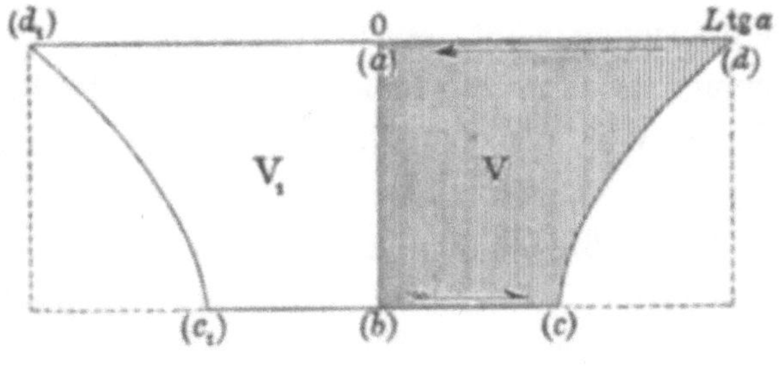

bezeichnen U, V, W die durch die Functionen U, V, W vermittelten conformen Abbildungen des Bereiches S, beziehungsweise des Flächenstückes M, dagegen U_1, V_1, W_1 die durch dieselben Functionen vermittelten conformen Abbildungen des Bereiches S_1, beziehungsweise des Flächenstückes M_1. Die den Punkten a, b, c, d des Flächenstückes M bei diesen drei Abbildungen entsprechenden Punkte sind mit (a), (b), (c), (d) bezeichnet.

Von den drei Gebieten U, V, W enthält keines in seinem Innern einen singulären Punkt. Aus der Gestalt der Begrenzungslinie des Gebietes W ergibt sich, dass der Werth der Coordinate z für jeden Punkt des Flächenstückes M dem Intervalle $0 \leqq z \gtreqless H$ angehört, und den Werth H nur für die der geradlinigen Strecke da angehörenden Punkte annimmt. Es ergibt sich hieraus, dass alle Punkte des Minimalflächenstückes M*, welche keiner der beiden Begrenzungslinien desselben angehören, zwischen den beiden Ebenen $z = -H$ und $z = +H$ liegen.

Diese Skizzen sind unter Zugrundelegung derselben Annahme entworfen, wie die in den Figuren 55, 59, 60 auf den Seiten 279, 288, 289 dargestellten Skizzen. Auf Grund der in der Schrift „Bestimmung einer speciellen Minimalfläche“ *) angegebenen Rechnungsergebnisse haben sich für die Grössen L, H, $\mathfrak{B}'$, $\mathfrak{B}''$, $\mathfrak{S}$, $\mathfrak{T}$, $\mathfrak{R}'$, $\mathfrak{R}''$ folgende Werthe ergeben:

$$L = 0{,}7624,\quad H = 0{,}5391,\quad \mathfrak{B}' = 0{,}2284,\quad \mathfrak{B}'' = 0{,}5391,$$
$$\mathfrak{S} = 0{,}3812,\quad \mathfrak{T} = 0{,}1528,\quad \mathfrak{R}' = 0{,}5340,\quad \mathfrak{R}'' = 0{,}5391,\quad \frac{\mathfrak{R}''}{\mathfrak{R}'} = 1{,}0095.$$

Die Strecke $(d)(a)$ in der Figur 61 hat die Länge 0,5960,
„ „ $(a)(b)$ „ „ „ 62 „ „ „ 0,5960,
„ „ $(b)(c)$ „ „ „ 63 „ „ „ 0,4214.

Die krummlinigen Theile der Begrenzungen der Bereiche U und V sind zu einander symmetrisch. Diese Eigenschaft besteht, wenn der Zahl n der Werth 4 beigelegt wird, für jeden Werth des Parameters R. Für andere Werthe der Zahl n sind diese Curven, wie eine nähere Untersuchung zeigt, symmetrisch-affin.

Der Krümmungsradius der krummlinigen Theile der Begrenzungen der Bereiche U und V in den dem Punkte c entsprechenden Punkten hat die Grösse $\frac{1}{4}\sqrt{2} = 0{,}3536$.

Die Figuren 55, 59, 61, 62, 63 beziehen sich auf dieselbe Längeneinheit. Nach einem von Riemann herrührenden Lehrsatze beträgt

*) Siehe S. 88 und S. 115 dieses Bandes.

der Flächeninhalt des Flächenstückes M die Hälfte der Summe der Flächeninhalte der Bereiche U, V, W.

4.

Herleitung eines Hülfssatzes.

Es mögen s, s_1 zwei complexe veränderliche Grössen, denen nur conjugirte Werthe beigelegt werden sollen, $f(s)$, $F(s_1)$ zwei analytische Functionen derselben, x, y zwei reelle veränderliche Grössen bezeichnen. Es wird vorausgesetzt, dass zwischen den Grössen s, s_1, x, y die Gleichung

$$x+yi = f(s)+F(s_1)$$

bestehe.

Bei der geometrischen Darstellung der complexen Grössen s, s_1, $x+yi$ ergibt sich im Allgemeinen eine punktweise Beziehung derjenigen Bereiche auf einander, deren Punkte die Werthe der complexen Grössen $s, s_1, x+yi$ geometrisch darstellen. Diese drei Bereiche mögen beziehlich mit S, S_1, Q bezeichnet werden.

Die Beziehung des Bereiches Q auf den Bereich S ist nur dann eine in den kleinsten Theilen ähnliche, wenn sich entweder die Function $F(s_1)$, oder die Function $f(s)$ auf eine Constante reducirt. Jenachdem der erste oder der zweite dieser beiden Fälle eintritt, ist die conforme Abbildung eine in den kleinsten Theilen gleichstimmig oder ungleichstimmig ähnliche.

Die durch die angegebene Gleichung vermittelte Beziehung zwischen den betrachteten drei Bereichen kann, auch wenn keine der beiden Functionen $F(s_1), f(s)$ sich auf eine Constante reducirt, in ähnlicher Weise durch Zuhülfenahme von Hülfsvorstellungen der Anschauung näher gebracht werden, wie dies im Falle der durch eine Function complexen Argumentes vermittelten conformen Abbildung geschieht.

An die Stelle der Aehnlichkeit tritt hierbei Affinität der kleinsten Theile der auf einander bezogenen zweidimensionalen Gebiete.

Es ergibt sich auf diese Weise eine gewisse Verallgemeinerung des Begriffes derjenigen Riemann schen Flächen, durch welche conforme Abbildungen zweidimensionaler Bereiche auf einander veranschaulicht werden. Während bei diesen letzteren die Singularitäten vorzugsweise in dem Auftreten von Windungspunkten bestehen, können bei den hier zu betrachtenden Flächengebilden auch Umfaltungen auftreten.

Wenn die Betrachtung auf den Fall beschränkt wird, in welchem die beiden Functionen $f(s)$ und $F(s_1)$ innerhalb der Gebiete S, S₁ den Charakter ganzer Functionen besitzen, so sind nur diejenigen Stellen als singuläre zu bezeichnen, für welche die Beziehung

$$| f'(s) | = | F'(s_1) |$$

besteht. Hierbei wird an der Voraussetzung festgehalten, dass die Grössen s, s_1 nur conjugirte Werthe annehmen sollen.

Der Fall, in welchem die vorstehende Gleichung für alle Paare zusammengehörender Werthe der Grössen s, s_1 erfüllt ist, kann als Ausnahmefall von der Betrachtung ausgeschlossen werden. In diesem Falle ergibt sich nämlich, wenn mit $F_1(s)$ die zu der Grösse $F(s_1)$ conjugirte complexe Grösse bezeichnet wird, dass der Quotient $\frac{F_1'(s)}{f'(s)}$ für alle Werthe des Argumentes s den absoluten Betrag 1 hat, sich demnach auf eine Constante $e^{2\delta i}$ reducirt.

In Folge dieser zwischen den Functionen $f'(s)$ und $F_1'(s)$ bestehenden Beziehung ergibt sich die Gleichung

$$F_1(s) = e^{2\delta i} f(s) + C',$$

wo C' eine Constante bezeichnet. Es ergibt sich dann, wenn mit $f_1(s_1)$, C_1' die zu den Grössen $f(s)$, C' conjugirten complexen Grössen bezeichnet werden, dass die Gleichung besteht

$$x + yi = f(s) + e^{-2\delta i} f_1(s_1) + C_1' = e^{-\delta i}\{e^{\delta i} f(s) + e^{-\delta i} f_1(s_1)\} + C_1'.$$

Hieraus ergibt sich aber, da die Klammergrösse für alle in Betracht kommenden Werthepaare s, s_1 reelle Werthe hat, dass das den zweidimensionalen Gebieten S, S_1 entsprechende Gebiet Q nur ein eindimensionales ist und sich auf eine geradlinige Strecke reducirt. Wenn also von diesem Falle als einem Ausnahmefalle abgesehen wird, so ist die Gleichung

$$| f'(s) | = | F'(s_1) |$$

innerhalb des betrachteten Gebietes mit Einschluss der Begrenzung desselben nur in einzelnen Punkten oder längs einzelner Linien erfüllt.

Jeder im Innern des Gebietes S liegenden Linie, längs welcher diese Gleichung erfüllt ist, entspricht die Rückkehrcurve einer Falte des Gebietes Q, d. h. einer Linie, längs welcher zwei übereinander liegende Theile des Gebietes Q, eine Falte bildend, mit einander zusammenhängen. Ein Windungspunkt tritt in der, das Gebiet Q geometrisch darstellenden Fläche nur dann auf, wenn innerhalb des Gebietes S die Gleichung

$$f'(s) = F'(s_1) = 0$$

befriedigt wird.

Analogerweise, wie zwischen gleichstimmiger und ungleichstimmiger Aehnlichkeit, kann auch zwischen gleichstimmiger und ungleichstimmiger Affinität der kleinsten Theile unterschieden werden. Zwischen den in der Umgebung eines bestimmten Werthes s liegenden Theilen des Gebietes S und den entsprechenden Theilen des Gebietes Q findet gleichstimmige oder ungleichstimmige Affinität statt, jenachdem $f'(s)$ dem absoluten Betrage nach grösser oder kleiner als $F'(s_1)$ ist.

Die Ordnungszahl des Zusammenhanges des Bereiches Q ist gleich der Ordnungszahl des Zusammenhanges des Bereiches S.

Es besteht also der Hülfssatz: Wenn die Gleichungen

$$| f'(s) | = | F_1'(s) |, \qquad f'(s) = 0$$

innerhalb des Gebietes S an keiner Stelle befriedigt werden, so entspricht diesem Gebiete S in Folge der Gleichung

$$x+yi = f(s)+F(s_1)$$

ein in seinem Innern keinen Windungspunkt und keine Umfaltung enthaltendes Gebiet Q, für welches die Ordnungszahl des Zusammenhanges gleich ist der Ordnungszahl des Zusammenhanges des Gebietes S.

5.

Anwendung des Hülfssatzes. Erklärung des Bereiches Q*.

Der im Vorhergehenden bewiesene Hülfssatz kann dazu dienen, die Gestalt der orthographischen Projection des Minimalflächenstückes M* auf die Aequatorebene $z = 0$ zu untersuchen. Wenn x, y, U, V die in den Gleichungen (A.) erklärten Functionen bezeichnen, so besteht die Gleichung

$$x+yi = \Re U + i\Re V.$$

Wird die Grösse $x+yi$ auf die Form $f(s)+F(s_1)$ gebracht, so ergibt sich

$$f'(s) = \frac{1}{\sqrt{(R^{-n}+R^n)-(s^{-n}+s^n)}}, \qquad F'(s_1) = \frac{-s_1^{-2}}{\sqrt{(R^{-n}+R^n)-(s_1^{-n}+s_1^n)}}.$$

Bei der Beschränkung der Veränderlichkeit der complexen Grösse s auf das Gebiet S^* sind die Punkte des Einheitskreises die einzigen, für welche die Gleichung

$$| f'(s) | = | F'(s_1) |$$

befriedigt ist. Innerhalb des Gebietes S^* liegt keine Wurzel der Gleichung $f'(s) = 0$. Das Gebiet Q^*, welches dem Gebiete S^* bei der durch die Gleichung

$$x + yi = \Re U + i \Re V = f(s) + F(s_1)$$

vermittelten Beziehung entspricht, ist demnach ein zweifach zusammenhängender Bereich, welcher in seinem Innern keinen Windungspunkt, wohl aber eine dem Einheitskreise der s-Ebene entsprechende Falte enthält.

Wird die Veränderlichkeit der complexen Grösse s auf dasjenige Gebiet S beschränkt, welchem das Minimalflächenstück M entspricht, so ist das entsprechende Gebiet Q ein einfach zusammenhängender in seinem Innern keinen singulären Punkt enthaltender Bereich, welcher einen Theil der Ebene, deren Punkte die complexe Grösse $x + yi$ geometrisch darstellen, d. h. die Aequatorebene $z = 0$, lückenlos und einfach bedeckt. Den der Begrenzung des Flächenstückes M angehörenden Curvenstrecken ab, cd und der geraden Strecke da entsprechen die geradlinigen Theile $a''b$, cd'', $d''a''$ der Begrenzung des Gebietes Q (Figur 64). Die der Begrenzung des Flächenstückes M

Fig. 64. (Fig. 59. auf S. 288.)

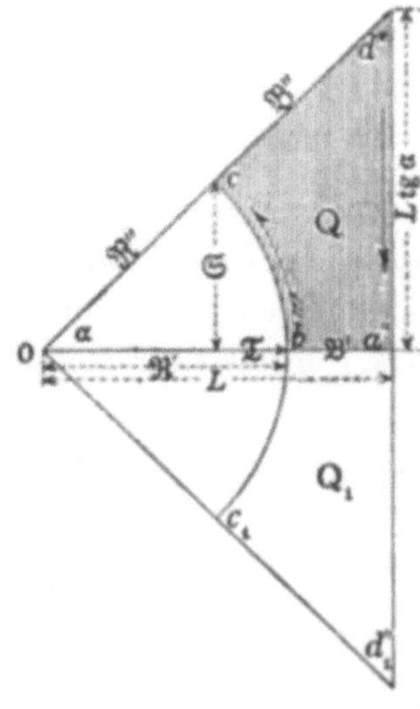

angehörende Curvenstrecke bc fällt mit der der Begrenzung des Bereiches Q angehörenden Curvenstrecke bc zusammen.

Das Gebiet Q^* besteht aus $4n$ Flächenstücken, von denen die eine Hälfte dem soeben beschriebenen Flächenstücke congruent, die andere Hälfte zu demselben symmetrisch ist. Durch die Substitutionen

$$s \parallel s e^{2\alpha i}, \qquad s_1 \parallel s_1 e^{-2\alpha i}$$

geht $x+yi$ in $(x+yi)e^{2\alpha i}$ über. Bei den Substitutionen

$$s \parallel \frac{1}{s_1}, \qquad s_1 \parallel \frac{1}{s}$$

bleibt $x+yi$ ungeändert. Bei der Vertauschung von s und s_1 geht $x+yi$ in $x-yi$ über.

Die beiden Begrenzungslinien der das Gebiet Q^* geometrisch darstellenden zweiblättrigen Fläche sind zwei regelmässige den Randlinien des Minimalflächenstückes M^* congruente n-seitige Polygone.

Zwischen dem Minimalflächenstücke M^* und dem Gebiete Q^* besteht ein punktweises gegenseitig eindeutiges Entsprechen. Aus den die Gestalt des Gebietes Q^* betreffenden Untersuchungen ergibt sich, dass das Minimalflächenstück M^* ausserhalb eines Cylinders liegt, dessen erzeugende Gerade der z-Axe des Coordinatensystems parallel sind und dessen Leitlinie mit dem Aequator des Flächenstückes M^* zusammenfällt.

6.

Untersuchung der Gestalt des Aequators.

Die den Aequator des Minimalflächenstückes M^* bildende in der Ebene $z=0$ liegende Curve besitzt n durch den Mittelpunkt von M^* hindurchgehende Symmetrieaxen. Die Schnittpunkte der Symmetrieaxen mit dem Aequator können Scheitel desselben genannt werden.

Die Punkte b und c der Begrenzung von M sind zwei solche Scheitel, deren Abstände vom Mittelpunkte mit $\mathfrak{R}'$ und $\mathfrak{R}''$ bezeichnet wurden. Der Abstand eines beliebigen Punktes des Aequators vom Mittelpunkte kann der zu diesem Punkte gehörende Radius genannt werden.

Um zu beweisen, dass dieser Radius n Minima und n Maxima besitzt, welche für die Scheitel des Aequators eintreten, genügt es, darzuthun, dass, wenn ein Punkt P die Curvenstrecke bc des Aequators durchläuft, der zu diesem Punkte gehörende Radius beständig zunimmt. Dies kann wie folgt gezeigt werden.

Der geometrischen Bedeutung der Grösse s zufolge, deren absoluter Betrag für die Punkte des Aequators den Werth 1 hat, bestimmt, wenn $s = e^{\varphi i}$ gesetzt wird, die Grösse $\frac{1}{2}\pi + \varphi$ den Unterschied der positiven Richtung der Tangente des Aequators in dem, dem Werthe φ entsprechenden Punkte P und der positiven Richtung der x-Axe des Coordinatensystems. Der Krümmungsradius ϱ des Aequators in dem Punkte P stimmt überein mit dem Hauptkrümmungsradius des Minimalflächenstückes M* in demselben Punkte und zwar ergibt sich

$$\varrho = \varrho(\varphi) = \frac{2}{\sqrt{R^{-n} + R^{n} - 2\cos n\varphi}}.$$

Wenn die Grösse φ stetig zunehmend alle Werthe von 0 bis α durchläuft, nimmt die Länge des Krümmungsradius von dem Werthe

$$\varrho' = \frac{2}{R^{-\frac{1}{2}n} - R^{\frac{1}{2}n}}$$

bis zu dem Werthe

$$\varrho'' = \frac{2}{R^{-\frac{1}{2}n} + R^{\frac{1}{2}n}}$$

beständig ab. Es sind daher die Werthe, welche die Grösse $\frac{d\varrho(\varphi)}{d\varphi}$ für die dem Intervalle $0 < \varphi < \alpha$ angehörenden Werthe der Grösse φ annimmt, n e g a t i v.

Es bestehen nun, wenn x, y die Coordinaten des dem Werthe $s = e^{\varphi i}$ entsprechenden Punktes P des Aequators bezeichnen, folgende Gleichungen:

$$\text{(G.)} \quad \begin{gathered} dx = -\varrho(\varphi)\sin\varphi\, d\varphi, \quad dy = \varrho(\varphi)\cos\varphi\, d\varphi, \\ \cos\varphi\, dx + \sin\varphi\, dy = 0, \quad \cos\varphi\, dy - \sin\varphi\, dx = \varrho(\varphi)\, d\varphi, \\ x = \mathfrak{R}' - \int_0^{\varphi} \varrho(\chi)\sin\chi\, d\chi, \quad y = \int_0^{\varphi} \varrho(\chi)\cos\chi\, d\chi. \end{gathered}$$

Wird für $\mathfrak{R}'$ sein Werth

$$\operatorname{cotg}\alpha \int_0^{\alpha} \varrho(\chi)\cos\chi\, d\chi + \int_0^{\alpha} \varrho(\chi)\sin\chi\, d\chi$$

gesetzt, so ergibt sich

$$x = \operatorname{cotg}\alpha \int_0^{\varphi} \varrho(\chi)\cos\chi\, d\chi + \operatorname{cosec}\alpha \int_{\varphi}^{\alpha} \varrho(\chi)\cos(\alpha-\chi)\, d\chi,$$

$$x\sin\alpha - y\cos\alpha = \int_{\varphi}^{\alpha} \varrho(\chi)\cos(\alpha-\chi)\, d\chi,$$

$$x\cos\varphi + y\sin\varphi =$$

$$= \operatorname{cosec}\alpha \Big[\int_0^{\varphi} \varrho(\chi)\cos\chi\cos(\alpha-\varphi)\, d\chi + \int_{\varphi}^{\alpha} \varrho(\chi)\cos\varphi\cos(\alpha-\chi)\, d\chi\Big],$$

$$y\cos\varphi - x\sin\varphi =$$

$$= \operatorname{cosec}\alpha \Big[\int_0^{\varphi} \varrho(\chi)\cos\chi\sin(\alpha-\varphi)\, d\chi - \int_{\varphi}^{\alpha} \varrho(\chi)\sin\varphi\cos(\alpha-\chi)\, d\chi\Big].$$

Durch theilweise Integration kann die letzte der vorstehenden Gleichungen übergeführt werden in die folgende

$$y\cos\varphi - x\sin\varphi =$$

$$= -\operatorname{cosec}\alpha \Big[\int_0^{\varphi} \sin\chi\sin(\alpha-\varphi)\, d\varrho(\chi) + \int_{\varphi}^{\alpha} \sin\varphi\sin(\alpha-\chi)\, d\varrho(\chi)\Big],$$

aus welcher sich ergibt, dass die Grösse $y\cos\varphi - x\sin\varphi$ für alle dem Intervalle $0 < \varphi < \alpha$ angehörenden Werthe der Grösse φ positive Werthe besitzt.

Das Integral

$$\int_{\varphi}^{\alpha} \varrho(\chi)\cos(\alpha-\chi)\, d\chi$$

bedeutet den Abstand des Punktes P des Aequators von der Symmetrieaxe $x\sin\alpha - y\cos\alpha = 0$.

Es bestehen die Gleichungen

$$x^2 + y^2 = (x\cos\varphi + y\sin\varphi)^2 + (y\cos\varphi - x\sin\varphi)^2,$$

$$\frac{d}{d\varphi}(x\cos\varphi + y\sin\varphi) = y\cos\varphi - x\sin\varphi,$$

$$\text{(H.)} \quad \frac{d}{d\varphi}(y\cos\varphi - x\sin\varphi) = -(x\cos\varphi + y\sin\varphi) + \varrho(\varphi),$$

$$\frac{d}{d\varphi}\sqrt{x^2+y^2} = \varrho(\varphi)\frac{y\cos\varphi - x\sin\varphi}{\sqrt{x^2+y^2}}.$$

Aus diesen Gleichungen ergibt sich, da die Ableitungen

$$\frac{d}{d\varphi}\sqrt{x^2+y^2}, \qquad \frac{d}{d\varphi}(x\cos\varphi + y\sin\varphi)$$

für die dem Intervalle $0 < \varphi < \alpha$ angehörenden Werthe der Grösse φ positiv sind, folgender Satz: Wenn die veränderliche Grösse φ stetig zunehmend alle Werthe des Intervalles $0 < \varphi < \alpha$ durchläuft, so durchläuft jede der beiden Grössen

$$\sqrt{x^2 + y^2} \quad \text{und} \quad x \cos\varphi + y \sin\varphi$$

ebenfalls stetig zunehmend alle Werthe des Intervalles von $\mathfrak{R}'$ bis $\mathfrak{R}''$.

Die Gleichungen

$$p = x\cos\varphi + y\sin\varphi, \qquad q = y\cos\varphi - x\sin\varphi$$

sind, wenn den Grössen p, q die Bedeutung des Radius vector, der Grösse φ beziehungsweise der Grösse $\frac{1}{2}\pi + \varphi$ die Bedeutung des Polarwinkels beigelegt wird, die Polargleichungen der Fusspunktcurve des Aequators und der Fusspunktcurve der Evolute des Aequators für den Coordinatenanfangspunkt als Pol.

Der Aequator des Minimalflächenstückes M^* ist eine einfache, geschlossene, convexe Curve.

7.

Einführung der den Minimalflächenstücken $\mathrm{M}^*(R)$ ähnlichen Minimalflächenstücke $\mathfrak{M}^*(R)$.

Um die Gesammtheit der Gestalten besser überblicken zu können, welche das Minimalflächenstück M^* für verschiedene Werthe des Parameters R annehmen kann, ist es zweckmässig, ausser dem Minimalflächenstücke M^* ein demselben ähnliches und in Bezug auf den Coordinatenanfangspunkt als Aehnlichkeitspunkt ähnlich liegendes Minimalflächenstück $\mathfrak{M}^*$ zu betrachten.

Es wird hierbei festgesetzt, dass, wenn x', y', z' die Coordinaten eines Punktes von $\mathfrak{M}^*$, x, y, z die Coordinaten des entsprechenden Punktes von M^* bezeichnen, die Gleichungen

$$x' = \frac{x}{L}, \qquad y' = \frac{y}{L}, \qquad z' = \frac{z}{L}$$

bestehen sollen. Wenn es nöthig ist, bei der Bezeichnung $\mathfrak{M}^*$ den Werth des Parameters R anzugeben, auf welchen dieses Flächenstück sich bezieht, so soll derselbe in Klammern gesetzt zu dem Zeichen $\mathfrak{M}^*$ hinzugefügt werden, so dass $\mathfrak{M}^*(R_0)$ dasjenige Minimalflächenstück $\mathfrak{M}^*$ bezeichnet, welches dem Werthe R_0 des Parameters entspricht.

Die Begrenzung jedes Minimalflächenstückes $\mathfrak{M}^*(R)$ besteht aus zwei getrennten Theilen; jeder dieser Theile ist ein regelmässiges, einem Kreise vom Radius Eins umschriebenes n-seitiges Polygon.

Der Abstand jedes dieser beiden Polygone von der Aequatorebene ist gleich dem Werthe des Quotienten $\frac{H}{L}$.

Es soll nun bewiesen werden, dass, wenn R_1, R_2 zwei der Bedingung

$$0 < R_1 < R_2 < 1$$

genügende Werthe des Parameters R bezeichnen, der Aequator des Minimalflächenstückes $\mathfrak{M}^*(R_2)$ den Aequator des Minimalflächenstückes $\mathfrak{M}^*(R_1)$ völlig umschliesst.

Hierzu reicht es aus, darzuthun, dass, wenn die Grössen p, x, y die im vorhergehenden Artikel erklärte Bedeutung haben, für jeden dem Intervalle

$$0 < \varphi < \alpha$$

angehörenden Werth der Grösse φ die Grösse

$$\frac{p}{L} = \frac{x \cos\varphi + y \sin\varphi}{L} = \frac{Xx + Yy}{L},$$

als Function des Parameters R betrachtet, stets gleichzeitig mit dem Werthe des Parameters zunimmt und abnimmt. Um diesen Nachweis zu führen, kann man von den Gleichungen

$$\text{(J.)} \quad \begin{aligned} x &= L - \mathfrak{B}'' \cos\alpha + \int_\varphi^\alpha \varrho(\chi) \sin\chi \, d\chi, \\ y &= L \operatorname{tg}\alpha - \mathfrak{B}'' \sin\alpha - \int_\varphi^\alpha \varrho(\chi) \cos\chi \, d\chi \end{aligned}$$

ausgehen, aus welchen sich

$$\begin{aligned} p &= x \cos\varphi + y \sin\varphi = Xx + Yy \\ &= L \sec\alpha \cos(\alpha - \varphi) - \mathfrak{B}'' \cos(\alpha - \varphi) + \int_\varphi^\alpha \varrho(\chi) \sin(\chi - \varphi) \, d\chi \end{aligned}$$

und, wenn der Werth des Integrals

$$\int_\varphi^\alpha \varrho(\chi) \sin(\chi - \varphi) \, d\chi$$

mit $\mathfrak{T}(\varphi)$ bezeichnet wird,

$$\text{(K.)}\qquad \frac{p}{L} = \sec\alpha\cos(\alpha-\varphi) - \frac{\mathfrak{B}''}{L}\left[\cos(\alpha-\varphi) - \frac{\mathfrak{T}(\varphi)}{\mathfrak{B}''}\right]$$

ergibt.

Der erste der beiden Bestandtheile der Grösse $\frac{p}{L}$ ist von dem Werthe des Parameters R unabhängig; jeder der beiden Factoren des zweiten Bestandtheiles hat die Eigenschaft, dass sein absoluter Betrag abnimmt, wenn der Werth des Parameters R zunimmt. Von dem Factor $\frac{\mathfrak{B}''}{L}$ wurde dies bereits bewiesen. Dass auch der zweite Factor dieselbe Eigenschaft besitzt, kann wie folgt gezeigt werden. Die Grösse $\mathfrak{T}(\varphi)$ erlangt den grössten Werth, den dieselbe für die dem Intervalle $0 \leqq \varphi \overline{\lessgtr} \alpha$ angehörenden Werthe der Grösse φ annehmen kann, für den Werth $\varphi = 0$, nämlich den Werth

$$\int_0^\alpha \varrho(\chi)\sin\chi\, d\chi = \mathfrak{T}.$$

In Folge der Gleichung

$$\mathfrak{T} + \mathfrak{B}' = \mathfrak{B}''\cos\alpha$$

ist $\frac{\mathfrak{T}}{\mathfrak{B}''}$ stets kleiner als $\cos\alpha$, mithin ist um so mehr $\frac{\mathfrak{T}(\varphi)}{\mathfrak{B}''}$ kleiner als $\cos(\alpha-\varphi)$, folglich hat die Grösse

$$\cos(\alpha-\varphi) - \frac{\mathfrak{T}(\varphi)}{\mathfrak{B}''}$$

stets einen positiven Werth. Der Ausdruck

$$\mathfrak{B}''^2\frac{\partial}{\partial R}\left(\frac{\mathfrak{T}(\varphi)}{\mathfrak{B}''}\right) = \mathfrak{B}''\frac{\partial\mathfrak{T}(\varphi)}{\partial R} - \mathfrak{T}(\varphi)\frac{d\mathfrak{B}''}{dR}$$

ist gleich dem Werthe des Doppelintegrals

$$\int_0^1\int_\varphi^\alpha \frac{n(R^{-n}-R^n)(r^{-1}-r)\sin(\chi-\varphi)(r^{-n}+r^n+2\cos n\chi)\,d\log r\,d\chi}{R\left(\sqrt{R^{-n}+R^n+r^{-n}+r^n}\right)^3\left(\sqrt{R^{-n}+R^n-2\cos n\chi}\right)^3},$$

dessen Elemente sämmtlich positive Werthe haben. Es nimmt aus diesem Grunde der Quotient $\frac{\mathfrak{T}(\varphi)}{\mathfrak{B}''}$, als Function des Parameters R betrachtet, stets gleichzeitig mit dem Parameter zu und ab.

Hieraus ergibt sich, dass die Grösse

$$\frac{p}{L} = \frac{Xx+Yy}{L},$$

als Function des Parameters R betrachtet, beständig zunimmt, wenn R beständig zunehmend alle Werthe des Intervalles $0 < R < 1$ durchläuft. Da für alle dem Innern des Intervalles $0 < R < 1$ angehörenden Werthe des Parameters die Ableitungen

$$\frac{d}{dR}\left(\frac{\mathfrak{B}''}{L}\right) \quad \text{und} \quad \frac{\partial}{\partial R}\left(\cos(\alpha-\varphi) - \frac{\mathfrak{T}(\varphi)}{\mathfrak{B}''}\right)$$

von Null verschiedene negative Werthe haben, so besteht der Satz:

Für alle Werthe der Grösse φ und für alle dem Innern des Intervalles $0 < R < 1$ angehörenden Werthe des Parameters R hat die partielle Ableitung

$$\frac{\partial}{\partial R}\left[\frac{Xx+Yy}{L}\right]$$

von Null verschiedene positive Werthe.

Aus diesem Satze ergibt sich, dass die Fusspunktcurve des Aequators des Minimalflächenstückes $\mathfrak{M}^*(R_2)$ die Fusspunktcurve des Aequators des Minimalflächenstückes $\mathfrak{M}^*(R_1)$ ganz umschliesst, vorausgesetzt, dass für beide Fusspunktcurven der Coordinatenanfangspunkt zum Pol gewählt wird. Als eine unmittelbare Folge dieser Beziehung der beiden betrachteten Fusspunktcurven ergibt sich, dass auch der Aequator des Minimalflächenstückes $\mathfrak{M}^*(R_2)$ den Aequator des Minimalflächenstückes $\mathfrak{M}^*(R_1)$ ganz umschliesst.

Bei dem Uebergange zu dem Grenzwerthe $R = 0$ ergibt sich für jeden Werth der Grösse φ

$$\lim_{(R=0)} \frac{Xx+Yy}{L} = 0.$$

Beim Uebergange zu dem Grenzwerthe $R = 1$ ergibt sich für die dem Intervalle

$$0 < \varphi < 2\alpha$$

angehörenden Werthe der Grösse φ in Folge der Gleichung (K.)

$$\lim_{(R=1)} \frac{Xx+Yy}{L} = \sec\alpha\cos(\alpha-\varphi).$$

Bei diesem Grenzübergange geht also die Fusspunktcurve des Aequators in eine aus n Kreisbogen gebildete krumme Linie über.

Durch die vorstehende Untersuchung ist zugleich der Nachweis geführt, dass die Gesammtheit der Curven, welche die dem Intervalle

$0 < R < 1$ entsprechende Schaar von Minimalflächenstücken $\mathfrak{M}^*$ mit der Aequatorebene gemeinsam hat, die Fläche eines einem Kreise mit dem Radius 1 umschriebenen regelmässigen Polygons von n Seiten lückenlos und einfach erfüllt.

8.

Untersuchung des Ganges des Quotienten $\frac{H}{L}$ in dem Intervalle $R_0 < R < 1$.

Flächenstücke kleinsten Flächeninhalts.

Der Quotient $\frac{H}{L}$ hat sowohl für unendlich kleine Werthe von R, als auch für unendlich kleine Werthe von $1-R$ ebenfalls unendlich kleine Werthe, wie eine besondere Untersuchung ergibt. Für alle dem Intervalle $0 < R < 1$ angehörenden Werthe des Parameters R nimmt der Quotient $\frac{H}{L}$ ausschliesslich positive Werthe an und besitzt, als Function des Parameters R betrachtet, den Charakter einer ganzen Function.

Hieraus folgt, dass es unter allen Werthen, welche der Quotient $\frac{H}{L}$ annehmen kann, vorausgesetzt, dass der Grösse n stets derselbe Werth beigelegt wird, einen grössten Werth giebt, welcher mit ω oder, wenn auch der Werth der Grösse n angegeben werden soll, mit $\omega(n)$ bezeichnet werden möge.

Der Ausdruck

$$\text{(L.)} \qquad L^2 \frac{d}{dR}\left(\frac{H}{L}\right) = L\frac{dH}{dR} - H\frac{dL}{dR} = D(R),$$

welcher eine analytische Function des Argumentes R ist, und für alle dem betrachteten Intervalle angehörenden Werthe desselben ebenfalls den Charakter einer ganzen Function besitzt, muss daher in diesem Intervalle mindestens für einen Werth des Argumentes den Werth Null annehmen. Wie eine besondere Untersuchung ergibt, ist $\lim_{(R=1)} D(R) = -\infty$.

Im Folgenden wird bewiesen werden, dass die Gleichung $D(R) = 0$ in dem angegebenen Intervalle nur eine einzige Wurzel besitzt. Einstweilen aber möge, indem die Frage, ob die Gleichung $D(R) = 0$ in dem betrachteten Intervalle nur eine, oder mehr als eine Wurzel besitzt, vorläufig noch unentschieden gelassen wird, angenommen werden, dass R_0 die dem Inneren des Intervalles $0 < R < 1$ angehörende, dem Werthe 1 zunächst liegende Wurzel der Gleichung $D(R) = 0$ bezeichnen solle. Unter dieser Voraussetzung ergibt sich, dass die Function $D(R)$ für alle dem Intervalle $R_0 < R < 1$ angehörenden Werthe des Parameters R negative Werthe hat und dass daher der Quotient $\frac{H}{L}$ beständig abnimmt, wenn die Grösse R beständig zunehmend alle diesem Intervalle angehörenden Werthe durchläuft.

Es soll nun bewiesen werden, dass jedes Minimalflächenstück $\mathfrak{M}^*_c$, welches einem dem Intervalle $R_0 < R < 1$ angehörenden Werthe des Parameters entspricht, kleineren Flächeninhalt besitzt, als alle demselben hinreichend nahe kommenden, von denselben Randlinien begrenzten Flächenstücke.

Der Beweis für die Richtigkeit dieser Behauptung kann auf Grund der Entwickelungen geführt werden, welche in der Abhandlung: „Ueber ein die Flächen kleinsten Flächeninhalts betreffendes Problem der Variationsrechnung“ *) enthalten sind. Diesen Entwickelungen zufolge kommt es nur darauf an, eine für das in Betracht kommende Gebiet $\mathrm{S}^*(R)$ der partiellen Differentialgleichung

$$\frac{\partial^2\psi}{\partial s\,\partial s_1} + \frac{2\psi}{(1+ss_1)^2} = 0$$

genügende Function $\psi(s, s_1; R)$ der beiden complexen Grössen s, s_1 zu ermitteln, welche für conjugirte complexe Werthe dieser Grössen im Inneren des Gebietes $\mathrm{S}^*(R)$ sich regulär verhält und sowohl im Inneren, als auch längs der Begrenzung dieses Gebietes nur positive, von Null verschiedene Werthe annimmt. Sobald die Existenz einer solchen Function dargethan ist, ist es möglich, zu dem betrachteten Minimalflächenstücke $\mathfrak{M}^*(R)$ eine Schaar benachbarter Minimalflächenstücke zu construiren, welche so beschaffen sind, dass der Abstand je zweier unendlich benachbarten Minimalflächenstücke der Schaar in der ganzen Ausdehnung dieser Flächenstücke einschliesslich des Randes derselben eine unendlich kleine Grösse derselben Ordnung ist.

Für die hier betrachteten Minimalflächenstücke $\mathfrak{M}^*(R)$ ergibt sich nun eine solche Schaar durch die Ueberlegung, dass die den Werthen des Parameters R, welche dem Intervalle $R_0 < R < 1$ angehören, entsprechenden Minimalflächenstücke $\mathfrak{M}^*$ selbst eine solche

*) Siehe S. 223—269 dieses Bandes.

Schaar von Minimalflächenstücken bilden, so dass es sich also nur darum handelt, den Nachweis zu führen, dass je zwei benachbarte, dieser Schaar angehörende Flächenstücke der angegebenen Bedingung wirklich Genüge leisten. Diese Erwägung führt zu der Bestimmung einer Function

$$\text{(M.)} \qquad \psi(s, s_1; R) = \frac{\partial}{\partial R}\left[\frac{Xx + Yy + Zz}{L}\right],$$

welche dem unendlich kleinen Abstande zweier unendlich benachbarten Minimalflächenstücke der Schaar an der dem Werthepaare s, s_1 entsprechenden Stelle proportional ist.

Für die Werthepaare

$$s = e^{\varphi i}, \qquad s_1 = e^{-\varphi i},$$

für welche die Grösse z den Werth 0 erhält, geht die durch die vorstehende Gleichung erklärte Function in die Function

$$\frac{\partial}{\partial R}\left[\frac{Xx + Yy}{L}\right]$$

über, welche im Art. 7 untersucht wurde. Es ergibt sich also aus der a. a. O. angestellten Untersuchung, dass die Function $\psi(s, s_1; R)$ längs des Einheitskreises der s-Ebene nicht bloss für die dem Intervalle $R_0 < R < 1$, sondern für alle dem Intervalle $0 < R < 1$ angehörenden Werthe von R positive, von Null verschiedene Werthe hat.

Längs der ganzen Begrenzung des Bereiches $S^*(R)$ ist der Werth der Function

$$\frac{Xx + Yy}{L}$$

von dem Werthe des Parameters R unabhängig.

Für die Werthe

$$s = s_1 = r, \qquad 0 < r < R$$

ergibt sich beispielsweise

$$x = L, \qquad Y = 0, \qquad \frac{Xx + Yy}{L} = X.$$

Wird für die eine der beiden Begrenzungslinien des Bereiches $S^*(R)$ $s^n = r^n$, für die andere $s^n \doteq r^{-n}$ gesetzt, wo $0 \leqq r \gtreqless R$ anzunehmen ist, so ergibt sich, da die Grösse z an den beiden Begrenzungen beziehlich die Werthe H, $-H$, die Grösse Z beziehlich die Werthe

$$-\frac{1-r^2}{1+r^2}, \quad \frac{1-r^2}{1+r^2}$$

annimmt, dass der Werth der Function $\psi(s, s_1; R)$ sich längs der Begrenzung des Bereiches $S^*(R)$ auf den Werth

$$-\frac{1-r^2}{1+r^2}\cdot\frac{d}{dR}\left(\frac{H}{L}\right) = -\frac{1-r^2}{1+r^2}\cdot\frac{D(R)}{L^2}$$

reducirt.

Wird nun die Veränderlichkeit des Parameters R auf das Intervall $R_0 < R < 1$ beschränkt, so hat $D(R)$ negative, von Null verschiedene Werthe; es ergibt sich also, dass die erklärte Function $\psi(s, s_1; R)$ sowohl längs des Einheitskreises, als auch längs der ganzen Begrenzung des Bereiches $S^*(R)$ positive Werthe hat.

Hieraus kann nun geschlossen werden, dass die erklärte Function $\psi(s, s_1; R)$ im ganzen Bereiche $S^*(R)$ nur positive, von Null verschiedene Werthe annimmt.

In Folge der durch die Gleichung

$$\psi(s_1^{-1}, s^{-1}; R) = \psi(s, s_1; R)$$

ausgedrückten Eigenschaft der betrachteten Function $\psi(s, s_1; R)$ genügt es, diesen Schluss für alle diejenigen Werthe der complexen Grössen s, s_1 zu ziehen, deren absoluter Betrag kleiner als 1 ist.

Angenommen, es erhielte die erklärte Function $\psi(s, s_1; R)$ innerhalb desjenigen Theiles des Gebietes $S^*(R)$, welcher innerhalb des Einheitskreises der s-Ebene liegt, negative Werthe. Dann müsste die Gesammtheit derjenigen diesem Gebietstheile angehörenden Stellen, für welche $\psi(s, s_1; R) \leqq 0$ ist, einen oder mehrere zusammenhängende Bereiche bilden, von denen jeder ein Theil der Fläche des Einheitskreises wäre. Jeder dieser Bereiche müsste in Bezug auf die partielle Differentialgleichung

$$\frac{\partial^2\psi}{\partial s\,\partial s_1} + \frac{2\psi}{(1+ss_1)^2} = 0$$

ein Grenzbereich, d. h. ein solcher Bereich sein, in dessen Innerem sich ein particuläres Integral dieser Differentialgleichung regulär verhält und von Null verschieden bleibt, während dasselbe längs der ganzen Begrenzung dieses Bereiches den Werth Null annimmt. Die

Fläche des Einheitskreises ist ein solcher Grenzbereich, wie die Function

$$\psi = \frac{1-ss_1}{1+ss_1}$$

zeigt.

Nach einem im Art. 21 der erwähnten Festschrift bewiesenen Satze kann aber ein Bereich, welcher in Bezug auf die angegebene Differentialgleichung ein Grenzbereich ist, niemals Theil eines anderen Bereiches sein, der in Bezug auf dieselbe Differentialgleichung gleichfalls ein Grenzbereich ist.

Hieraus folgt, dass die Annahme, die Function $\psi(s, s_1; R)$ könne für einen dem Intervalle $R_0 < R < 1$ angehörenden Werth des Parameters R im Inneren des innerhalb des Einheitskreises der s-Ebene liegenden Theiles des Bereiches $S^*(R)$ negative Werthe annehmen, unzulässig ist.

Die Function $\psi(s, s_1; R)$ kann hiernach für die dem Intervalle $R_0 < R < 1$ angehörenden Werthe des Parameters R im Inneren des Gebietes $S^*(R)$ negative Werthe überhaupt nicht annehmen.

Auch den Werth 0 kann eine solche Function $\psi(s, s_1; R)$ im Inneren des Bereiches $S^*(R)$ nicht annehmen. Denn es besteht der Satz, dass ein particuläres Integral der angegebenen partiellen Differentialgleichung, welches im Inneren eines gewissen Bereiches sich regulär verhält und negative Werthe nicht annimmt, den kleinsten Werth, den dasselbe überhaupt für einen Punkt dieses Bereiches annehmen kann, stets in einem Punkte der Begrenzung dieses Bereiches annimmt.

Der kleinste Werth, den die erklärte Function $\psi(s, s_1; R)$ für Punkte des Bereiches $S^*(R)$ annehmen kann, ist daher der Werth

$$-\frac{1-R^2}{1+R^2}\cdot\frac{D(R)}{L^2},$$

welcher den gestellten Bedingungen zufolge von Null verschieden und positiv ist.

Hiermit ist bewiesen, dass jedes der betrachteten Minimalflächenstücke $\mathfrak{M}^*$, welches einem dem Intervalle $R_0 < R < 1$ angehörenden Werthe des Parameters R entspricht, kleineren Flächeninhalt besitzt, als jedes andere, demselben hinreichend nahe kommende, von denselben Randlinien begrenzte Flächenstück.

Diese Eigenschaft kommt selbstverständlich auch den Minimalflächenstücken M* zu, welche einem der betrachteten Minimalflächenstücke 𝔐* ähnlich sind.

9.

Untersuchung des Ganges des Quotienten $\frac{H}{L}$ in dem Intervalle $0 < R < R_0$.

Es handelt sich nun darum, den Gang des Quotienten $\frac{H}{L}$ in dem Intervalle $0 < R < R_0$ zu untersuchen.

Es bezeichne ε eine veränderliche Grösse, deren Veränderlichkeit auf kleine positive Werthe beschränkt ist. Es ist, wenn dem Parameter der Werth $R = R_0 - \varepsilon$ beigelegt wird, das Vorzeichen der Grösse $D(R_0 - \varepsilon)$ zu bestimmen.

Die Grösse $D(R_0 - \varepsilon)$ kann nicht constant den Werth Null haben, denn es ist $D(R)$ eine analytische Function des Parameters R. Es kann aber auch die Grösse $D(R_0 - \varepsilon)$ nicht negativ sein. Denn, gesetzt, es wäre $D(R_0 - \varepsilon)$ negativ, so würde die Function $\psi(s, s_1; R_0 - \varepsilon)$ längs des Einheitskreises der s-Ebene und längs der ganzen Begrenzung des Bereiches $S^*(R_0 - \varepsilon)$ positive Werthe haben. Es würde hieraus gerade so, wie im vorhergehenden Artikel, gefolgert werden können, dass die Function $\psi(s, s_1; R_0 - \varepsilon)$ auch im ganzen Inneren des Bereiches $S^*(R_0 - \varepsilon)$ positive Werthe annehmen müsste. Dann würde aber eine der angegebenen partiellen Differentialgleichung genügende und im Inneren des Bereiches $S^*(R_0)$ sich regulär verhaltende Function, nämlich die Function $\psi(s, s_1; R_0 - \varepsilon)$, existiren, welche im Inneren und längs der ganzen Begrenzung des Bereiches $S^*(R_0)$ nur positive, von Null verschiedene Werthe annähme; es könnte in Folge dessen der Bereich $S^*(R_0)$ kein Grenzbereich sein. Wegen dieses Widerspruches ist die Annahme, dass $D(R_0 - \varepsilon) < 0$ sei, unzulässig. Hieraus folgt, dass $D(R_0 - \varepsilon)$ einen positiven Werth haben muss. Es entspricht also, da $D(R_0 - \varepsilon) > 0$, $D(R_0 + \varepsilon) < 0$ ist, dem Werthe $R = R_0$ ein Maximum des Quotienten $\frac{H}{L}$.

Gesetzt nun, es läge in dem Intervalle $0 < R < R_0$ eine, oder mehr als eine Wurzel der Gleichung $D(R) = 0$. Unter dieser Voraussetzung möge die diesem Intervalle angehörende, dem Werthe R_0 zunächst liegende Wurzel mit R_0' bezeichnet werden. Die Function $D(R)$ nimmt für die dem Intervalle $R_0' < R < R_0$ angehörenden Werthe des Parameters nur positive Werthe an. Die dem Werthe

R'_0 entsprechende Function $\psi(s, s_1; R'_0)$ besitzt der früheren Ermittelung zufolge längs des Einheitskreises der s-Ebene positive, von Null verschiedene Werthe, längs der ganzen Begrenzung des Bereiches $S^*(R'_0)$ hingegen würde dieselbe den Werth Null annehmen. Es kann aber die Function $\psi(s, s_1; R'_0)$ weder im Inneren des Bereiches $S^*(R'_0)$ beständig positive Werthe, noch für einzelne Theile dieses Bereiches negative Werthe annehmen. Das Erstere würde der Eigenschaft des Bereiches $S^*(R_0)$, ein Grenzbereich zu sein, widersprechen, da die Function $\psi(s, s_0; R'_0)$ im ganzen Inneren und überdies längs eines Theiles der Begrenzung des Bereiches $S^*(R_0)$ positive Werthe annehmen würde, was bei einem Grenzbereiche nicht eintreten kann. Das Letztere würde unvereinbar sein mit dem Satze, dass für die angegebene Differentialgleichung kein Theil eines Grenzbereiches, nämlich des Inneren, beziehungsweise des Aeusseren des Einheitskreises, gleichfalls ein Grenzbereich sein kann.

Es ist hiermit dargethan, dass die transcendente Gleichung $D(R) = 0$ überhaupt keine dem Inneren des Intervalles $0 < R < R_0$ angehörende Wurzel besitzt; folglich hat die Function $D(R)$ für die diesem Intervalle angehörenden Werthe des Parameters R positive Werthe. Der Quotient $\frac{H}{L}$ nimmt daher, wenn der Parameter R stetig zunehmend alle Werthe des Intervalles $0 < R < R_0$ durchläuft, ebenfalls beständig zu, erreicht seinen grössten Werth ω für $R = R_0$, und nimmt, wenn R stetig zunehmend alle Werthe des Intervalles $R_0 < R < 1$ durchläuft, beständig ab. Der Quotient $\frac{H}{L}$ nimmt hiernach jeden positiven Werth, welcher kleiner als ω ist, für zwei und nur für zwei dem Intervalle $0 < R < 1$ angehörende Werthe des Parameters R an.

Für alle dem Intervalle $0 < R < R_0$ angehörenden Werthe des Parameters R hat die Function $\psi(s, s_1; R)$ längs der ganzen Begrenzung des Bereiches $S^*(R)$ negative, längs des im Inneren des Bereiches liegenden Einheitskreises positive Werthe.

Hieraus folgt, dass im Inneren jedes dieser Bereiche $S^*(R)$ zwei geschlossene Linien liegen, längs welcher die Function $\psi(s, s_1; R)$ den Werth Null annimmt. Eine dieser beiden Linien liegt innerhalb, die andere liegt ausserhalb des Einheitskreises der s-Ebene. Die Gesammtheit derjenigen, dem Inneren des Bereiches $S^*(R)$ angehörenden Stellen, für welche die Function $\psi(s, s_1; R)$ positive Werthe oder den Werth Null annimmt, bildet für die angegebene Differentialgleichung einen

Grenzbereich. Da dieser Grenzbereich ein Theil des Bereiches $S^*(R)$ ist, so ergibt sich auf Grund der in der Schrift „Ueber ein die Flächen kleinsten Flächeninhalts betreffendes Problem der Variationsrechnung" enthaltenen Entwickelungen,*) dass unter den dem Intervalle $0 < R < R_0$ entsprechenden Minimalflächenstücken $\mathfrak{M}^*(R)$ kein einziges die Eigenschaft besitzt, kleineren Flächeninhalt zu haben, als alle ihm hinreichend nahe liegenden, von denselben Randlinien begrenzten Flächenstücke.

Den beiden Curven innerhalb des Gebietes $S^*(R)$, längs welcher die Gleichung $\psi(s, s_1; R) = 0$ erfüllt ist, entsprechen zwei auf dem Minimalflächenstück $\mathfrak{M}^*(R)$ liegende und in Bezug auf die Aequatorebene desselben zu einander symmetrische Curven, welche mit $C(R)$ bezeichnet werden mögen. Längs der Curven $C(R)$ wird das Minimalflächenstück $\mathfrak{M}^*(R)$ von den ihm unendlich benachbarten, der betrachteten Schaar angehörenden Flächenstücken geschnitten.

Der geometrische Ort der Curven $C(R)$ ist eine krumme Fläche Φ, welche von den dem Intervalle $0 < R < R_0$ entsprechenden Minimalflächenstücken $\mathfrak{M}^*(R)$ eingehüllt wird.

Die Hüllfläche Φ wird begrenzt von den beiden Begrenzungslinien des Minimalflächenstückes $\mathfrak{M}^*(R_0)$.

Für kleine Werthe des Parameters R besteht die Gleichung

$$L = \frac{1}{n} \cdot \frac{\Gamma(\frac{1}{2})\Gamma(\frac{1}{n})}{\Gamma(\frac{1}{2}+\frac{1}{n})} R^{\frac{1}{2}n-1}(1+(R)),$$

in welcher (R) eine Grösse bezeichnet, welche für unendlich kleine Werthe des Parameters R ebenfalls unendlich klein wird.

Unter derselben Voraussetzung besteht, wenn die Veränderlichkeit der Grösse s der Beschränkung unterworfen wird, dass für $\lim R = 0$ auch

$$\lim \left| \frac{s^{-n}+s^n}{R^{-n}+R^n} \right| = 0$$

ist, die Gleichung

$$\frac{1}{L}\mathfrak{F}(s) = -\frac{n\Gamma(\frac{1}{2}+\frac{1}{n})}{\Gamma(\frac{1}{2})\Gamma(\frac{1}{n})} R s^{-2}\left[1+\left(R, \frac{s^{-n}+s^n}{R^{-n}+R^n}\right)\right],$$

in welcher

$$\left(R, \frac{s^{-n}+s^n}{R^{-n}+R^n}\right)$$

*) Siehe S. 259 dieses Bandes.

eine Grösse bezeichnet, welche für alle unendlich kleinen Werthe der beiden Grössen

$$R, \quad \frac{s^{-n}+s^{n}}{R^{-n}+R^{n}}$$

ebenfalls unendlich kleine Werthe hat.

Hieraus ergibt sich, dass ein Minimalflächenstück $\mathfrak{M}^*(R)$ dem der Gleichung

$$\mathfrak{F}(s) = -\frac{n\Gamma(\frac{1}{2}+\frac{1}{n})}{\Gamma(\frac{1}{2})\Gamma(\frac{1}{n})} R s^{-2}$$

entsprechenden Catenoid um so näher kommt, je kleinere Werthe dem Parameter R beigelegt werden, wenn bei diesem Grenzübergange die Betrachtung auf einen solchen Theil des Minimalflächenstückes $\mathfrak{M}^*(R)$ beschränkt wird, für welchen die angegebene, die Grösse

$$\frac{s^{-n}+s^{n}}{R^{-n}+R^{n}}$$

betreffende Voraussetzung zutrifft.

Hieraus folgt, dass die erwähnte Hüllfläche Φ in demjenigen Theile, welcher unendlich kleinen Werthen des Parameters R entspricht, näherungsweise dieselbe Gestalt besitzt, wie der die betrachtete Schaar ähnlich liegender Catenoide einhüllende Rotations-Kegel, dessen Gleichung

$$x^2+y^2 = c^2 z^2 \quad \text{ist.}$$

Bezeichnet b die einzige positive Wurzel der Gleichung

$$(e^b+e^{-b})-b(e^b-e^{-b}) = 0,$$

deren Werth angenähert 1,1996786 ⋯ ist, so wird der Werth der Constante c durch die Gleichung

$$c = \frac{e^b+e^{-b}}{2b} = \frac{e^b-e^{-b}}{2} = 1{,}50888\cdots$$

bestimmt.

Die Hüllfläche Φ enthält hiernach den Mittelpunkt aller der betrachteten Schaar angehörenden Flächenstücke; derselbe ist ein conischer Doppelpunkt der Fläche Φ. Die Gleichung

$$x^2+y^2 = c^2 z^2$$

ist die Gleichung desjenigen Kegels, welcher die Fläche Φ im Coordinatenanfangspunkte einhüllend berührt.

Es besteht also die Hüllfläche Φ aus zwei trichterförmig gestalteten, in Bezug auf die Aequatorebene zu einander symmetrisch liegenden Theilen, welche im Coordinatenanfangspunkte mit einander zusammenhängen.

Die Betrachtungen, welche Herr Lindelöf in seinem Lehrbuche der Variationsrechnung auf den Seiten 210—214 in Bezug auf eine Schaar ähnlich liegender Catenoide mit gemeinsamem Mittelpunkt angestellt hat, gestatten eine sinngemässe Anwendung auf die dem Intervalle $0 < R \gtreqless R_0$ entsprechenden Minimalflächenstücke $\mathfrak{M}^*(R)$.

Werden zwei gürtelförmige Streifen der Hüllfläche Φ, welche einerseits von je einer der Begrenzungslinien des Minimalflächenstückes $\mathfrak{M}^*(R_0)$, andererseits von je einer der beiden Curven $C(R)$ begrenzt werden, durch das gürtelförmige, von den beiden Curven $C(R)$ begrenzte Stück des Flächenstückes $\mathfrak{M}^*(R)$ mit einander verbunden, so entsteht ein zweifach zusammenhängendes Flächenstück, welches mit $\Psi(R)$ bezeichnet werden möge.

Das Flächenstück $\Psi(R)$ hat für jeden dem Intervalle $0 < R < R_0$ angehörenden Werth des Parameters R mit dem Minimalflächenstücke $\mathfrak{M}^*(R_0)$ die Begrenzung gemeinsam und besitzt ebenso grossen Flächeninhalt, wie dieses. Da das Flächenstück $\Psi(R)$ nicht in seiner ganzen Ausdehnung ein Minimalflächenstück ist, so gibt es in beliebiger Nähe desselben solche Flächenstücke, welche von denselben Randlinien begrenzt werden und kleineren Flächeninhalt haben, als das Flächenstück $\Psi(R)$. Aus dem Umstande, dass diese Flächenstücke dadurch, dass dem Parameter R ein dem Werthe R_0 hinreichend nahe kommender Werth beigelegt wird, dem Flächenstücke $\mathfrak{M}^*(R_0)$ in der ganzen Ausdehnung desselben beliebig nahe gebracht werden können, ergibt sich, dass dem Minimalflächenstücke $\mathfrak{M}^*(R_0)$ die Eigenschaft nicht zukommt, kleineren Flächeninhalt zu besitzen, als alle ihm hinreichend nahe kommenden, von denselben Randlinien begrenzten Flächenstücke.

Hieraus folgt:

Die dem Intervalle $R_0 < R < 1$ entsprechenden Minimalflächenstücke $\mathfrak{M}^*(R)$ und $\mathrm{M}^*(R)$ sind die einzigen, den betrachteten Schaaren von Minimalflächenstücken angehörenden Flächenstücke, welche die Eigenschaft haben, kleineren Flächeninhalt zu besitzen, als alle denselben hinreichend nahe kommenden, von denselben beiden regelmässigen n-seitigen Polygonen begrenzten Flächenstücke.

Aus der vorstehenden Untersuchung hat sich ergeben, dass, wenn R_1 einen dem Intervalle $0 < R_1 < R_0$ angehörenden Werth des Parameters R bezeichnet, es stets einen und nur einen dem Intervalle $R_0 < R_2 < 1$ angehörenden Werth R_2 des Parameters gibt, für welchen das Verhältniss $\frac{H}{L}$ denselben Werth besitzt, wie für den Werth $R = R_1$. Die beiden zweifach zusammenhängenden Minimalflächenstücke $\mathfrak{M}^*(R_1)$ und $\mathfrak{M}^*(R_2)$ haben dieselbe Begrenzung, aber nur das Minimalflächenstück $\mathfrak{M}^*(R_2)$ ist ein Flächenstück kleinsten Flächeninhalts.

10.

Uebergang zu der Grenze $n = \infty$.

Werthe der Grössen R_0 und ω für den Fall $n = 4$.

Der Uebergang zu der Grenze $\lim n = \infty$ kann, vorausgesetzt, dass die Veränderlichkeit der Grösse s auf das Gebiet

$$R < |s| < R^{-1}$$

beschränkt wird, auf Grund der folgenden Formeln ausgeführt werden.

Für $\lim n = \infty$ bestehen die Gleichungen:

$$(\mathrm{N.})\qquad \begin{aligned} \lim R^{-\frac{1}{2}n} L &= R^{-1} + R, \\ \lim R^{-\frac{1}{2}n} \mathfrak{F}(s) &= -s^{-2}, \\ \lim R^{-\frac{1}{2}n} x &= \mathfrak{R}(s^{-1} + s), \\ \lim R^{-\frac{1}{2}n} y &= \mathfrak{R} i(s^{-1} - s), \\ \lim R^{-\frac{1}{2}n} z &= \mathfrak{R} 2 \log(s^{-1}). \end{aligned}$$

Bei diesem Grenzübergange geht also jedes Minimalflächenstück $\mathfrak{M}^*(R)$ in eine dem Gebiete

$$R < |s| < R^{-1}$$

entsprechende Zone desjenigen Catenoids über, welches der durch die Gleichung

$$\mathfrak{F}(s) = -\frac{s^{-2}}{R^{-1} + R}$$

bestimmten Function $\mathfrak{F}(s)$ entspricht. Für diesen Grenzfall, welcher experimentell von Plateau, mit den Hülfsmitteln der Variationsrechnung zuerst von Herrn Lindelöf untersucht wurde, ergibt sich

$$\frac{H}{L} = \frac{2 \log R^{-1}}{R^{-1} + R}.$$

Der vorstehende Ausdruck erlangt seinen grössten Werth

$$\omega(\infty) = 0{,}662744\cdots \quad \text{für } \log R^{-1} = \log R_0^{-1} = 1{,}1996786\cdots$$

$$R_0 = 0{,}30129\cdots = \operatorname{tg} 16^{\circ}46'1'',5.$$

Durch die Experimentaluntersuchungen Plateau's ist die Uebereinstimmung festgestellt worden, welche auf diesem Untersuchungsgebiete zwischen dem Ergebnisse der theoretischen Untersuchung und dem Ergebnisse des Experiments besteht.

Dieselben Zahlen, welche theoretisch die Grenze bestimmen, bis zu welcher gewissen Minimalflächenstücken in dem angegebenen Sinne die Eigenschaft des kleinsten Flächeninhalts wirklich zukommt, bestimmen zugleich die Grenze der Stabilität flüssiger Lamellen, deren Gestalt durch geeignete Vorkehrungen mit der Gestalt jener Minimalflächenstücke zur Uebereinstimmung gebracht worden ist.

Um eins der Hauptergebnisse der in der vorliegenden Abhandlung mitgetheilten Untersuchung für einen anderen Werth der Zahl n, als den Grenzwerth $n = \infty$, mit dem Ergebnisse von speciell für diesen Zweck anzustellenden Experimenten vergleichen zu können, habe ich für den Fall, in welchem die Begrenzung der Minimalflächenstücke $\mathfrak{M}^*$ von zwei Quadraten gebildet wird, also für den Fall $n = 4$, die Gleichung $D(R) = 0$ näherungsweise aufgelöst und den grössten Werth ω, welchen der Quotient $\frac{H}{L}$ für den angegebenen Werth der Zahl n annehmen kann, näherungsweise bestimmt. Ohne an dieser Stelle auf die Einzelheiten der Rechnung einzugehen, theile ich hier nur das Endergebniss derselben mit.

Unter der Voraussetzung, dass der Zahl n der Werth 4 beigelegt wird, ergibt sich für die Grösse R_0 der Werth

$$R_0 = 0{,}43188\cdots = \operatorname{tg}(23^{\circ}21'31''\cdots),$$

für die Grösse ω der Werth

$$\omega(4) = 0{,}720146\cdots$$

Da die Grösse

$$\frac{\sqrt{3}-1}{\sqrt{2}} = 0{,}517638\cdots$$

grösser ist als 0,43188 . ., so besitzt das den Werthen

$$n = 4, \quad R = \frac{\sqrt{3}-1}{\sqrt{2}}$$

entsprechende Minimalflächenstück $\mathfrak{M}^*$ kleineren Flächeninhalt, als alle demselben hinreichend nahe kommenden, von denselben beiden Quadraten begrenzten Flächenstücke.*)

*) Siehe S. 99 dieses Bandes.

Anmerkungen und Zusätze zum ersten Bande.

Bestimmung einer speciellen Minimalfläche.

Die zu dieser Abhandlung gehörenden, schon bei der ersten Veröffentlichung zu derselben hinzugefügten Anmerkungen befinden sich in dem auf den Seiten 109—125 dieses Bandes abgedruckten Anhange. Zur leichteren Auffindung wird im Nachstehenden für jede dieser Anmerkungen angegeben, auf welcher Seite dieselbe zu finden ist.

Zu Seite 8, Anm. 1) siehe Seite 110 dieses Bandes.
„ „ *12, Anm. 2)* „ „ 110 „ „ und Seite 66—68 des zweiten Bandes der vorliegenden Ausgabe.
„ „ *13, Anm. 3)* siehe Seite 110 dieses Bandes und Seite 78 des zweiten Bandes der vorliegenden Ausgabe.
„ „ *14, Anm. 4)* siehe Seite 110 dieses Bandes.
„ „ *16, Anm. 5)* „ „ 111 „ „
„ „ *19, Anm. 6)* „ „ 111 „ „
„ „ *19, Anm. 7)* „ „ 111 „ „
„ „ *23, Anm. 8)* „ „ 111—113 dieses Bandes.
„ „ *27, Anm. 9)* „ „ 113 dieses Bandes.
„ „ *31, Anm. 10)* „ „ 113 „ „

Zusatz zu Seite 32, Zeile 1—4 von unten.

Die Function $\mathfrak{F}(s)$, von welcher in dieser Abhandlung an einigen Stellen Gebrauch gemacht wird, hat für den betrachteten speciellen Fall nicht völlig analoge Bedeutung, wie die in der Abhandlung des Herrn Weierstrass „Untersuchungen über die Flächen, in denen die mittlere Krümmung überall gleich 0 ist“ (Monatsberichte der Königlichen Akademie der Wissenschaften zu Berlin, Jahrgang 1866, Seite 619) für Minimalflächen im Allgemeinen erklärte Function $\mathfrak{F}(s)$.— Um Uebereinstimmung der beiden Bezeichnungen herbeizuführen, müsste in allen Formeln der Abhandlung „Bestimmung einer speciellen Minimalfläche", in denen von der Bezeichnung $\mathfrak{F}(s)$ Gebrauch gemacht wird, $\frac{1}{2}\mathfrak{F}(s)$ an die Stelle von $\mathfrak{F}(s)$ gesetzt werden.

Zu Seite 35, Anm. 11) siehe Seite 113 dieses Bandes.
„ „ *49, Anm. 12)* „ „ 114 „ „
„ „ *49, Anm. 13)* „ „ 116 „ „
„ „ *58, Anm. 14)* „ „ 116 „ „

Zusatz zu Seite 75, Zeile 3 von unten.

Ob die Gestalt der an dieser Stelle oder die Gestalt der auf Seite 137 dieses Bandes mitgetheilten Gleichung der untersuchten Minimalfläche einfacher ist, kann dahingestellt bleiben.

Zu Seite 76, Anm. 15) siehe Seite 118 dieses Bandes.
„ „ *82, Anm. 16)* „ „ 118 „ „
„ „ *86, Anm. 17)* „ „ 118 „ „
„ „ *88, Anm. 18)* „ „ 118 „ „
„ „ *88, Anm. 19)* „ „ 119 „ „
„ „ *89, Zeile 1—3 von unten*, und
„ „ *90,* „ *4—6 von oben* siehe die Anmerkung zu Seite 32 auf Seite 317 dieses Bandes.
„ „ *90, Anm. 20)* siehe Seite 119 dieses Bandes.
„ „ *91, Anm. 21)* „ „ 120 „ „
„ „ *92, Anm. 22)* „ „ 123 „ „

Zusatz zu Seite 95, Zeile 16 von oben.

Die Gleichung aller dieser Flächen kann in die Form $\lambda\mu\nu = 1$ gesetzt werden. Siehe Seite 136 und folgende dieses Bandes.

Zu Seite 96, Anm. 23) siehe Seite 123 dieses Bandes.
„ „ *96, Anm. 24)* „ „ 123 „ „

Zusatz zu Seite 99, Zeile 8 von oben.

Eine genauere hierauf bezügliche Untersuchung ist in den Artikeln 8, 9 und 10 der Abhandlung „Ueber specielle zweifach zusammenhängende Flächenstücke, welche kleineren Flächeninhalt besitzen, als alle benachbarten, von denselben Randlinien begrenzten Flächenstücke", Seite 304 und folgende dieses Bandes, enthalten.

Zu Seite 99, Anm. 25) siehe Seite 124 dieses Bandes.
„ „ *101, Anm. 26)* „ „ 124 „ „
„ „ *103, Zeile 12 von unten* siehe Seite 187 dieses Bandes.
„ „ *108, Anm. 27)* siehe Seite 125 dieses Bandes.

Zusatz zu Seite 111, Anm. 5).

Der an dieser Stelle ausgesprochene Lehrsatz und ein mit demselben in naher Verbindung stehender Lehrsatz (siehe Seite 130 dieses Bandes, Zeile 6–14 von oben) war Gegenstand einer dem Physiker J. Plateau im Jahre 1870 vom Verfasser gemachten brieflichen Mittheilung, welcher dieser hochverdiente Forscher grosses Interesse entgegengebracht hat. Siehe J. Plateau, *Statique expérimentale et théorique des Liquides soumis aux seules forces moléculaires*, tome I. p. 235—236.

Zusatz zu Seite 123, Anm. 23).

Siehe das in der vorhergehenden Anmerkung angeführte Werk von J. Plateau, tome I. p. 229–230.

Fortgesetzte Untersuchungen über specielle Minimalflächen.

Zusatz zu Seite 126, Zeile 2 von unten.

Man sehe die von Hattendorff verfasste Einleitung zu der posthumen Abhandlung Riemann's: Ueber die Fläche vom kleinsten Inhalt bei gegebener Begrenzung, Abhandlungen der Königlichen Gesellschaft der Wissenschaften zu Göttingen, Band 13, Seite 6.

Zu Seite 129, Zeile 1 von unten.

Dieser Satz ist, wenn ich nicht irre, zuerst von E. Lamarle ausgesprochen worden. Siehe Seite 229 dieses Bandes.

Zu Seite 130, Zeile 6–14 von oben.

Siehe die Anmerkung zu Seite 111.

Zusatz zu Seite 131, Zeile 17 von oben.

Ist der Bereich des Argumentes u, welchem das betrachtete einfach zusammenhängende Minimalflächenstück entspricht, eine von der Axe des Reellen der Ebene (u) begrenzte Halbebene, so sind die ausserwesentlich singulären Werthe des Argumentes u die Wurzeln einer algebraischen Gleichung mit reellen Coefficienten.

Bezeichnet f die Zahl der Aufeinanderfolgen gleichartiger Kettenglieder (die Zahl der **F**olgen),

w die Zahl der Aufeinanderfolgen ungleichartiger Kettenglieder (die Zahl der **W**echsel),

so ist die erwähnte algebraische Gleichung vom Grade

$$f+\tfrac{3}{2}w-4.$$

Der angeführte Lehrsatz gestattet, wie ich gefunden habe, folgende Verallgemeinerung:

Wenn die im Artikel 2 (siehe Seite 130 dieses Bandes) angegebenen Grenzbedingungen der Art nach aufrecht erhalten werden, wobei jedoch an die Stelle einer zusammenhängenden geschlossenen Kette eine gewisse Anzahl zusammenhängender geschlossener Ketten treten kann, während an die Stelle des einfach zusammenhängenden Minimalflächenstückes ein Minimalflächenstück tritt, für welches die Ordnungszahl des Zusammenhanges den Werth r hat, so ist die algebraische Gleichung, deren Wurzeln die ausserwesentlich singulären Werthe des Argumentes ergeben, vom Grade

$$f+\tfrac{3}{2}w+4r-8.$$

Bei der Bestimmung dieses Grades ist von mir nur der Fall berücksichtigt worden, in welchem das betrachtete Minimalflächenstück in dem Sinne zwei von einander verschiedene Seiten besitzt, dass es ohne Ueberschreitung der Randlinie nicht möglich ist, durch stetigen Uebergang von einer Seite des Flächenstückes zur anderen zu gelangen. In dem betrachteten allgemeineren Falle tritt an die Stelle der Halbebene für den Fall des einfach zusammenhängenden Minimalflächenstückes eine von r übereinanderliegenden Halbebenen gebildete Riemannsche Fläche, welche in ihrem Inneren, allgemein zu reden, $2r-2$ Windungspunkte erster Ordnung besitzt.

Herr W. Dyck, welchem ich die angeführte Formel für die Anzahl der ausserwesentlich singulären Werthe des Argumentes u mitgetheilt habe, hat durch Anwendung einer ihm eigenthümlichen Betrachtungsweise (siehe Mathematische Annalen, Band 32, S. 472—512) gefunden, dass sich die Geltung dieser Formel auch auf den Fall solcher Minimalflächenstücke erstreckt, für welche es möglich ist, bei stetigem Fortschreiten im Inneren des Flächenstückes ohne Ueberschreitung des Randes von jeder der beiden Seiten des Flächenstückes auf die andere Seite überzugehen. Die Bedeutung der Zahl r ist hierbei entsprechend den a. a. O. Seite 483—485 angegebenen Formeln (4) und (7) zu modificiren.

Den ausserwesentlich singulären Werthen des Argumentes entsprechen, allgemein zu reden, solche Punkte des Minimalflächenstückes, durch welche mehr als zwei Asymptotenlinien hindurchgehen.

Die einfachste Art solcher Punkte ist auf Seite 17 dieses Bandes (Zeile 7—13 von unten) beschrieben. Lässt man die Voraussetzung fallen, dass die Constanten a und b in den Reihen, durch welche die Grössen s und $\Phi(u)$ ausgedrückt werden, reelle Werthe haben, so besitzt das entsprechende Minimalflächenstück im Allgemeinen nicht mehr die Eigenschaft, dass die drei Haupttangentencurven, welche durch den dem Werthe $u = 0$ entsprechenden Punkt des Minimalflächenstückes hindurchgehen, gerade Linien sind.

Die hierbei sich ergebende Singularität eines Minimalflächenstückes entspricht einer einfachen Wurzel der erwähnten algebraischen Gleichung, vorausgesetzt, dass diese Wurzel mit keinem derjenigen singulären Werthe des Argumentes zusammenfällt, denen eine Ecke des betrachteten Minimalflächenstückes entspricht.

Höhere Singularitäten können dadurch entstehen, dass entweder zwei, oder mehrere Wurzeln der erwähnten algebraischen Gleichung mit einander zusammenfallen, oder dadurch, dass eine oder mehrere dieser Wurzeln mit einem derjenigen Werthe des Argumentes zusammenfallen, welchen eine Ecke des betrachteten Minimalflächenstückes entspricht.

Sehr interessante nähere Ausführungen hierüber enthält eine Abhandlung des Herrn E. R. Neovius: „Untersuchung einiger Singularitäten, welche im Innern und auf der Begrenzung von Minimalflächenstücken auftreten können, deren Begrenzung von geradlinigen Strecken gebildet wird.“ Acta societatis scientiarum Fennicae, tomus XVI, p. 531—553.

Zusatz zu Seite 137, Zeile 15 von oben.

In einer im 14ten Bande der Zeitschrift „The Quarterly Journal of pure and applied Mathematics p. 190—196 (1876)“ veröffentlichten Abhandlung „*On a special surface of minimum area*“ beschäftigt sich Herr Cayley mit folgender Aufgabe:

We may enquire wheter there exists a surface of minimum area

$$1 + \mu\nu + \nu\lambda + \lambda\mu = 0,$$

where the determining equations are

$$\lambda'^2 = a\lambda^4 + b\lambda^2 + c,$$
$$\mu'^2 = a\mu^4 + b\mu^2 + c,$$
$$\nu'^2 = a\nu^4 + b\nu^2 + c,$$

$\left(\lambda' = \frac{d\lambda}{dx},\ \&c.\right).$

Herr Cayley spricht sich über das Ergebniss seiner Untersuchung folgendermassen aus: *I find that the coefficients a, b, c must satisfy four homogeneous quadric equations, which, in fact, admit of simultaneous solution, and that in three distinct ways, viz. assuming* $a=1$, *the solutions are*

$$a = 1,\quad b = \tfrac{10}{3},\quad c = 1,$$
$$a = 1,\quad b = -2,\quad c = 1,$$
$$a = 1,\quad b = -\tfrac{2}{3},\quad c = -\tfrac{1}{3}$$

that is,

$$\lambda'^2 = \lambda^4 + \tfrac{10}{3}\lambda^2 + 1 = \tfrac{4}{3}(\tfrac{3}{4}\lambda^4 + \tfrac{5}{2}\lambda^2 + \tfrac{3}{4}),$$

which gives Schwarz's surface;

$$\lambda'^2 = \lambda^4 - 2\lambda^2 + 1 \text{ or } \lambda' = \pm(\lambda^2 - 1),$$

which, it is easy to see, gives only $x+y+z = const.$; *and*

$$\lambda'^2 = \lambda^4 - \tfrac{2}{3}\lambda^2 - \tfrac{1}{3} = (\lambda^2-1)(\lambda^2+\tfrac{1}{3}),$$

which is a surface similar in its nature to Schwarz's surface.

Hierzu kann Folgendes bemerkt werden.

Wenn von der Gleichung

$$1 + \mu\nu + \nu\lambda + \lambda\mu = 0$$

durch die Substitutionen

$$\lambda = \frac{1+\lambda_1}{1-\lambda_1},\quad \mu = \frac{1+\mu_1}{1-\mu_1},\quad \nu = \frac{1+\nu_1}{1-\nu_1}$$

zu der Gleichung

$$\lambda_1\mu_1\nu_1 = 1$$

übergegangen wird, so geht die Differentialgleichung

$$\lambda'^2 = a\lambda^4 + b\lambda^2 + c$$

in die Differentialgleichung

$$4\lambda_1'^2 = (a+b+c)\lambda_1^4 + 4(a-c)\lambda_1^3 + (6a-2b+6c)\lambda_1^2 + 4(a-c)\lambda_1 + (a+b+c)$$

über, welche in den drei von Herrn Cayley aufgefundenen Fällen folgende Formen annimmt:

$$\text{I.}\qquad \lambda_1'^2 = \tfrac{4}{3}(\lambda_1^4 + \lambda_1^2 + 1),$$
$$\text{II.}\qquad \lambda_1' = \pm\lambda_1,$$
$$\text{III.}\qquad \lambda_1'^2 = \tfrac{4}{3}\lambda_1(\lambda_1^2 + \lambda_1 + 1).$$

Wenn in dem letzten dieser drei Fälle $\lambda_1 = \lambda_2^2$, $\mu_1 = \mu_2^2$, $\nu_1 = \nu_2^2$ gesetzt wird, so zerfällt die Gleichung $\lambda_1 \mu_1 \nu_1 = 1$ in die beiden Gleichungen $\lambda_2 \mu_2 \nu_2 = +1$ und $\lambda_2 \mu_2 \nu_2 = -1$, während die Differentialgleichung die Form $\lambda_2'^2 = \frac{1}{8}(\lambda_2^4 + \lambda_2^2 + 1)$ annimmt.

Hieraus ergibt sich also, dass zwar in dem dritten der von Herrn Cayley betrachteten Fälle die betrachtete Gleichung, sobald die bei der Integration der Differentialgleichungen auftretenden Integrationsconstanten bestimmte Werthe erhalten haben, zwei von einander der Lage nach verschiedene analytische Flächen darstellt, dass aber beide analytische Flächen — von der absoluten Grösse der einzelnen Theile abgesehen — genau dieselbe Gestalt besitzen, wie in dem ersten der von Herrn Cayley betrachteten Fälle, also dieselbe Gestalt, wie die in der Abhandlung: „Bestimmung einer speciellen Minimalfläche“ untersuchte Minimalfläche, beziehungsweise wie die durch Biegung derselben entstehende Fläche.

Zusatz zu Seite 137, Zeile 18 von oben.

Man verdankt Herrn Weingarten die Entdeckung einer bemerkenswerthen Eigenschaft der in dieser Abhandlung untersuchten speciellen Minimalflächen.

Diese speciellen Minimalflächen bilden nämlich, wie Herr Weingarten gefunden hat, die allgemeinste Familie von Minimalflächen, deren Gleichung, unter der Voraussetzung, dass x, y, z die rechtwinkligen Coordinaten eines Punktes der Fläche bezeichnen, in die Form

$$\mathfrak{X} + \mathfrak{Y} + \mathfrak{Z} = 0$$

gesetzt werden kann, wo $\mathfrak{X}$ eine Function von x, $\mathfrak{Y}$ eine Function von y, $\mathfrak{Z}$ eine Function von z bedeutet.

Siehe die Abhandlung des Herrn Weingarten: „Ueber die durch eine Gleichung von der Form $\mathfrak{X} + \mathfrak{Y} + \mathfrak{Z} = 0$ darstellbaren Minimalflächen“, Nachrichten von der Königlichen Gesellschaft der Wissenschaften und der Georg-Augusts-Universität zu Göttingen, Jahrgang 1887, Seite 272—275.

Beitrag zur Untersuchung der zweiten Variation des Flächeninhalts von Minimalflächenstücken im Allgemeinen und von Theilen der Schraubenfläche im Besonderen.

Zusatz zu Seite 151.

Hinsichtlich dieser Abhandlung ist auf das hinzuweisen, was auf den Seiten 234, 235, 274 und 275 dieses Bandes bezüglich dieser Abhandlung gesagt ist.

Zusatz zu Seite 152, Zeile 17 von oben.

Das Minimalflächenstück M (siehe Seite 3 und Seite 33 dieses Bandes) besitzt nicht nur unter allen demselben hinreichend nahe liegenden, von demselben Vierseit begrenzten, einfach zusammenhängenden Flächenstücken, sondern überhaupt unter allen, von diesem Vierseit begrenzten, einfach zusammenhängenden Flächenstücken den kleinsten Flächeninhalt. Dies kann auf folgende Weise bewiesen werden.

Die Oberfläche des Tetraeders $ABCD$ (siehe Tafel 1), dessen vier Kanten AB, BC, CD, DA die vollständige Begrenzung des Minimalflächenstückes M bilden, theilt den unendlichen Raum in zwei Theile, das Innere und das Aeussere des Tetraeders.

Das Innere des Tetraeders möge mit R bezeichnet werden.

Man denke sich nun eine Schaar von Minimalflächenstücken construirt, welche den Raumtheil R lückenlos erfüllt und welche der auf S. 227 dieses Bandes angegebenen Forderung entspricht.

[Eine solche Schaar ergibt sich zum Beispiel durch Translation des Minimalflächenstückes M parallel der z-Axe des Coordinatensystems, also parallel der Richtung der Strecke IK.]

Durch die auf S. 235 dieses Bandes angegebene Beweisführung wird nachgewiesen, dass das Minimalflächenstück M kleineren Flächeninhalt besitzt, als jedes andere, von demselben Vierseit begrenzte, einfach zusammenhängende Flächenstück F, dessen Punkte ohne Ausnahme dem Inneren, beziehungsweise der Begrenzungsfläche des Raumtheiles R angehören.

Dieselbe Eigenschaft des Minimums besitzt nun das Minimalflächenstück M gegenüber allen einfach zusammenhängenden, von demselben Vierseit $ABCD$ begrenzten Flächenstücken F, auch wenn Theile dieser Flächenstücke ausserhalb des Raumtheiles R liegen.

Denn es ist stets möglich, an die Stelle der Gesammtheit aller ausserhalb R liegenden Theile eines der betrachteten Flächenstücke F, ohne Aufhebung des Zusammenhanges dieses Flächenstückes ein ebenes Flächenstück, oder mehrere ebene Flächenstücke treten zu lassen, welche ganz in der Begrenzungsfläche des Raumtheiles R liegen, und deren Gesammtflächeninhalt kleiner ist als der Gesammtflächeninhalt der ausserhalb des Raumtheiles R liegenden Theile des betrachteten Flächenstückes F.

Ein ganz analoger Beweis führt zu dem analogen Ergebnisse für die übrigen auf Seite 152 dieses Bandes, Zeile 9—17 von unten, aufgezählten Minimalflächenstücke.

Wegen einiger Einzelheiten bei diesem Beweise nehme ich Bezug auf die im Capitel VI der Dissertation des Herrn F. Bohnert, „Bestimmung einer speciellen periodischen Minimalfläche, auf welcher unendlich viele gerade Linien und unendlich viele ebene geodätische Linien liegen,“ Göttingen 1888, enthaltenen näheren Ausführungen.

Zusatz zu Seite 154, Zeile 9 von oben.

Zur Vervollständigung dieses Systems von Gleichungen können folgende Gleichungen dienen:

$$
\begin{aligned}
(ss_1+1)^2 dX &= (1-s_1^2)\,ds+(1-s^2)\,ds_1,\\
(ss_1+1)^2 dY &= -i(1+s_1^2)\,ds+i(1+s^2)\,ds_1,\\
(ss_1+1)^2 dZ &= 2s_1\,ds + 2s\,ds_1.
\end{aligned}
$$

Zusatz zu Seite 163, Zeile 13 von oben.

Durch eine anderweitige Untersuchung hat sich ergeben, dass das betrachtete Stück der Schraubenfläche auch in diesem Grenzfalle noch die Eigenschaft hat, kleineren Flächeninhalt zu besitzen, als alle demselben hinreichend nahe liegenden, von derselben Randlinie begrenzten Flächenstücke. Siehe Seite 269 dieses Bandes.

Miscellen aus dem Gebiete der Minimalflächen.

Zusatz zu Seite 168, Zeile 9 von oben.

„Allen Flächen, deren mittlere Krümmung in jedem ihrer Punkte gleich 0 ist, kommt die Eigenschaft zu, dass sich Stücke derselben abgrenzen lassen, welche unter allen, je von denselben Randlinien begrenzten Flächenstücken den kleinsten Flächeninhalt besitzen.“

Die Richtigkeit dieser Behauptung kann durch folgenden Beweis dargethan werden.

Es sei P_0 ein nicht singulärer Punkt einer krummen Fläche, deren mittlere Krümmung in jedem ihrer Punkte gleich 0 ist. Man betrachte ein, den Punkt P_0 in seinem Inneren enthaltendes Stück dieser Fläche, welches so beschaffen ist, dass es erstens keinen singulären Punkt enthält, zweitens, dass die in den Punkten dieses Flächenstückes nach derselben Seite hin construirten Normalen mit der Normale im Punkte P_0 spitze Winkel einschliessen.

Man denke sich nun eine Schaar von Flächenstücken construirt, welche aus dem betrachteten Flächenstücke durch eine Translation entsteht, bei welcher alle Punkte desselben gerade Linien beschreiben, die der im Punkte P_0 construirten Normale parallel sind.

Diese Schaar von Flächenstücken erfüllt einen gewissen Theil R des Raumes.

Hierauf denke man sich ein convexes Polyeder construirt, welches den Punkt P_0 in seinem Inneren enthält und dessen Oberfläche ganz im Inneren des Raumtheiles R' liegt. Der von diesem Polyeder begrenzte Theil des Raumes werde mit R bezeichnet.

Der im Inneren des Raumtheiles R liegende einfach zusammenhängende Theil M des betrachteten Flächenstückes besitzt kleineren Flächeninhalt, als alle einfach zusammenhängenden, von derselben Randlinie begrenzten Flächenstücke.

Der Beweis für die Richtigkeit dieser Behauptung ist ganz analog dem Beweise, welcher in der Anmerkung zu Seite 152 (siehe Seite 324 dieses Bandes) angedeutet ist.

Zusatz zu Seite 175, Abschnitt III.

Gibt man dem Parameter α den Werth π, so gehen x, y, z beziehlich in $-x$, $-y$, $-z$ über; jedes einfach zusammenhängende Minimalflächenstück geht also, wenn der Parameter α das Intervall $0 \cdots \pi$ durchläuft, in ein anderes über, welches dieselbe Gestalt besitzt, wie das Spiegelbild des ursprünglichen.

Hieraus ergibt sich der Satz: Jedes einfach zusammenhängende Minimalflächenstück kann durch Biegung auf stetige Weise in die Gestalt seines Spiegelbildes übergeführt werden, so dass dasselbe während der Biegung nicht aufhört, ein Minimalflächenstück zu bleiben.

Zusatz zu Seite 178.

Die Bestimmung der Grösse des Flächeninhalts jedes bestimmten

Minimalflächenstückes *M* wird durch die an dieser Stelle mitgetheilte Formel grundsätzlich auf die Berechnung eines einfachen, längs der Begrenzung des Flächenstückes *M* zu erstreckenden Integrals zurückgeführt. Diese Zurückführung auf ein einfaches Integral hat der Verfasser aus dem in Riemann's posthumer Abhandlung „Ueber die Fläche vom kleinsten Inhalt bei gegebener Begrenzung" (Bernhard Riemann, Gesammelte Werke, Seite 289—291) mitgetheilten Lehrsatze hergeleitet und eine geometrische Deutung dieses einfachen Integrals mittelst der Flächenelemente einer Kegelfläche hinzugefügt.

Die Betrachtung der Kegelfläche, deren Mittelpunkt mit dem Coordinatenanfangspunkte zusammenfällt, gewährt zugleich bei Zuhülfenahme einer Schaar von Minimalflächenstücken, welche zu dem gegebenen in Bezug auf den Coordinatenanfangspunkt als Aehnlichkeitspunkt ähnliche Lage haben, die Möglichkeit, mit fast elementaren Hülfsmitteln zu beweisen, dass die Bestimmung des Flächeninhalts eines Minimalflächenstückes allgemein auf die Berechnung eines einfachen Integrals $\frac{1}{2}\int \cos\omega\, df$ zurückgeführt werden kann, wie am Schlusse des Abschnittes IV der Miscellen (siehe Seite 179 dieses Bandes) angegeben worden ist. Hierbei kann zugleich eine von Gauss herrührende Formel (vergl. in Bezug auf diese Formel das auf Seite 127 dieses Bandes Gesagte) angewendet werden.

In der Abhandlung von Michael Roberts *Sur les surfaces dont les rayons de courbure sont égaux, mais dirigés en sens opposés, Liouville, Journal de Mathématiques pures et appliquées*, tome XI, p. 300—312, findet man ebenfalls eine auf die Bestimmung des Flächeninhalts von Minimalflächenstücken sich beziehende Formel (p. 304, ligne 4 en descendant), in welcher nur einfache Integrale vorkommen. Auf diese Formel findet indessen eine im Art. 2 der posthumen Abhandlung Riemann's über Minimalflächen (Bernhard Riemann, Gesammelte Werke, Seite 285, Zeile 7 von oben) enthaltene allgemeine Behauptung Anwendung.

Dass die Bestimmung der Grösse des Flächeninhalts eines Minimalflächenstückes allgemein auf die Berechnung eines einfachen Integrals zurückgeführt werden kann, ergibt sich ohne Weiteres, wenn eine von Jellett im Jahre 1853 mitgetheilte Formel auf ein Minimalflächenstück angewendet wird. (J. H. Jellett, *Sur la surface dont la courbure moyenne est constante, Liouville, Journal de Mathématiques pures et appliquées*, tome XVIII, p. 163—167.)

Diese Formel besagt Folgendes:

Es mögen x, y, z die rechtwinkligen Coordinaten eines beliebigen Punktes eines Flächenstückes bezeichnen, wobei die Coordinate z als Function der beiden anderen Coordinaten x und y betrachtet werden soll. Den Grössen $p, q, r, s, t, P, \frac{1}{R_1}+\frac{1}{R_2}, \xi, \eta, dS, S$ ist die durch die Gleichungen

$$p = \frac{\partial z}{\partial x}, \quad q = \frac{\partial z}{\partial y}, \quad r = \frac{\partial^2 z}{\partial x^2}, \quad s = \frac{\partial^2 z}{\partial x \partial y}, \quad t = \frac{\partial^2 z}{\partial y^2},$$

$$P = \frac{z-px-qy}{\sqrt{1+p^2+q^2}}, \quad \frac{1}{R_1}+\frac{1}{R_2} = -\frac{(1+q^2)r-2pqs+(1+p^2)t}{(1+p^2+q^2)^{\frac{3}{2}}},$$

$$\xi = -pP - x\sqrt{1+p^2+q^2}, \quad \eta = -qP - y\sqrt{1+p^2+q^2}$$

$$dS = \sqrt{1+p^2+q^2}\,dx\,dy, \quad S = \int\!\!\int \sqrt{1+p^2+q^2}\,dx\,dy$$

erklärte Bedeutung beizulegen.

In dem angegebenen Doppelintegrale ist die Integration über alle Elemente des betrachteten Flächenstückes zu erstrecken.

Unter diesen Voraussetzungen besteht die Gleichung

$$\left(\frac{\partial \xi}{\partial x}+\frac{\partial \eta}{\partial y}\right) dx\,dy = P\left(\frac{1}{R_1}+\frac{1}{R_2}\right) dS - 2dS,$$

aus welcher sich durch Integration ergibt

$$2S = \int\!\!\int P\left(\frac{1}{R_1}+\frac{1}{R_2}\right) dS + \int (\eta dx - \xi dy).$$

Hierbei ist das Doppelintegral auf der rechten Seite der vorstehenden Gleichung über alle Elemente des betrachteten Flächenstückes, das einfache Integral in dem aus der Herleitung der Formel sich ergebenden Sinne über alle Elemente der Begrenzungslinie zu erstrecken.

Wird die vorstehende, von Jellett gegebene Formel auf ein Minimalflächenstück angewendet, so ergibt sich der angegebene Satz.

Derselbe Satz kann auch auf folgende Weise bewiesen werden. Man denke sich für jeden Punkt des betrachteten Flächenstückes die Normale construirt und von diesem Punkte aus nach derselben Seite des Flächenstückes hin eine Strecke von der Länge h abgetragen. Wird der körperliche Inhalt des auf diese Weise entstehenden Körpers mit V bezeichnet, so ergibt sich

$$V = hS + \tfrac{1}{2}h^2 \int\int\left(\frac{1}{R_1} + \frac{1}{R_2}\right)dS + \tfrac{1}{3}h^3 \int\int \frac{dS}{R_1 R_2}.$$

Andererseits ergibt sich für dieselbe Grösse V der Ausdruck

$$\begin{aligned} V = \tfrac{1}{3}hS + \tfrac{1}{3}h \int\int P\left(\frac{1}{R_1} + \frac{1}{R_2}\right)dS + \tfrac{1}{3}h^2 \int\int \frac{PdS}{R_1 R_2} + \\ + \tfrac{1}{3}h^2 \int\int\left(\frac{1}{R_1} + \frac{1}{R_2}\right)dS + \tfrac{1}{3}h^3 \int\int \frac{dS}{R_1 R_2} + \\ + \tfrac{1}{3}h \int \begin{vmatrix} X & Y & Z \\ x & y & z \\ dx & dy & dz \end{vmatrix} + \tfrac{1}{6}h^2 \int \begin{vmatrix} X & Y & Z \\ x & y & z \\ dX & dY & dZ \end{vmatrix}. \end{aligned}$$

In dieser Gleichung bedeuten X, Y, Z die Cosinus der Winkel, welche die Normale der Fläche mit den Richtungen der Coordinatenaxen einschliesst. Die Grösse P hat den Werth $P = Xx + Yy + Zz$. Die Doppelintegrale sind über alle Elemente des betrachteten Flächenstückes, die einfachen Integrale sind über alle Elemente der Begrenzungslinie desselben zu erstrecken.

Durch Vergleichung der Coefficienten der mit h und mit h^2 multiplicirten Glieder ergeben sich die Gleichungen

$$2S = \int\int P\left(\frac{1}{R_1} + \frac{1}{R_2}\right)dS + \int \begin{vmatrix} X & Y & Z \\ x & y & z \\ dx & dy & dz \end{vmatrix},$$

$$\int\int\left(\frac{1}{R_1} + \frac{1}{R_2}\right)dS = 2\int\int \frac{PdS}{R_1 R_2} + \int \begin{vmatrix} X & Y & Z \\ x & y & z \\ dX & dY & dZ \end{vmatrix}.$$

Von diesen beiden Gleichungen ergibt die erste, wenn $\frac{1}{R_1} + \frac{1}{R_2} = 0$ gesetzt wird, die auf Seite 178 dieses Bandes angegebene Formel für den Flächeninhalt eines Minimalflächenstückes.

Die zweite Gleichung, welche als eine Verallgemeinerung einer anderen in derselben Jellettschen Abhandlung mitgetheilten Gleichung angesehen werden kann, führt zu dem Ergebniss, dass für jedes Minimalflächenstück die Berechnung des Werthes des Doppelintegrals $\int\int \frac{PdS}{R_1 R_2}$ allgemein auf die Berechnung des Werthes eines einfachen Integrals zurückgeführt werden kann.

Zusatz zu Seite 179, Abschnitt V.

Man vergleiche hiermit die ausführliche Darstellung, welche Herr G. Darboux über dieselbe Untersuchung gegeben hat. (G. Darboux, *Leçons sur la théorie générale des surfaces et les applications géométriques du calcul infinitésimal*, Première Partie, Livre III, Chap. VIII, p. 388—404. Paris 1887.)

Zu Seite 183, Zeile 6 von unten.

Die Frage nach der niedrigsten Klassenzahl für reelle algebraische Minimalflächen ist von Herrn L. Henneberg beantwortet worden. Siehe die Abhandlung desselben: Bestimmung der niedrigsten Klassenzahl der algebraischen Minimalflächen, Annali di Matematica pura ed applicata IIª serie, tomo IX°, p. 54—57. Man vergleiche auch die Abhandlung des Herrn S. Lie: Beiträge zur Theorie der Minimalflächen, Mathematische Annalen, Band 14, Seite 354, und die Abhandlung des Herrn R. Sturm: Rein geometrische Untersuchungen über algebraische Minimalflächen, Journal für reine und argewandte Mathematik, Band 105, Seite 117.

Die Frage nach der niedrigsten Ordnungszahl für reelle algebraische Minimalflächen ist von Herrn S. Lie der Beantwortung näher gebracht worden. Siehe die vorhin angeführte Abhandlung desselben a. a. O. Seite 395.

Zusatz zu den Seiten 186 und 187.

Siehe Seite 200 und Seite 220 dieses Bandes.

Die Aufgabe: Alle Minimalflächen zu bestimmen, welche eine Schaar reeller Kreise enthalten, gestattet folgende Lösung.

In Folge der Eigenschaft der gesuchten Minimalflächen, eine Schaar reeller algebraischer Curven zu enthalten, ist die Function $\mathfrak{F}(s)$ für jede derselben eine algebraische Function des Argumentes s. Hieraus ergibt sich zunächst der leicht zu beweisende Satz, dass jede der gesuchten Minimalflächen von der unendlich fernen Ebene des Raumes überhaupt nur in geraden Linien geschnitten werden kann, dass insbesondere keine dieser Flächen den unendlich fernen imaginären Kreis der Kugel enthält. Da nun die beiden unendlich fernen Punkte jedes Kreises auf dem unendlich fernen Kugelkreise liegen, und da diese analytische Linie eine unzerlegbare Curve zweiten Grades ist, so können die unendlich fernen Punkte der Kreise, welche auf einer der gesuchten Minimalflächen liegen, eine unendlich ferne Linie der Fläche nicht erzeugen. Je zwei unendlich benachbarte Kreise der Schaar müssen daher dieselben unendlich fernen Punkte besitzen. Mit anderen Worten: Je zwei unendlich benachbarte Kreise der Schaar müssen in parallelen Ebenen liegen. Hieraus ergibt sich, dass jede der gesuchten Minimalflächen längs jedes Kreises der Schaar von einem Kegel oder Cylinder zweiten Grades berührt wird. Durch diese Eigenschaft ist aber die Gesammtheit aller Minimalflächen, welche eine Schaar reeller Kreise enthalten, bestimmt. (Siehe Seite 200 dieses Bandes.)

[Man vergleiche den zuerst von Herrn Geiser für algebraische Minimalflächen ausgesprochenen Satz (Mathematische Annalen, Band 3, S. 530—534), welcher für alle Minimalflächen, die eine Schaar reeller algebraischer Curven enthalten, mit der näheren Bestimmung gilt, dass keine dieser Flächen mit der unendlich fernen Ebene des Raumes den unendlich fernen Kugelkreis gemeinsam hat.]

Ebenso kann die Aufgabe gestellt werden: Alle Minimalflächen zu bestimmen, welche eine Schaar reeller Parabeln enthalten. Alle bis jetzt bekannten Minimalflächen, welche eine Schaar reeller Parabeln enthalten, werden längs jeder Parabel der Schaar von einem Cylinder berührt. Herr Studiosus Peche hat dem Verfasser einen Beweis für den Satz mitgetheilt, dass jede Minimalfläche, welche eine Schaar reeller Parabeln enthält, die angegebene Eigenschaft besitzt. Durch diese Eigenschaft ist die Gesammtheit aller Minimalflächen, welche eine Schaar reeller Parabeln enthalten, bestimmt. Jede Minimalfläche nämlich, welche eine reelle Parabel enthält und längs derselben von einem Cylinder berührt wird, hat die Eigenschaft, eine Schaar reeller Parabeln zu enthalten.

Man kann diese Flächen ohne Ausnahme durch einen angemessenen Grenzübergang aus denjenigen Minimalflächen erhalten, welche von einer Schaar von Kegeln zweiten Grades umhüllt werden.

Zu den Minimalflächen, welche eine Schaar reeller Parabeln enthalten, gelangte Enneper, von der Aufgabe ausgehend: Alle Minimalflächen zu bestimmen, welche die Eigenschaft besitzen, dass bei der durch parallele Normalen vermittelten conformen Abbildung der Minimalfläche auf die Kugel den Meridianen der Kugelfläche eine Schaar von ebenen Curven der Minimalfläche entspricht.

(A. Enneper: Ueber Flächen mit besonderen Meridiancurven, Abhandlungen der Königlichen Gesellschaft der Wissenschaften zu Göttingen, Band 29, Seite 49—50.)

Bei geeigneter Wahl des Coordinatensystems wird für diese Minimalflächen die Function $\mathfrak{F}(s)$ durch die Gleichung

$$\mathfrak{F}(s) = \frac{b}{2is^2} + ai\left(\frac{1}{s} - \frac{1}{s^3}\right)$$

bestimmt, in welcher a und b zwei reelle Constanten bezeichnen. Die Ebenen der Parabeln schliessen bei jeder von diesen Minimalflächen mit einer festen Ebene einen Winkel von constanter Grösse ein.

Man vergleiche die Abhandlung des Herrn Hjalmar Tallqvist „Construction eines Modelles einer speciellen Minimalfläche." (Öfversigt af Finska Vetenskaps-Societetens Förhandlingar, B. 31.)

Zu Seite 188, Ende des Abschnittes IX.

Siehe Seite 224—240 dieses Bandes.

Ueber diejenigen Minimalflächen, welche von einer Schaar von Kegeln zweiten Grades eingehüllt werden.

Zu Seite 200, Zeile 9—25 von oben.

Siehe den Zusatz zu den Seiten 186—187 auf Seite 330 dieses Bandes.

Ueber einige nicht algebraische Minimalflächen, welche eine Schaar algebraischer Curven enthalten.

Zu Seite 209, Zeile 1 von oben.

Siehe Seite 285 des zweiten Bandes der vorliegenden Ausgabe.

Ueber ein die Flächen kleinsten Flächeninhalts betreffendes Problem der Variationsrechnung.

Zusatz zu den Seiten 229—234.

Der Fundamentalsatz

$$\mathrm{F} - \mathrm{S} = \iint (1 - \cos\omega)\, d\mathrm{F}$$

kann auch wie folgt analytisch bewiesen werden.

Es bezeichne $\varphi(x, y, z)$ einen Zweig einer analytischen Function der rechtwinkligen Coordinaten x, y, z des Punktes P, eindeutig erklärt mit dem Charakter einer ganzen Function für alle, einem gewissen Theile R des Raumes angehörenden Punkte P.

Es bezeichne ε einen variablen Parameter und es sei

$$\varphi(x, y, z) = \varepsilon$$

die Gleichung einer Schaar von Flächenstücken derselben constanten mittleren Krümmung.

Der angegebenen Voraussetzung zufolge geht durch jeden Punkt P des Raumtheiles R ein einziges Flächenstück der Schaar hindurch.

Wird

$$\frac{\partial}{\partial x}\varphi(x, y, z) = \varphi_1(x, y, z) = \varphi_1,$$

$$\frac{\partial}{\partial y}\varphi(x, y, z) = \varphi_2(x, y, z) = \varphi_2,$$

$$\frac{\partial}{\partial z}\varphi(x, y, z) = \varphi_3(x, y, z) = \varphi_3,$$

$$X = \frac{\varphi_1}{\sqrt{\varphi_1^2 + \varphi_2^2 + \varphi_3^2}}, \quad Y = \frac{\varphi_2}{\sqrt{\varphi_1^2 + \varphi_2^2 + \varphi_3^2}}, \quad Z = \frac{\varphi_3}{\sqrt{\varphi_1^2 + \varphi_2^2 + \varphi_3^2}}$$

gesetzt, so besteht für alle, dem Gebiete R angehörenden Punkte P die Gleichung

$$\frac{\partial X}{\partial x} + \frac{\partial Y}{\partial y} + \frac{\partial Z}{\partial z} = \lambda,$$

wo λ eine Constante bezeichnet.

Es bezeichne

R' einen von einer endlichen Anzahl von Stücken analytischer Flächen begrenzten Theil des Gebietes R,

V' das Volumen desselben,

F' den Flächeninhalt der Oberfläche des Gebietes R';

$d\mathrm{V}' = dx\,dy\,dz$ die Grösse eines Elementes des Volumens V',

$d\mathrm{F}'$ den Flächeninhalt eines Elementes der Oberfläche des Gebietes R'.

Die Grösse ω werde erklärt als der Winkel, den die nach aussen gerichtete Normale in einem Punkte der Oberfläche des Gebietes R' mit der positiven Richtung der Normale des durch denselben Punkt hindurchgehenden Flächenstückes der betrachteten Schaar einschliesst.

Aus der Gleichung

$$\lambda d\mathrm{V}' = \left(\frac{\partial X}{\partial x} + \frac{\partial Y}{\partial y} + \frac{\partial Z}{\partial z}\right) dx\,dy\,dz$$

ergibt sich durch Integration über alle Elemente des Gebietes R' die Gleichung

$$\lambda V' = \iint \cos\omega \, dF',$$

wobei auf der rechten Seite dieser Gleichung die Integration über alle Elemente dF' der Oberfläche des Gebietes R' auszudehnen ist.

Es kann nun der Fall eintreten, dass ein Theil der Oberfläche des Gebietes R' von einem Flächenstücke S der betrachteten Schaar gebildet wird, während längs dieses Theiles der Oberfläche des Gebietes R' der Winkel ω den Werth 0 hat. Wird mit dF'' ein Element desjenigen Theiles F″ der Fläche F′ bezeichnet, welches übrig bleibt, wenn das Flächenstück S von der Oberfläche F′ weggenommen wird, so ergibt sich, wenn die Grösse des Flächeninhalts des Flächenstückes S ebenfalls mit S bezeichnet wird,

$$\lambda V' = S + \iint \cos\omega \, dF''.$$

Bezeichnet nunmehr dF den Flächeninhalt eines Elementes eines dem Flächenstücke S benachbarten Flächenstückes F, welches

1) innerhalb des Gebietes R liegt,
2) von derselben Linie L begrenzt wird, von welcher das Flächenstück S begrenzt wird, und welches
3) die Eigenschaft besitzt, mit Hinzunahme der Fläche F″ ein Volumen von der Grösse V′ zu begrenzen,

so ergibt sich

$$\lambda V' = \iint \cos\omega \, dF + \iint \cos\omega \, dF'',$$

und durch Subtraction

$$S = \iint \cos\omega \, dF.$$

Folglich besteht, wenn die Grösse des Flächeninhalts des Flächenstückes F ebenfalls mit F bezeichnet wird, der Satz

$$F - S = \iint (1 - \cos\omega) \, dF.$$

Zu diesem Beweise ist Folgendes zu bemerken:

Für den Fall, dass die constante mittlere Krümmung der Flächenstücke der betrachteten Schaar den Werth 0 hat, ist der Grösse λ der Werth 0 beizulegen und die dritte der angegebenen Bedingungen fortzulassen; es ergibt sich dann aus dem Vorstehenden ein neuer Beweis für den auf Seite 227, Zeile 1 von oben, mitgetheilten Fundamentalsatz.

Ist hingegen die constante mittlere Krümmung der Flächenstücke der betrachteten Schaar nicht gleich 0, so ergibt sich aus dem Vorstehenden ein Beweis für einen neuen, die Flächen constanter mittlerer Krümmung betreffenden Lehrsatz.

„Das betrachtete, von der Linie L begrenzte, einer Fläche constanter mittlerer Krümmung angehörende Flächenstück S, welches unter Zuhülfenahme eines beliebigen, von derselben Linie L begrenzten Flächenstückes F‴ einen körperlichen Raum von dem Volumen V′ begrenzt, besitzt kleineren Flächeninhalt, als alle anderen, dem Flächenstück S hinreichend nahe liegenden, von derselben Randlinie L begrenzten Flächenstücke F, welche unter Hinzunahme des Flächenstückes F‴ einen körperlichen Raum von demselben Volumen V′ begrenzen.“

Man kann nun folgende Frage aufwerfen.

Eine Fläche constanter mittlerer Krümmung sei gegeben.

Die Begrenzungslinie L eines bestimmten, einfach zusammenhängenden Stückes S dieser Fläche sei zugleich die Begrenzungslinie eines zweiten, einfach zusammenhängenden Flächenstückes F‴, welches ausser den Punkten der gemeinsamen Begrenzungslinie L mit dem Flächenstücke S keinen Punkt gemeinsam hat, im Uebrigen aber keiner Beschränkung unterliegt.

Die Grösse des Volumens des von den Flächenstücken S und F‴ begrenzten körperlichen Raumes werde mit V bezeichnet.

Man betrachtet alle einfach zusammenhängenden, von einer endlichen Anzahl von Stücken analytischer Flächen gebildeten, dem Flächenstücke S hinreichend nahe liegenden, von der Randlinie L begrenzten Flächenstücke F, welche mit dem Flächenstücke F‴ zusammen einen körperlichen Raum begrenzen, dessen Volumen die Grösse V hat.

Unter welchen Bedingungen besitzt das betrachtete Flächenstück S kleineren Flächeninhalt als alle übrigen, den angegebenen Bedingungen genügenden Flächenstücke F?

Eine erschöpfende Antwort auf diese Frage ist meines Wissens bisher noch nicht gegeben worden. Durch die angeführte Schlussweise wird die angegebene Frage wenigstens für einen Theil der in Betracht kommenden Fälle in bejahenden Sinne beantwortet. Insbesondere besitzt das Flächenstück S stets dann die angegebene Eigenschaft des Minimums, wenn das sphärische Bild des Flächenstückes S ganz in dem Inneren einer Halbkugel Platz findet.

Zusatz zu Seite 241. Zweiter Theil.

Die in dem zweiten Theile dieser Abhandlung mitgetheilten Untersuchungen haben durch Herrn E. Picard eine bemerkenswerthe Ausdehnung erfahren. Man sehe dessen Abhandlung: „*Sur une classe d'équations linéaires aux dérivées partielles du second ordre,*“ Acta mathematica, tome XII, p. 323—338, sowie die in den Comptes rendus des séances de l'Académie des sciences de Paris, Deuxième semestre 1889, p. 499—501, enthaltene Mittheilung desselben Gelehrten: „*Sur la détermination des intégrales de certaines équations aux dérivées partielles par leurs valeurs sur un contour.*“

Zusatz zu Seite 268, Zeile 16 von oben.

Ein ganz im Endlichen liegendes, zweifach zusammenhängendes Stück M einer Minimalfläche, welche von einer Schaar von Kegeln zweiten Grades eingehüllt wird, sei so beschaffen, dass längs jeder der beiden Begrenzungslinien desselben die Fläche von je einer Kegelfläche der Schaar berührt wird.

Die Untersuchung, unter welchen Bedingungen dieses Flächenstück kleineren Flächeninhalt besitzt, als jedes andere, demselben hinreichend nahe liegende und von denselben Begrenzungslinien begrenzte Flächenstück, kann wie folgt geführt werden.

Auf Grund der, auf den Seiten 192—198 dieses Bandes mitgetheilten Formeln gehe man von dem betrachteten zweifach zusammenhängenden Minimalflächenstücke M zu dem sphärischen Bilde desselben und von diesem zu der conformen Abbildung des Flächenstückes M auf die Ebene (w) über, deren Punkte die Werthe der complexen Grösse $w = u+vi$ geometrisch darstellen.

Ohne Beeinträchtigung der Allgemeinheit der Untersuchung kann man annehmen, dass das dem Flächenstücke M entsprechende Gebiet der Ebene (w) von einem Parallelstreifen

$$v' \leqq v \gtreqless v''$$

gebildet wird, wobei

$$-K' < v' < 0 < v'' < K'.$$

Hierauf gehe man zu einer speciellen Minimalfläche der auf S. 197 und S. 198 dieses Bandes betrachteten von drei Parametern α, β, γ abhängenden Schaar von Minimalflächen über, indem man

$$\alpha = 0, \quad \beta = 0, \quad \gamma = 1$$

setzt. Diese specielle Minimalfläche hat die Eigenschaft, dass die Mittelpunkte aller der betrachteten Schaar angehörenden Kegelflächen auf einer Geraden, nämlich auf der Geraden $x_0 = 0$, $y_0 = 0$ liegen.

Das dem betrachteten Minimalflächenstücke M entsprechende, der zuletzt betrachteten speciellen Minimalfläche angehörende Flächenstück möge mit $\mathfrak{M}$ bezeichnet werden.

Wenn nun die dritten Coordinaten der Mittelpunkte der den Werthen $v = v'$, $v = v''$ entsprechenden einhüllenden Kegel beziehlich mit z_0' und z_0'' bezeichnet werden, wenn also

$$z_0' = \frac{1}{i} E(v'i) - i \frac{\operatorname{cn} v'i \operatorname{dn} v'i}{\operatorname{sn} v'i}, \quad z_0'' = \frac{1}{i} E(v''i) - i \frac{\operatorname{cn} v''i \operatorname{dn} v''i}{\operatorname{sn} v''i}$$

gesetzt wird (siehe S. 197, Zeile 5 von oben), so sind drei Fälle möglich:

$$\text{I. } z_0' > z_0'', \quad \text{II. } z_0' = z_0'', \quad \text{III. } z_0' < z_0''.$$

In dem ersten dieser drei Fälle schneiden alle Tangentialebenen des Flächenstückes $\mathfrak{M}$ die z-Axe ausserhalb der Strecke $z_0' < z_0 < z_0''$. Jeder dieser Strecke angehörende Punkt hat daher von allen Tangentialebenen des Minimalflächenstückes $\mathfrak{M}$ einen von 0 verschiedenen Abstand und es besitzt daher — siehe den auf Seite 188 und auf Seite 239 dieses Bandes ausgesprochenen Lehrsatz — das Minimalflächenstück M ein Minimum des Flächeninhalts.

Der zweite der angegebenen drei Fälle entspricht dem auf Seite 240 dieses Bandes unter II angegebenen Grenzfalle. (Siehe auch Seite 158 und Seite 265 dieses Bandes.)

In diesem Falle besitzt das Minimalflächenstück $\mathfrak{M}$ nicht ein Minimum des Flächeninhalts. Das Minimalflächenstück M besitzt, insofern auf dasselbe die auf Seite 267 dieses Bandes angegebene Schlussfolgerung Anwendung findet, ebenfalls nicht ein Minimum des Flächeninhalts. Die beiden Kegelflächen, welche das Minimalflächenstück M längs der Begrenzung desselben berühren, bilden zusammengenommen für das Minimalflächenstück M die auf Seite 266 dieses Bandes in Betracht gezogene Hüllfläche Φ.

Der dritte der angegebenen drei Fälle entspricht dem auf den Seiten 159 und 240 dieses Bandes in Betracht gezogenen dritten Falle; es tritt daher in diesem Falle ein Minimum des Flächeninhalts nicht ein.

In Folge des Umstandes, dass die Entscheidung darüber, welcher von den drei Fällen eintritt, nur abhängt von den Coordinaten z_0' und z_0'' der Mittelpunkte derjenigen beiden Kegel, von denen das betrachtete Minimalflächenstück M längs seiner Begrenzung berührt wird, kann dieser Entscheidung folgende geometrische Form gegeben werden.

Man denke sich zwei, von den Mittelpunkten P_0' und P_0'' der den Werthen $v = v'$, $v = v''$ entsprechenden Kegel ausgehende, der z-Axe des Coordinatensystems parallele Strahlen $P_0'Q'$ und $P_0''Q''$ construirt. Es werde festgesetzt, dass die Richtung des Strahles $P_0'Q'$ mit der negativen, die Richtung des Strahles $P_0''Q''$ mit der positiven Richtung der z-Axe übereinstimmen soll.

Beide Strahlen fallen mit den ausgezeichneten Hauptaxen der betrachteten beiden Kegel zusammen.

Denkt man sich nun die beiden Mittelpunkte P_0' und P_0'' durch eine geradlinige Strecke verbunden, so hat der Linienzug $Q'P_0'P_0''Q''$ eine der folgenden drei Gestalten:

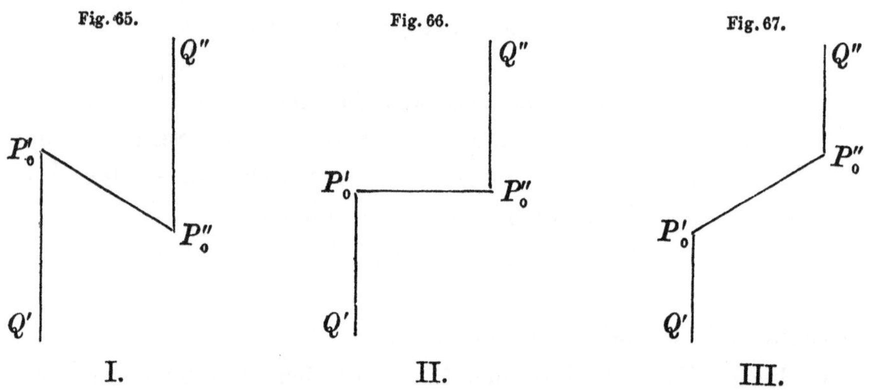

Jenachdem die Winkel $Q'P_0'P_0''$ und $P_0'P_0''Q''$

spitze, rechte, oder stumpfe

Winkel sind, tritt der erste, der zweite, oder der dritte der drei angeführten Fälle ein.

Für den Fall des Catenoids fallen die beiden Strahlen $P_0'Q'$ und $P_0''Q''$ in dieselbe Gerade, nämlich in die Rotationsaxe des Catenoids, und es geht das angegebene Unterscheidungsmerkmal genau in dasjenige über, welches für Zonen des Catenoids zuerst von Herrn Lindelöf angegeben worden ist.

Tafel 1.
Zu Seite 3 Modell I

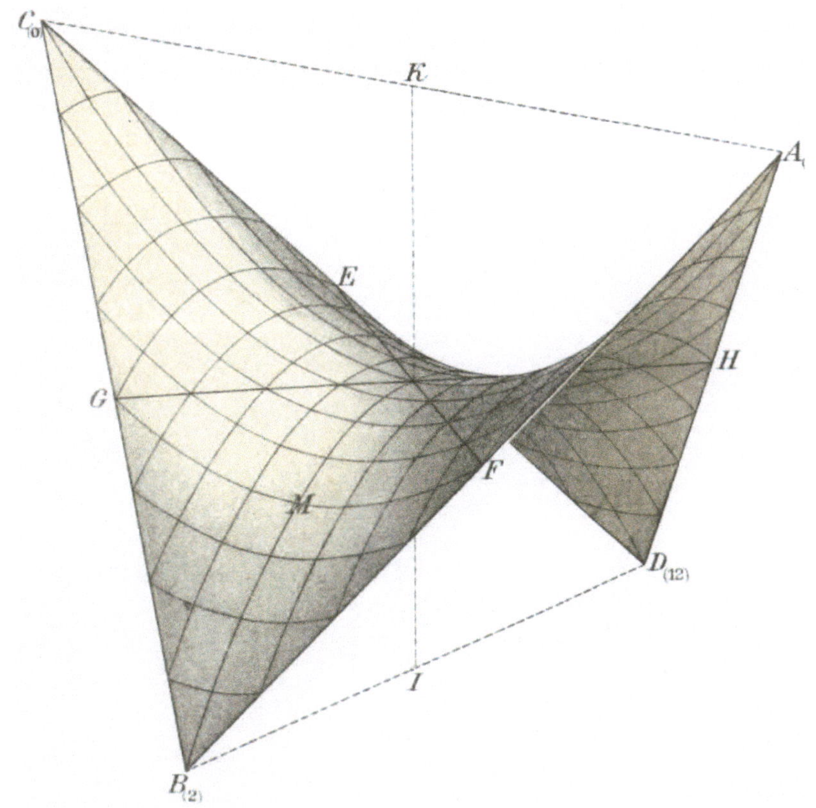

Verlag von Julius Springer in Berlin N
Lith. Anst. v. C. L. Keller in Berlin S.

Tafel 2.
Zu Seite 4 Modell II

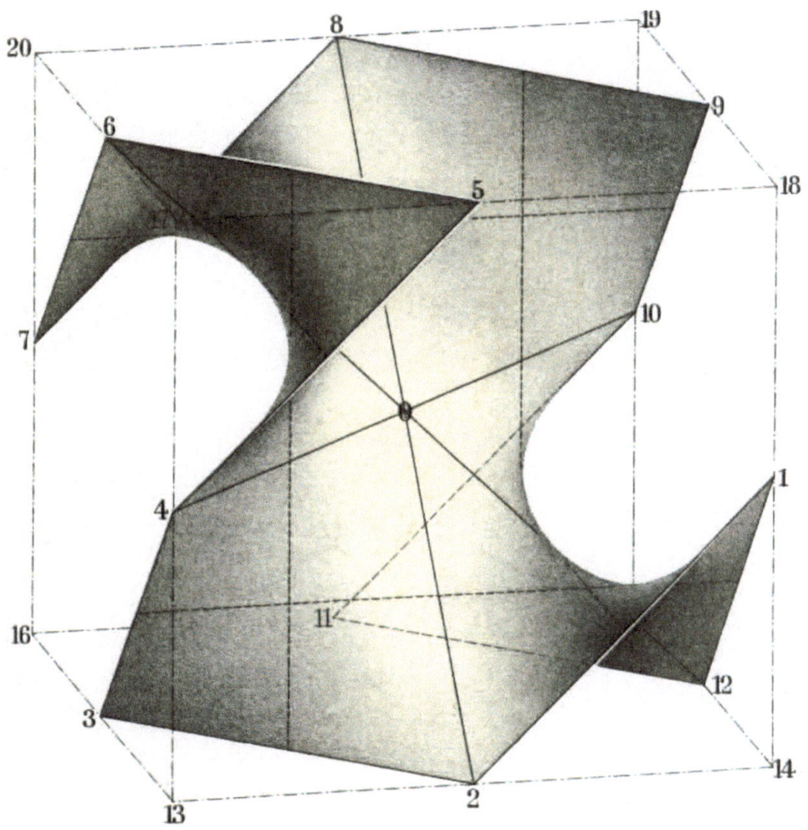

Verlag von Julius Springer in Berlin N

Lith. Anst. v. C. L. Keller in Berlin S.

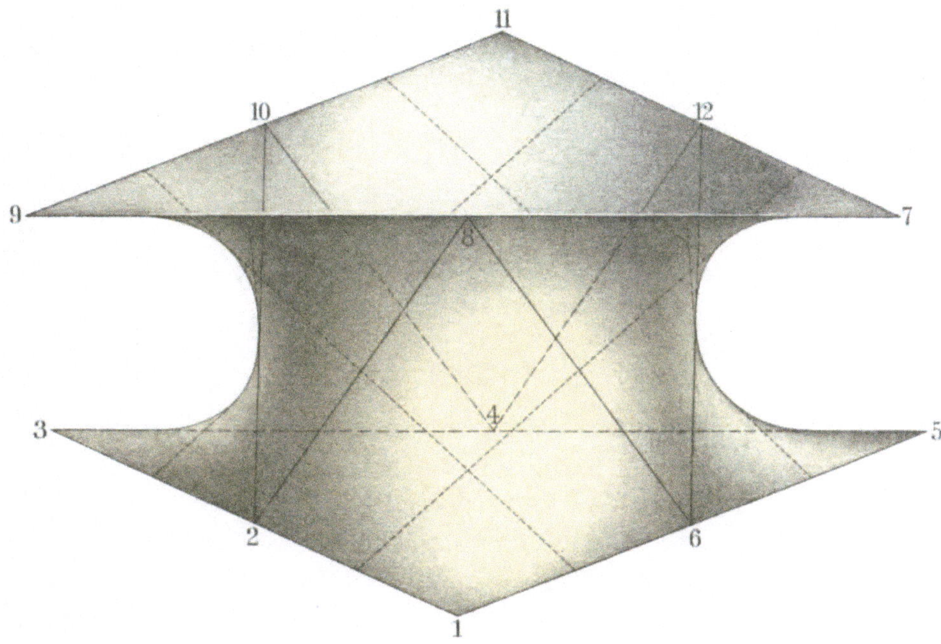

Verlag von Julius Springer in Berlin N

Lith Anst v C L Keller in Berlin S

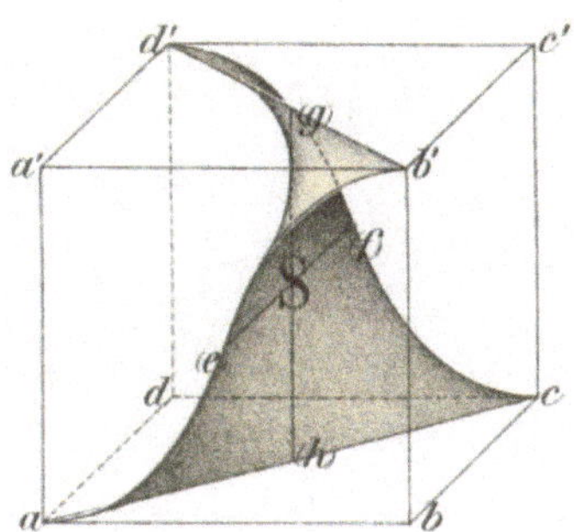

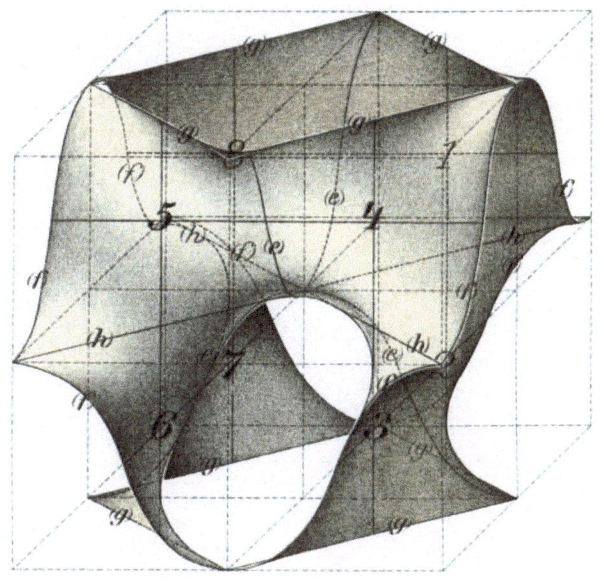

Verlag von Julius Springer in Berlin N

Lith. Anst. v. C. L. Keller in Berlin S.